개념원리 RPM

중학 수학 3-2

Love yourself 무엇이든 할 수 있는 나이다

공부 시작한 날 년 월 일

공부 다짐

발행일	2024년 2월 15일 2판 3쇄
지은이	이홍섭
기획 및 개발	개념원리 수학연구소

사업 책임	황은정
마케팅 책임	권가민, 정성훈
제작/유통 책임	정현호, 이미혜, 이건호
콘텐츠 개발 총괄	한소영
콘텐츠 개발 책임	오영석, 김경숙, 오지애, 모규리, 김현진
디자인	스튜디오 에딩크, 손수영

펴낸이	고사무열
펴낸곳	(주)개념원리
등록번호	제 22-2381호
주소	서울시 강남구 테헤란로 8길 37, 7층(역삼동, 한동빌딩) 06239
고객센터	1644-1248

개념원리 RPM

중학 수학 3-2

한눈에 보이는 정답

01 삼각비

0001 $\frac{15}{17}$ **0002** $\frac{8}{17}$ **0003** $\frac{15}{8}$ **0004** $\frac{8}{17}$ **0005** $\frac{15}{17}$

0006 $\frac{8}{15}$ **0007** $\sqrt{7}$

0008 $\sin B=\frac{\sqrt{7}}{4}$, $\cos B=\frac{3}{4}$, $\tan B=\frac{\sqrt{7}}{3}$ **0009** 6

0010 $6\sqrt{3}$ **0011** $10\sqrt{5}$ **0012** 1 **0013** $\frac{2+\sqrt{2}}{2}$

0014 $\frac{\sqrt{3}}{2}$ **0015** 1 **0016** $\frac{1}{2}$ **0017** $\frac{1}{2}$ **0018** $45°$

0019 $30°$ **0020** $60°$ **0021** $x=2\sqrt{3}$, $y=4\sqrt{3}$

0022 $x=4\sqrt{2}$, $y=4$ **0023** $x=2$, $y=2\sqrt{3}$

0024 $x=\sqrt{3}$, $y=3$ **0025** $\overline{AB}$ **0026** $\overline{OB}$ **0027** $\overline{CD}$

0028 $\overline{OB}$ **0029** $\overline{AB}$ **0030** 0.83 **0031** 0.56 **0032** 1.48

0033 0.56 **0034** 0.83 **0035** 0 **0036** 1 **0037** 1

0038 $\frac{1}{2}$ **0039** 0 **0040** $>$ **0041** $<$ **0042** $<$

0043 $<$ **0044** $=$ **0045** 0.7431 **0046** 0.6293

0047 1.0355 **0048** 0.7547 **0049** 0.6820 **0050** 1.1918 **0051** $50°$

0052 $49°$ **0053** $51°$ **0054** ③ **0055** ④ **0056** $\frac{7}{5}$

0057 ⑤ **0058** $\frac{12}{13}$ **0059** ⑤ **0060** $\frac{\sqrt{3}}{3}$ **0061** ⑤

0062 $\frac{\sqrt{10}}{10}$ **0063** $16\sqrt{5}$ **0064** $\frac{8}{17}$ **0065** $\frac{5}{6}$ **0066** ⑤

0067 ③ **0068** 25 **0069** $\frac{6}{5}$ **0070** $\frac{\sqrt{5}}{5}$ **0071** ④

0072 $\frac{1}{5}$ **0073** $\frac{8}{17}$ **0074** $\frac{\sqrt{5}}{3}$ **0075** $\frac{2\sqrt{3}}{7}$ **0076** $\frac{7}{9}$

0077 $\frac{\sqrt{5}}{10}$ **0078** $\frac{4}{3}$ **0079** $\frac{\sqrt{13}}{13}$ **0080** $\frac{3}{5}$ **0081** ④

0082 $\frac{10}{29}$ **0083** ② **0084** ①, ④ **0085** $-\frac{1}{4}$ **0086** $\frac{5}{2}$

0087 $\frac{1}{2}$ **0088** $\frac{1}{2}$ **0089** $40°$ **0090** $\frac{\sqrt{2}}{4}$ **0091** $60°$

0092 $4\sqrt{3}$ **0093** ⑤ **0094** $24\sqrt{3}$ **0095** $4\sqrt{2}$ **0096** $\sqrt{3}$

0097 $\frac{9}{2}$ **0098** $33\sqrt{3}$ **0099** ② **0100** 6 **0101** $30°$

0102 $\frac{8\sqrt{3}}{3}$ **0103** ⑤ **0104** 1.52 **0105** ③ **0106** ⑤

0107 $\frac{3\sqrt{3}}{2}$ **0108** ③ **0109** ⑤ **0110** ① **0111** ②

0112 $\sin 15°$, $\cos 45°$, $\sin 80°$, $\cos 0°$, $\tan 46°$ **0113** $104°$

0114 $41°$ **0115** ⑤ **0116** 46.04 **0117** 7.660 **0118** 139.28

0119 ② **0120** ② **0121** $2+\sqrt{3}$ **0122** $\sin x-1$

0123 ⑤ **0124** ③ **0125** $\frac{\sqrt{3}}{3}$ **0126** ③ **0127** ③

0128 ③ **0129** ⑤ **0130** ③ **0131** $\frac{5\sqrt{13}}{13}$ **0132** ③

0133 3 **0134** $\frac{4\sqrt{3}}{3}$ **0135** ⑤ **0136** ③

0137 $y=\frac{\sqrt{3}}{3}x+3$ **0138** ② **0139** ⑤ **0140** ①

0141 ②, ④ **0142** ① **0143** 5.736 **0144** ⑤ **0145** $\sqrt{7}$

0146 $\frac{17}{13}$ **0147** 2 **0148** $\sqrt{3}$ **0149** ③ **0150** $\frac{1}{4}$

0151 ④

02 삼각비의 활용

0152 6, $4\sqrt{3}$, 6, $2\sqrt{3}$ **0153** 4, $2\sqrt{2}$, 4, $2\sqrt{2}$

0154 9, $6\sqrt{3}$, 9, $3\sqrt{3}$ **0155** $x=7.7$, $y=6.4$

0156 $x=2.85$, $y=4.1$ **0157** (1) 4 (2) $4\sqrt{3}$ (3) $2\sqrt{3}$ (4) $2\sqrt{7}$

0158 (1) $45°$ (2) 2 (3) $2\sqrt{2}$

0159 (1) $45°$ (2) 12 (3) $8\sqrt{3}$

0160 (1) $\angle BAH=30°$, $\angle CAH=45°$ (2) $\overline{BH}=\frac{\sqrt{3}}{3}h$, $\overline{CH}=h$
(3) $4(3-\sqrt{3})$

0161 (1) $\angle BAH=60°$, $\angle CAH=30°$
(2) $\overline{BH}=\sqrt{3}h$, $\overline{CH}=\frac{\sqrt{3}}{3}h$ (3) $2\sqrt{3}$

0162 $6\sqrt{3}$ **0163** 12 **0164** $9\sqrt{3}$ **0165** $\frac{15\sqrt{3}}{2}$ **0166** $24\sqrt{2}$

0167 18 **0168** $10\sqrt{3}$ **0169** $9\sqrt{2}$ **0170** $56\sqrt{2}$ **0171** $20\sqrt{3}$

0172 $16\sqrt{2}$ **0173** $30\sqrt{3}$ **0174** ①, ② **0175** ⑤ **0176** 0.5

0177 ⑤ **0178** ③ **0179** 192 cm^3

0180 $9\sqrt{3}\pi\text{ cm}^3$ **0181** $(10\sqrt{3}+1.5)$ m

0182 $18\sqrt{3}$ m **0183** $(15\sqrt{3}-15)$ m

0184 $(10\sqrt{3}+30)$ m **0185** $2\sqrt{31}$ cm **0186** 10

0187 $4\sqrt{5}$ **0188** $3\sqrt{7}$ **0189** $6\sqrt{6}$ **0190** $4\sqrt{2}$ **0191** ④

0192 $(3\sqrt{3}+9)$ cm **0193** $5(3-\sqrt{3})$ **0194** ④

0195 $30(\sqrt{3}-1)$ m **0196** $9(3-\sqrt{3})\text{ cm}^2$

0197 $150\sqrt{3}$ m **0198** ① **0199** $5(\sqrt{3}+1)$ m

0200 ③ **0201** $45°$ **0202** $27\sqrt{3}$ **0203** $8\sqrt{2}$ **0204** ④

0205 7 **0206** $135°$ **0207** 8 **0208** ⑤ **0209** ②

0210 57 **0211** ③ **0212** 12 **0213** $5\sqrt{3}\text{ cm}^2$

0214 $15\sqrt{2}$ **0215** 8 **0216** ⑤ **0217** $35\sqrt{3}$ **0218** $60°$

0219 ③ **0220** $2\sqrt{31}$ km **0221** $4(3-\sqrt{3})$ m/s

0222 ③ **0223** ④ **0224** 10 **0225** ② **0226** ⑤

0227 $10\sqrt{3}$ m **0228** ④ **0229** 71.7 m **0230** ③

0231 ⑤ **0232** ② **0233** $28\sqrt{2}$ **0234** $2(3-\sqrt{3})$

0235 ⑤ **0236** 9 cm^2 **0237** ③ **0238** ③

0239 $(2+2\sqrt{3})$ m **0240** $36(\sqrt{3}-1)\text{ cm}^2$

0241 $(12\pi-9\sqrt{3})\text{ cm}^2$ **0242** 3 **0243** $12\sqrt{2}\text{ cm}^2$

0244 4 cm **0245** $\frac{3}{5}$ **0246** ⑤

중학 수학

3-2

많은 학생들은 왜

개념원리로 공부할까요?

정확한 개념과 원리의 이해,

수학의 비결

개념원리에 있습니다.

수학의 자신감은
개념과 원리를 정확히 이해하고
다양한 유형의 문제 해결 방법을 익힘으로써
얻어지게 됩니다.

이 책을 펴내면서

수학 공부에도 비결이 있나요?

예, 있습니다.
무조건 암기하거나 문제를 풀기만 하는 수학 공부는 잘못된 학습방법입니다.
공부는 많이 하는 것 같은데 효과를 얻을 수 없는 이유가 여기에 있습니다.

그렇다면 효과적인 수학 공부의 비결은 무엇일까요?

첫째. 개념원리 중학수학을 통하여 개념과 원리를 정확히 이해합니다.
둘째. RPM을 통하여 다양한 유형의 문제 해결 방법을 익힙니다.

이처럼 개념원리 중학수학과 RPM으로 차근차근 공부해 나간다면 수학의 자신감을 얻고 수학 실력이 놀랍게 향상될 것입니다.

구성과 특징

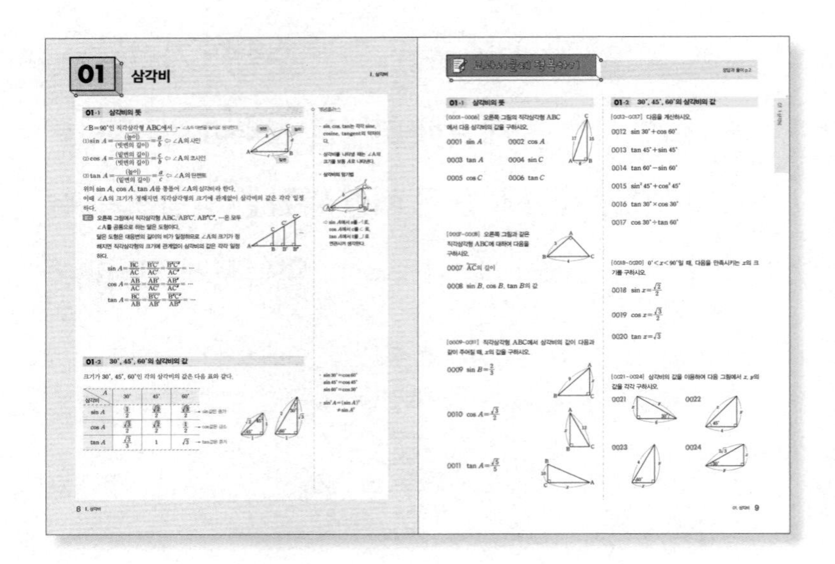

01 개념 핵심 정리

교과서 내용을 꼼꼼히 분석하여 핵심 개념만을 모아 알차고 이해하기 쉽게 정리하였습니다.

02 교과서문제 정복하기

학습한 정의와 공식을 해결할 수 있는 기본적인 문제를 충분히 연습하여 개념을 확실하게 익힐 수 있도록 구성하였습니다.

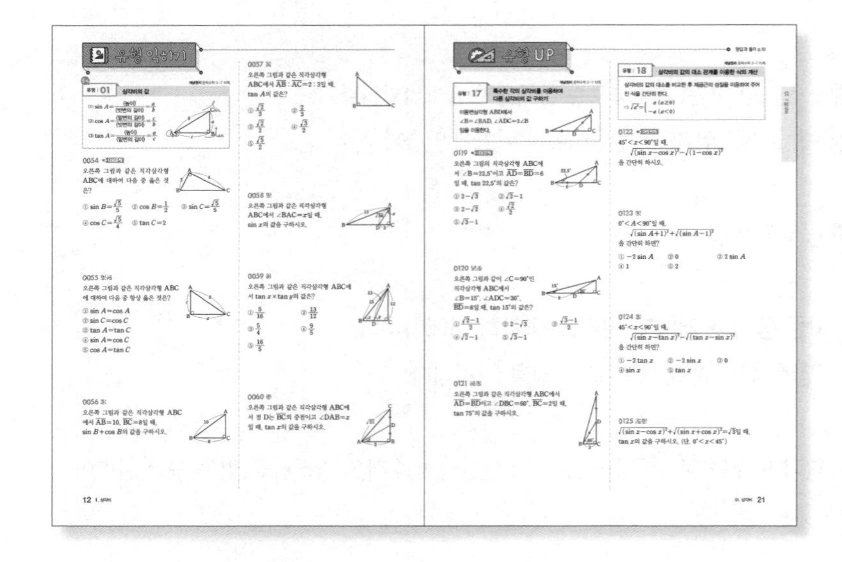

03 유형 익히기 / 유형 UP

문제 해결에 사용되는 핵심 개념정리, 문제의 형태 및 풀이 방법 등에 따라 문제를 유형화하였습니다.

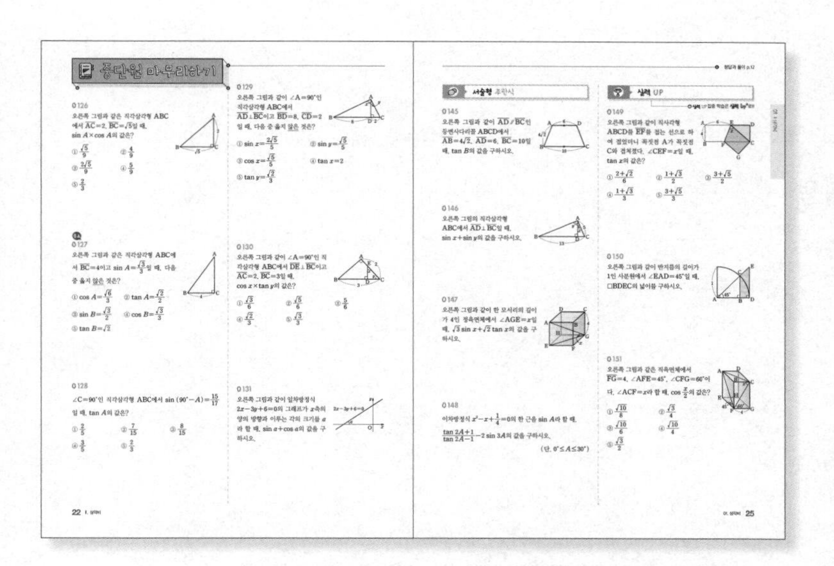

04 중단원 마무리하기

단원이 끝날 때마다 중요 문제를 통해 유형을 익혔는지 확인할 수 있을 뿐만 아니라 실전력을 기를 수 있도록 하였습니다.

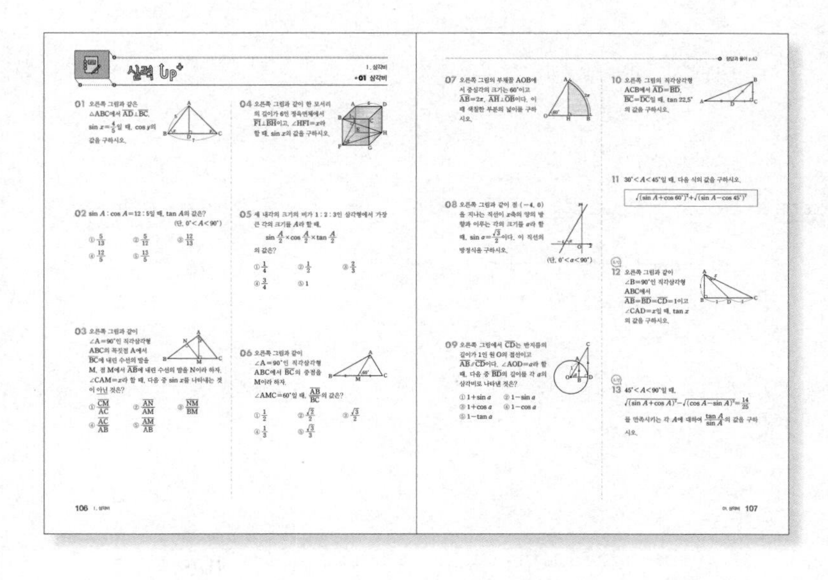

05 실력 UP⁺

중단원 마무리하기에 수록된 실력 UP 문제와 유사한 난이도의 문제를 풀어 봄으로써 문제해결능력을 향상시킬 수 있도록 하였습니다.

차례

I 삼각비

II 원의 성질

III 통계

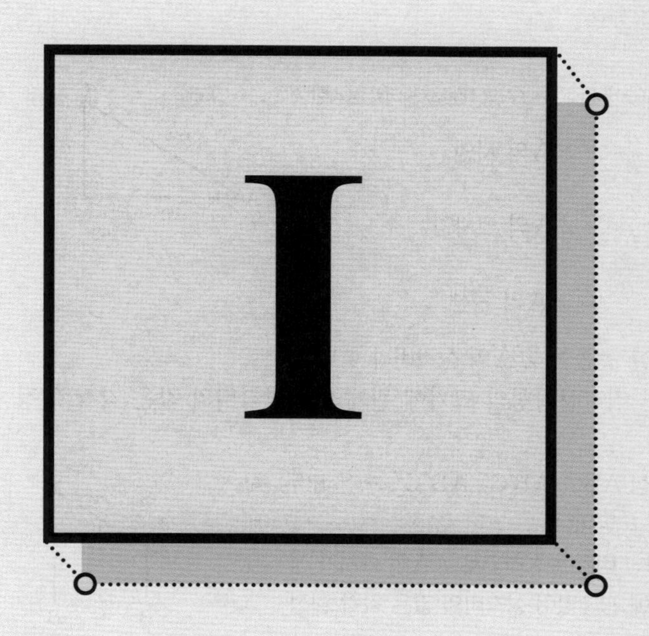

삼각비

01 삼각비

01-1 삼각비의 뜻

$\angle B=90°$인 직각삼각형 ABC에서 → $\angle A$의 대변을 높이로 생각한다.

(1) $\sin A=\dfrac{(\text{높이})}{(\text{빗변의 길이})}=\dfrac{a}{b}$ ⇦ $\angle A$의 사인

(2) $\cos A=\dfrac{(\text{밑변의 길이})}{(\text{빗변의 길이})}=\dfrac{c}{b}$ ⇦ $\angle A$의 코사인

(3) $\tan A=\dfrac{(\text{높이})}{(\text{밑변의 길이})}=\dfrac{a}{c}$ ⇦ $\angle A$의 탄젠트

빗변 높이 밑변

위의 $\sin A$, $\cos A$, $\tan A$를 통틀어 $\angle A$의 삼각비라 한다.
이때 $\angle A$의 크기가 정해지면 직각삼각형의 크기에 관계없이 삼각비의 값은 각각 일정하다.

참고 오른쪽 그림에서 직각삼각형 ABC, AB′C′, AB″C″, …은 모두 $\angle A$를 공통으로 하는 닮은 도형이다.
닮은 도형은 대응변의 길이의 비가 일정하므로 $\angle A$의 크기가 정해지면 직각삼각형의 크기에 관계없이 삼각비의 값은 각각 일정하다.

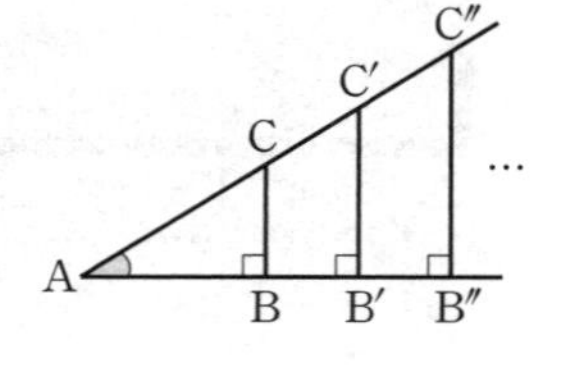

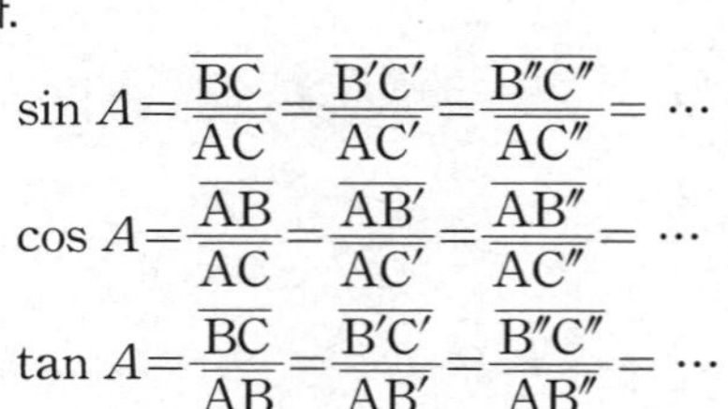

$$\sin A=\frac{\overline{BC}}{\overline{AC}}=\frac{\overline{B'C'}}{\overline{AC'}}=\frac{\overline{B''C''}}{\overline{AC''}}=\cdots$$
$$\cos A=\frac{\overline{AB}}{\overline{AC}}=\frac{\overline{AB'}}{\overline{AC'}}=\frac{\overline{AB''}}{\overline{AC''}}=\cdots$$
$$\tan A=\frac{\overline{BC}}{\overline{AB}}=\frac{\overline{B'C'}}{\overline{AB'}}=\frac{\overline{B''C''}}{\overline{AB''}}=\cdots$$

개념플러스

- sin, cos, tan는 각각 sine, cosine, tangent의 약자이다.
- 삼각비를 나타낼 때는 $\angle A$의 크기를 보통 A로 나타낸다.
- **삼각비의 암기법**

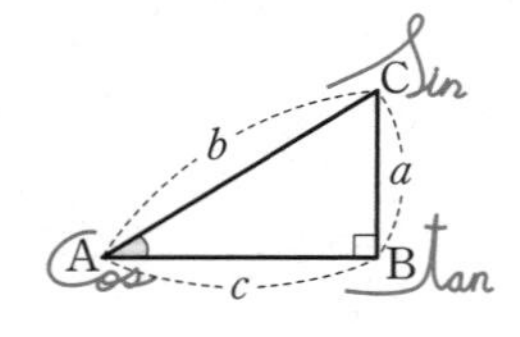

⇨ $\sin A$에서 s를 ⁄로, $\cos A$에서 c를 ⊂로, $\tan A$에서 t를 ⌡로 연관시켜 생각한다.

01-2 30°, 45°, 60°의 삼각비의 값

크기가 30°, 45°, 60°인 각의 삼각비의 값은 다음 표와 같다.

삼각비 \ A	30°	45°	60°	
$\sin A$	$\frac{1}{2}$	$\frac{\sqrt{2}}{2}$	$\frac{\sqrt{3}}{2}$	→ sin값은 증가
$\cos A$	$\frac{\sqrt{3}}{2}$	$\frac{\sqrt{2}}{2}$	$\frac{1}{2}$	→ cos값은 감소
$\tan A$	$\frac{\sqrt{3}}{3}$	1	$\sqrt{3}$	→ tan값은 증가

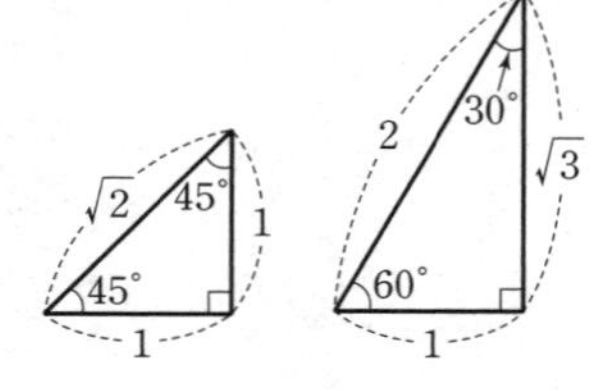

- $\sin 30°=\cos 60°$
  $\sin 45°=\cos 45°$
  $\sin 60°=\cos 30°$
- $\sin^2 A=(\sin A)^2$
  $\neq \sin A^2$

교과서문제 정복하기

정답과 풀이 p.2

01-1 삼각비의 뜻

[0001~0006] 오른쪽 그림의 직각삼각형 ABC에서 다음 삼각비의 값을 구하시오.

0001 $\sin A$ **0002** $\cos A$

0003 $\tan A$ **0004** $\sin C$

0005 $\cos C$ **0006** $\tan C$

[0007~0008] 오른쪽 그림과 같은 직각삼각형 ABC에 대하여 다음을 구하시오.

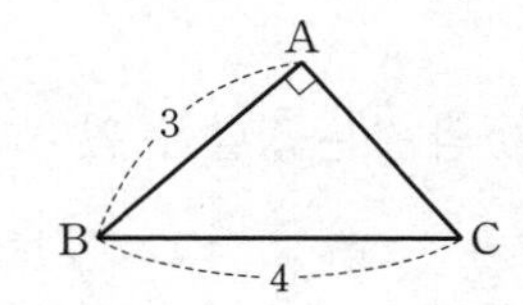

0007 $\overline{\mathrm{AC}}$의 길이

0008 $\sin B$, $\cos B$, $\tan B$의 값

[0009~0011] 직각삼각형 ABC에서 삼각비의 값이 다음과 같이 주어질 때, x의 값을 구하시오.

0009 $\sin B=\dfrac{2}{3}$

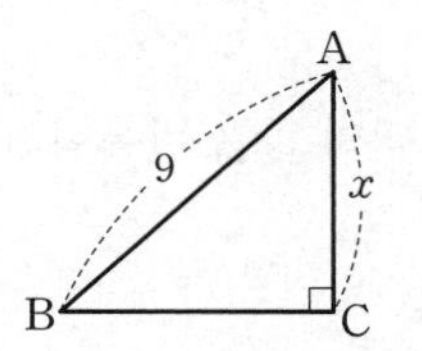

0010 $\cos A=\dfrac{\sqrt{3}}{2}$

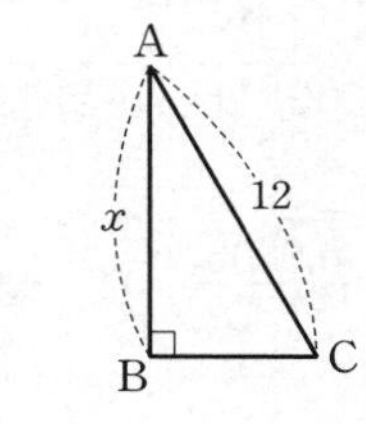

0011 $\tan A=\dfrac{\sqrt{5}}{5}$

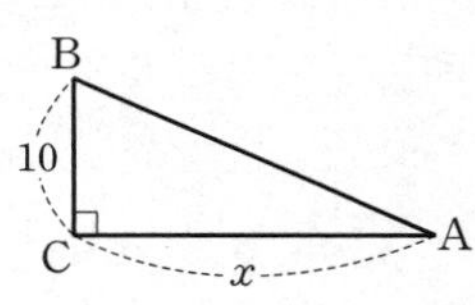

01-2 30°, 45°, 60°의 삼각비의 값

[0012~0017] 다음을 계산하시오.

0012 $\sin 30^\circ+\cos 60^\circ$

0013 $\tan 45^\circ+\sin 45^\circ$

0014 $\tan 60^\circ-\sin 60^\circ$

0015 $\sin^2 45^\circ+\cos^2 45^\circ$

0016 $\tan 30^\circ\times\cos 30^\circ$

0017 $\cos 30^\circ\div\tan 60^\circ$

[0018~0020] $0^\circ<x<90^\circ$일 때, 다음을 만족시키는 x의 크기를 구하시오.

0018 $\sin x=\dfrac{\sqrt{2}}{2}$

0019 $\cos x=\dfrac{\sqrt{3}}{2}$

0020 $\tan x=\sqrt{3}$

[0021~0024] 삼각비의 값을 이용하여 다음 그림에서 x, y의 값을 각각 구하시오.

0021

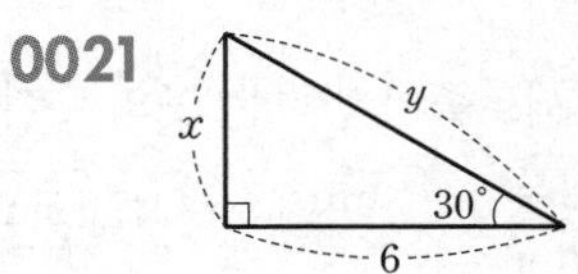

0022

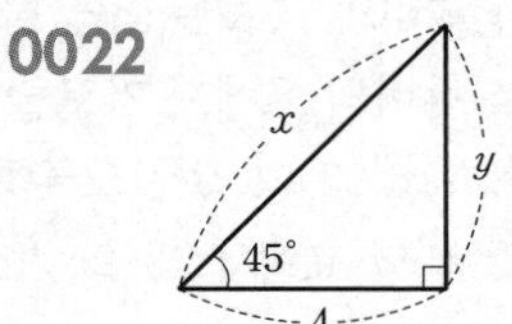

0023

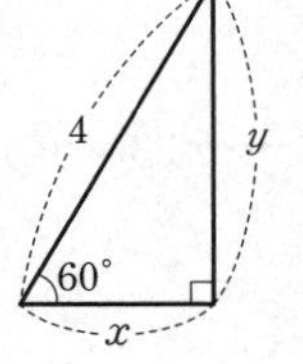

0024

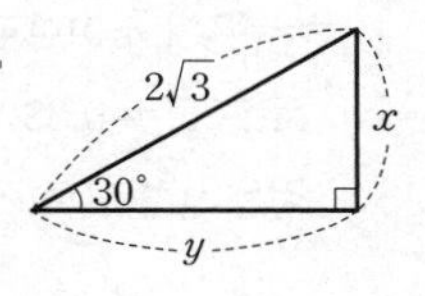

01 삼각비

01-3 예각의 삼각비의 값

반지름의 길이가 1인 사분원에서 예각 x에 대하여 ($0° < x < 90°$)

(1) $\sin x = \dfrac{\overline{AB}}{\overline{OA}} = \dfrac{\overline{AB}}{1} = \overline{AB}$

(2) $\cos x = \dfrac{\overline{OB}}{\overline{OA}} = \dfrac{\overline{OB}}{1} = \overline{OB}$

(3) $\tan x = \dfrac{\overline{CD}}{\overline{OD}} = \dfrac{\overline{CD}}{1} = \overline{CD}$

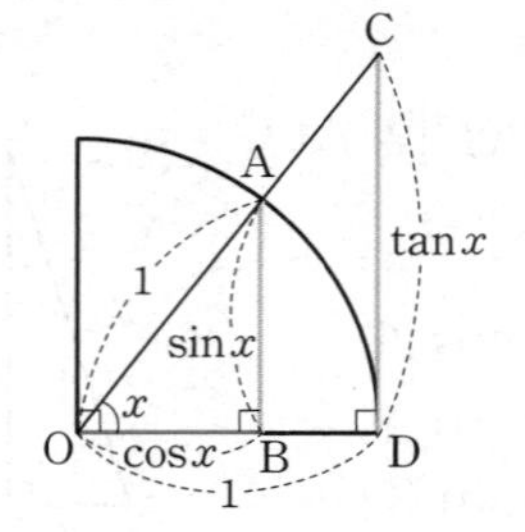

개념플러스

- $\sin x$, $\cos x$의 값은 △AOB에서 구하고, $\tan x$의 값은 △COD에서 구한다.

01-4 0°와 90°의 삼각비의 값

(1) **0°의 삼각비의 값**

① $\sin 0° = 0$ ② $\cos 0° = 1$ ③ $\tan 0° = 0$

(2) **90°의 삼각비의 값**

① $\sin 90° = 1$ ② $\cos 90° = 0$ ③ $\tan 90°$의 값은 정할 수 없다.

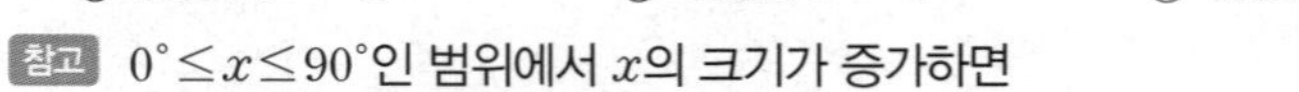

참고 $0° \le x \le 90°$인 범위에서 x의 크기가 증가하면

① $\sin x$의 값은 0에서 1까지 증가

② $\cos x$의 값은 1에서 0까지 감소

③ $\tan x$의 값은 0에서 무한히 증가

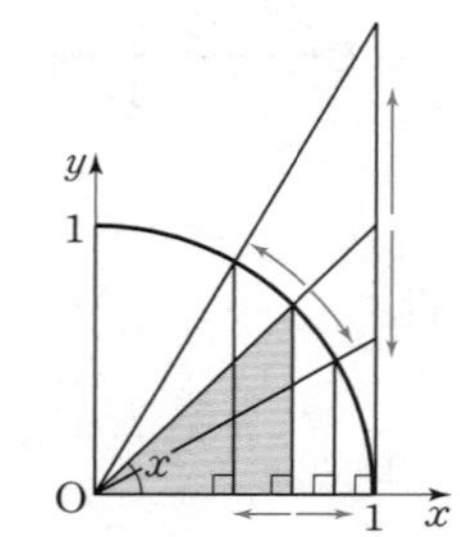

- ① $0° \le x < 45°$이면 $\sin x < \cos x$
  ② $x = 45°$이면 $\sin x = \cos x < \tan x$
  ③ $45° < x < 90°$이면 $\cos x < \sin x < \tan x$

01-5 삼각비의 표

(1) **삼각비의 표**

0°에서 90°까지의 각을 1° 간격으로 나누어서 이들의 삼각비의 값을 반올림하여 소수점 아래 넷째 자리까지 나타낸 표

(2) **삼각비의 표 보는 방법**

삼각비의 표에서 가로줄과 세로줄이 만나는 곳의 수가 삼각비의 값이다.

예 $\sin 23°$의 값은 오른쪽 삼각비의 표에서 23°의 가로줄과 사인(sin)의 세로줄이 만나는 곳의 수이므로

$\sin 23° = 0.3907$

각도	사인(sin)	코사인(cos)	탄젠트(tan)
⋮	⋮	⋮	⋮
23°	0.3907	0.9205	0.4245
⋮	⋮	⋮	⋮

sin 23°의 값 cos 23°의 값 tan 23°의 값

같은 방법으로 $\cos 23° = 0.9205$, $\tan 23° = 0.4245$

- 삼각비의 표에 있는 값은 대부분 반올림하여 구한 값이지만 등호 =를 사용하여 나타낸다.

01-3 예각의 삼각비의 값

[0025~0029] 오른쪽 그림과 같이 반지름의 길이가 1인 사분원에서 다음 삼각비의 값과 길이가 같은 선분을 구하시오.

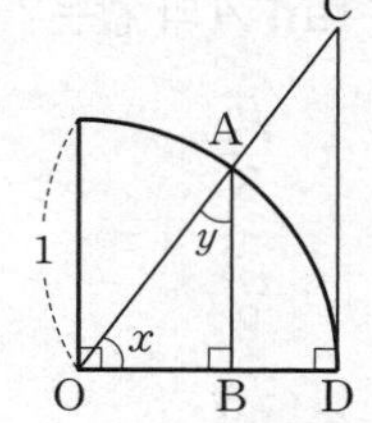

0025 $\sin x$

0026 $\cos x$

0027 $\tan x$

0028 $\sin y$

0029 $\cos y$

[0030~0034] 오른쪽 그림은 반지름의 길이가 1인 사분원을 좌표평면 위에 나타낸 것이다. 다음 삼각비의 값을 구하시오.

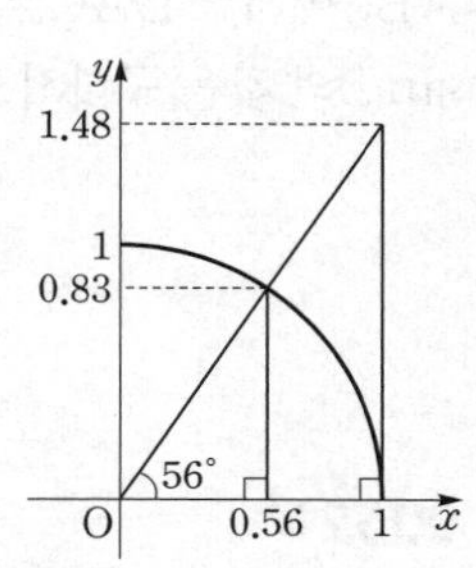

0030 $\sin 56^\circ$

0031 $\cos 56^\circ$

0032 $\tan 56^\circ$

0033 $\sin 34^\circ$

0034 $\cos 34^\circ$

01-4 0°와 90°의 삼각비의 값

[0035~0039] 다음을 계산하시오.

0035 $\tan 0^\circ + \sin 0^\circ$

0036 $\sin 0^\circ + \cos 0^\circ$

0037 $\tan 0^\circ - \cos 90^\circ + \sin 90^\circ$

0038 $\sin 90^\circ \times \sin 30^\circ$

0039 $\cos 90^\circ + \sin 0^\circ \times \sin 90^\circ$

[0040~0044] 다음 □ 안에 $>$, $=$, $<$ 중 알맞은 것을 써넣으시오.

0040 $\cos 20^\circ$ □ $\cos 70^\circ$

0041 $\sin 20^\circ$ □ $\sin 70^\circ$

0042 $\tan 20^\circ$ □ $\tan 70^\circ$

0043 $\sin 25^\circ$ □ $\cos 25^\circ$

0044 $\sin 45^\circ$ □ $\cos 45^\circ$

01-5 삼각비의 표

[0045~0050] 아래 삼각비의 표를 이용하여 다음 삼각비의 값을 구하시오.

각도	사인(sin)	코사인(cos)	탄젠트(tan)
46°	0.7193	0.6947	1.0355
47°	0.7314	0.6820	1.0724
48°	0.7431	0.6691	1.1106
49°	0.7547	0.6561	1.1504
50°	0.7660	0.6428	1.1918
51°	0.7771	0.6293	1.2349

0045 $\sin 48^\circ$

0046 $\cos 51^\circ$

0047 $\tan 46^\circ$

0048 $\sin 49^\circ$

0049 $\cos 47^\circ$

0050 $\tan 50^\circ$

[0051~0053] 위의 삼각비의 표를 이용하여 다음을 만족시키는 x의 크기를 구하시오.

0051 $\sin x = 0.7660$

0052 $\cos x = 0.6561$

0053 $\tan x = 1.2349$

유형 익히기

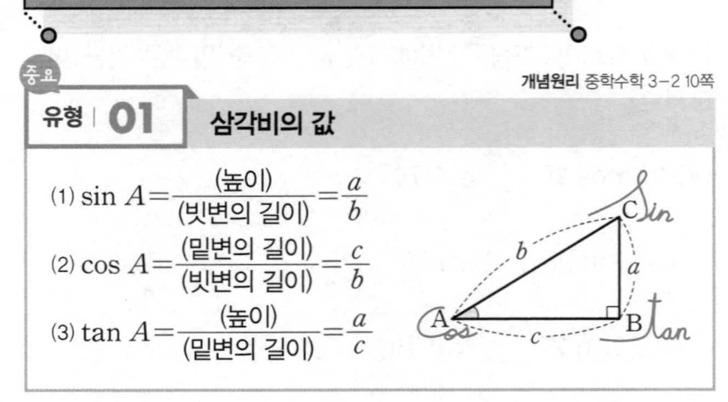

0054 대표문제

오른쪽 그림과 같은 직각삼각형 ABC에 대하여 다음 중 옳은 것은?

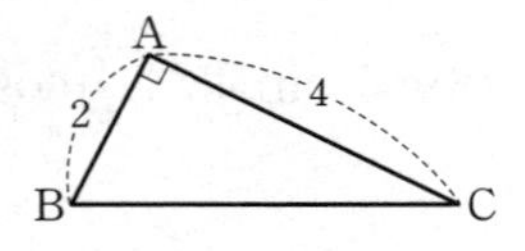

① $\sin B=\dfrac{\sqrt{5}}{5}$　② $\cos B=\dfrac{1}{2}$　③ $\sin C=\dfrac{\sqrt{5}}{5}$

④ $\cos C=\dfrac{\sqrt{5}}{4}$　⑤ $\tan C=2$

0055 중하

오른쪽 그림과 같은 직각삼각형 ABC에 대하여 다음 중 항상 옳은 것은?

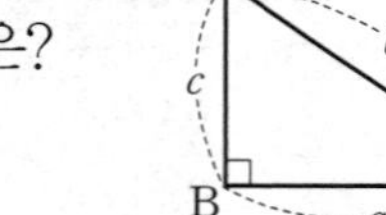

① $\sin A=\cos A$

② $\sin C=\cos C$

③ $\tan A=\tan C$

④ $\sin A=\cos C$

⑤ $\cos A=\tan C$

0056 중

오른쪽 그림과 같은 직각삼각형 ABC에서 $\overline{AB}=10$, $\overline{BC}=8$일 때, $\sin B+\cos B$의 값을 구하시오.

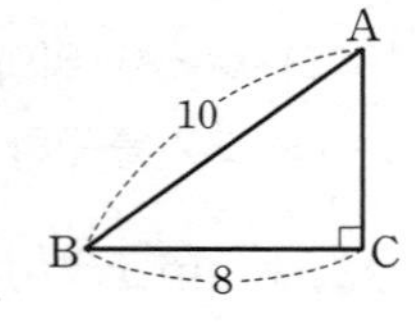

0057 중

오른쪽 그림과 같은 직각삼각형 ABC에서 $\overline{AB}:\overline{AC}=2:3$일 때, $\tan A$의 값은?

① $\dfrac{\sqrt{2}}{3}$　② $\dfrac{2}{3}$

③ $\dfrac{\sqrt{2}}{2}$　④ $\dfrac{\sqrt{3}}{2}$

⑤ $\dfrac{\sqrt{5}}{2}$

0058 중

오른쪽 그림과 같은 직각삼각형 ABC에서 $\angle BAC=x$일 때, $\sin x$의 값을 구하시오.

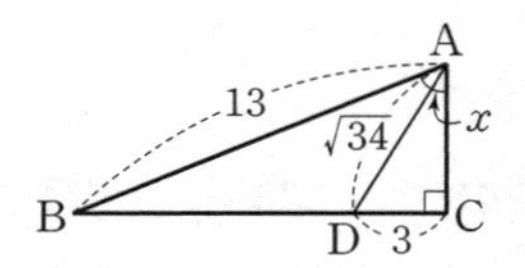

0059 중

오른쪽 그림과 같은 직각삼각형 ABC에서 $\tan x\times\tan y$의 값은?

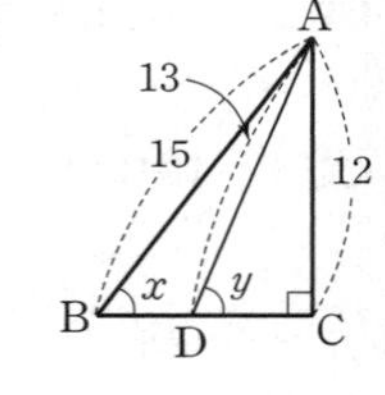

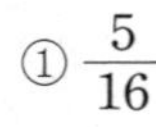

① $\dfrac{5}{16}$　② $\dfrac{13}{12}$

③ $\dfrac{5}{4}$　④ $\dfrac{9}{5}$

⑤ $\dfrac{16}{5}$

0060 중

오른쪽 그림과 같은 직각삼각형 ABC에서 점 D는 $\overline{BC}$의 중점이고 $\angle DAB=x$일 때, $\tan x$의 값을 구하시오.

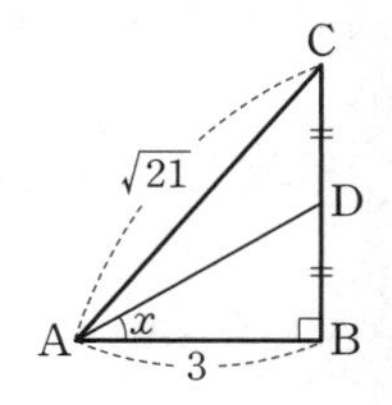

중요

개념원리 중학수학 3-2 10쪽

유형 | 02 한 변의 길이와 삼각비의 값을 알 때, 삼각형의 변의 길이 구하기

(i) 주어진 삼각비의 값을 이용하여 변의 길이를 구한다.
(ii) 피타고라스 정리를 이용하여 나머지 한 변의 길이를 구한다.

0061 대표문제

오른쪽 그림과 같은 직각삼각형 ABC에서 $\overline{AB}=20$, $\sin A=\frac{3}{5}$일 때, $\overline{AC}$의 길이는?

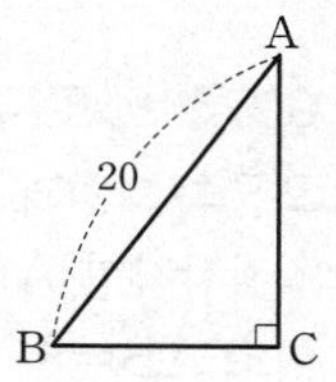

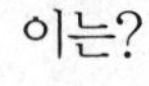

① 12 ② 13
③ 14 ④ 15
⑤ 16

0062 중

오른쪽 그림과 같은 직각삼각형 ABC에서 $\overline{AC}=6$, $\tan B=3$일 때, $\sin C$의 값을 구하시오.

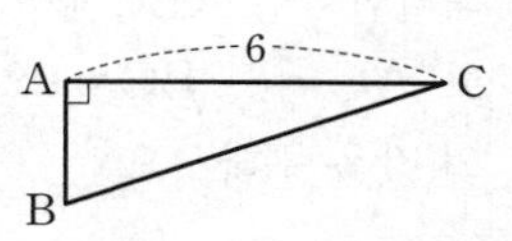

0063 중 서술형

오른쪽 그림과 같은 직각삼각형 ABC에서 $\overline{AC}=12$, $\cos A=\frac{\sqrt{5}}{3}$일 때, $\triangle ABC$의 넓이를 구하시오.

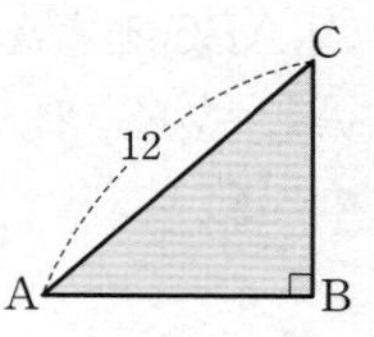

0064 중

오른쪽 그림과 같은 $\triangle ABC$에서 $\overline{AH}\perp\overline{BC}$, $\overline{AB}=20$, $\overline{AC}=17$, $\sin B=\frac{3}{4}$일 때, $\cos C$의 값을 구하시오.

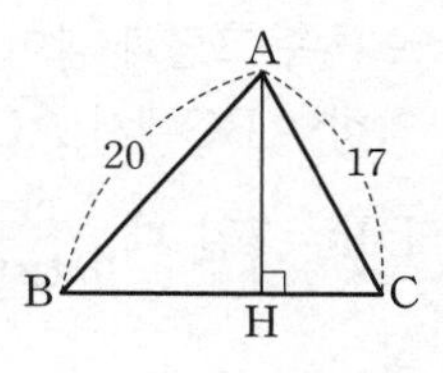

개념원리 중학수학 3-2 11쪽

유형 | 03 한 삼각비의 값을 알 때, 다른 삼각비의 값 구하기

sin, cos, tan 중 한 삼각비의 값을 알 때
(i) 주어진 삼각비의 값을 갖는 직각삼각형을 그린다.
(ii) 피타고라스 정리를 이용하여 나머지 한 변의 길이를 구한다.
(iii) 다른 삼각비의 값을 구한다.

0065 대표문제

$\sin A=\frac{5}{6}$일 때, $\cos A\times\tan A$의 값을 구하시오.
(단, $0^\circ<A<90^\circ$)

0066 중

$\angle B=90^\circ$인 직각삼각형 ABC에서 $\cos A=\frac{6}{7}$일 때, 다음 중 옳지 않은 것은?

① $\sin A=\frac{\sqrt{13}}{7}$ ② $\tan A=\frac{\sqrt{13}}{6}$
③ $\sin C=\frac{6}{7}$ ④ $\cos C=\frac{\sqrt{13}}{7}$
⑤ $\tan C=\frac{7}{6}$

0067 중

$2\tan A-3=0$일 때, $\frac{\sin A+\cos A}{\sin A-\cos A}$의 값은?
(단, $0^\circ<A<90^\circ$)

① 1 ② $\frac{5\sqrt{13}}{13}$ ③ 5
④ $3\sqrt{13}$ ⑤ 13

0068 중 서술형

$3\cos A-2=0$일 때, $30\sin A\times\tan A$의 값을 구하시오. (단, $0^\circ<A<90^\circ$)

개념원리 중학수학 3-2 12쪽

유형 04 직각삼각형의 닮음을 이용한 삼각비의 값 구하기 (1)

$\triangle ABC \backsim \triangle DBA \backsim \triangle DAC$

(AA 닮음)

⇨ $\angle ABC = \angle DAC$

$\angle BCA = \angle BAD$

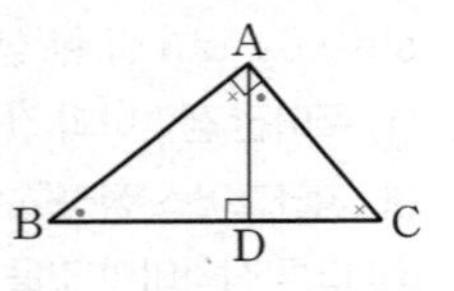

0069 대표문제

오른쪽 그림의 직각삼각형 ABC에서 $\overline{AD} \perp \overline{BC}$일 때, $\sin x + \cos y$의 값을 구하시오.

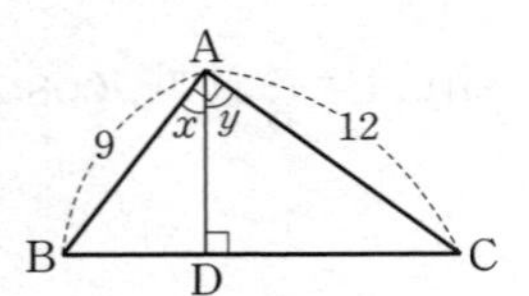

0070 중하

오른쪽 그림의 직각삼각형 ABC에서 $\overline{AD} \perp \overline{BC}$이고 $\angle BAD = x$일 때, $\cos x$의 값을 구하시오.

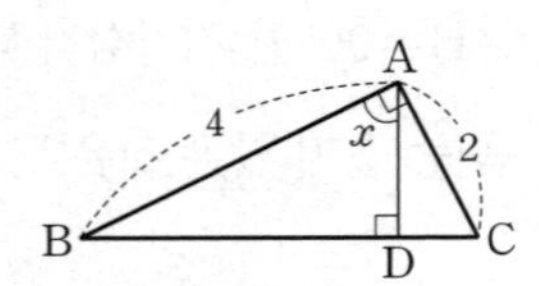

0071 중

오른쪽 그림의 직각삼각형 ABC에서 $\overline{AB} \perp \overline{CD}$일 때, 다음 중 옳지 않은 것은?

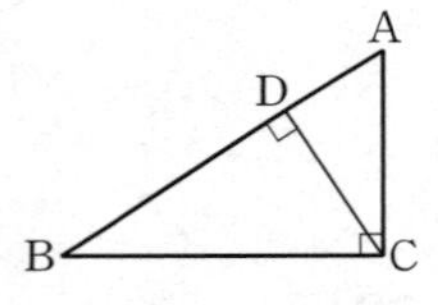

① $\sin A = \dfrac{\overline{BD}}{\overline{BC}}$

② $\cos A = \dfrac{\overline{CD}}{\overline{BC}}$ ③ $\tan A = \dfrac{\overline{BD}}{\overline{CD}}$

④ $\sin B = \dfrac{\overline{CD}}{\overline{AC}}$ ⑤ $\tan B = \dfrac{\overline{AD}}{\overline{CD}}$

0072 중

오른쪽 그림의 직사각형 ABCD에서 $\overline{AH} \perp \overline{BD}$이고 $\angle DAH = x$일 때, $\sin x - \cos x$의 값을 구하시오.

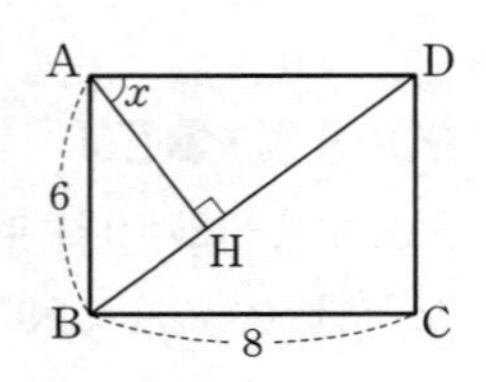

개념원리 중학수학 3-2 11쪽

유형 05 직각삼각형의 닮음을 이용한 삼각비의 값 구하기 (2)

$\angle A = 90^\circ$인 직각삼각형 ABC에서 $\overline{DE} \perp \overline{BC}$일 때

$\triangle ABC \backsim \triangle EBD$ (AA 닮음)

⇨ $\angle BCA = \angle BDE$

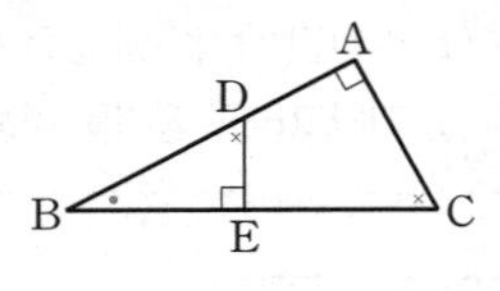

0073 대표문제

오른쪽 그림과 같이 $\angle A = 90^\circ$인 직각삼각형 ABC에서 $\overline{BC} \perp \overline{DE}$이고 $\overline{AB} = 8$, $\overline{AC} = 15$일 때, $\cos x$의 값을 구하시오.

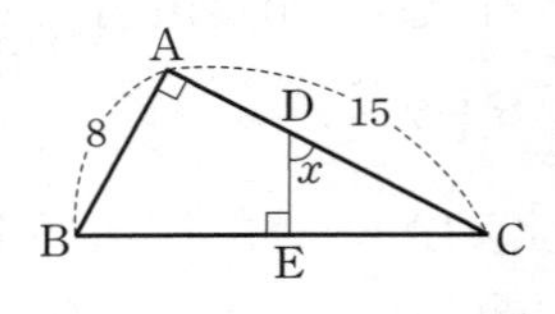

0074 중

오른쪽 그림과 같이 $\angle A = 90^\circ$인 직각삼각형 ABC에서 $\overline{BC} \perp \overline{DE}$이고 $\overline{AC} = 6$, $\overline{BC} = 9$일 때, $\cos x$의 값을 구하시오.

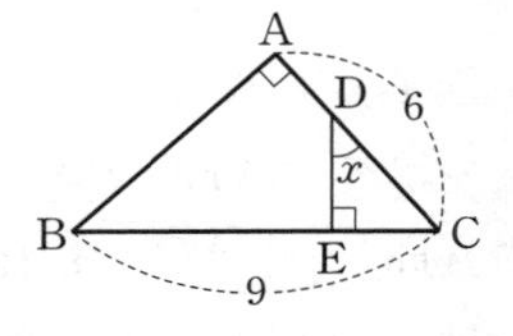

0075 중

오른쪽 그림과 같이 $\angle C = 90^\circ$인 직각삼각형 ABC에서 $\overline{AB} \perp \overline{DE}$이고 $\overline{AD} = 2$, $\overline{AE} = \sqrt{7}$일 때, $\sin B \times \cos B$의 값을 구하시오.

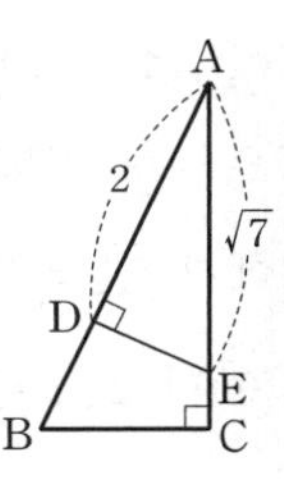

0076 중

오른쪽 그림과 같이 $\angle B = 90^\circ$인 직각삼각형 ABC에서 $\overline{AC} \perp \overline{DE}$이고 $\overline{DC} = 9$, $\overline{DE} = 7$일 때, $\dfrac{\sin A}{\tan A}$의 값을 구하시오.

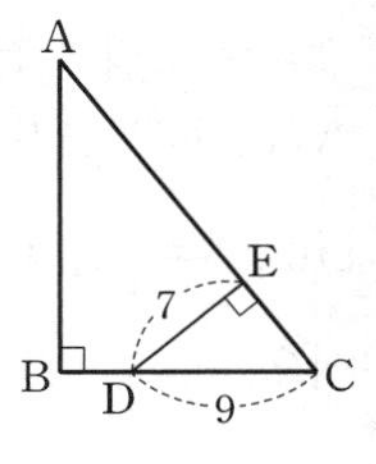

개념원리 중학수학 3-2 13쪽

유형 06 직선의 방정식과 삼각비

직선 l이 x축의 양의 방향과 이루는 각의 크기를 α라 할 때

(i) 직선의 방정식에 $y=0$, $x=0$을 각각 대입하여 두 점 A, B의 좌표를 구한다.

(ii) 직각삼각형 AOB에서 삼각비의 값을 구한다.

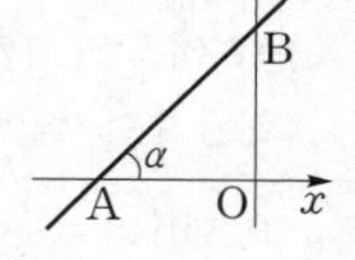

⇨ $\sin\alpha=\dfrac{\overline{OB}}{\overline{AB}}$, $\cos\alpha=\dfrac{\overline{OA}}{\overline{AB}}$, $\tan\alpha=\dfrac{\overline{OB}}{\overline{OA}}$

0077 대표문제

오른쪽 그림과 같이 일차방정식 $x-2y+8=0$의 그래프가 x축의 양의 방향과 이루는 각의 크기를 α라 할 때, $\sin\alpha\times\tan\alpha$의 값을 구하시오.

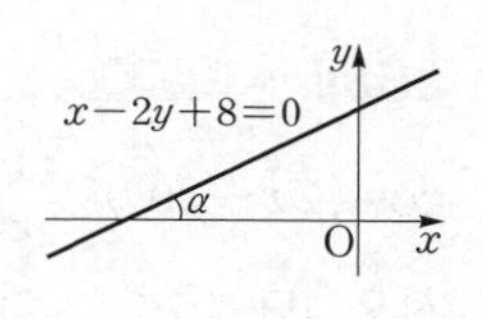

0078 중하

오른쪽 그림과 같이 일차방정식 $4x+3y-6=0$의 그래프가 x축과 이루는 예각의 크기를 α라 할 때, $\tan\alpha$의 값을 구하시오.

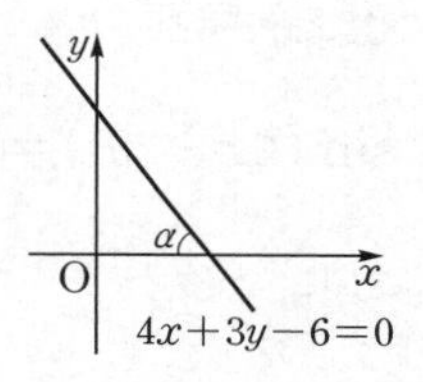

0079 중

일차함수 $y=\dfrac{3}{2}x+6$의 그래프가 x축과 이루는 예각의 크기를 α라 할 때, $\sin\alpha-\cos\alpha$의 값을 구하시오.

0080 중

오른쪽 그림과 같이 일차함수 $y=2x-1$의 그래프가 x축의 양의 방향과 이루는 각의 크기를 α라 할 때, $\sin^2\alpha-\cos^2\alpha$의 값을 구하시오.

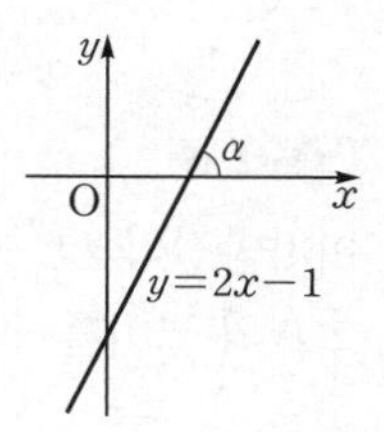

개념원리 중학수학 3-2 13쪽

유형 07 입체도형에서 삼각비의 값 구하기

입체도형에서 필요한 직각삼각형을 찾아 피타고라스 정리를 이용하여 변의 길이를 구한다.

0081 대표문제

오른쪽 그림과 같이 한 모서리의 길이가 3인 정육면체에서 $\angle CEG=x$일 때, $\cos x$의 값은?

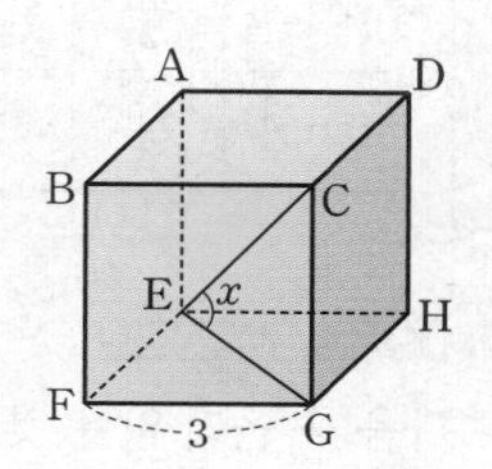

① 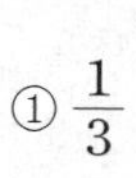 $\dfrac{1}{3}$　② $\dfrac{\sqrt{2}}{3}$

③ 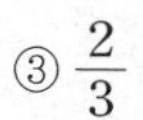 $\dfrac{2}{3}$　④ $\dfrac{\sqrt{6}}{3}$

⑤ 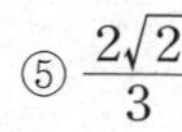 $\dfrac{2\sqrt{2}}{3}$

0082 중 서술형

오른쪽 그림과 같은 직육면체에서 $\angle DFH=x$일 때, $\sin x\times\cos x$의 값을 구하시오.

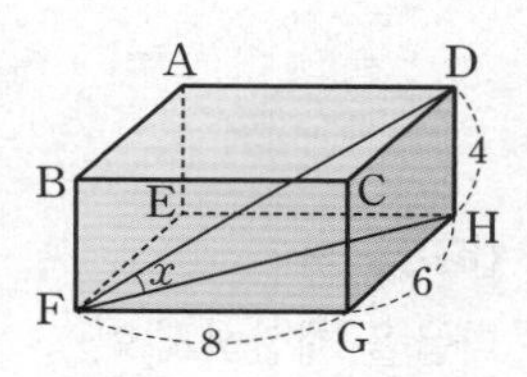

0083 상중

오른쪽 그림과 같이 한 모서리의 길이가 6인 정사면체에서 $\overline{BM}=\overline{CM}$이고 $\angle AMD=x$일 때, $\dfrac{\sin x}{\tan x}$의 값은?

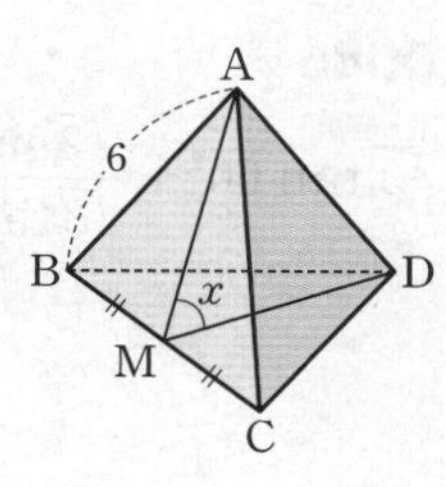

① $\dfrac{1}{6}$　② $\dfrac{1}{3}$　③ $\dfrac{1}{2}$　④ $\dfrac{2}{3}$　⑤ $\dfrac{5}{6}$

중요

개념원리 중학수학 3-2 17쪽

유형 | 08 30°, 45°, 60°의 삼각비의 값

삼각비 \ A	30°	45°	60°
$\sin A$	$\frac{1}{2}$	$\frac{\sqrt{2}}{2}$	$\frac{\sqrt{3}}{2}$
$\cos A$	$\frac{\sqrt{3}}{2}$	$\frac{\sqrt{2}}{2}$	$\frac{1}{2}$
$\tan A$	$\frac{\sqrt{3}}{3}$	1	$\sqrt{3}$

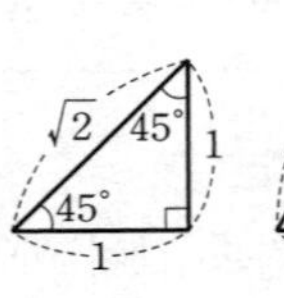

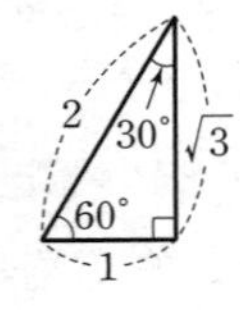

0084 대표문제

다음 중 옳지 않은 것을 모두 고르면? (정답 2개)

① $\sin 30°+\cos 30°=\frac{3}{2}$

② $\sqrt{3}\sin 60°-\sqrt{2}\cos 45°=\frac{1}{2}$

③ $\sqrt{3}\tan 30°-2\sin 30°=0$

④ $\tan 60°\div\cos 30°-\tan 45°=\frac{1}{2}$

⑤ $\tan 30°\times\sin 45°-\cos 60°=\frac{\sqrt{6}-3}{6}$

0085 중

다음을 계산하시오.

$$(1-\sin 45°-\cos 60°)(1+\cos 45°-\sin 30°)$$

0086 중

$\sqrt{3}\tan 60°+\frac{\sqrt{2}\sin 45°-2\tan 45°}{\sqrt{3}\tan 30°+2\cos 60°}$의 값을 구하시오.

0087 상 중

삼각형의 세 내각의 크기의 비가 3 : 4 : 5이고 내각 중 가장 작은 각의 크기를 A라 할 때, $\sin A\times\cos A\times\tan A$의 값을 구하시오.

개념원리 중학수학 3-2 17쪽

유형 | 09 특수한 각의 삼각비의 값을 이용하여 각의 크기 구하기

예각에 대한 삼각비의 값이 주어지면 특수한 각의 삼각비의 값을 이용하여 각의 크기를 구한다.

예 ∠A가 예각일 때

① $\sin A=\frac{1}{2}$이면 $\sin A=\sin 30°$ ∴ ∠A=30°

② $\cos A=\frac{1}{2}$이면 $\cos A=\cos 60°$ ∴ ∠A=60°

③ $\tan A=1$이면 $\tan A=\tan 45°$ ∴ ∠A=45°

0088 대표문제

$\cos(2x+30°)=\frac{1}{2}$일 때, $\tan 3x-\sin 2x$의 값을 구하시오. (단, $0°<x<30°$)

0089 중 하

$\sin(2x-20°)=\frac{\sqrt{3}}{2}$을 만족시키는 x의 크기를 구하시오. (단, $10°<x<55°$)

0090 중

$\tan(60°-3x)=1$일 때, 다음을 계산하시오. (단, $0°<x<15°$)

$$\cos(50°-x)\times\sin 6x$$

0091 중

이차방정식 $4x^2-4x+1=0$의 한 근을 $\cos A$라 할 때, ∠A의 크기를 구하시오. (단, $0°<A<90°$)

개념원리 중학수학 3-2 18쪽

유형 | 10 특수한 각의 삼각비의 값을 이용하여 변의 길이 구하기

주어진 삼각형에서 특수한 각의 삼각비의 값을 이용하여 삼각형의 변의 길이를 구한다.

예 오른쪽 그림의 직각삼각형 ABC에서

$\sin 60^\circ = \dfrac{\overline{AC}}{4} = \dfrac{\sqrt{3}}{2}$ $\quad \therefore \overline{AC} = 2\sqrt{3}$

$\cos 60^\circ = \dfrac{\overline{BC}}{4} = \dfrac{1}{2}$ $\quad \therefore \overline{BC} = 2$

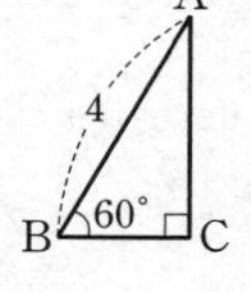

0092 대표문제

오른쪽 그림과 같이 $\angle B = 45^\circ$, $\angle C = 60^\circ$인 $\triangle ABC$에서 $\overline{AD} \perp \overline{BC}$이고 $\overline{AB} = 6\sqrt{2}$일 때, $\overline{AC}$의 길이를 구하시오.

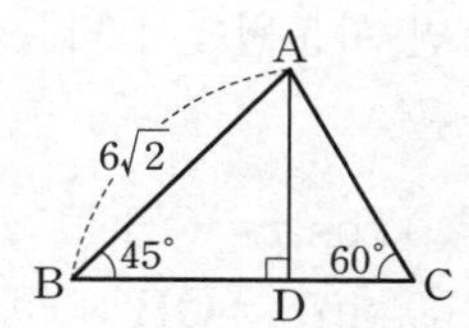

0093 중

오른쪽 그림의 두 직각삼각형 ABC, DBC에서 $\overline{CD} = 9$일 때, $\overline{AC}$의 길이는?

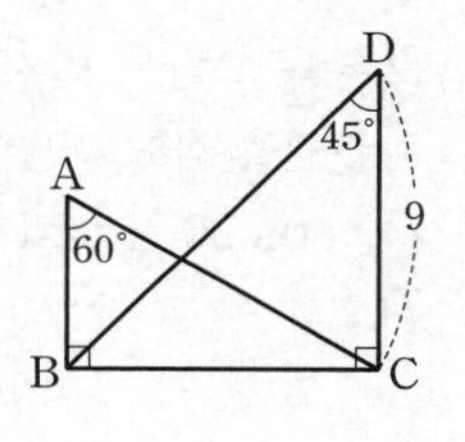

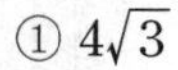

① $4\sqrt{3}$ ② 7 ③ 8 ④ $5\sqrt{3}$ ⑤ $6\sqrt{3}$

0094 중

오른쪽 그림의 직각삼각형 ABC에서 $\angle B = 30^\circ$, $\angle ADC = 60^\circ$이고 $\overline{DC} = 2\sqrt{3}$일 때, xy의 값을 구하시오.

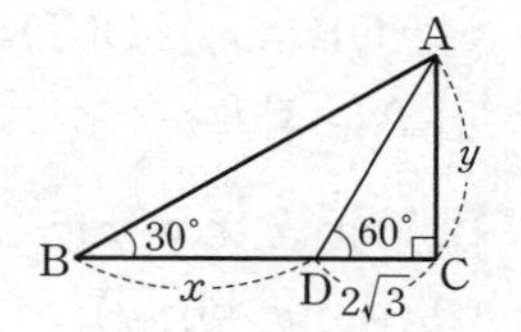

0095 중 서술형

오른쪽 그림과 같이 $\angle A = \angle C = 90^\circ$인 사각형 ABCD에서 $\angle ADB = 30^\circ$, $\angle DBC = 45^\circ$, $\overline{BC} = 8$일 때, $\overline{AB}$의 길이를 구하시오.

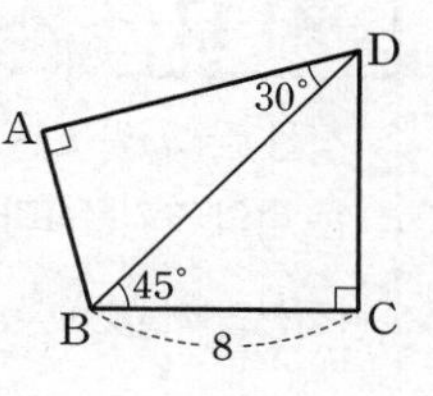

0096 중

오른쪽 그림과 같이 $\angle B = 30^\circ$, $\angle C = 90^\circ$이고 $\overline{AB} = 6$인 직각삼각형 ABC에서 $\overline{AD}$가 $\angle A$의 이등분선일 때, $x - y$의 값을 구하시오.

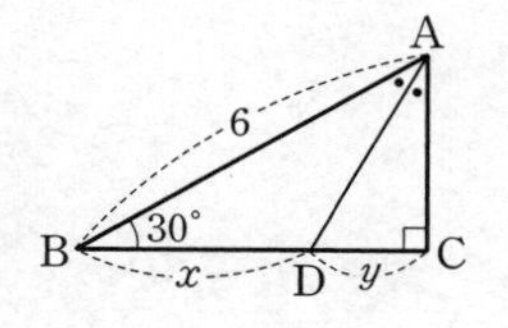

0097 상중

오른쪽 그림의 직각삼각형 ABC에서 $\overline{AB} \perp \overline{CD}$, $\overline{BC} \perp \overline{DE}$이고 $\angle B = 30^\circ$, $\overline{AB} = 12$일 때, $\overline{DE}$의 길이를 구하시오.

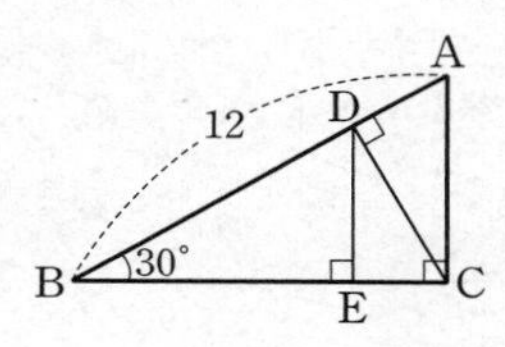

0098 상중

오른쪽 그림과 같이 $\overline{AB} = \overline{CD} = 6$, $\overline{BC} = 14$이고 $\angle B = 60^\circ$인 등변사다리꼴 ABCD의 넓이를 구하시오.

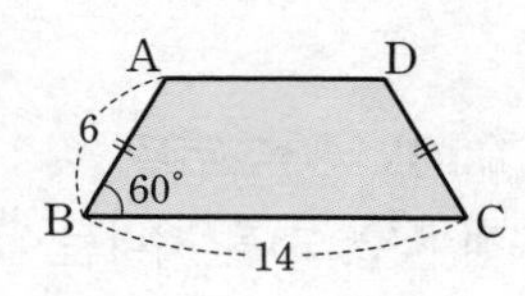

개념원리 중학수학 3-2 19쪽

유형 11 직선의 기울기와 삼각비

직선 $y=ax+b$가 x축의 양의 방향과 이루는 각의 크기를 α라 하면

(직선의 기울기)$=a=\dfrac{\overline{OB}}{\overline{OA}}=\tan\alpha$

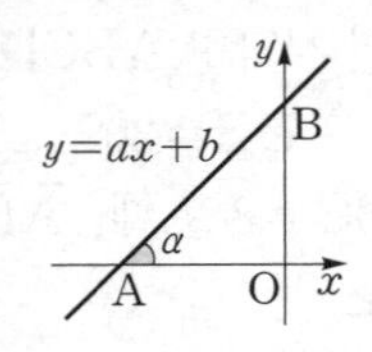

0099 대표문제

점 $(-1,\ 1)$을 지나고 x축의 양의 방향과 이루는 각의 크기가 45°인 직선의 방정식은?

① $y=x-2$ ② $y=x+2$ ③ $y=2x-1$
④ $y=2x+3$ ⑤ $y=3x+4$

0100 중

오른쪽 그림과 같이 x절편이 -2이고 x축의 양의 방향과 이루는 각의 크기가 60°인 직선 $y=ax+b$에 대하여 ab의 값을 구하시오. (단, a, b는 상수)

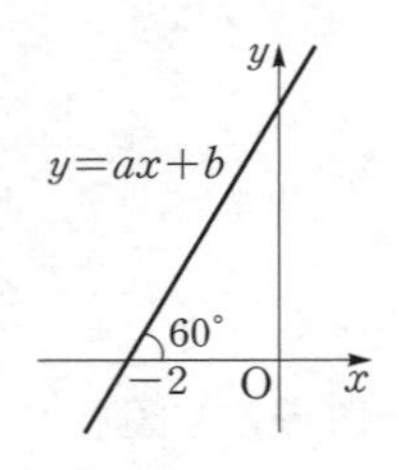

0101 중

일차방정식 $3y-\sqrt{3}x-9=0$의 그래프가 x축의 양의 방향과 이루는 예각의 크기를 구하시오.

0102 중 서술형

점 $(\sqrt{3},\ 7)$을 지나는 직선이 x축의 양의 방향과 이루는 각의 크기가 60°일 때, 이 직선과 x축, y축으로 둘러싸인 삼각형의 넓이를 구하시오.

개념원리 중학수학 3-2 24쪽

유형 12 사분원을 이용하여 삼각비의 값 구하기

반지름의 길이가 1인 사분원에서

(1) $\sin x=\dfrac{\overline{AB}}{\overline{OA}}=\dfrac{\overline{AB}}{1}=\overline{AB}$

(2) $\cos x=\dfrac{\overline{OB}}{\overline{OA}}=\dfrac{\overline{OB}}{1}=\overline{OB}$

(3) $\tan x=\dfrac{\overline{CD}}{\overline{OD}}=\dfrac{\overline{CD}}{1}=\overline{CD}$

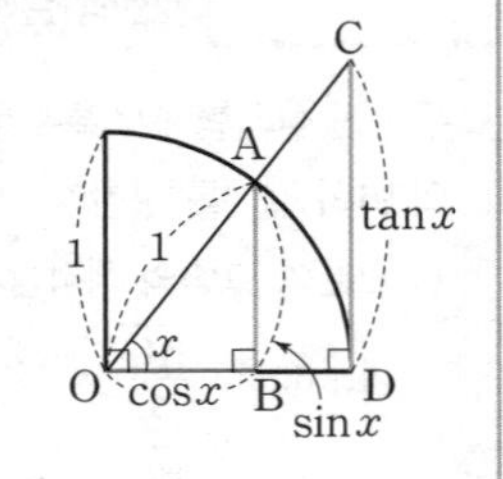

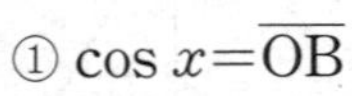

0103 대표문제

오른쪽 그림과 같이 반지름의 길이가 1인 사분원에서 다음 중 옳지 않은 것은?

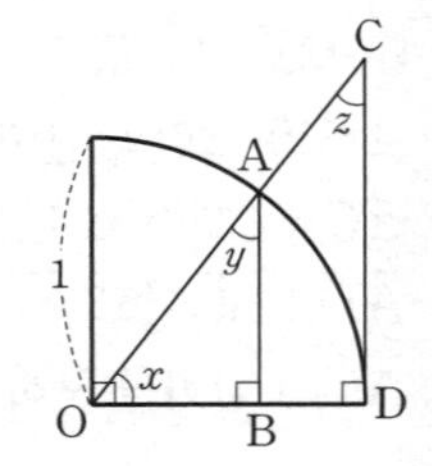

① $\cos x=\overline{OB}$ ② $\tan x=\overline{CD}$
③ $\sin y=\overline{OB}$ ④ $\cos y=\overline{AB}$
⑤ $\sin z=\overline{OD}$

0104 중하

오른쪽 그림은 반지름의 길이가 1인 사분원을 좌표평면 위에 나타낸 것이다. $\cos 35°+\tan 35°$의 값을 구하시오.

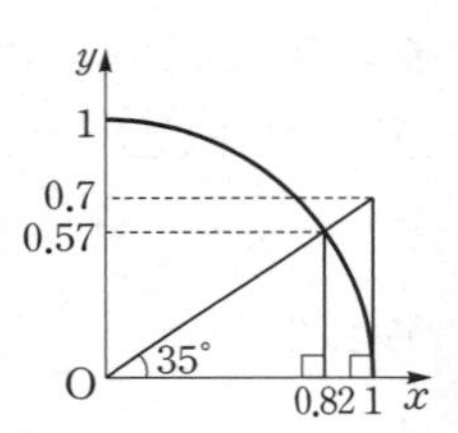

0105 중

오른쪽 그림은 반지름의 길이가 1인 사분원을 좌표평면 위에 나타낸 것이다. $\angle AOB=x$, $\angle OCD=y$일 때, 다음 중 점 A의 좌표는?

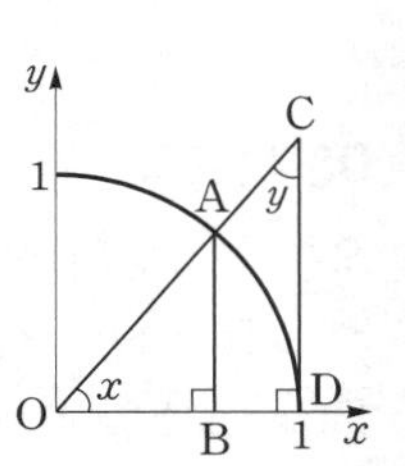

① $(\sin x,\ \cos x)$
② $(\sin y,\ \sin y)$ ③ $(\sin y,\ \sin x)$
④ $(\cos x,\ \tan x)$ ⑤ $(\cos y,\ \sin y)$

개념원리 중학수학 3-2 24쪽

유형 13 | $0°$, $90°$의 삼각비의 값

삼각비 / A	$\sin A$	$\cos A$	$\tan A$
$0°$	0	1	0
$90°$	1	0	정할 수 없다.

0106 대표문제
다음 중 옳지 않은 것은?

① $\sin 0° + \tan 0° + \cos 90° = 0$
② $\tan 45° - \sin 90° = 0$
③ $\sin 90° + \cos 0° = 2$
④ $\sin 60° = \cos 30°$
⑤ $\cos 90° - \sin 90° = 1$

0107 중
다음을 계산하시오.

$$\cos 0° \times \tan 60° - \sin 90° \times \tan 0° + \sin 60°$$

0108 중
다음 중 계산 결과가 나머지 넷과 다른 하나는?

① $(\sin 0° + \cos 0°) \times \tan 45°$
② $\dfrac{\sin 45°}{\cos 45°} \times \sin 90°$
③ $\dfrac{\tan 45°}{\cos 0° + \sin 90°}$
④ $\dfrac{\cos 90° + \sin 90°}{\cos 0° + \sin 0°}$
⑤ $\dfrac{\sin 30° + \cos 60°}{\sin 90°}$

중요

개념원리 중학수학 3-2 25쪽

유형 14 | 각의 크기에 따른 삼각비의 값의 대소 관계

(1) $0° \le x \le 90°$인 범위에서 x의 크기가 증가하면,
① $\sin x$의 값은 0에서 1까지 증가 → $0 \le \sin x \le 1$
② $\cos x$의 값은 1에서 0까지 감소 → $0 \le \cos x \le 1$
③ $\tan x$의 값은 0에서 무한히 증가 → $\tan x \ge 0$

(2) ① $0° \le x < 45°$일 때, $\sin x < \cos x$
② $x = 45°$일 때, $\sin x = \cos x < \tan x$
③ $45° < x < 90°$일 때, $\cos x < \sin x < \tan x$

0109 대표문제
다음 중 삼각비의 값의 대소 관계로 옳은 것은?

① $\sin 23° > \cos 23°$
② $\sin 75° < \cos 75°$
③ $\cos 48° < \cos 50°$
④ $\tan 20° > \tan 40°$
⑤ $\tan 50° > \cos 70°$

0110 중
다음 중 삼각비의 값에 대한 설명으로 옳지 않은 것은?

① $0° < x < 45°$일 때, $\cos x < \sin x$
② $x = 45°$일 때, $\sin x = \cos x$
③ $x = 45°$일 때, $\cos x < \tan x$
④ $45° < x < 90°$일 때, $\cos x < \sin x$
⑤ $45° < x < 90°$일 때, $\sin x < \tan x$

0111 중
$A = 50°$일 때, $\sin A$, $\cos A$, $\tan A$의 대소 관계를 바르게 나타낸 것은?

① $\sin A < \cos A < \tan A$
② $\cos A < \sin A < \tan A$
③ $\cos A < \tan A < \sin A$
④ $\tan A < \sin A < \cos A$
⑤ $\tan A < \cos A < \sin A$

0112 상중
다음 삼각비의 값을 작은 것부터 차례로 나열하시오.

$$\cos 0°,\ \sin 15°,\ \cos 45°,\ \tan 46°,\ \sin 80°$$

개념원리 중학수학 3-2 26쪽

유형 15 삼각비의 표를 이용하여 삼각비의 값 구하기

예 삼각비의 표에서
$\sin 24^\circ = 0.4067$
$\cos 25^\circ = 0.9063$
$\tan 26^\circ = 0.4877$

각도	사인 (sin)	코사인 (cos)	탄젠트 (tan)
24°	0.4067	0.9135	0.4452
25°	0.4226	0.9063	0.4663
26°	0.4384	0.8988	0.4877

0113 대표문제

$\sin x = 0.7986$, $\cos y = 0.6293$일 때, 다음 삼각비의 표를 이용하여 $x+y$의 크기를 구하시오.

각도	사인(sin)	코사인(cos)	탄젠트(tan)
51°	0.7771	0.6293	1.2349
52°	0.7880	0.6157	1.2799
53°	0.7986	0.6018	1.3270
54°	0.8090	0.5878	1.3764

0114 중

다음 그림의 직각삼각형 ABC에서 삼각비의 표를 이용하여 ∠A의 크기를 구하시오.

각도	사인 (sin)	코사인 (cos)	탄젠트 (tan)
40°	0.6428	0.7660	0.8391
41°	0.6561	0.7547	0.8693
42°	0.6691	0.7431	0.9004

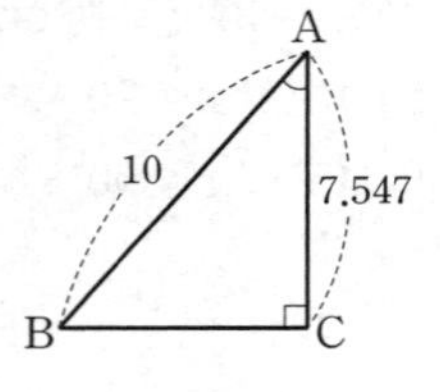

0115 중

아래 삼각비의 표에 대한 다음 설명 중 옳지 않은 것은?

각도	사인(sin)	코사인(cos)	탄젠트(tan)
75°	0.9659	0.2588	3.7321
76°	0.9703	0.2419	4.0108
77°	0.9744	0.2250	4.3315
78°	0.9781	0.2079	4.7046

① $\cos 77^\circ = 0.2250$
② $\tan 78^\circ = 4.7046$
③ $\sin x = 0.9703$이면 $x = 76^\circ$이다.
④ $\tan 75^\circ - \cos 76^\circ = 3.4902$
⑤ $\sin 75^\circ + \cos 78^\circ = 1.1638$

개념원리 중학수학 3-2 26쪽

유형 16 삼각비의 표를 이용하여 변의 길이 구하기

직각삼각형에서 직각이 아닌 한 각의 크기와 한 변의 길이가 주어지면 삼각비의 표를 이용하여 나머지 두 변의 길이를 구할 수 있다.

0116 대표문제

다음 그림의 직각삼각형 ABC에서 삼각비의 표를 이용하여 $x-y$의 값을 구하시오.

각도	사인 (sin)	코사인 (cos)	탄젠트 (tan)
62°	0.8829	0.4695	1.8807
63°	0.8910	0.4540	1.9626
64°	0.8988	0.4384	2.0503

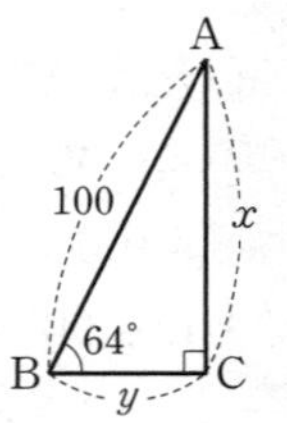

[0117~0118] 아래 삼각비의 표를 이용하여 다음 물음에 답하시오.

각도	사인(sin)	코사인(cos)	탄젠트(tan)
35°	0.5736	0.8192	0.7002
36°	0.5878	0.8090	0.7265
37°	0.6018	0.7986	0.7536
38°	0.6157	0.7880	0.7813
39°	0.6293	0.7771	0.8098
40°	0.6428	0.7660	0.8391

0117 중

오른쪽 그림의 직각삼각형 ABC에서 $\overline{AC}$의 길이를 구하시오.

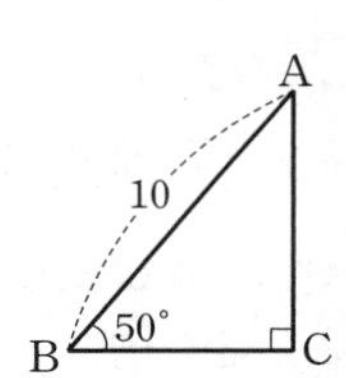

0118 상 중 서술형

오른쪽 그림의 직각삼각형 ABC에서 $\overline{AC}+\overline{BC}$의 길이를 구하시오.

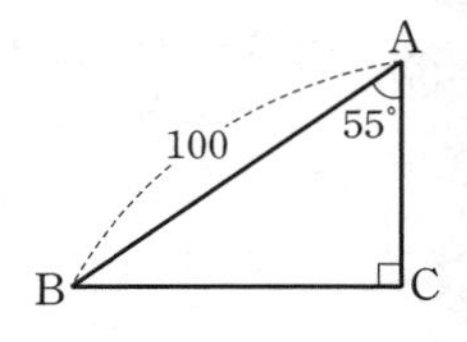

개념원리 중학수학 3-2 19쪽

유형 17 특수한 각의 삼각비를 이용하여 다른 삼각비의 값 구하기

이등변삼각형 ABD에서
$\angle B = \angle BAD$, $\angle ADC = 2\angle B$
임을 이용한다.

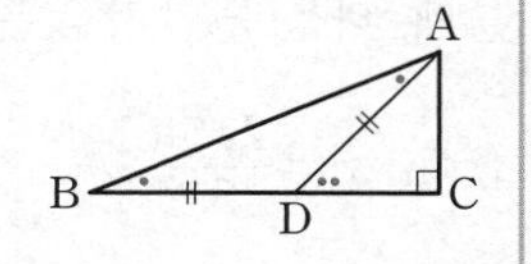

0119 대표문제

오른쪽 그림의 직각삼각형 ABC에서 $\angle B = 22.5°$이고 $\overline{AD} = \overline{BD} = 6$일 때, $\tan 22.5°$의 값은?

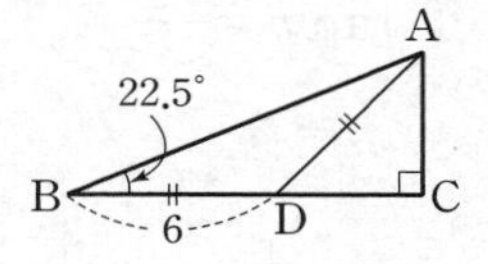

① $2-\sqrt{3}$ ② $\sqrt{2}-1$
③ $2-\sqrt{2}$ ④ $\dfrac{\sqrt{2}}{2}$
⑤ $\sqrt{3}-1$

0120 상중

오른쪽 그림과 같이 $\angle C = 90°$인 직각삼각형 ABC에서
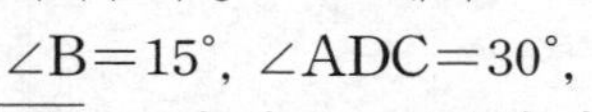
$\angle B = 15°$, $\angle ADC = 30°$, $\overline{BD} = 8$일 때, $\tan 15°$의 값은?

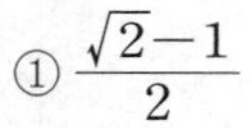

① $\dfrac{\sqrt{2}-1}{2}$ ② $2-\sqrt{3}$ ③ $\dfrac{\sqrt{3}-1}{2}$
④ $\sqrt{2}-1$ ⑤ $\sqrt{3}-1$

0121 상중

오른쪽 그림과 같은 직각삼각형 ABC에서 $\overline{AD} = \overline{BD}$이고 $\angle DBC = 60°$, $\overline{BC} = 2$일 때, $\tan 75°$의 값을 구하시오.

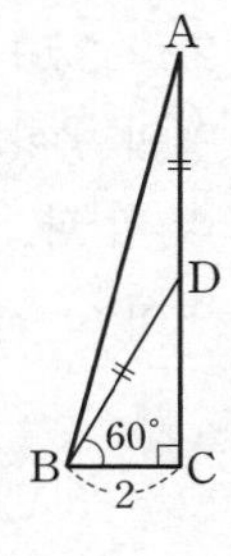

개념원리 중학수학 3-2 25쪽

유형 18 삼각비의 값의 대소 관계를 이용한 식의 계산

삼각비의 값의 대소를 비교한 후 제곱근의 성질을 이용하여 주어진 식을 간단히 한다.

$\Rightarrow \sqrt{a^2} = \begin{cases} a & (a \geq 0) \\ -a & (a < 0) \end{cases}$

0122 대표문제

$45° < x < 90°$일 때,

$$\sqrt{(\sin x - \cos x)^2} - \sqrt{(1-\cos x)^2}$$

을 간단히 하시오.

0123 중

$0° < A < 90°$일 때,

$$\sqrt{(\sin A + 1)^2} + \sqrt{(\sin A - 1)^2}$$

을 간단히 하면?

① $-2\sin A$ ② 0 ③ $2\sin A$
④ 1 ⑤ 2

0124 중

$45° < x < 90°$일 때,

$$\sqrt{(\sin x - \tan x)^2} - \sqrt{(\tan x - \sin x)^2}$$

을 간단히 하면?

① $-2\tan x$ ② $-2\sin x$ ③ 0
④ $\sin x$ ⑤ $\tan x$

0125 상중

$\sqrt{(\sin x - \cos x)^2} + \sqrt{(\sin x + \cos x)^2} = \sqrt{3}$일 때, $\tan x$의 값을 구하시오. (단, $0° < x < 45°$)

중단원 마무리하기

0126

오른쪽 그림과 같은 직각삼각형 ABC에서 $\overline{AC}=2$, $\overline{BC}=\sqrt{5}$일 때, $\sin A \times \cos A$의 값은?

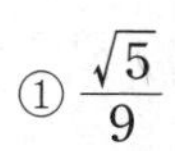

① $\dfrac{\sqrt{5}}{9}$ ② $\dfrac{4}{9}$ ③ $\dfrac{2\sqrt{5}}{9}$ ④ $\dfrac{5}{9}$ ⑤ $\dfrac{2}{3}$

중요
0127

오른쪽 그림과 같은 직각삼각형 ABC에서 $\overline{BC}=4$이고 $\sin A=\dfrac{\sqrt{3}}{3}$일 때, 다음 중 옳지 않은 것은?

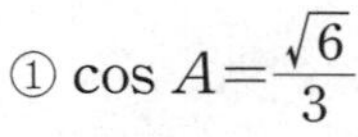
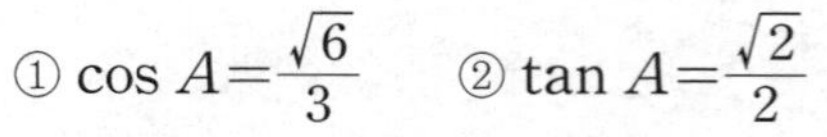

① $\cos A=\dfrac{\sqrt{6}}{3}$ ② $\tan A=\dfrac{\sqrt{2}}{2}$ ③ $\sin B=\dfrac{\sqrt{3}}{2}$ ④ $\cos B=\dfrac{\sqrt{3}}{3}$ ⑤ $\tan B=\sqrt{2}$

0128

$\angle C=90°$인 직각삼각형 ABC에서 $\sin(90°-A)=\dfrac{15}{17}$일 때, $\tan A$의 값은?

① $\dfrac{2}{5}$ ② $\dfrac{7}{15}$ ③ $\dfrac{8}{15}$ ④ $\dfrac{3}{5}$ ⑤ $\dfrac{2}{3}$

0129

오른쪽 그림과 같이 $\angle A=90°$인 직각삼각형 ABC에서 $\overline{AD}\perp\overline{BC}$이고 $\overline{BD}=8$, $\overline{CD}=2$일 때, 다음 중 옳지 않은 것은?

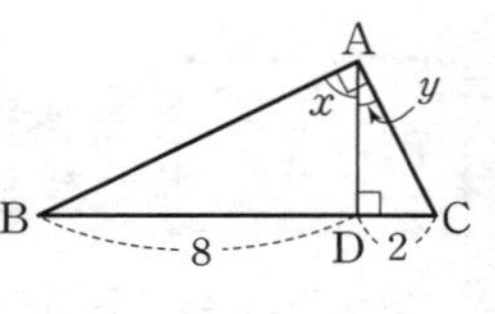

① $\sin x=\dfrac{2\sqrt{5}}{5}$ ② $\sin y=\dfrac{\sqrt{5}}{5}$ ③ $\cos x=\dfrac{\sqrt{5}}{5}$ ④ $\tan x=2$ ⑤ $\tan y=\dfrac{\sqrt{2}}{3}$

0130

오른쪽 그림과 같이 $\angle A=90°$인 직각삼각형 ABC에서 $\overline{DE}\perp\overline{BC}$이고 $\overline{AC}=2$, $\overline{BC}=3$일 때,

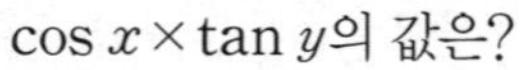

$\cos x \times \tan y$의 값은?

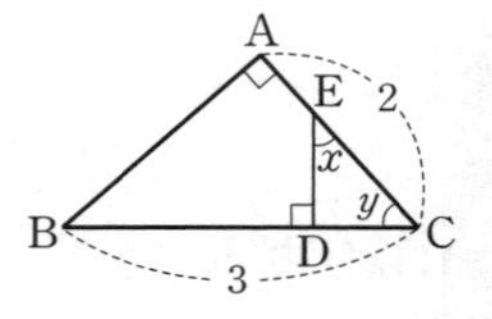

① $\dfrac{\sqrt{3}}{6}$ ② $\dfrac{\sqrt{5}}{6}$ ③ $\dfrac{5}{6}$ ④ $\dfrac{\sqrt{2}}{3}$ ⑤ $\dfrac{\sqrt{3}}{3}$

0131

오른쪽 그림과 같이 일차방정식 $2x-3y+6=0$의 그래프가 x축의 양의 방향과 이루는 각의 크기를 a라 할 때, $\sin a+\cos a$의 값을 구하시오.

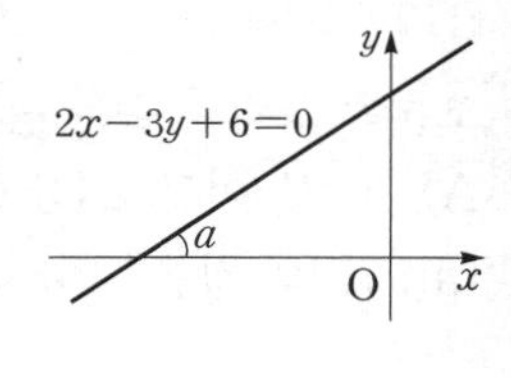

0132

이차방정식 $2x^2-ax+1=0$의 한 근이 $\cos 30°-\cos 60°$ 일 때, 상수 a의 값은?

① $2\sqrt{2}$　② 3　③ $2\sqrt{3}$
④ 4　⑤ $3\sqrt{2}$

0133

오른쪽 그림의 직각삼각형 ABC에서 점 I는 내심이고 $\angle BIC=105°$일 때, $3\sin A+\cos A\times\tan B$의 값을 구하시오.

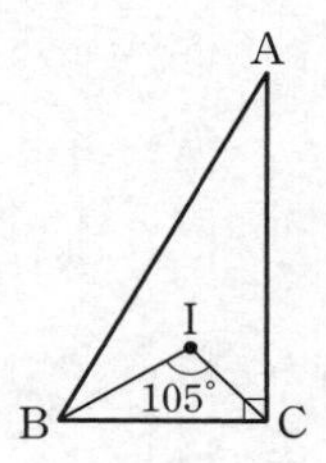

0134

$\sin x=\cos x$일 때, $\tan(x+15°)+\tan(75°-x)$의 값을 구하시오. (단, $0°<x<60°$)

0135

오른쪽 그림의 $\triangle ABC$에서 $\overline{AD}\perp\overline{BC}$이고 $\angle B=60°$, $\angle C=45°$, $\overline{AC}=8$일 때, $\overline{BD}$의 길이는?

① 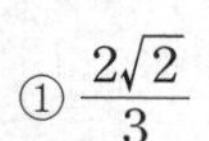 $\frac{2\sqrt{2}}{3}$　② 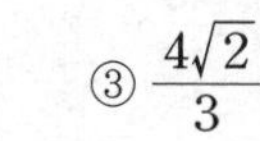 $\frac{2\sqrt{6}}{3}$　③ $\frac{4\sqrt{2}}{3}$
④ $\frac{4\sqrt{3}}{3}$　⑤ $\frac{4\sqrt{6}}{3}$

0136

오른쪽 그림에서 $\overline{AB}$는 반원 O의 지름이고 $\overline{AB}\perp\overline{CD}$이다. $\angle AOC=120°$, $\overline{AO}=12$일 때, $\overline{CD}$의 길이는?

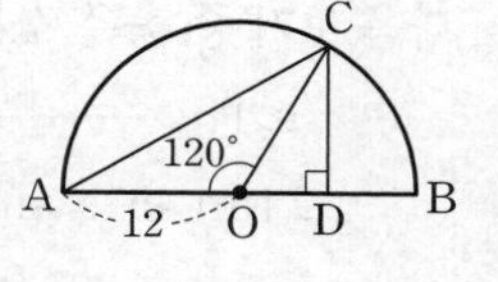

① $4\sqrt{3}$　② $5\sqrt{3}$　③ $6\sqrt{3}$
④ $5\sqrt{2}$　⑤ $6\sqrt{2}$

0137

오른쪽 그림과 같이 y절편이 3이고 x축의 양의 방향과 이루는 예각의 크기가 α인 직선이 있다. $\sin\alpha=\frac{1}{2}$일 때, 이 직선의 방정식을 구하시오.

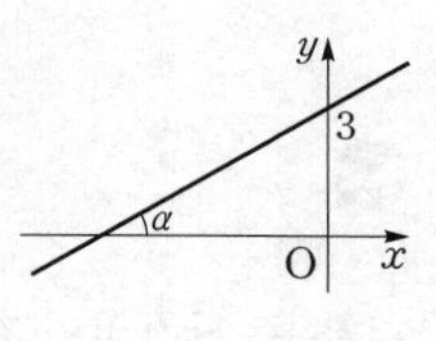

0138

오른쪽 그림은 반지름의 길이가 1인 사분원을 좌표평면 위에 나타낸 것이다. 다음 삼각비의 값 중 옳지 않은 것은?

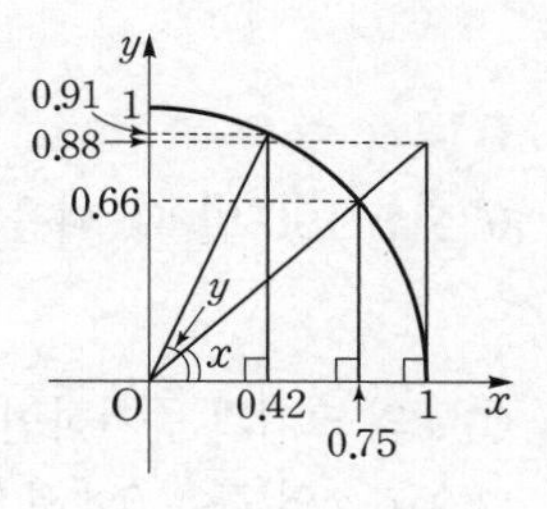

① $\sin x=0.66$
② $\cos x=0.42$
③ $\tan x=0.88$
④ $\sin y=0.91$
⑤ $\cos y=0.42$

0139

다음 **보기** 중 옳은 것을 모두 고른 것은?

보기

ㄱ. $2\tan 45^\circ \times \sin 45^\circ = 1$
ㄴ. $\tan 0^\circ \times \cos 0^\circ = 0$
ㄷ. $\sin 30^\circ + \cos 60^\circ \times \tan 45^\circ = 1$
ㄹ. $\sin 90^\circ \times \cos 0^\circ + \sin 0^\circ \times \cos 90^\circ = 1$
ㅁ. $\sin 90^\circ \div \sin 30^\circ - \cos 0^\circ \times \tan 45^\circ = 3$

① ㄱ, ㄴ ② ㄴ, ㄹ ③ ㄱ, ㄴ, ㄷ
④ ㄱ, ㄷ, ㅁ ⑤ ㄴ, ㄷ, ㄹ

중요

0140

다음 중 삼각비의 값이 가장 작은 것은?

① $\sin 25^\circ$ ② $\cos 10^\circ$ ③ $\cos 25^\circ$
④ $\tan 45^\circ$ ⑤ $\tan 75^\circ$

0141

$0^\circ \le x \le 90^\circ$일 때, 다음 중 옳은 것을 모두 고르면? (정답 2개)

① x의 크기가 증가하면 $\cos x$의 값도 증가한다.
② $\sin x$의 값은 0에서 1까지 증가한다.
③ $\sin x > \cos x$
④ $45^\circ \le x < 90^\circ$일 때, $\sin x < \tan x$
⑤ 크기가 같은 각에 대하여 $\sin x = \cos x$인 경우는 없다.

0142

다음 삼각비의 표를 이용하여 $\sin 47^\circ + \cos 50^\circ - \tan 48^\circ$의 값을 구하면?

각도	사인(sin)	코사인(cos)	탄젠트(tan)
47°	0.7314	0.6820	1.0724
48°	0.7431	0.6691	1.1106
49°	0.7547	0.6561	1.1504
50°	0.7660	0.6428	1.1918

① 0.2636 ② 0.2769 ③ 0.3016
④ 0.3374 ⑤ 0.3410

0143

다음 그림의 직각삼각형 ABC에서 삼각비의 표를 이용하여 $\overline{AC}$의 길이를 구하시오.

각도	사인(sin)	코사인(cos)	탄젠트(tan)
53°	0.7986	0.6018	1.3270
54°	0.8090	0.5878	1.3764
55°	0.8192	0.5736	1.4281
56°	0.8290	0.5592	1.4826

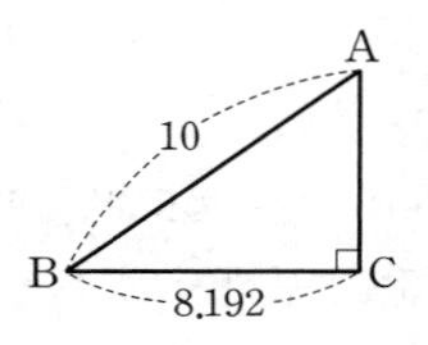

0144

$0^\circ < A < 45^\circ$일 때,

$$\sqrt{(\tan A - 1)^2} + \sqrt{(\tan A + 1)^2}$$

을 간단히 하면?

① -2 ② $-2\tan A$ ③ 0
④ $2\tan A$ ⑤ 2

서술형 주관식

0145

오른쪽 그림과 같이 $\overline{AD} /\!/ \overline{BC}$인 등변사다리꼴 ABCD에서 $\overline{AB}=4\sqrt{2}$, $\overline{AD}=6$, $\overline{BC}=10$일 때, $\tan B$의 값을 구하시오.

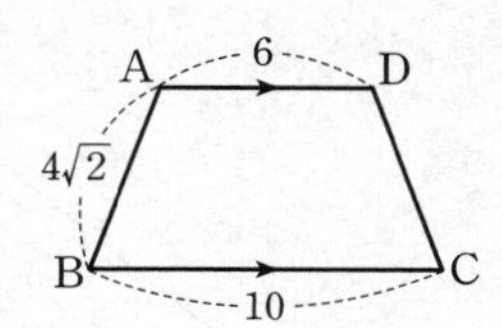

0146

오른쪽 그림의 직각삼각형 ABC에서 $\overline{AD} \perp \overline{BC}$일 때, $\sin x+\sin y$의 값을 구하시오.

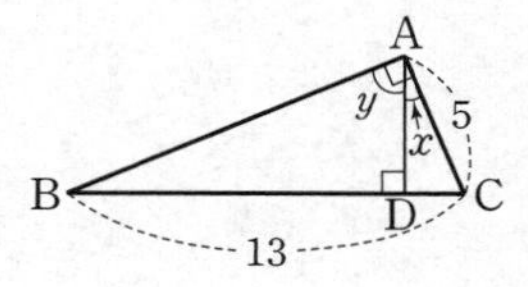

0147

오른쪽 그림과 같이 한 모서리의 길이가 4인 정육면체에서 $\angle AGE=x$일 때, $\sqrt{3}\sin x+\sqrt{2}\tan x$의 값을 구하시오.

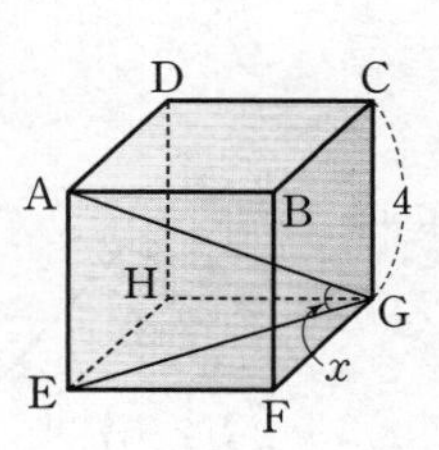

0148

이차방정식 $x^2-x+\frac{1}{4}=0$의 한 근을 $\sin A$라 할 때, $\frac{\tan 2A+1}{\tan 2A-1}-2\sin 3A$의 값을 구하시오.

(단, $0^\circ \le A \le 30^\circ$)

실력 UP

실력 UP 집중 학습은 실력 Up+로!!

0149

오른쪽 그림과 같이 직사각형 ABCD를 $\overline{EF}$를 접는 선으로 하여 접었더니 꼭짓점 A가 꼭짓점 C와 겹쳐졌다. $\angle CEF=x$일 때, $\tan x$의 값은?

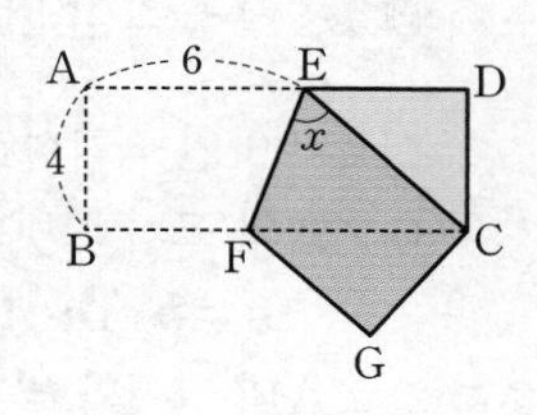

① $\frac{2+\sqrt{2}}{6}$ ② $\frac{1+\sqrt{3}}{2}$ ③ $\frac{3+\sqrt{5}}{2}$

④ $\frac{1+\sqrt{3}}{3}$ ⑤ $\frac{3+\sqrt{5}}{3}$

0150

오른쪽 그림과 같이 반지름의 길이가 1인 사분원에서 $\angle EAD=45^\circ$일 때, □BDEC의 넓이를 구하시오.

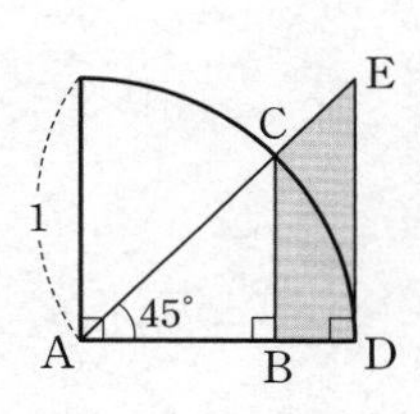

0151

오른쪽 그림과 같은 직육면체에서 $\overline{FG}=4$, $\angle AFE=45^\circ$, $\angle CFG=60^\circ$이다. $\angle ACF=x$라 할 때, $\cos\frac{x}{2}$의 값은?

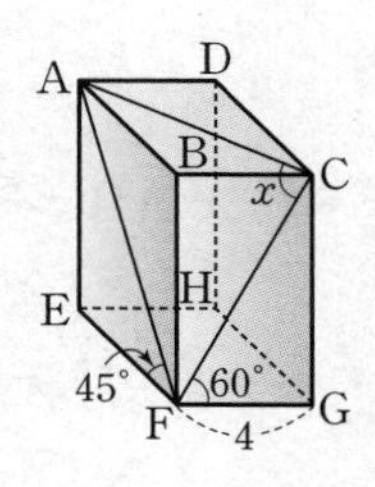

① $\frac{\sqrt{10}}{8}$ ② $\frac{\sqrt{3}}{4}$

③ $\frac{\sqrt{10}}{6}$ ④ $\frac{\sqrt{10}}{4}$

⑤ $\frac{\sqrt{3}}{2}$

02 삼각비의 활용

02-1 직각삼각형의 변의 길이

$\angle B=90°$인 직각삼각형 ABC에서

(1) $\angle A$의 크기와 빗변의 길이 b를 알 때

$$\boldsymbol{a=b\sin A,\ c=b\cos A}$$

(2) $\angle A$의 크기와 밑변의 길이 c를 알 때

$$\boldsymbol{a=c\tan A,\ b=\frac{c}{\cos A}}$$

(3) $\angle A$의 크기와 높이 a를 알 때

$$\boldsymbol{b=\frac{a}{\sin A},\ c=\frac{a}{\tan A}}$$

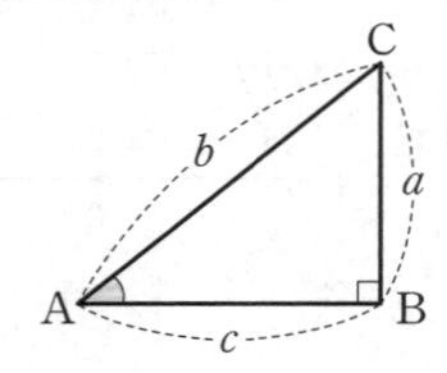

참고 $\sin A=\frac{a}{b}$이므로 $a=b\sin A,\ b=\frac{a}{\sin A}$

$\cos A=\frac{c}{b}$이므로 $c=b\cos A,\ b=\frac{c}{\cos A}$

$\tan A=\frac{a}{c}$이므로 $a=c\tan A,\ c=\frac{a}{\tan A}$

개념플러스

- 직각삼각형에서 한 변의 길이와 한 예각의 크기를 알면 삼각비를 이용하여 나머지 두 변의 길이를 구할 수 있다.

02-2 일반 삼각형의 변의 길이

(1) $\triangle$ABC에서 두 변의 길이 a, c와 그 끼인각 $\angle B$의 크기를 알 때

$\triangle$ABH에서 $\overline{AH}=c\sin B$, $\overline{BH}=c\cos B$

$\overline{CH}=\overline{BC}-\overline{BH}=a-c\cos B$이므로

$$\overline{AC}=\sqrt{\overline{AH}^2+\overline{CH}^2}$$
$$=\sqrt{(c\sin B)^2+(a-c\cos B)^2}$$

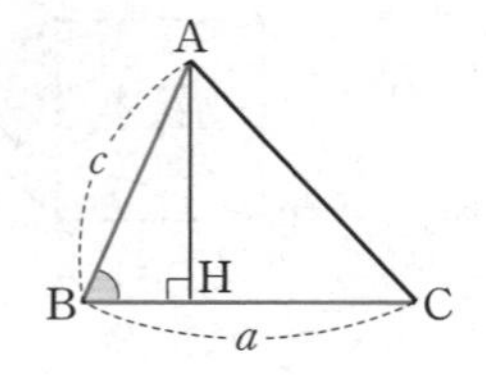

(2) $\triangle$ABC에서 한 변의 길이 a와 그 양 끝 각 $\angle B$, $\angle C$의 크기를 알 때

① $\overline{CH'}=\overline{AC}\sin A=a\sin B$이므로

$$\overline{AC}=\frac{a\sin B}{\sin A}$$

② $\overline{BH}=\overline{AB}\sin A=a\sin C$이므로

$$\overline{AB}=\frac{a\sin C}{\sin A}$$

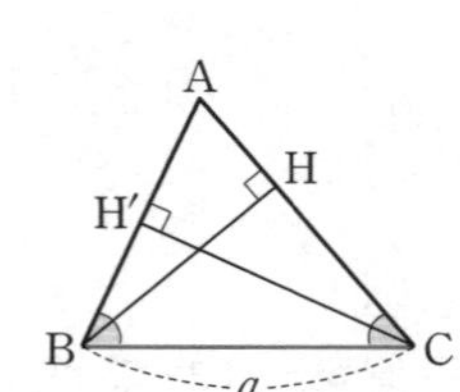

- 삼각비는 직각삼각형에서만 적용되므로 일반 삼각형에서는 꼭짓점에서 수선을 그어 직각삼각형을 만들어 변의 길이를 구한다.
- 일반 삼각형의 변의 길이를 구하는 공식을 외우기보다는 구하는 과정을 이해하도록 한다.
- 삼각비는 직접 측정하기 어려운 길이나 높이를 구할 때 이용한다.

교과서문제 정복하기

정답과 풀이 p.14

02-1 직각삼각형의 변의 길이

[0152~0154] 다음 그림의 직각삼각형 ABC에 대하여 □ 안에 알맞은 수를 써넣으시오.

0152 $\cos 30^\circ=\dfrac{6}{x}$이므로

$x=\square\div\cos 30^\circ=\square$

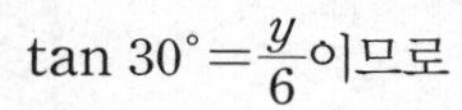
$\tan 30^\circ=\dfrac{y}{6}$이므로

$y=\square\times\tan 30^\circ=\square$

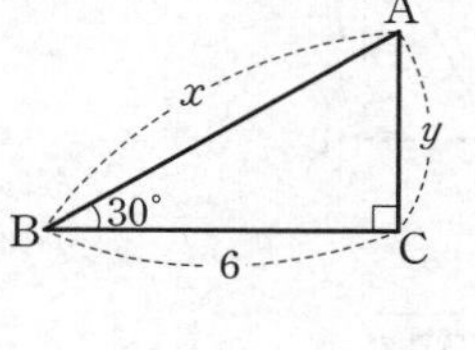

0153 $\sin 45^\circ=\dfrac{x}{4}$이므로

$x=\square\times\sin 45^\circ=\square$

$\cos 45^\circ=\dfrac{y}{4}$이므로

$y=\square\times\cos 45^\circ=\square$

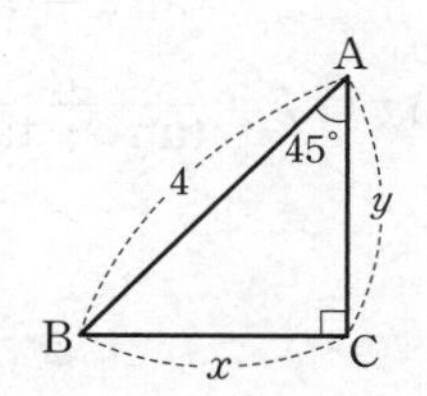

0154 $\sin 60^\circ=\dfrac{9}{x}$이므로

$x=\square\div\sin 60^\circ=\square$

$\tan 60^\circ=\dfrac{9}{y}$이므로

$y=\square\div\tan 60^\circ=\square$

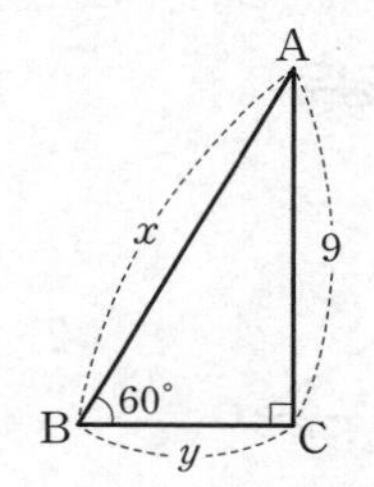

[0155~0156] 다음 그림의 직각삼각형 ABC에서 x, y의 값을 각각 구하시오. (단, $\sin 35^\circ=0.57$, $\cos 35^\circ=0.82$, $\sin 50^\circ=0.77$, $\cos 50^\circ=0.64$로 계산한다.)

0155

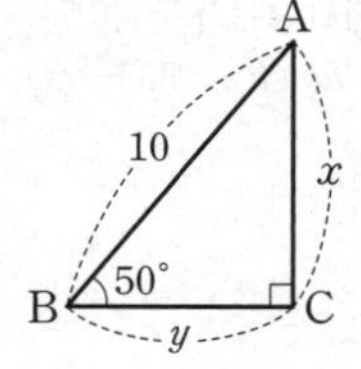

0156

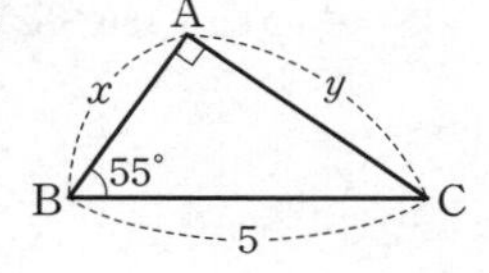

02-2 일반 삼각형의 변의 길이

0157 오른쪽 그림과 같이 삼각형 ABC에서 $\overline{AC}$의 길이를 구하기 위하여 꼭짓점 A에서 $\overline{BC}$에 수선 AH를 그었다. 다음을 구하시오.

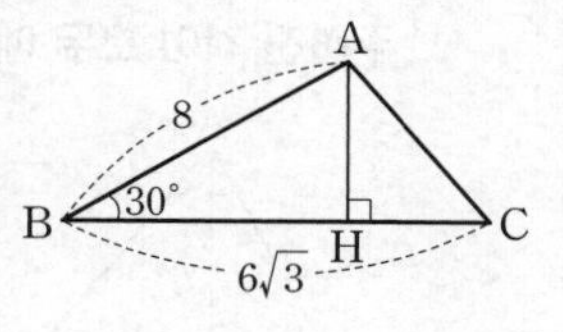

(1) $\overline{AH}$의 길이

(2) $\overline{BH}$의 길이

(3) $\overline{CH}$의 길이

(4) $\overline{AC}$의 길이

0158 오른쪽 그림과 같이 삼각형 ABC에서 $\overline{BC}$의 길이를 구하기 위하여 꼭짓점 B에서 $\overline{AC}$에 수선 BH를 그었다. 다음을 구하시오.

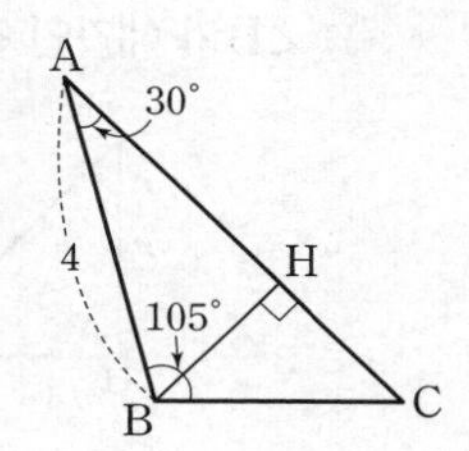

(1) ∠C의 크기

(2) $\overline{BH}$의 길이

(3) $\overline{BC}$의 길이

0159 오른쪽 그림과 같이 삼각형 ABC에서 $\overline{AB}$의 길이를 구하기 위하여 꼭짓점 A에서 $\overline{BC}$에 수선 AH를 그었다. 다음을 구하시오.

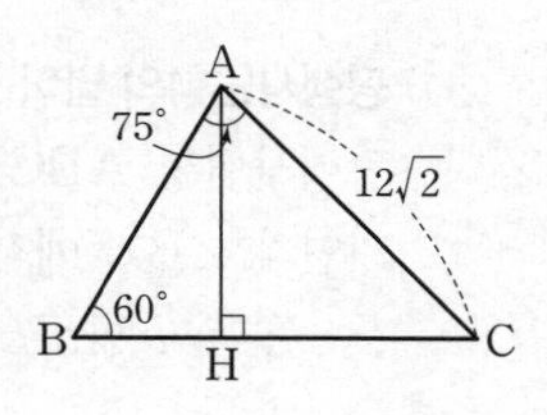

(1) ∠C의 크기

(2) $\overline{AH}$의 길이

(3) $\overline{AB}$의 길이

02 삼각비의 활용

02-3 삼각형의 높이

△ABC에서 한 변의 길이 a와 그 양 끝 각 ∠B, ∠C의 크기를 알 때, 높이 h는

(1) **주어진 각이 모두 예각인 경우**

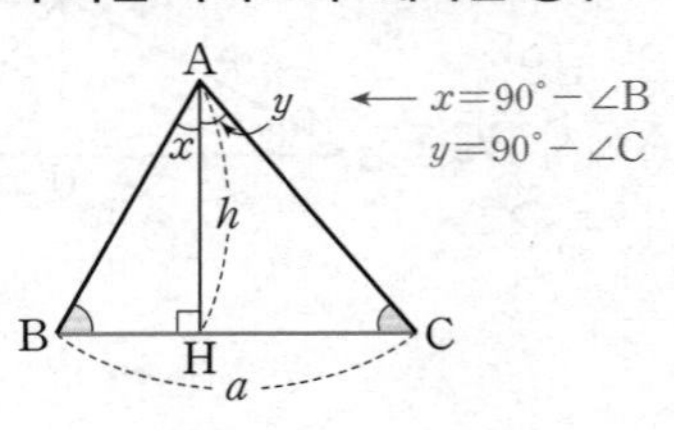

$$h=\frac{a}{\tan x+\tan y}$$

(2) **주어진 각 중 한 각이 둔각인 경우**

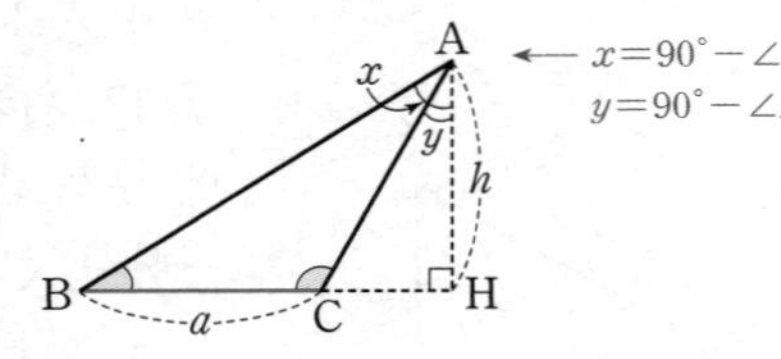

$$h=\frac{a}{\tan x-\tan y}$$

참고 (1) $\overline{BH}=h\tan x$, $\overline{CH}=h\tan y$이므로 $a=h\tan x+h\tan y$ ⇨ $h=\dfrac{a}{\tan x+\tan y}$

(2) $\overline{BH}=h\tan x$, $\overline{CH}=h\tan y$이므로 $a=h\tan x-h\tan y$ ⇨ $h=\dfrac{a}{\tan x-\tan y}$

개념플러스

- 삼각형의 높이를 구할 때는 두 개의 직각삼각형에서 주어진 변의 길이를 tan를 이용하여 나타낸다.
- 삼각형의 높이를 구하는 공식은 외우기보다는 구하는 과정을 이해하도록 한다.

02-4 삼각형의 넓이

△ABC에서 두 변의 길이 a, c와 그 끼인각 ∠B의 크기를 알 때, 넓이 S는

(1) **∠B가 예각인 경우**

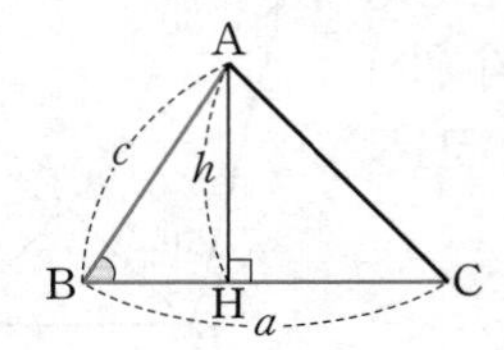

$$S=\frac{1}{2}ac\sin B$$

(2) **∠B가 둔각인 경우**

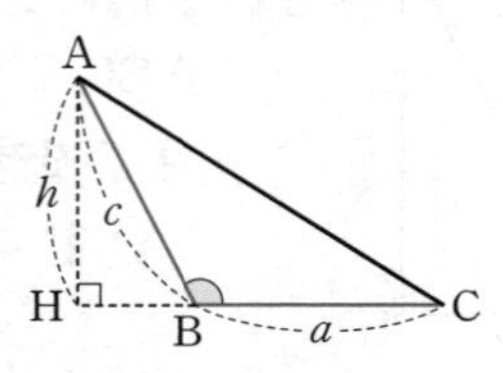

$$S=\frac{1}{2}ac\sin(180°-B)$$

참고 (1) $h=c\sin B$이므로 $S=\frac{1}{2}ah=\frac{1}{2}ac\sin B$

(2) $h=c\sin(180°-B)$이므로 $S=\frac{1}{2}ah=\frac{1}{2}ac\sin(180°-B)$

- ∠B=90°이면 $S=\frac{1}{2}ac\sin 90°=\frac{1}{2}ac$

02-5 사각형의 넓이

(1) **평행사변형의 넓이**

평행사변형 ABCD의 이웃하는 두 변의 길이가 a, b이고 그 끼인각 ∠B가 예각일 때, 넓이 S는

$$S=ab\sin B$$

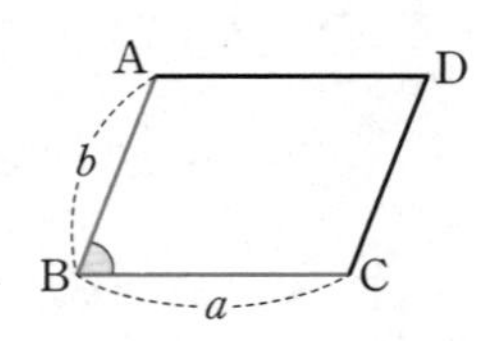

- (1)에서 ∠B가 둔각이면 $S=ab\sin(180°-B)$

(2) **사각형의 넓이**

사각형 ABCD의 두 대각선의 길이가 a, b이고 두 대각선이 이루는 각 x가 예각일 때, 넓이 S는

$$S=\frac{1}{2}ab\sin x$$

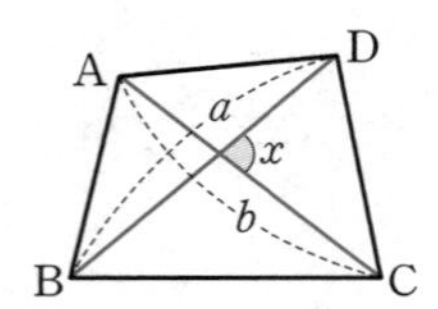

- (2)에서 x가 둔각이면 $S=\frac{1}{2}ab\sin(180°-x)$

02-3 삼각형의 높이

0160 오른쪽 그림과 같이 $\angle B=60°$, $\angle C=45°$이고 $\overline{BC}=8$인 삼각형 ABC에서 높이를 h라 할 때, 다음 물음에 답하시오.

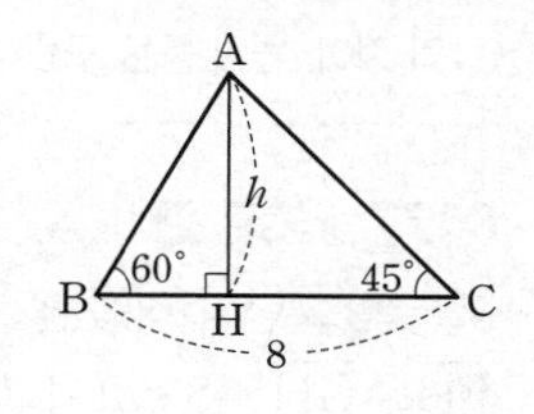

(1) $\angle BAH$와 $\angle CAH$의 크기를 각각 구하시오.

(2) $\overline{BH}$와 $\overline{CH}$의 길이를 h를 사용하여 각각 나타내시오.

(3) h의 값을 구하시오.

0161 오른쪽 그림과 같이 $\angle B=30°$, $\angle ACH=60°$이고 $\overline{BC}=4$인 삼각형 ABC에서 높이를 h라 할 때, 다음 물음에 답하시오.

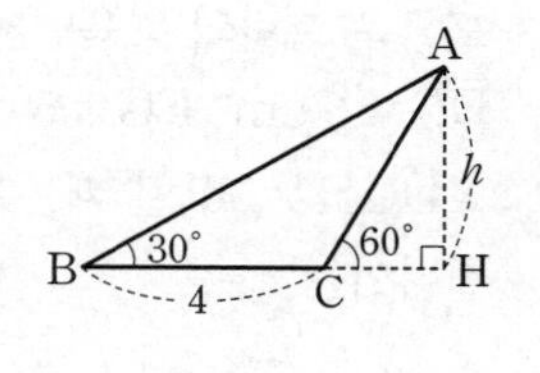

(1) $\angle BAH$와 $\angle CAH$의 크기를 각각 구하시오.

(2) $\overline{BH}$와 $\overline{CH}$의 길이를 h를 사용하여 각각 나타내시오.

(3) h의 값을 구하시오.

02-4 삼각형의 넓이

[0162~0165] 다음 삼각형의 넓이를 구하시오.

0162

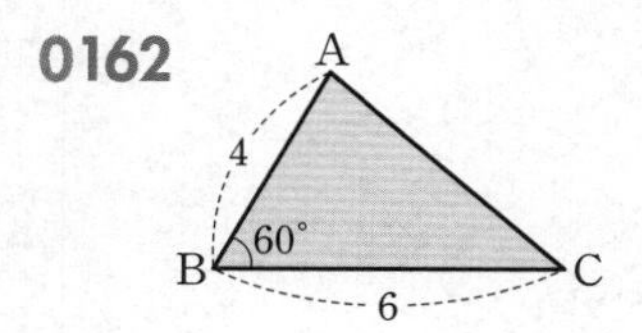

0163

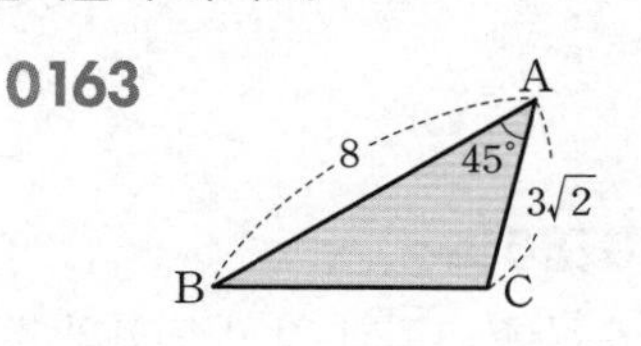

0164

0165

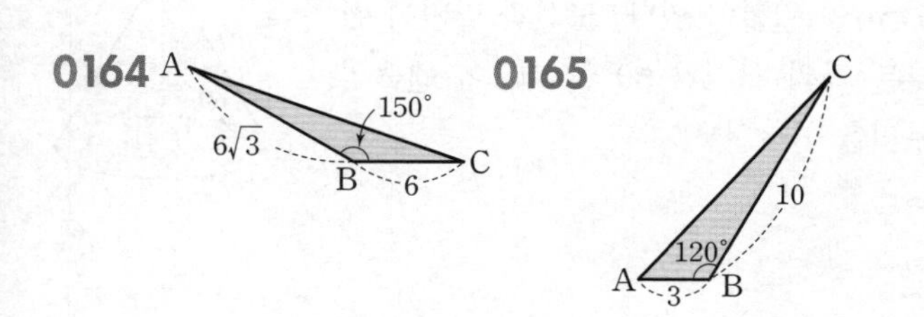

02-5 사각형의 넓이

[0166~0169] 다음 평행사변형의 넓이를 구하시오.

0166

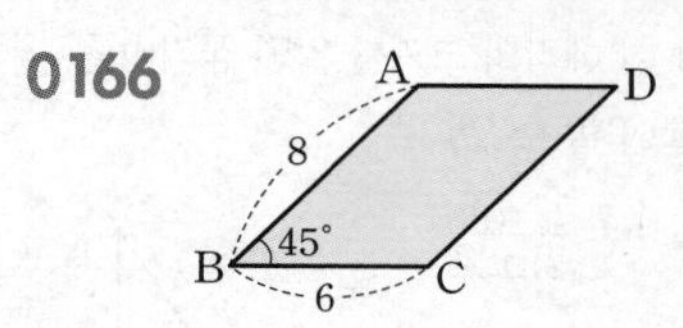

0167

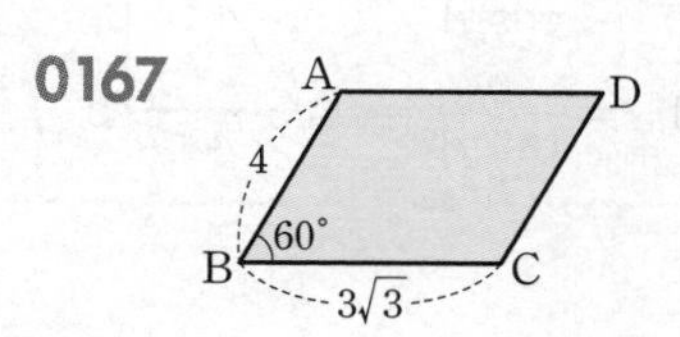

0168

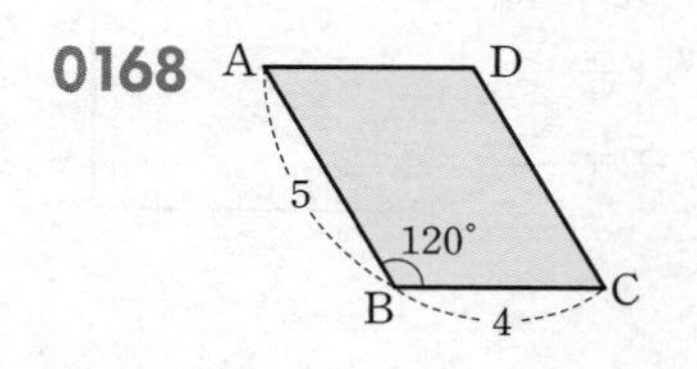

0169

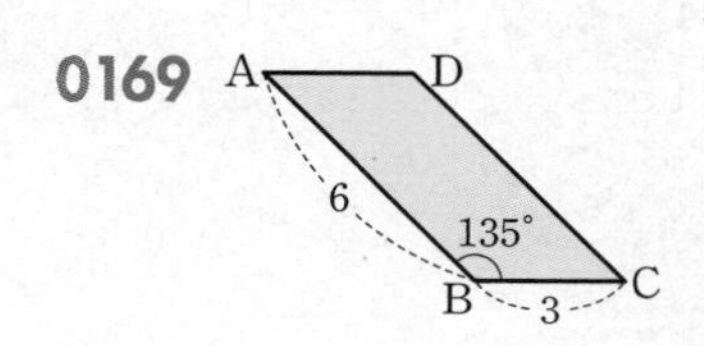

[0170~0173] 다음 사각형의 넓이를 구하시오.

0170

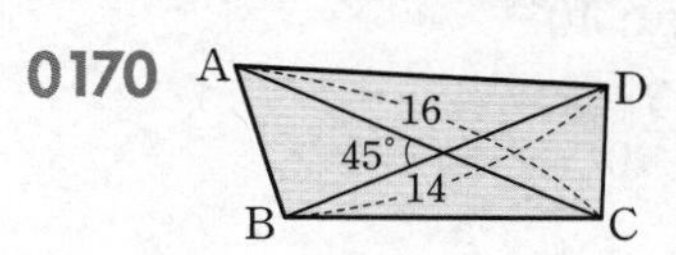

0171

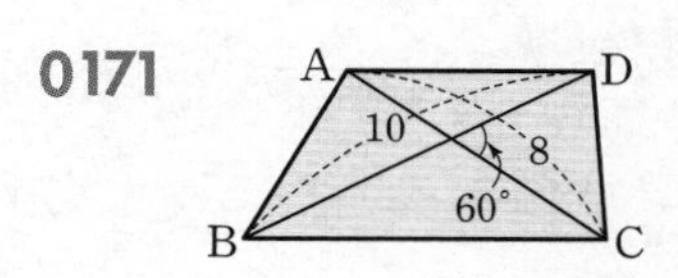

0172

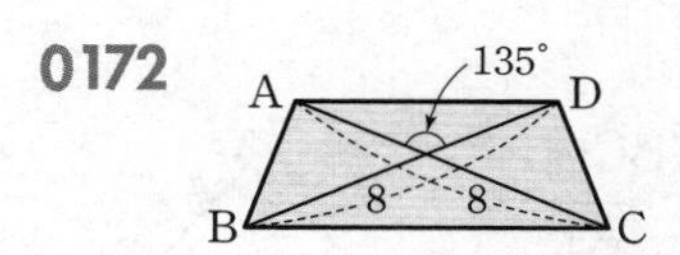

0173

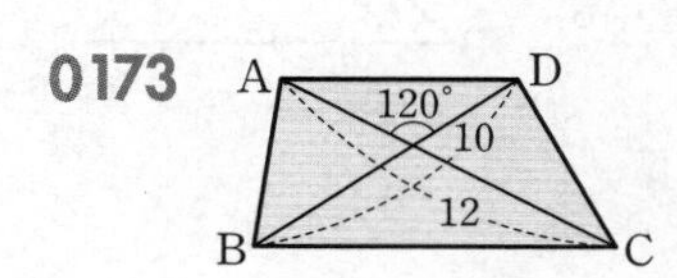

유형 익히기

개념원리 중학수학 3-2 40쪽

유형 01 직각삼각형의 변의 길이 구하기

직각삼각형에서 한 변의 길이와 한 예각의 크기를 알면 삼각비를 이용하여 나머지 두 변의 길이를 구할 수 있다.

(1) $\sin A=\frac{a}{b}$ ⇨ $a=b\sin A$, $b=\frac{a}{\sin A}$

(2) $\cos A=\frac{c}{b}$ ⇨ $c=b\cos A$, $b=\frac{c}{\cos A}$

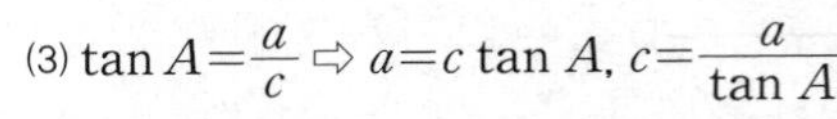

(3) $\tan A=\frac{a}{c}$ ⇨ $a=c\tan A$, $c=\frac{a}{\tan A}$

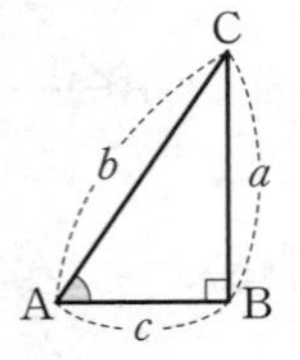

0174 대표문제

오른쪽 그림의 직각삼각형 ABC에서 $\angle B=34°$, $\overline{BC}=x$일 때, 다음 중 $\overline{AB}$의 길이를 나타내는 것을 모두 고르면? (정답 2개)

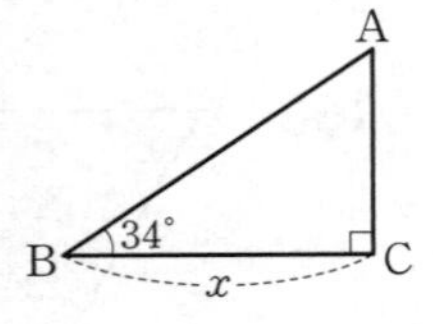

① $\frac{x}{\sin 56°}$ ② $\frac{x}{\cos 34°}$ ③ $x\sin 34°$
④ $x\cos 34°$ ⑤ $x\cos 56°$

0175 중하

오른쪽 그림의 직각삼각형 ABC에서 다음 중 x, y의 값을 나타내는 것은?

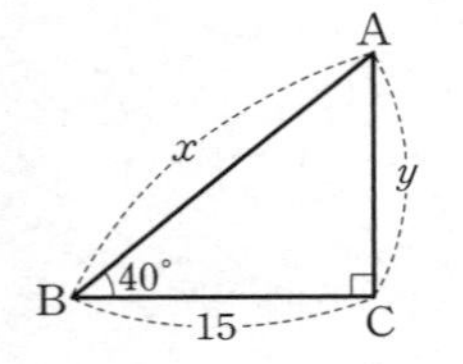

① $x=15\sin 40°$, $y=15\cos 40°$

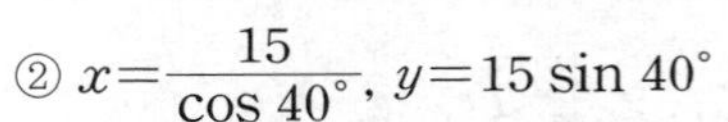

② $x=\frac{15}{\cos 40°}$, $y=15\sin 40°$

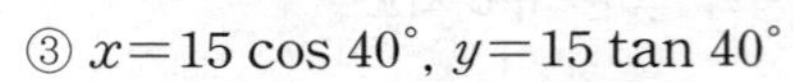

③ $x=15\cos 40°$, $y=15\tan 40°$

④ $x=15\cos 40°$, $y=\frac{15}{\tan 40°}$

⑤ $x=\frac{15}{\cos 40°}$, $y=15\tan 40°$

0176 중하

오른쪽 그림의 직각삼각형 ABC에서 $\angle B=43°$, $\overline{BC}=10$일 때, $\overline{AB}$의 길이와 $\overline{AC}$의 길이의 차를 구하시오. (단, $\sin 43°=0.68$, $\cos 43°=0.73$으로 계산한다.)

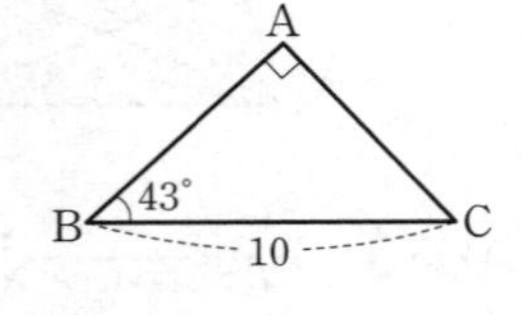

유형 02 입체도형에서 직각삼각형의 변의 길이의 활용

입체도형에서 직각삼각형을 찾은 후 삼각비를 이용하여 모서리의 길이, 높이 등을 구한다.

0177 대표문제

오른쪽 그림의 직육면체에서 $\overline{FG}=\overline{GH}=3$ cm이고 $\angle CEG=60°$일 때, 이 직육면체의 부피는?

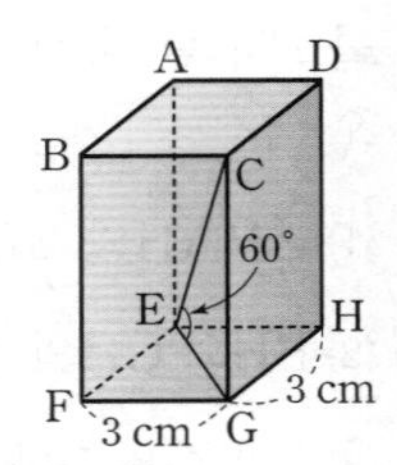

① $20\sqrt{2}$ cm³ ② $24\sqrt{2}$ cm³
③ $30\sqrt{3}$ cm³ ④ $36\sqrt{3}$ cm³
⑤ $27\sqrt{6}$ cm³

0178 중

오른쪽 그림의 직육면체에서 $\overline{DG}=6$ cm, $\overline{FG}=5$ cm이고 $\angle DGH=30°$일 때, 이 직육면체의 겉넓이는?

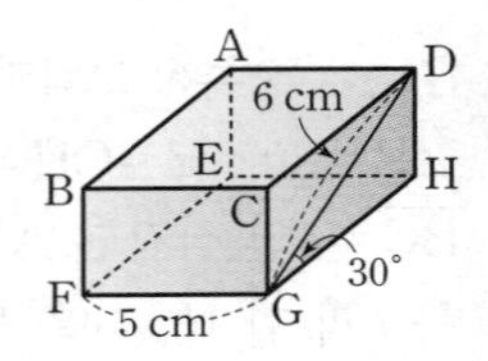

① $2(24\sqrt{2}+5)$ cm²
② $6(5\sqrt{2}+8)$ cm² ③ $6(8\sqrt{3}+5)$ cm²
④ $6(5\sqrt{3}+8)$ cm² ⑤ $2(17\sqrt{3}+15)$ cm²

0179 중

오른쪽 그림과 같이 $\overline{BE}=6$ cm, $\overline{EF}=8\sqrt{2}$ cm이고 $\angle ABC=45°$, $\angle BAC=90°$인 삼각기둥의 부피를 구하시오.

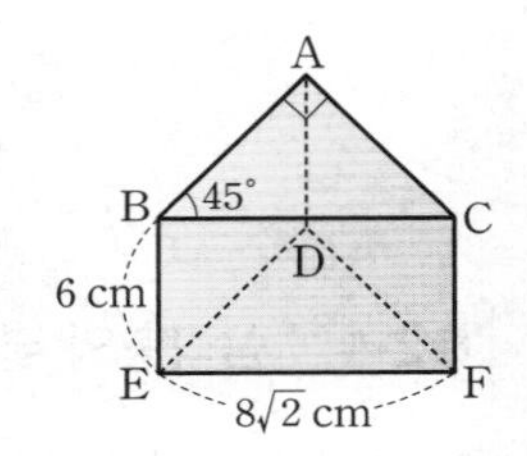

0180 중

오른쪽 그림과 같이 모선의 길이가 6 cm인 원뿔이 있다. 모선과 밑면이 이루는 각의 크기가 60°일 때, 이 원뿔의 부피를 구하시오.

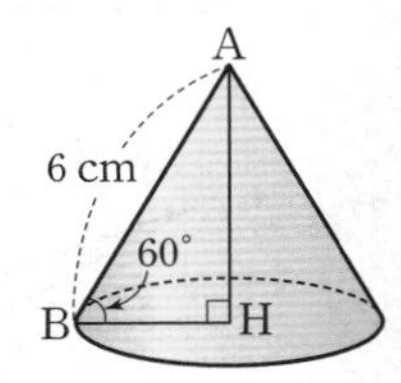

중요

개념원리 중학수학 3-2 40쪽

유형 03 실생활에서의 직각삼각형의 변의 길이

주어진 그림에서 직각삼각형을 찾은 후 삼각비를 이용하여 변의 길이를 구한다.

0181 대표문제

오른쪽 그림과 같이 영재가 건물의 A 지점을 올려본각의 크기가 $60°$이고, 영재와 건물 사이의 거리는 10 m이다. 영재의 눈높이가 1.5 m일 때, 이 건물의 높이 $\overline{AH}$의 길이를 구하시오.

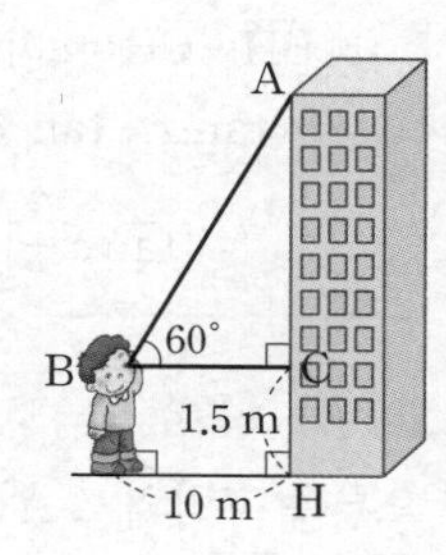

0182 중

오른쪽 그림과 같이 지면에 수직으로 서 있던 나무가 부러져 지면과 이루는 각의 크기가 $30°$일 때, 부러지기 전 나무의 높이를 구하시오.

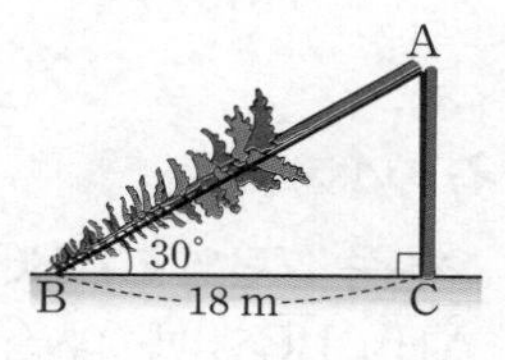

0183 중 서술형

오른쪽 그림과 같이 건물에서 15 m 떨어진 A지점에서 건물의 외벽에 설치된 전광판의 윗부분과 아랫부분을 올려본 각의 크기가 각각 $60°$, $45°$일 때, 이 전광판의 높이 $\overline{CD}$의 길이를 구하시오.

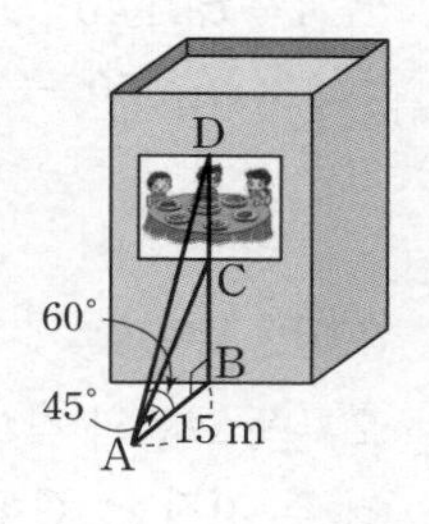

0184 중

오른쪽 그림과 같이 30 m 떨어진 두 건물 A, B가 있다. B건물 옥상의 O 지점에서 A건물을 올려본각의 크기와 내려본각의 크기가 각각 $30°$, $45°$일 때, A건물의 높이 $\overline{PQ}$의 길이를 구하시오.

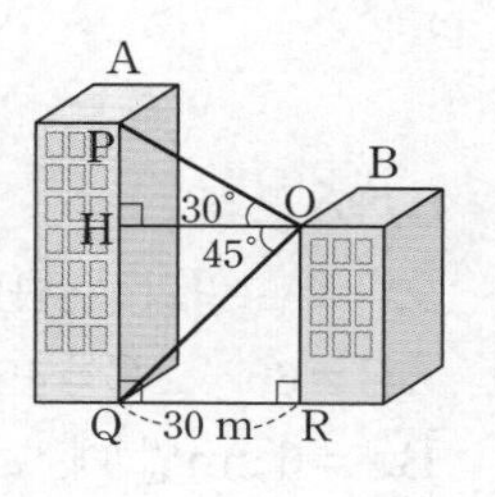

개념원리 중학수학 3-2 41쪽

유형 04 삼각형의 변의 길이 구하기 – 두 변의 길이와 그 끼인각의 크기를 아는 경우

길이를 구하는 변이 직각삼각형의 빗변이 되도록 한 꼭짓점에서 그 대변에 수선을 긋고 삼각비를 이용하여 변의 길이를 구한다.

(i) $\overline{AH}$를 긋는다.

(ii) $\triangle ABH$에서
$\overline{AH}=c\sin B$, $\overline{BH}=c\cos B$

(iii) $\overline{CH}=\overline{BC}-\overline{BH}=a-c\cos B$
$\therefore \overline{AC}=\sqrt{(c\sin B)^2+(a-c\cos B)^2}$

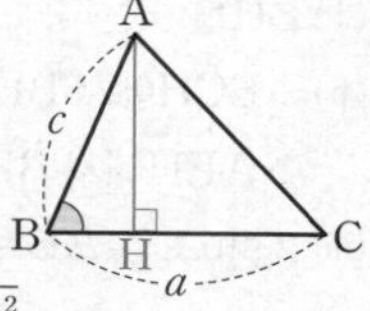

0185 대표문제

오른쪽 그림의 $\triangle ABC$에서 $\overline{AB}=10\text{ cm}$, $\overline{BC}=12\text{ cm}$, $\angle B=60°$일 때, $\overline{AC}$의 길이를 구하시오.

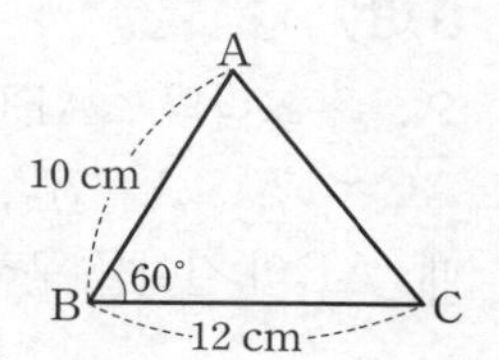

0186 중

오른쪽 그림의 $\triangle ABC$에서 $\overline{AB}=6\sqrt{2}$, $\overline{BC}=14$, $\angle B=45°$일 때, $\overline{AC}$의 길이를 구하시오.

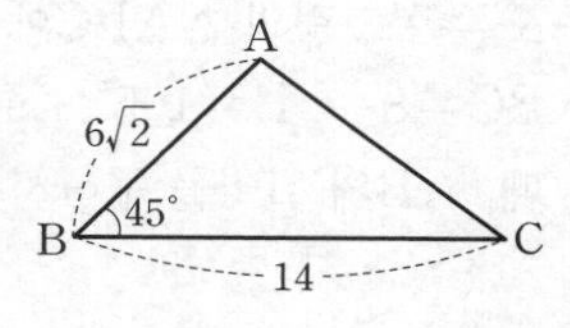

0187 중

오른쪽 그림의 $\triangle ABC$에서 $\overline{AC}=\overline{BC}=10$이고 $\cos C=\frac{3}{5}$일 때, $\overline{AB}$의 길이를 구하시오.

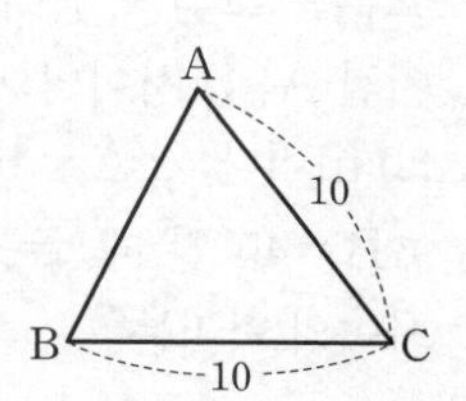

0188 상 중 서술형

오른쪽 그림의 $\triangle ABC$에서 $\overline{BC}=3$, $\overline{AC}=6$, $\angle C=120°$일 때, $\overline{AB}$의 길이를 구하시오.

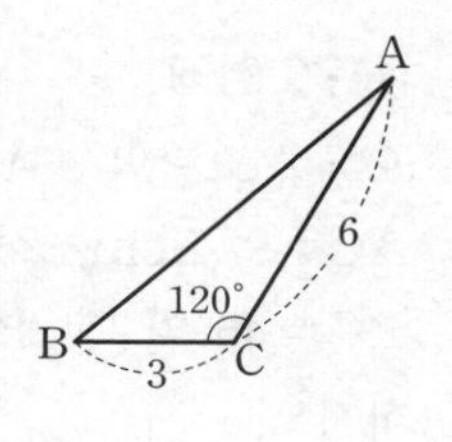

개념원리 중학수학 3-2 41쪽

유형 05 삼각형의 변의 길이 구하기 - 한 변의 길이와 그 양 끝 각의 크기를 아는 경우

30°, 45°, 60°의 삼각비를 이용할 수 있도록 한 꼭짓점에서 그 대변에 수선을 그어 직각삼각형을 만든다.

(i) $\overline{BH}$를 긋는다.

(ii) △BCH에서 $\overline{BH}=a\sin C$

△ABH에서 $\overline{BH}=\overline{AB}\sin A$

(iii) $a\sin C=\overline{AB}\sin A$이므로

$\overline{AB}=\dfrac{a\sin C}{\sin A}$

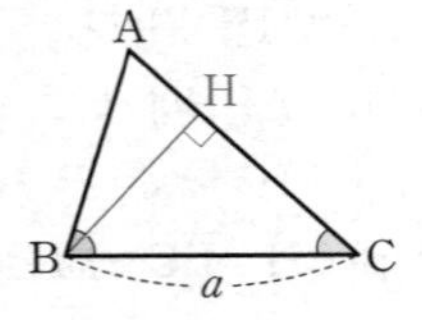

0189 대표문제

오른쪽 그림의 △ABC에서 $\overline{AC}=12$, ∠A=75°, ∠C=60°일 때, $\overline{AB}$의 길이를 구하시오.

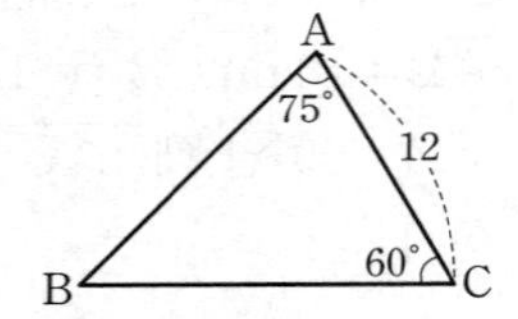

0190 중

오른쪽 그림의 △ABC에서 $\overline{BC}=8$, ∠B=105°, ∠C=30°일 때, $\overline{AB}$의 길이를 구하시오.

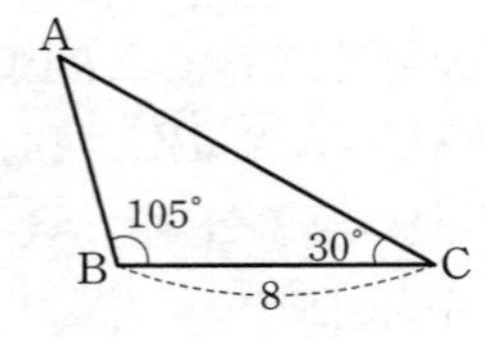

0191 중

오른쪽 그림과 같이 길가의 두 지점 A, B 사이의 거리는 30 m이다. ∠A=105°, ∠B=45°일 때, 두 지점 A, C 사이의 거리는?

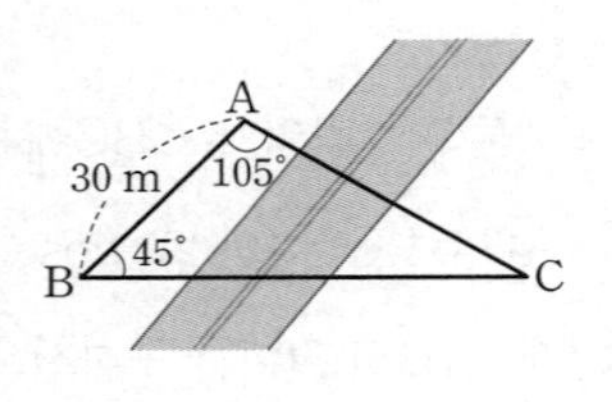

① 35 m ② $25\sqrt{2}$ m ③ 40 m
④ $30\sqrt{2}$ m ⑤ 45 m

0192 상중

오른쪽 그림의 △ABC에서 $\overline{AC}=9\sqrt{2}$ cm, ∠B=60°, ∠C=45°일 때, $\overline{BC}$의 길이를 구하시오.

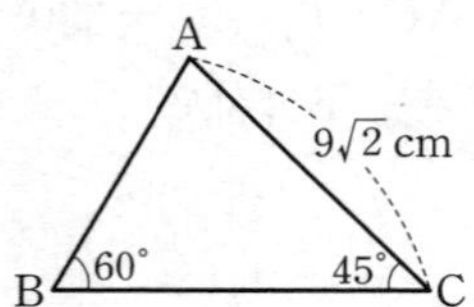

중요

개념원리 중학수학 3-2 42쪽

유형 06 삼각형의 높이 구하기 - 주어진 각이 모두 예각인 경우

△ABC에서 $\overline{BC}$의 길이와 ∠B, ∠C의 크기를 알 때

(i) $\overline{BH}=h\tan x$, $\overline{CH}=h\tan y$

(ii) $\overline{BH}+\overline{CH}=a$이므로

$h(\tan x+\tan y)=a$

$\therefore h=\dfrac{a}{\tan x+\tan y}$

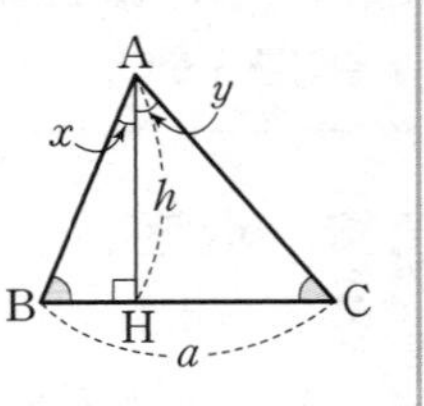

0193 대표문제

오른쪽 그림의 △ABC에서 $\overline{AH}\perp\overline{BC}$이고 ∠B=60°, ∠C=45°, $\overline{BC}=10$일 때, $\overline{AH}$의 길이를 구하시오.

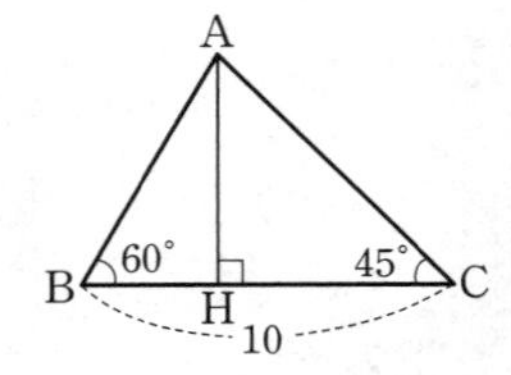

0194 중

오른쪽 그림의 △ABC에서 $\overline{AH}\perp\overline{BC}$일 때, 다음 중 $\overline{AH}$의 길이를 구하는 식은?

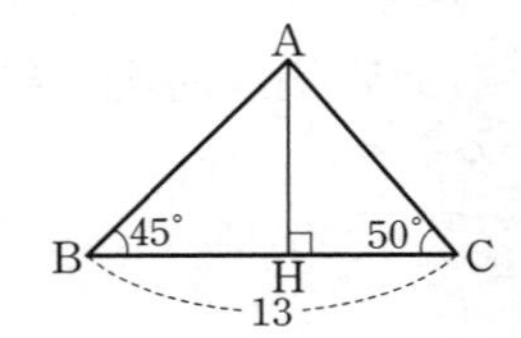

① $\dfrac{13}{\tan 50°-1}$ ② $\dfrac{13}{\tan 50°+1}$

③ $\dfrac{13}{1-\tan 40°}$ ④ $\dfrac{13}{1+\tan 40°}$

⑤ $13(\tan 50°-1)$

0195 상중

오른쪽 그림과 같이 60 m 떨어진 두 지점 B, C에서 송신탑의 꼭대기 A를 올려본각의 크기가 각각 45°, 30°일 때, 이 송신탑의 높이를 구하시오.

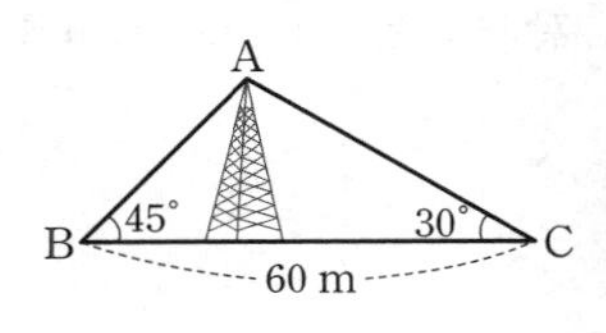

0196 상중

오른쪽 그림의 △ABC에서 ∠B=60°, ∠C=45°, $\overline{BC}=6$ cm일 때, △ABC의 넓이를 구하시오.

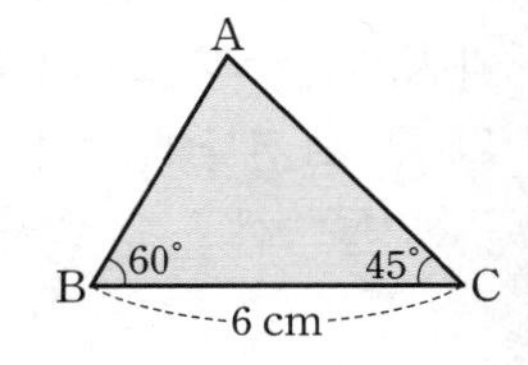

중요

개념원리 중학수학 3-2 42쪽

유형 | 07 삼각형의 높이 구하기 – 주어진 각 중 한 각이 둔각인 경우

$\triangle ABC$에서 $\overline{BC}$의 길이와 $\angle B$, $\angle ACH$의 크기를 알 때

(i) $\overline{BH}=h\tan x$, $\overline{CH}=h\tan y$

(ii) $\overline{BH}-\overline{CH}=a$이므로

$h(\tan x-\tan y)=a$

$\therefore h=\dfrac{a}{\tan x-\tan y}$

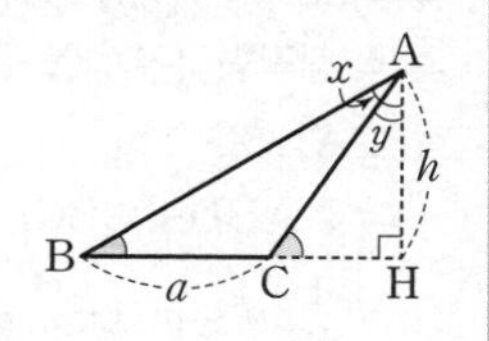

0197 대표문제

오른쪽 그림과 같이 B지점과 C지점에서 나무의 꼭대기 A지점을 올려본각의 크기가 각각 30°, 60°일 때, 이 나무의 높이 $\overline{AH}$의 길이를 구하시오.

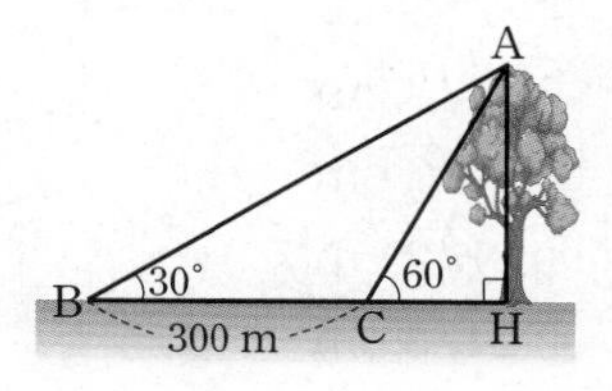

0198 중

오른쪽 그림과 같이 $\triangle ABC$의 꼭짓점 A에서 $\overline{BC}$의 연장선에 내린 수선의 발을 H라 할 때, 다음 중 $\overline{AH}$의 길이를 구하는 식은?

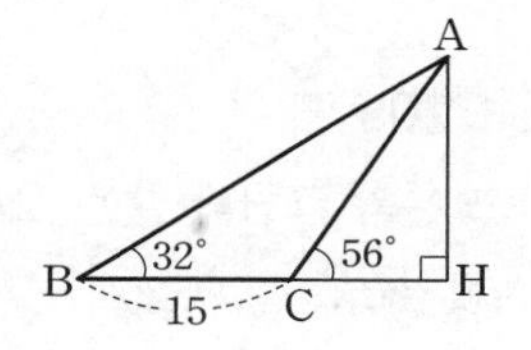

① $\dfrac{15}{\tan 58°-\tan 34°}$　② $\dfrac{15}{\tan 58°+\tan 34°}$

③ $\dfrac{15}{\tan 56°-\tan 32°}$　④ $\dfrac{15}{\tan 56°+\tan 32°}$

⑤ $15(\tan 56°-\tan 32°)$

0199 중 서술형

오른쪽 그림과 같이 10 m 떨어진 두 지점 A, B에서 가로등을 올려본각의 크기가 각각 30°, 45°일 때, 이 가로등의 높이 $\overline{CH}$의 길이를 구하시오.

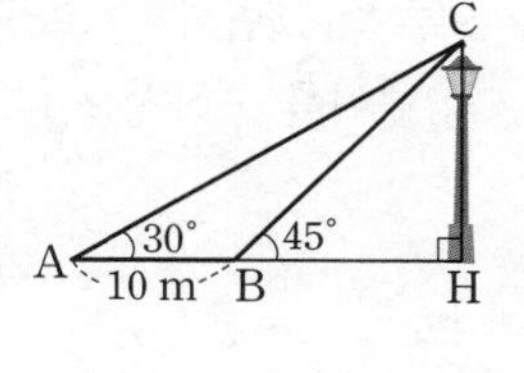

개념원리 중학수학 3-2 47쪽

유형 | 08 삼각형의 넓이 – 예각이 주어진 경우

$\triangle ABC$에서 $\angle B$가 예각일 때

$\overline{AH}=c\sin B$

⇨ $\triangle ABC=\dfrac{1}{2}ac\sin B$

└ $\dfrac{1}{2}\times\overline{BC}\times\overline{AH}$

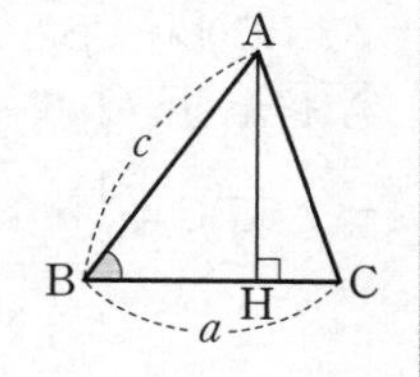

0200 대표문제

오른쪽 그림과 같이 $\overline{AB}=\overline{AC}=8$인 이등변삼각형 ABC에서 $\angle C=75°$일 때, $\triangle ABC$의 넓이는?

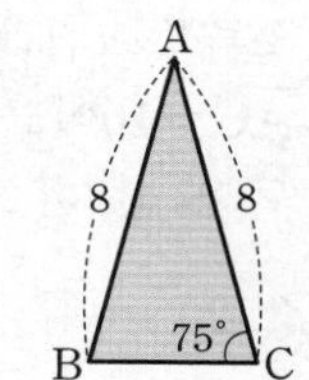

① 9　② $9\sqrt{3}$

③ 16　④ 20

⑤ $16\sqrt{3}$

0201 중

오른쪽 그림과 같이 $\overline{AB}=6$, $\overline{BC}=10$인 $\triangle ABC$의 넓이가 $15\sqrt{2}$일 때, $\angle B$의 크기를 구하시오. (단, $0°<\angle B<90°$)

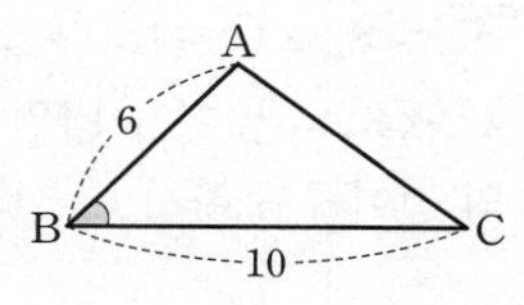

0202 중

오른쪽 그림의 $\triangle ABC$에서 $\overline{AB}=9$, $\overline{BC}=12$이고 $\tan B=\sqrt{3}$일 때, $\triangle ABC$의 넓이를 구하시오. (단, $0°<\angle B<90°$)

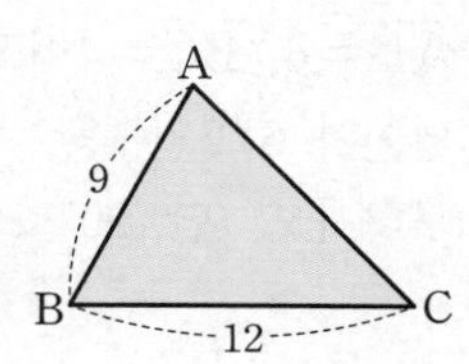

0203 중

오른쪽 그림에서 점 G는 $\triangle ABC$의 무게중심이고 $\overline{AC}=8$, $\overline{BC}=12$, $\angle C=45°$일 때, $\triangle ABG$의 넓이를 구하시오.

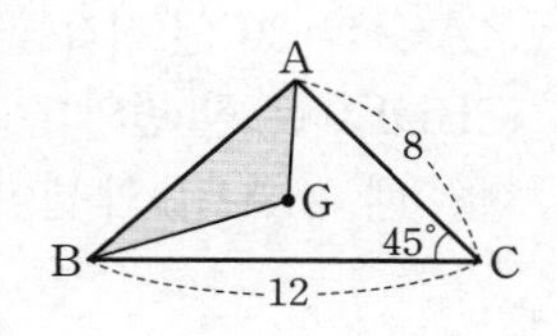

개념원리 중학수학 3-2 47쪽

유형 09 삼각형의 넓이 – 둔각이 주어진 경우

$\triangle$ABC에서 $\angle$B가 둔각일 때

$\overline{AH}=c\sin(180^\circ-B)$

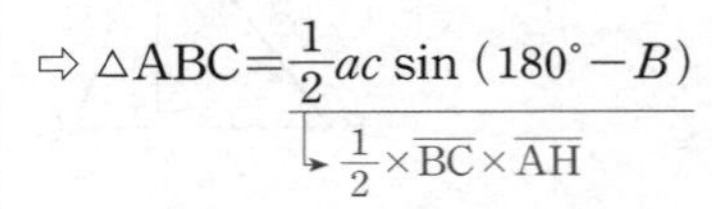

$\Rightarrow \triangle ABC=\frac{1}{2}ac\sin(180^\circ-B)$

$\quad \to \frac{1}{2}\times\overline{BC}\times\overline{AH}$

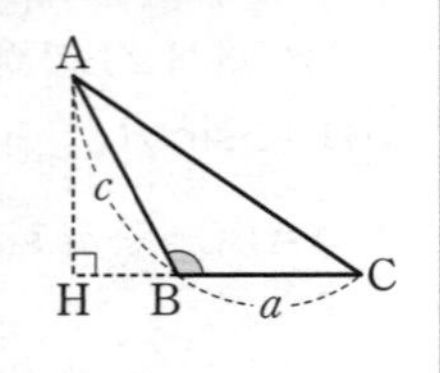

0204 대표문제

오른쪽 그림과 같이 $\overline{AB}=8$, $\overline{AC}=10$이고 $\angle B=32^\circ$, $\angle C=28^\circ$인 $\triangle$ABC의 넓이는?

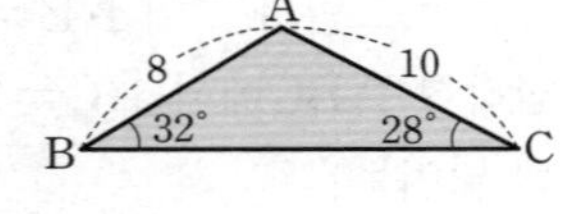

① 20 ② 21 ③ 25

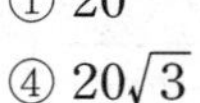

④ $20\sqrt{3}$ ⑤ $21\sqrt{3}$

0205 중하

오른쪽 그림의 $\triangle$ABC에서 $\overline{BC}=8$, $\angle C=150^\circ$이고 $\triangle$ABC의 넓이가 14일 때, $\overline{AC}$의 길이를 구하시오.

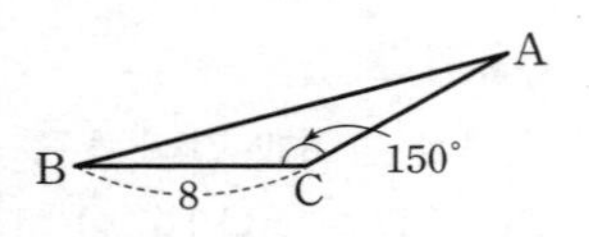

0206 중

오른쪽 그림의 $\triangle$ABC에서 $\overline{AB}=6$, $\overline{BC}=4$이고 $\triangle$ABC의 넓이가 $6\sqrt{2}$일 때, $\angle$B의 크기를 구하시오. (단, $90^\circ<\angle B<180^\circ$)

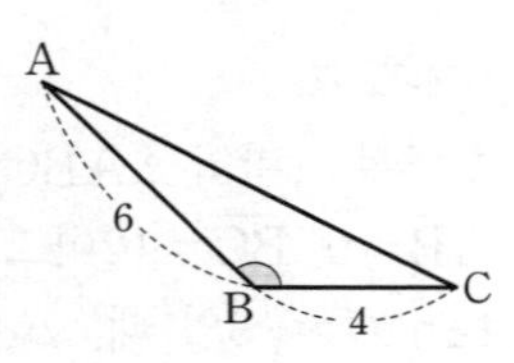

0207 상중 서술형

오른쪽 그림에서 $\triangle$ABC는 $\angle ACB=30^\circ$인 직각삼각형이고 □BDEC는 한 변의 길이가 8인 정사각형일 때, $\triangle$ABD의 넓이를 구하시오.

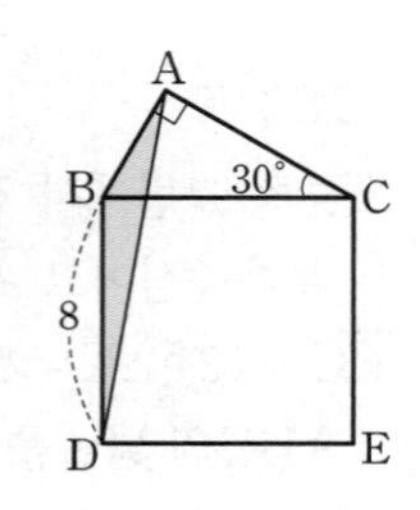

중요

개념원리 중학수학 3-2 48쪽

유형 10 다각형의 넓이

보조선을 그어 여러 개의 삼각형으로 나눈 후 각 삼각형의 넓이를 구하여 더한다.

$\Rightarrow$ □ABCD

$=\triangle ABD+\triangle BCD$

$=\frac{1}{2}ad\sin A+\frac{1}{2}bc\sin C$ (단, $\angle$A, $\angle$C는 예각)

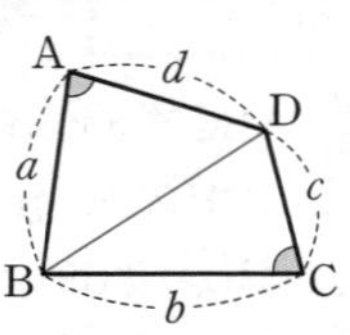

0208 대표문제

오른쪽 그림과 같은 □ABCD의 넓이는?

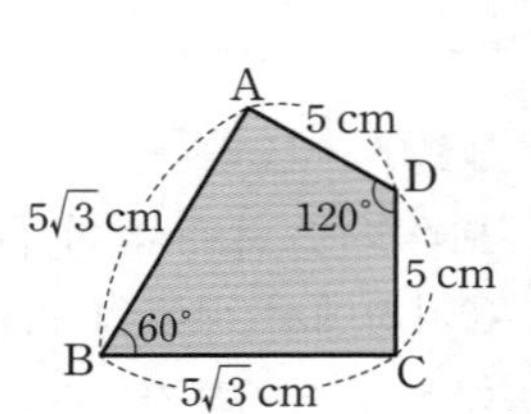

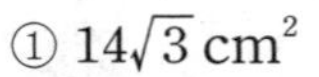

① $14\sqrt{3}\,\text{cm}^2$

② $20\sqrt{2}\,\text{cm}^2$

③ $21\sqrt{2}\,\text{cm}^2$

④ $24\sqrt{3}\,\text{cm}^2$

⑤ $25\sqrt{3}\,\text{cm}^2$

0209 중

오른쪽 그림과 같은 □ABCD의 넓이는?

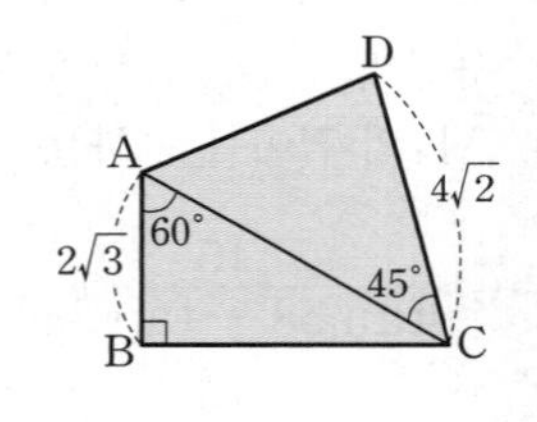

① $14\sqrt{2}$ ② $14\sqrt{3}$

③ $6+8\sqrt{3}$ ④ $15\sqrt{2}$

⑤ 28

0210 상중 서술형

오른쪽 그림과 같은 □ABCD의 넓이를 구하시오.

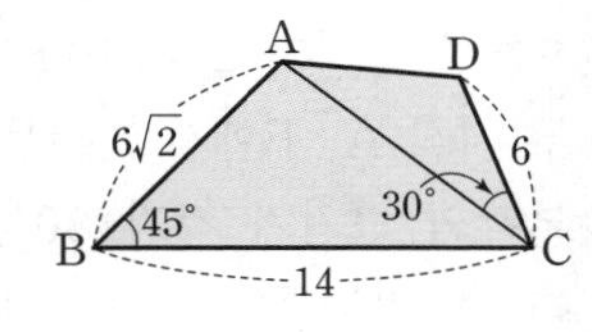

유형 11 평행사변형의 넓이

개념원리 중학수학 3-2 49쪽

(1) ∠B가 예각일 때
⇨ □ABCD$=ab\sin B$
(2) ∠B가 둔각일 때
⇨ □ABCD$=ab\sin(180°-B)$

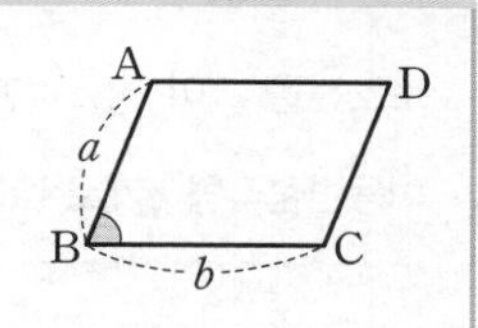

0211 대표문제

오른쪽 그림과 같은 마름모 ABCD의 넓이가 $18\sqrt{2}\text{ cm}^2$일 때, 마름모 ABCD의 한 변의 길이는?

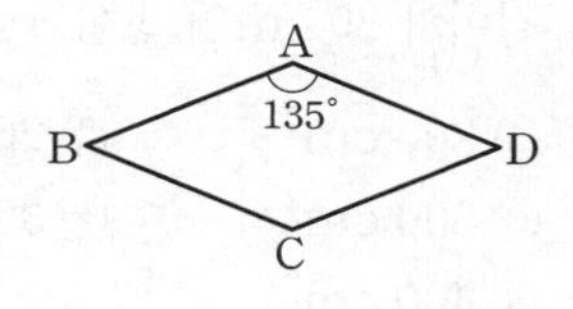

① 4 cm ② 5 cm ③ 6 cm
④ 7 cm ⑤ 8 cm

0212 중하

오른쪽 그림과 같은 평행사변형 ABCD의 넓이가 108일 때, $\overline{BC}$의 길이를 구하시오.

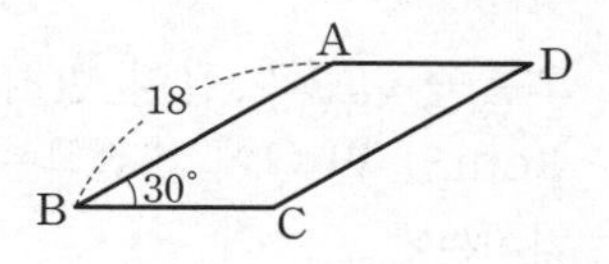

0213 중

오른쪽 그림의 평행사변형 ABCD에서 점 O는 두 대각선의 교점이다. $\overline{AB}=5\text{ cm}$, $\overline{BC}=8\text{ cm}$, $\angle ADC=120°$일 때, △ABO의 넓이를 구하시오.

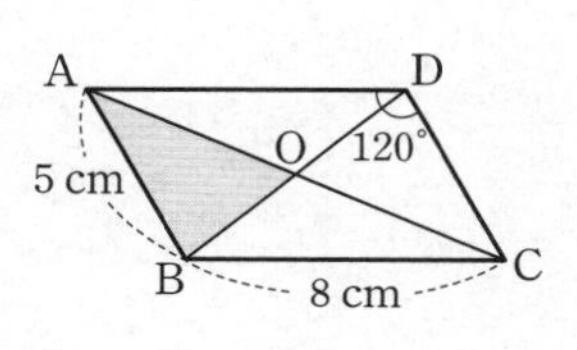

0214 상중

오른쪽 그림과 같은 평행사변형 ABCD에서 점 M은 $\overline{BC}$의 중점이고 ∠BAD : ∠B=3 : 1일 때, △AMC의 넓이를 구하시오.

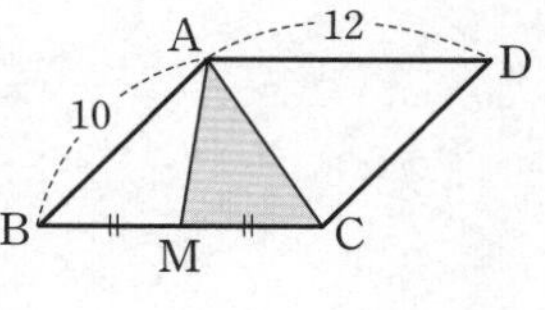
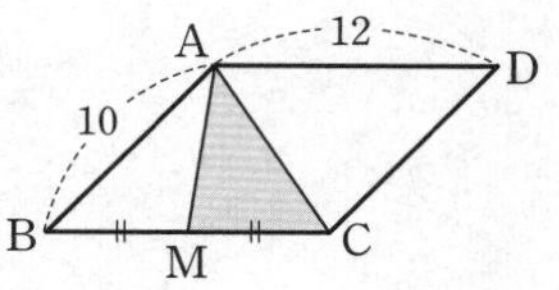

유형 12 사각형의 넓이

개념원리 중학수학 3-2 49쪽

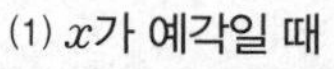
(1) x가 예각일 때
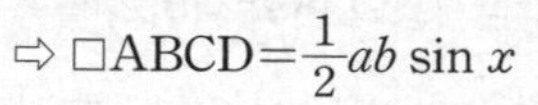
⇨ □ABCD$=\frac{1}{2}ab\sin x$
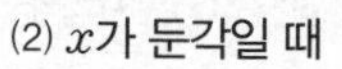
(2) x가 둔각일 때
⇨ □ABCD$=\frac{1}{2}ab\sin(180°-x)$

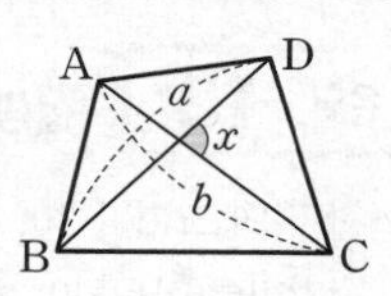

0215 대표문제

오른쪽 그림과 같이 두 대각선이 이루는 각의 크기가 135°이고 $\overline{AC}=6$인 □ABCD의 넓이가 $12\sqrt{2}$일 때, $\overline{BD}$의 길이를 구하시오.

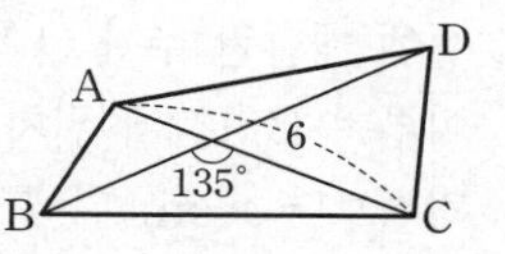

0216 중하

오른쪽 그림과 같이 $\overline{AB}=\overline{CD}$인 등변사다리꼴 ABCD의 넓이는?

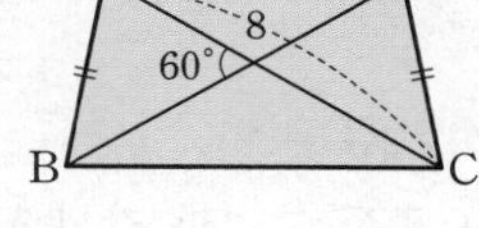
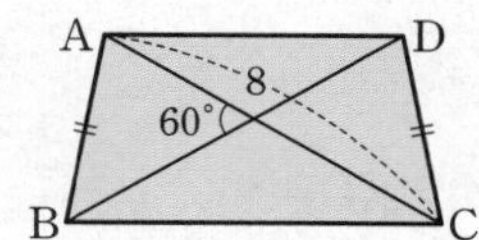

① 14 ② 16
③ $14\sqrt{3}$ ④ $15\sqrt{3}$
⑤ $16\sqrt{3}$

0217 중

오른쪽 그림의 □ABCD에서 $\angle ACB=34°$, $\angle DBC=26°$이고 $\overline{AC}=10$, $\overline{BD}=14$일 때, □ABCD의 넓이를 구하시오.

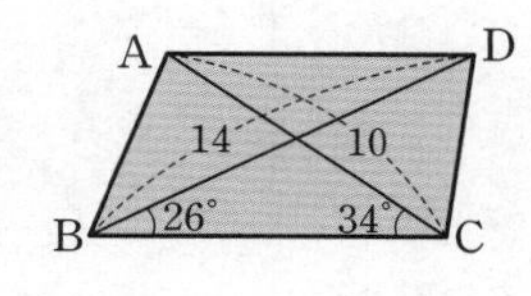

0218 중

오른쪽 그림과 같은 사각형 ABCD의 넓이가 $48\sqrt{3}$일 때, x의 크기를 구하시오.

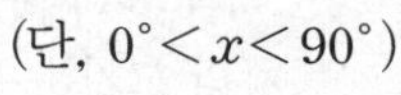
(단, $0°<x<90°$)

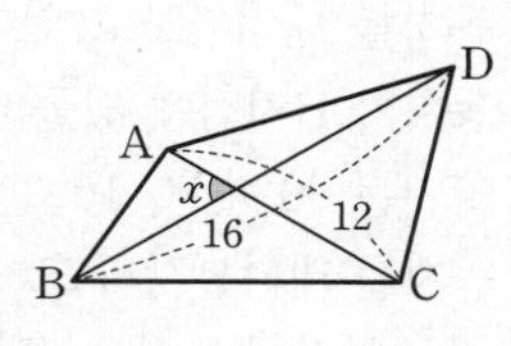

02 | 삼각비의 활용

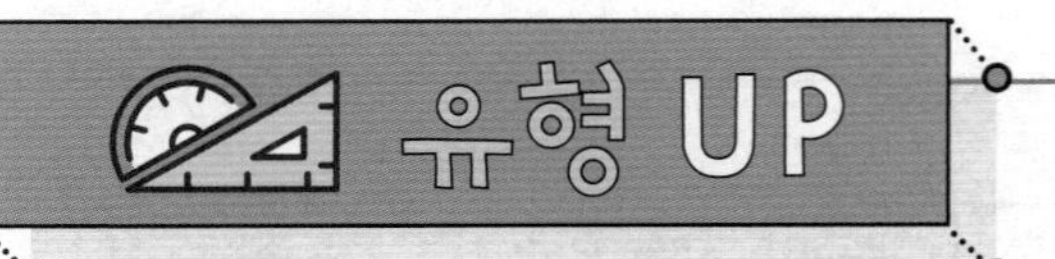

정답과 풀이 p.20

유형 13 실생활에서 직각삼각형의 변의 길이의 활용

한 각의 크기가 30° 또는 45° 또는 60°인 직각삼각형을 그린 후 삼각비를 이용하여 변의 길이를 구한다.

0219 대표문제

오른쪽 그림과 같이 길이가 12 cm인 실에 매달린 추가 $\overline{OA}$와 30°의 각을 이루며 B지점에 위치할 때, 추는 A 지점보다 x cm 위에 있다. 이때 x의 값은? (단, 추의 크기는 무시한다.)

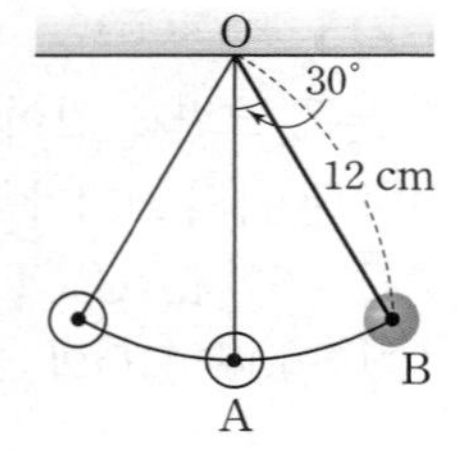

① 6　② $6(\sqrt{2}-1)$
③ $6(2-\sqrt{3})$　④ $6(\sqrt{2}+1)$
⑤ $6(2+\sqrt{3})$

0220 상 중

오른쪽 그림과 같이 두 척의 배가 O 지점에서 동시에 출발하여 서로 다른 방향으로 시속 5 km, 6 km로 이동하여 2시간 후 두 지점 P, Q에 각각 이르렀다. $\angle PON=40°$, $\angle QON=20°$일 때, 두 배 사이의 거리를 구하시오. (단, 배의 크기는 무시한다.)

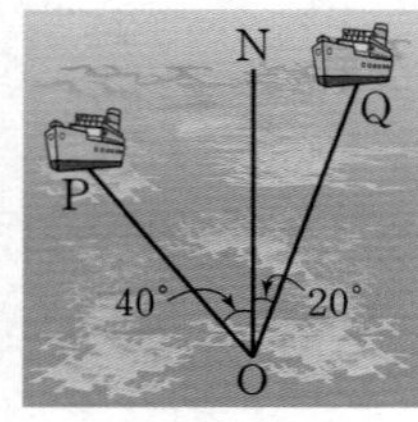

0221 상

오른쪽 그림과 같이 지면으로부터 높이가 120 m인 전망대에서 직선 도로를 일정한 속력으로 달리고 있는 자동차를 내려다보고 있다. 자동차가 B지점에 있을 때 전망대에서 자동차를 내려본각의 크기는 60°이고, 10초 후에 자동차가 A지점에 있을 때 자동차를 내려본각의 크기는 45°이다. 이 자동차의 속력은 몇 m/s인지 구하시오. (단, 자동차의 크기는 무시한다.)

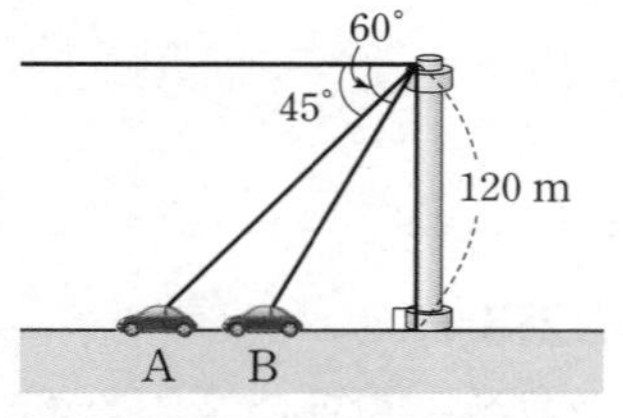

유형 14 정다각형의 넓이

보조선을 그어 정n각형을 꼭지각의 크기가 $\frac{360°}{n}$이고 합동인 이등변삼각형 n개로 나눈 후 넓이를 구한다.

0222 대표문제

오른쪽 그림과 같이 가장 긴 대각선의 길이가 20 cm인 정십이각형의 넓이는?

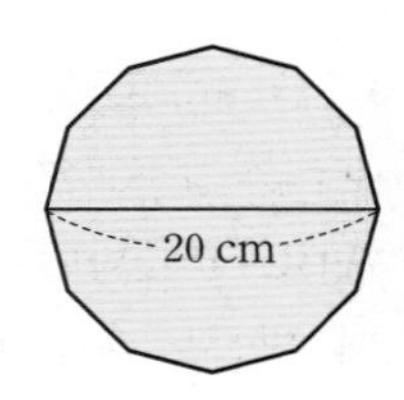

① 200 cm^2　② $200\sqrt{3}$ cm^2
③ 300 cm^2　④ $300\sqrt{3}$ cm^2
⑤ 400 cm^2

0223 중

오른쪽 그림과 같이 반지름의 길이가 4 cm인 원 O에 내접하는 정육각형의 넓이는?

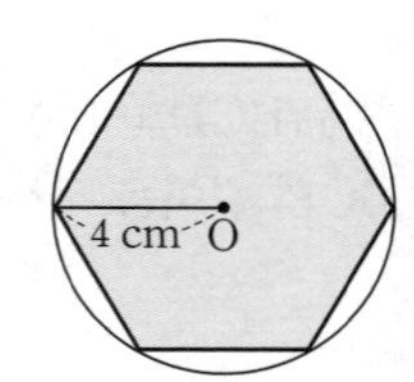

① $12\sqrt{2}$ cm^2　② $12\sqrt{3}$ cm^2
③ $24\sqrt{2}$ cm^2　④ $24\sqrt{3}$ cm^2
⑤ $48\sqrt{2}$ cm^2

0224 상 중

오른쪽 그림과 같은 정팔각형의 넓이가 $50\sqrt{2}$일 때, $\overline{AE}$의 길이를 구하시오.

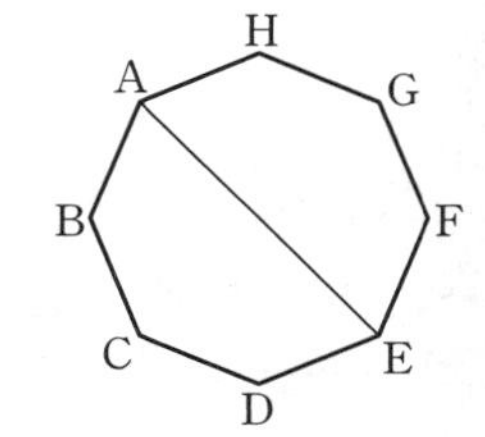

중단원 마무리하기

정답과 풀이 p.21

0225

오른쪽 그림과 같은 직각삼각형 ABC에서 $\angle B=37^\circ$, $\overline{AB}=10$일 때, $\triangle ABC$의 둘레의 길이는? (단, $\sin 37^\circ=0.6$, $\cos 37^\circ=0.8$로 계산한다.)

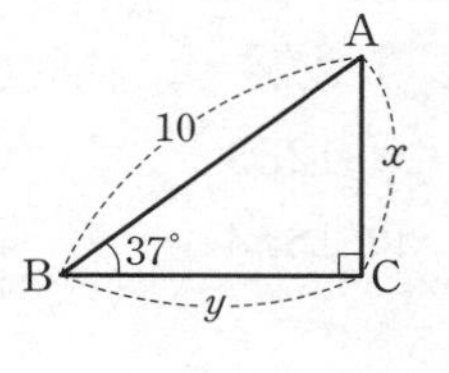

① 23 ② 24 ③ 25 ④ 26 ⑤ 27

0226

오른쪽 그림의 사각뿔은 밑면이 한 변의 길이가 6 cm인 정사각형이고, 옆면이 모두 합동인 이등변삼각형이다. 꼭짓점 O에서 밑면에 내린 수선의 발을 H라 할 때, $\angle OAH=60^\circ$이다. 이 사각뿔의 부피는?
(단, 수선의 발 H는 □ABCD의 두 대각선의 교점이다.)

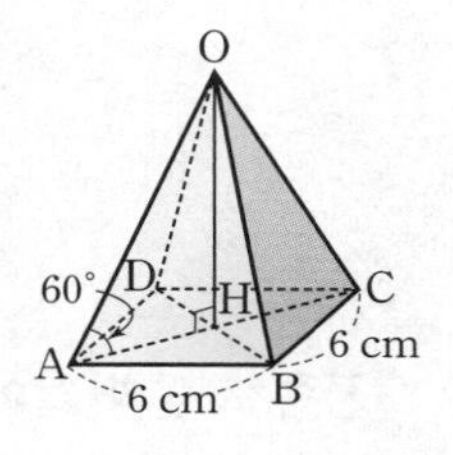

① $18\sqrt{3}\text{ cm}^3$ ② $18\sqrt{6}\text{ cm}^3$ ③ $36\sqrt{2}\text{ cm}^3$ ④ $36\sqrt{3}\text{ cm}^3$ ⑤ $36\sqrt{6}\text{ cm}^3$

중요
0227

오른쪽 그림과 같이 산의 높이를 구하기 위하여 필요한 부분을 측량하였다. 이 산의 높이 $\overline{CH}$의 길이를 구하시오.

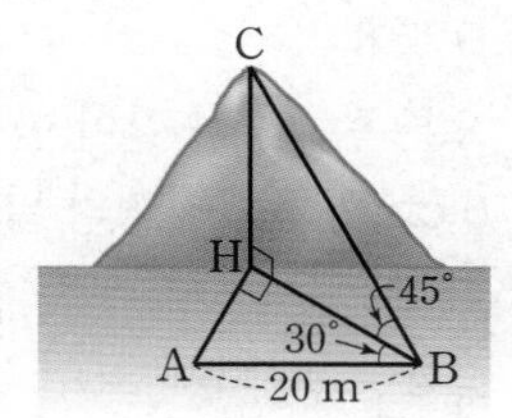

중요
0228

오른쪽 그림과 같이 지면에서 높이가 $40\sqrt{3}$ m인 지점에 있는 기구가 있다. 지면 위의 두 지점 A, B에서 기구를 올려본각의 크기가 각각 30°, 60°일 때, 두 지점 A, B 사이의 거리는?

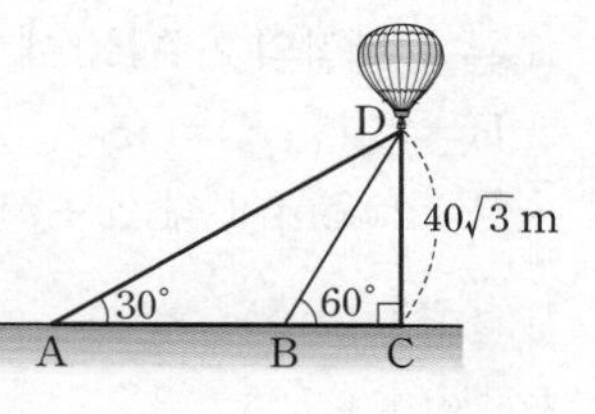

① $60\sqrt{3}$ m ② 70 m ③ $70\sqrt{3}$ m ④ 80 m ⑤ $80\sqrt{3}$ m

0229

다음 그림과 같이 지면에서 높이가 30 m인 지점에 있는 드론이 있다. 드론에서 두 지점 A, B를 내려본각의 크기가 각각 38°, 42°일 때, 두 지점 A, B 사이의 거리를 구하시오. (단, $\tan 48^\circ=1.11$, $\tan 52^\circ=1.28$로 계산한다.)

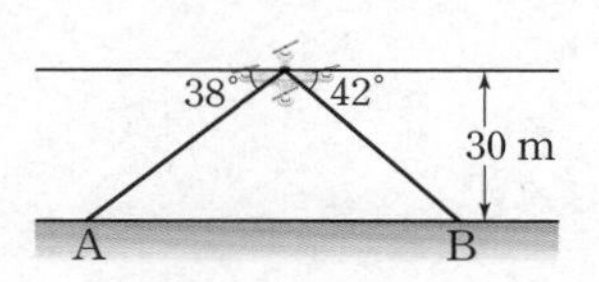

0230

오른쪽 그림과 같은 평행사변형 ABCD에서 대각선 BD의 길이는?

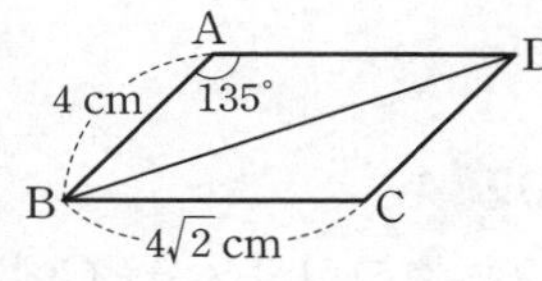

① 8 cm ② $6\sqrt{2}$ cm ③ $4\sqrt{5}$ cm ④ $3\sqrt{10}$ cm ⑤ $4\sqrt{6}$ cm

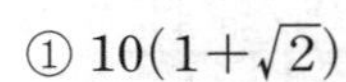

0231

오른쪽 그림의 △ABC에서 $\angle B=75°$, $\angle C=45°$, $\overline{AB}=20$ cm일 때, $x+y$의 값은?

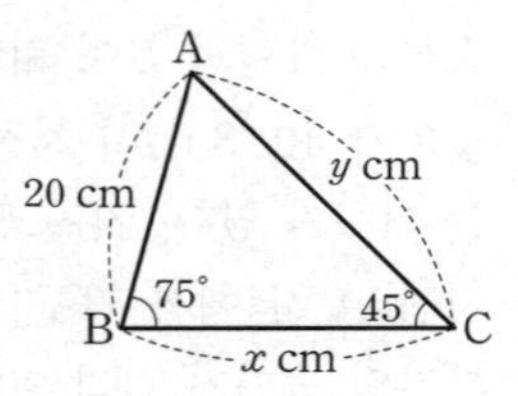

① $10(1+\sqrt{2})$
② $10(1+\sqrt{3})$
③ $10(1+\sqrt{2}+\sqrt{3})$
④ $10(1+\sqrt{2}+\sqrt{5})$
⑤ $10(1+\sqrt{3}+\sqrt{6})$

중요
0232

오른쪽 그림의 △ABC에서 $\angle B=30°$, $\angle C=45°$, $\overline{BC}=10$일 때, $\overline{AC}$의 길이는?

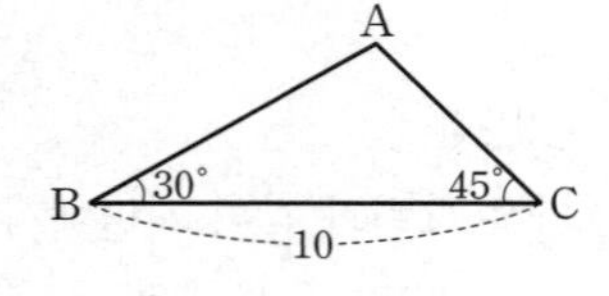

① $2(\sqrt{6}+\sqrt{2})$ ② $5(\sqrt{6}-\sqrt{2})$ ③ $6(\sqrt{6}+\sqrt{2})$
④ $10(\sqrt{3}-\sqrt{2})$ ⑤ $10(\sqrt{3}+\sqrt{2})$

0233

오른쪽 그림의 □ABCD에서 $\overline{AB}=8$, $\overline{BC}=14$, $\angle B=45°$이고 $\overline{AE}\,/\!/\,\overline{DC}$일 때, □ABED의 넓이를 구하시오.

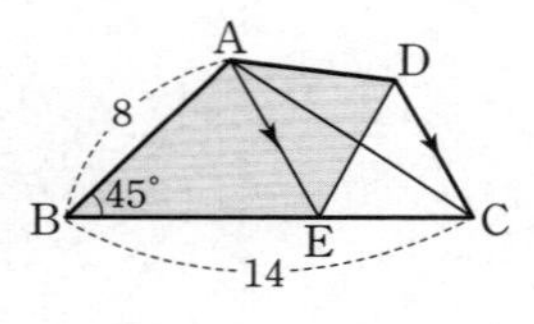

0234

오른쪽 그림의 △ABC에서 $\overline{AB}=4$, $\overline{BC}=2(\sqrt{3}-1)$이고 $\angle A=15°$, $\cos C=\frac{\sqrt{2}}{2}$일 때, △ABC의 넓이를 구하시오. (단, $0°<\angle C<90°$)

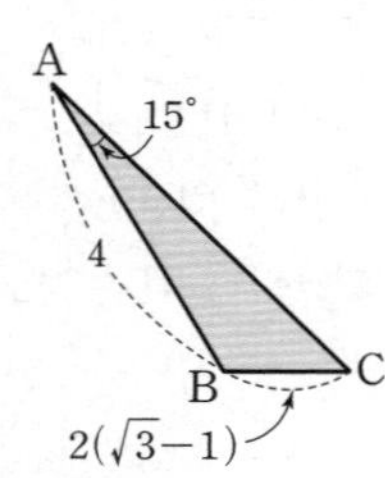

중요
0235

오른쪽 그림에서 □ABCD의 넓이는?

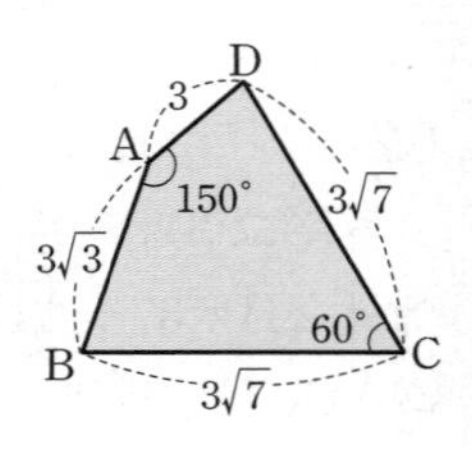

① $8\sqrt{3}$ ② $10\sqrt{2}$
③ $12\sqrt{3}$ ④ 24
⑤ $18\sqrt{3}$

0236

오른쪽 그림과 같은 평행사변형 ABCD에서 점 E가 $\overline{CD}$ 위의 점일 때, △ABE의 넓이를 구하시오.

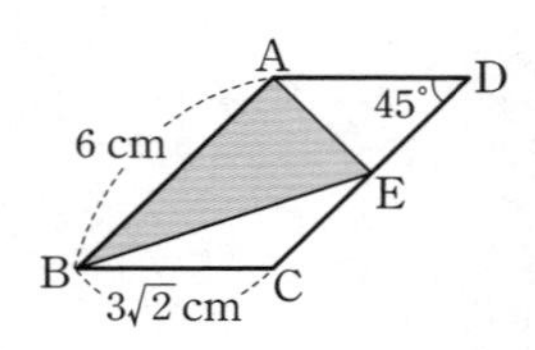

0237

오른쪽 그림과 같이 $\overline{AB}=\overline{CD}$이고 두 대각선이 이루는 각의 크기가 120°인 등변사다리꼴 ABCD의 넓이가 $9\sqrt{3}$ cm^{2}일 때, $\overline{AC}$의 길이는?

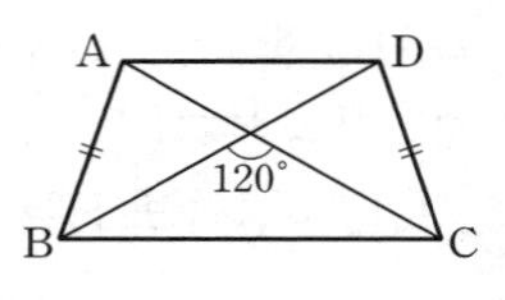

① $2\sqrt{3}$ cm ② 4 cm ③ 6 cm
④ $4\sqrt{6}$ cm ⑤ 12 cm

0238

오른쪽 그림과 같이 한 변의 길이가 6 cm인 정육각형의 넓이는?

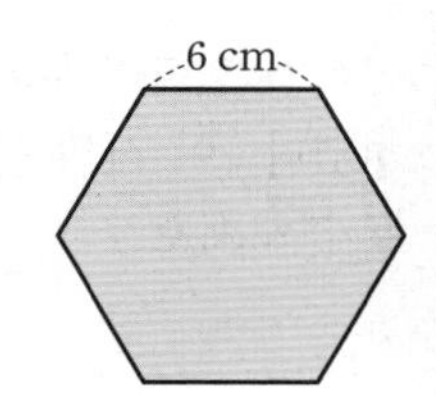

① 54 cm^2 ② $54\sqrt{2}$ cm^2
③ $54\sqrt{3}$ cm^2 ④ 72 cm^2
⑤ $72\sqrt{3}$ cm^2

서술형 주관식

0239

오른쪽 그림과 같이 나무의 밑부분과 언덕이 맞닿은 지점을 A라 하자. A지점에서의 경사가 30°인 언덕을 4 m 올라간 B 지점에서 나무 꼭대기를 올려본각의 크기가 45°일 때, 나무의 높이 $\overline{AC}$의 길이를 구하시오.

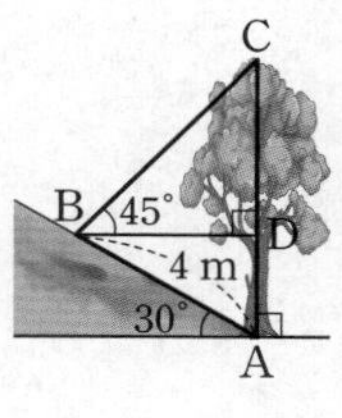

0240

오른쪽 그림의 △ABC에서 ∠B=45°, ∠C=30°, $\overline{BC}$=12 cm일 때, △ABC의 넓이를 구하시오.

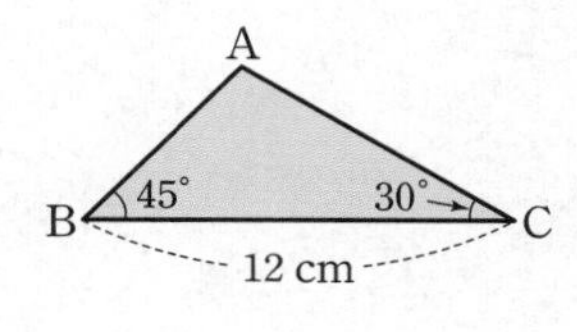

중요

0241

오른쪽 그림과 같이 반지름의 길이가 6 cm인 반원 O에서 ∠ABC=30°일 때, 색칠한 부분의 넓이를 구하시오.

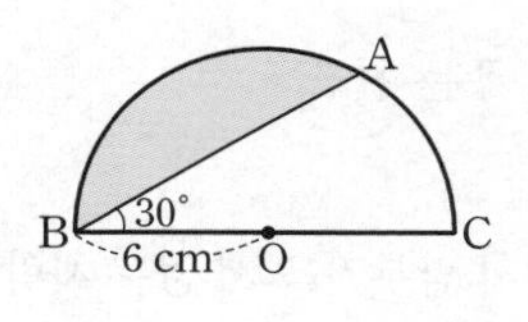

0242

오른쪽 그림과 같은 평행사변형 ABCD에서 두 대각선의 교점을 O라 하자.
∠A : ∠B=5 : 1일 때, △OBC의 넓이를 구하시오.

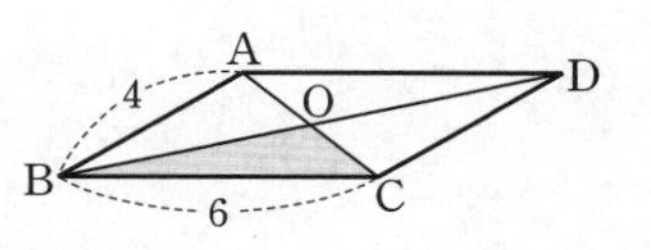

실력 UP

실력 UP 집중 학습은 실력 Up⁺로!!

0243

폭이 각각 4 cm, 3 cm인 두 종이테이프가 오른쪽 그림과 같이 겹쳐 있을 때, 겹쳐진 부분의 넓이를 구하시오.

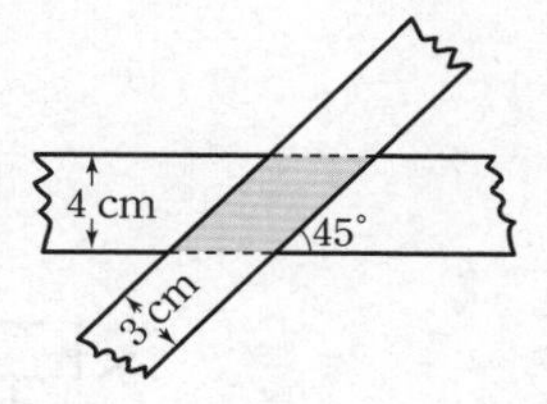

0244

오른쪽 그림과 같이 $\overline{AB}$=12 cm, $\overline{AC}$=6 cm, ∠BAC=120°인 △ABC에서 ∠BAC의 이등분선과 $\overline{BC}$의 교점을 D라 할 때, $\overline{AD}$의 길이를 구하시오.

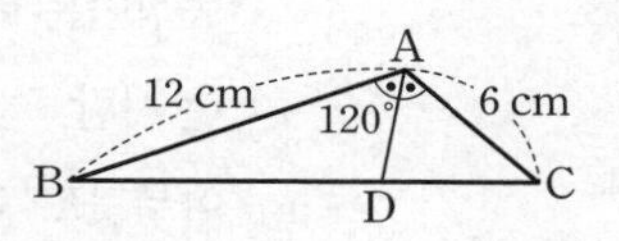

0245

오른쪽 그림과 같이 한 변의 길이가 4 cm인 정사각형 ABCD에서 $\overline{BC}$, $\overline{CD}$의 중점을 각각 M, N이라 할 때, $\sin x$의 값을 구하시오.

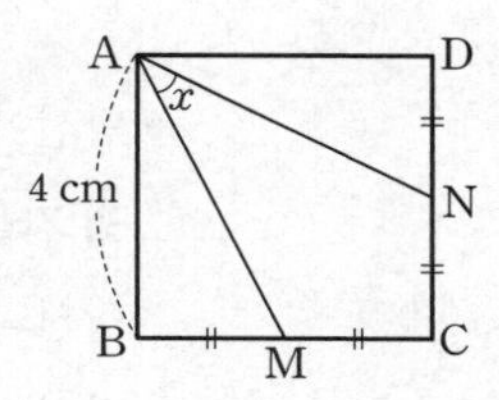

0246

다음 그림과 같은 세 도형의 넓이가 모두 같을 때, 세 선분의 길이의 비 $a : b : c$는?

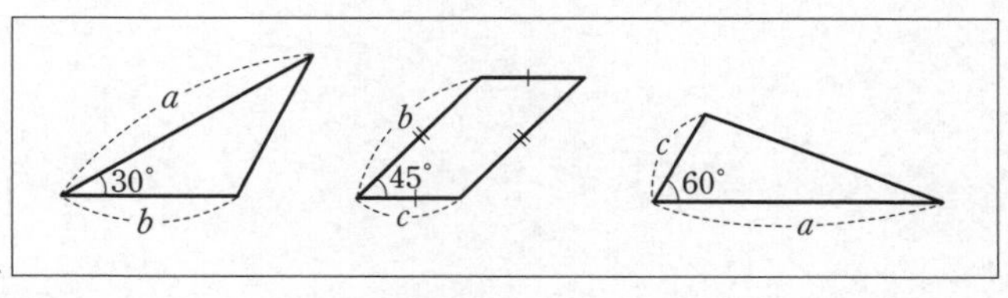

① $\sqrt{3} : \sqrt{2} : 1$　② $2 : \sqrt{3} : 1$　③ $2 : \sqrt{3} : \sqrt{2}$
④ $2\sqrt{2} : \sqrt{3} : \sqrt{2}$　⑤ $2\sqrt{2} : \sqrt{3} : 1$

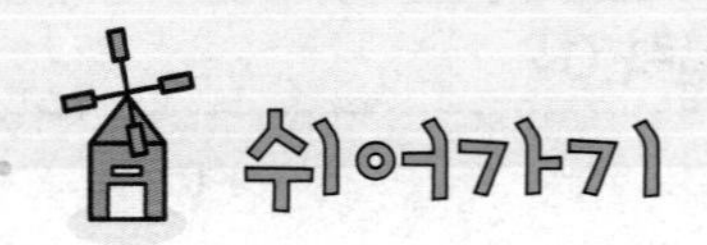

친구

많은 사람이 아니라 단 한 사람이라도 좋습니다.
동성이든 이성이든 언제 어느 때고 스스럼없이 다가서서 나의 생각과 느낌을 다 털어놓을 수 있는 사람.
아무것도 숨길 필요가 없는 사람.
그래서 내가 홀가분할 수 있는 사람.

〈어린왕자〉에서 여우는 이렇게 말합니다.

"너의 장미꽃을 그토록 소중하게 만드는 건 그 꽃을 위해 네가 소비한 그 시간이란다."

당신이 우울한 얼굴로 찾아갔을 때 아무리 바쁜 일이 있어도 그 일을 멈추고 당신의 이야기에 귀 기울여 주는 친구.
당신의 손을 따뜻하게 잡아 주며 함께 눈물 글썽여 주는 친구.
당신에게는 그런 친구가 몇 명이나 있습니까?
지금 손꼽아 보는 사람이 있다면 당신은 이 세상에서 남부러울 게 없는 사람일 것입니다.
학식이 높고 재물이 많아도 마음 터놓을 친구 하나 없다면 무슨 소용이겠습니까?

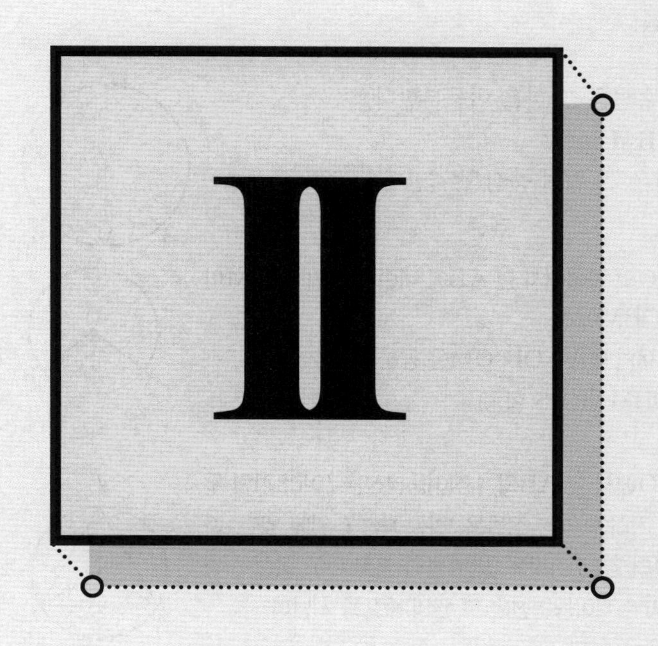

원의 성질

03 원과 직선

○ 개념플러스

03-1 현의 수직이등분선

(1) 원의 중심에서 현에 내린 수선은 그 현을 이등분한다.

⇨ $\overline{OM}\perp\overline{AB}$이면 $\overline{AM}=\overline{BM}$

(2) 원에서 현의 수직이등분선은 그 원의 중심을 지난다.

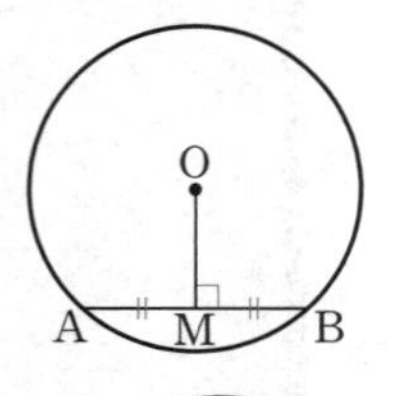

참고 (1) 오른쪽 그림과 같이 원 O의 중심에서 현 AB에 내린 수선의 발을 M이라 하면 $\triangle OAM$과 $\triangle OBM$에서

$\angle OMA=\angle OMB=90^\circ$, $\overline{OA}=\overline{OB}$, $\overline{OM}$은 공통

이므로 $\triangle OAM\equiv\triangle OBM$ (RHS 합동)

$\therefore \overline{AM}=\overline{BM}$

(2) 오른쪽 그림과 같이 원 O에서 현 AB의 수직이등분선을 l이라 하면 두 점 A와 B로부터 같은 거리에 있는 점들은 모두 직선 l 위에 있다. 따라서 두 점 A와 B로부터 같은 거리에 있는 원의 중심 O도 직선 l 위에 있다. 즉, 원에서 현의 수직이등분선은 그 원의 중심을 지난다.

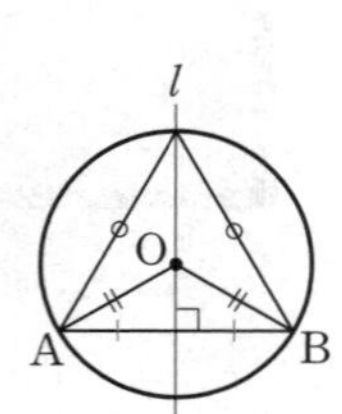

■ 직각삼각형의 합동 조건

① RHS 합동: 빗변의 길이와 다른 한 변의 길이가 각각 같을 때

② RHA 합동: 빗변의 길이와 한 예각의 크기가 각각 같을 때

03-2 현의 길이

한 원 또는 합동인 두 원에서

(1) 원의 중심으로부터 같은 거리에 있는 두 현의 길이는 같다.

⇨ $\overline{OM}=\overline{ON}$이면 $\overline{AB}=\overline{CD}$

(2) 길이가 같은 두 현은 원의 중심으로부터 같은 거리에 있다.

⇨ $\overline{AB}=\overline{CD}$이면 $\overline{OM}=\overline{ON}$

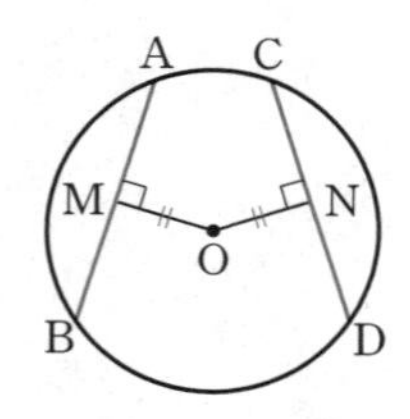

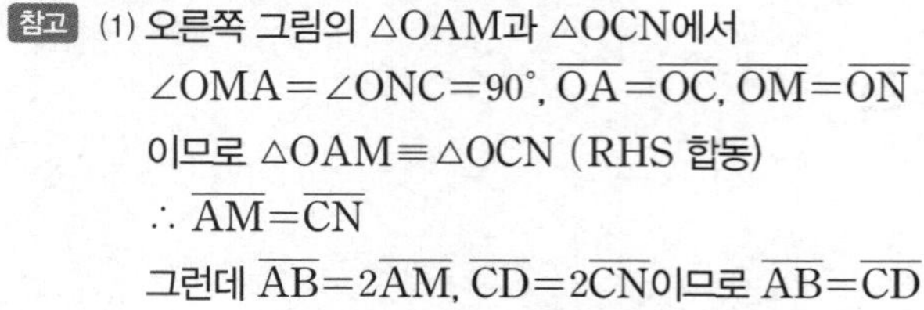

참고 (1) 오른쪽 그림의 $\triangle OAM$과 $\triangle OCN$에서

$\angle OMA=\angle ONC=90^\circ$, $\overline{OA}=\overline{OC}$, $\overline{OM}=\overline{ON}$

이므로 $\triangle OAM\equiv\triangle OCN$ (RHS 합동)

$\therefore \overline{AM}=\overline{CN}$

그런데 $\overline{AB}=2\overline{AM}$, $\overline{CD}=2\overline{CN}$이므로 $\overline{AB}=\overline{CD}$

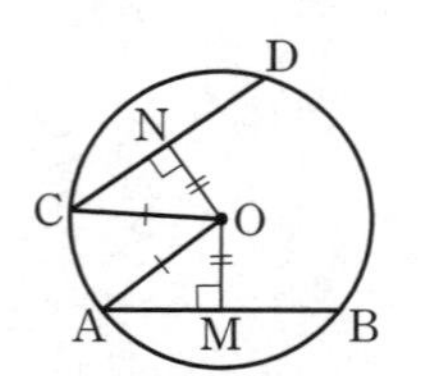

(2) 오른쪽 그림에서 $\overline{AM}=\frac{1}{2}\overline{AB}$, $\overline{CN}=\frac{1}{2}\overline{CD}$

그런데 $\overline{AB}=\overline{CD}$이므로 $\overline{AM}=\overline{CN}$

$\triangle OAM$과 $\triangle OCN$에서

$\overline{AM}=\overline{CN}$, $\overline{OA}=\overline{OC}$, $\angle OMA=\angle ONC=90^\circ$

이므로 $\triangle OAM\equiv\triangle OCN$ (RHS 합동)

$\therefore \overline{OM}=\overline{ON}$

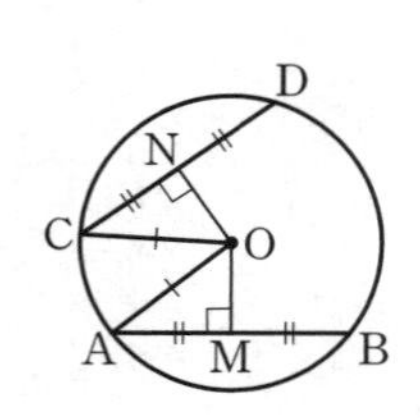

■ ① 원의 중심에서 두 변까지의 거리가 같은 삼각형

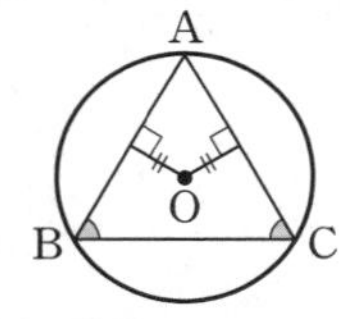

$\overline{AB}=\overline{AC}$이므로

$\triangle ABC$는 이등변삼각형

⇨ $\angle B=\angle C$

② 원의 중심에서 세 변까지의 거리가 같은 삼각형

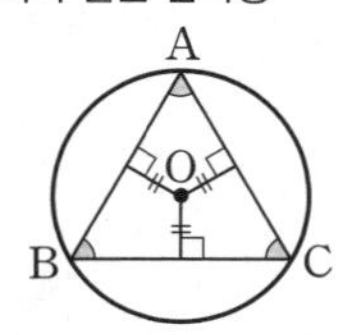

$\overline{AB}=\overline{BC}=\overline{CA}$이므로

$\triangle ABC$는 정삼각형

⇨ $\angle A=\angle B=\angle C=60^\circ$

교과서문제 정복하기

정답과 풀이 p.24

03-1 현의 수직이등분선

0247 다음은 원의 중심에서 현에 내린 수선은 그 현을 이등분함을 설명하는 과정이다. (가)~(라)에 알맞은 것을 써넣으시오.

> $\triangle$OAM과 $\triangle$OBM에서
> $\overline{OA}$= (가) ,
> $\angle$OMA$=\angle$OMB$=90^\circ$,
> (나) 은 공통
> 이므로 $\triangle$OAM$\equiv\triangle$OBM ((다) 합동)
> $\therefore$ $\overline{AM}$= (라)

[0248~0251] 다음 그림에서 x의 값을 구하시오.

0248

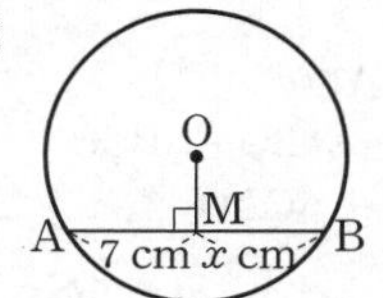

0249

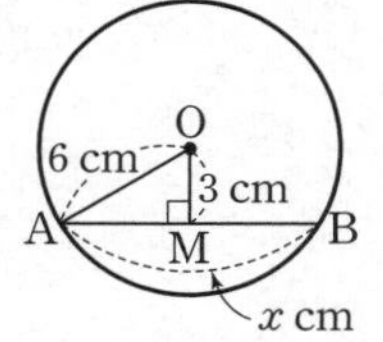

0250

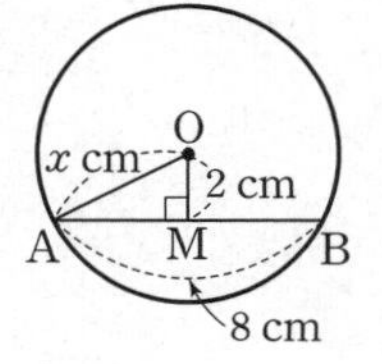

0251

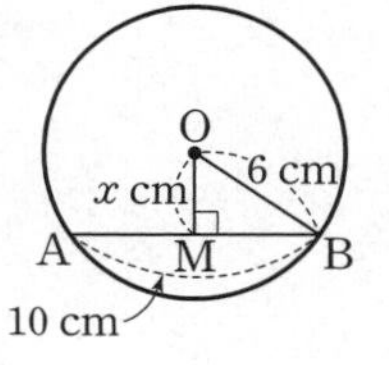

03-2 현의 길이

[0252~0256] 다음 그림에서 x의 값을 구하시오.

0252

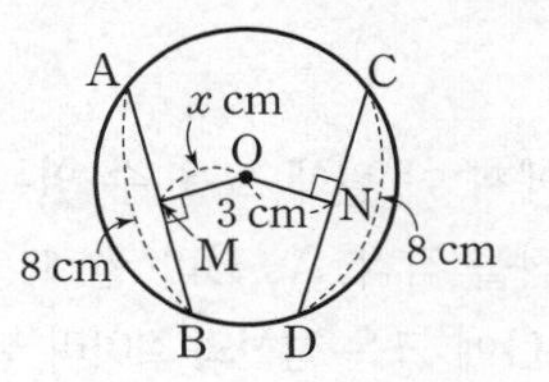

0253

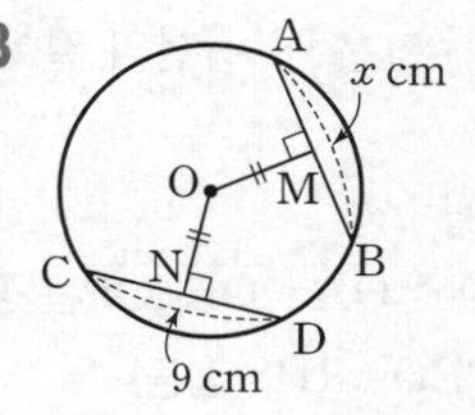

0254

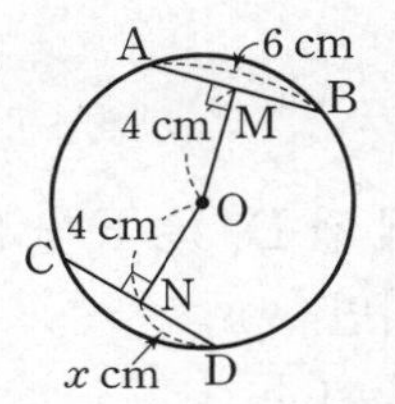

0255

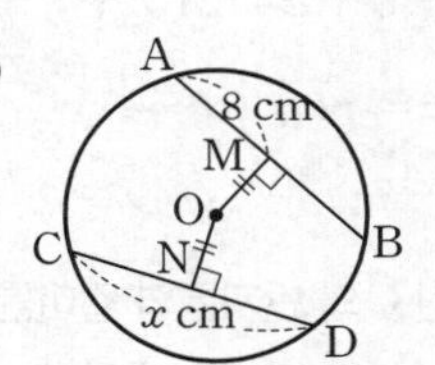

0256

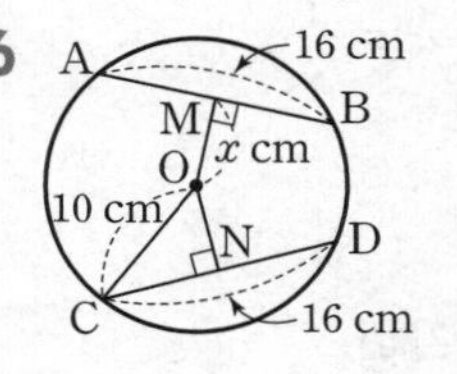

0257 오른쪽 그림의 원 O에서 $\overline{OM}\perp\overline{AB}$, $\overline{ON}\perp\overline{AC}$이고 $\overline{OM}=\overline{ON}$이다. $\angle B=72^\circ$일 때, $\angle x$의 크기를 구하시오.

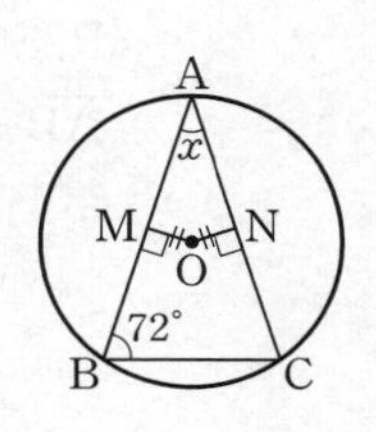

03-3 원의 접선의 길이

(1) 원의 접선과 반지름

원의 접선은 그 접점을 지나는 원의 반지름에 수직이다.

⇨ $\overline{OT} \perp l$

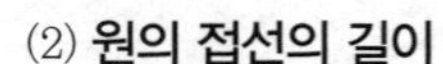

(2) 원의 접선의 길이

원 O 밖의 한 점 P에서 이 원에 그을 수 있는 접선은 2개이다. 두 접선의 접점을 각각 A, B라 할 때, $\overline{PA}$, $\overline{PB}$의 길이를 점 P에서 원 O에 그은 **접선의 길이**라 한다.

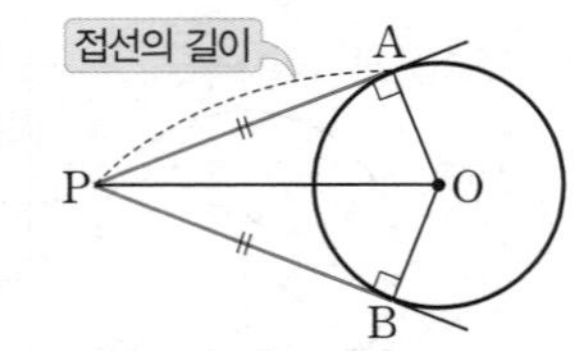

(3) 원의 접선의 성질

원 밖의 한 점에서 그 원에 그은 두 접선의 길이는 같다.

⇨ $\overline{PA}=\overline{PB}$

참고 (3) $\triangle PAO$와 $\triangle PBO$에서

$\angle PAO=\angle PBO=90°$, $\overline{OA}=\overline{OB}$, $\overline{OP}$는 공통

이므로 $\triangle PAO \equiv \triangle PBO$ (RHS 합동) $\quad\therefore \overline{PA}=\overline{PB}$

○ 개념플러스

▪ 원의 할선과 접선

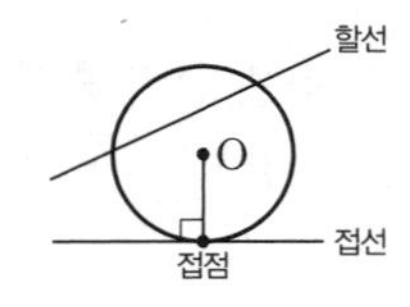

03-4 삼각형의 내접원

원 O가 $\triangle ABC$에 내접하고 세 점 D, E, F가 접점일 때, 내접원 O의 반지름의 길이를 r라 하면

(1) $\overline{AD}=\overline{AF}$, $\overline{BD}=\overline{BE}$, $\overline{CE}=\overline{CF}$

(2) **$\triangle$ABC의 둘레의 길이**: $a+b+c=2(x+y+z)$

(3) **$\triangle$ABC의 넓이**: $\triangle ABC=\frac{1}{2}r(a+b+c)$

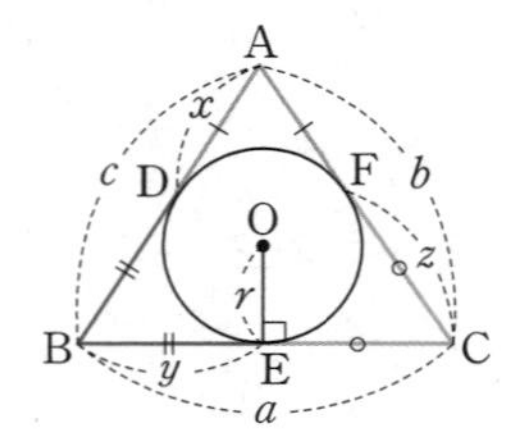

참고 **직각삼각형의 내접원**

직각삼각형 ABC의 내접원 O의 반지름의 길이를 r라 할 때

① □DBEO는 한 변의 길이가 r인 정사각형이다.

② $\triangle ABC=\frac{1}{2}r(a+b+c)=\frac{1}{2}ac$

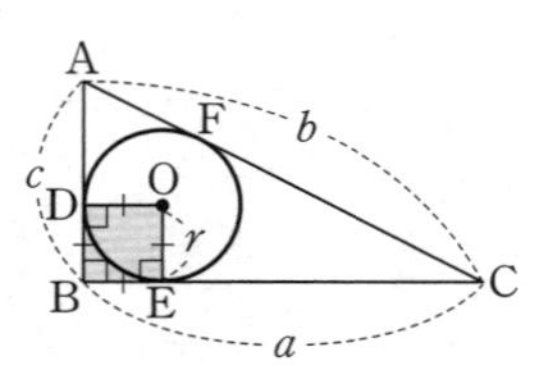

▪ $a=y+z$, $b=x+z$, $c=x+y$ 이므로

$a+b+c$
$=(y+z)+(x+z)+(x+y)$
$=2(x+y+z)$

▪ $\triangle ABC$
$=\triangle ABO+\triangle BCO+\triangle CAO$
$=\frac{1}{2}cr+\frac{1}{2}ar+\frac{1}{2}br$
$=\frac{1}{2}r(a+b+c)$

03-5 원에 외접하는 사각형

(1) 원에 외접하는 사각형에서 두 쌍의 대변의 길이의 합은 같다.

⇨ $\overline{AB}+\overline{CD}=\overline{AD}+\overline{BC}$

(2) 두 쌍의 대변의 길이의 합이 같은 사각형은 원에 외접한다.

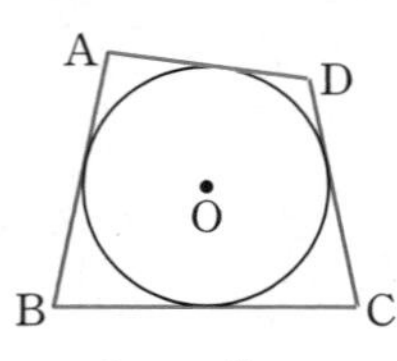

참고 (1) 오른쪽 그림과 같이 원 O가 사각형 ABCD의 각 변과 점 P, Q, R, S에서 접할 때,

$\overline{AB}+\overline{CD}=(\overline{AP}+\overline{BP})+(\overline{DR}+\overline{CR})$
$=(\overline{AS}+\overline{BQ})+(\overline{DS}+\overline{CQ})$
$=(\overline{AS}+\overline{DS})+(\overline{BQ}+\overline{CQ})$
$=\overline{AD}+\overline{BC}$

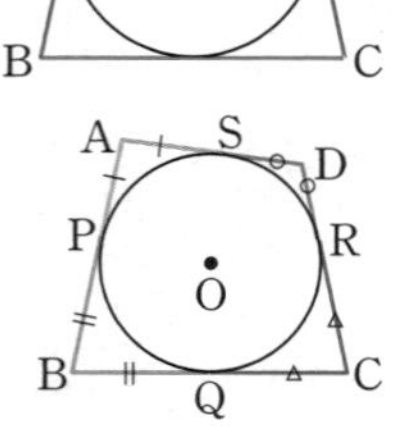

03-3 원의 접선의 길이

[0258~0259] 다음 그림에서 두 점 A, B는 원 O의 접점일 때, $\angle x$의 크기를 구하시오.

0258

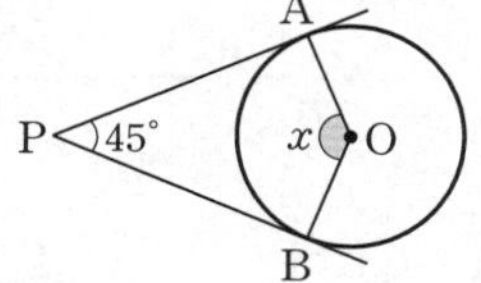

0259

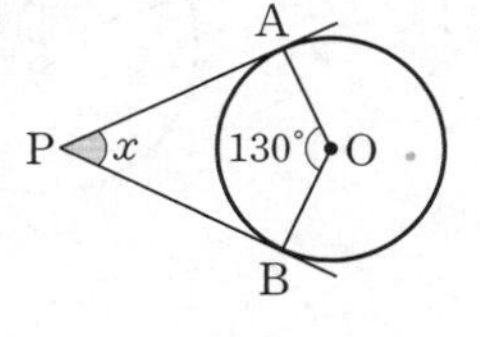

0260 오른쪽 그림에서 두 점 A, B는 원 O의 접점일 때, 다음을 구하시오.

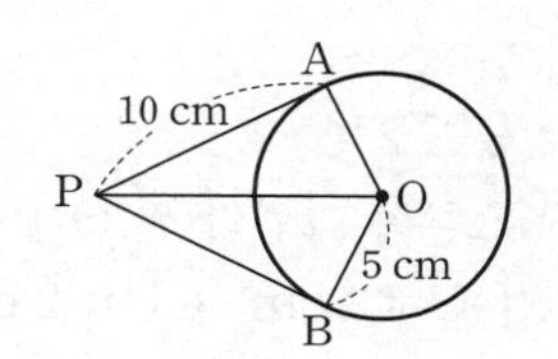

(1) $\overline{PB}$의 길이

(2) $\overline{PO}$의 길이

03-4 삼각형의 내접원

0261 다음은 오른쪽 그림과 같이 원 O가 $\triangle ABC$의 내접원이고 세 점 D, E, F가 접점일 때, $\overline{AF}$의 길이를 구하는 과정이다. (가)~(다)에 알맞은 것을 써넣으시오.

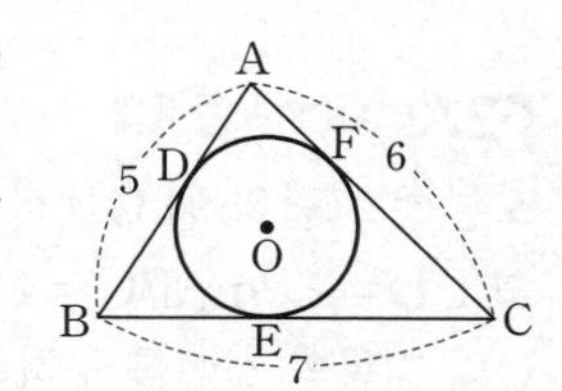

> $\overline{AF}=x$라 하면 $\overline{AD}=x$이므로
> $\overline{BD}=$ (가) , $\overline{CF}=$ (나)
> $\overline{BE}=\overline{BD}$, $\overline{CE}=\overline{CF}$이므로
> $\overline{BC}=($ (가) $)+($ (나) $)=7$
> $\therefore x=$ (다)

[0262~0263] 다음 그림에서 원 O는 $\triangle ABC$의 내접원이고 세 점 D, E, F는 접점일 때, x의 값을 구하시오.

0262

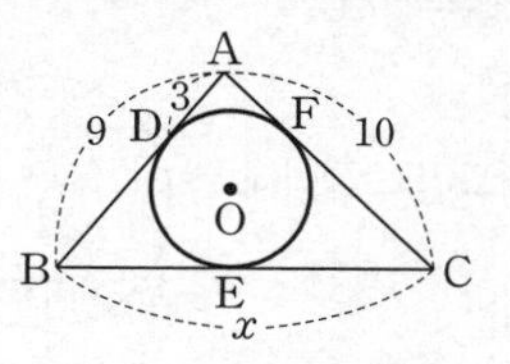

0263

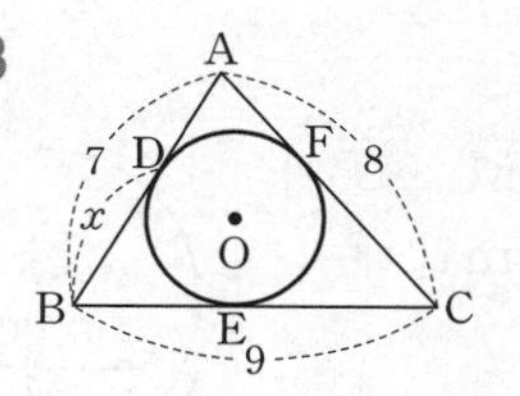

0264 오른쪽 그림에서 원 O는 직각삼각형 ABC의 내접원이고 세 점 D, E, F는 접점이다. 원 O의 반지름의 길이를 r라 할 때, 다음 물음에 답하시오.

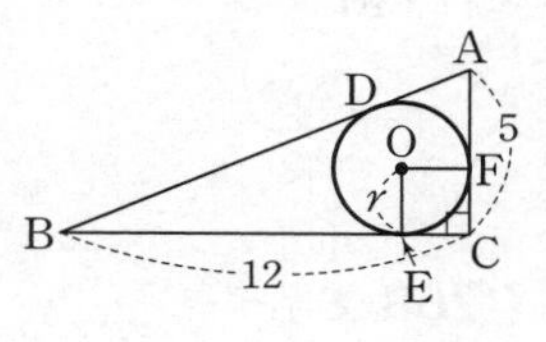

(1) $\overline{AB}$의 길이를 구하시오.

(2) $\overline{AD}$, $\overline{BD}$의 길이를 r를 사용하여 나타내시오.

(3) r의 값을 구하시오.

03-5 원에 외접하는 사각형

[0265~0266] 다음 그림에서 □ABCD가 원 O에 외접할 때, x의 값을 구하시오.

0265

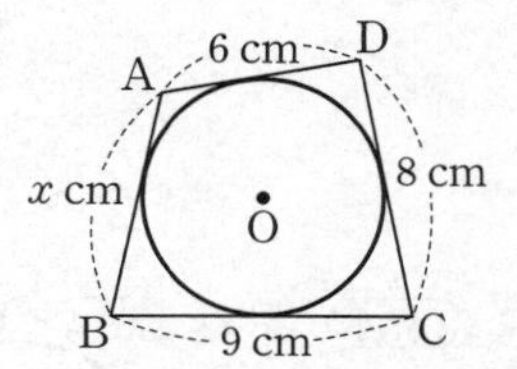

0266

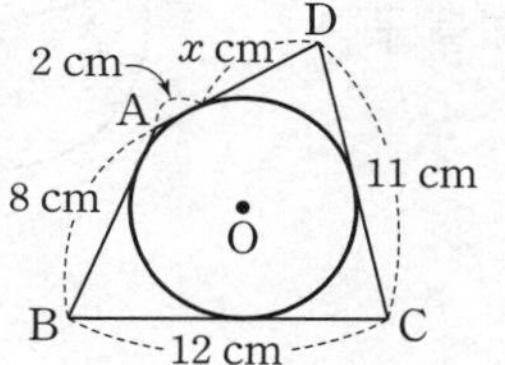

유형 익히기

개념원리 중학수학 3-2 61쪽

중요

유형 01 현의 수직이등분선 (1)

(1) $\overline{OM}\perp\overline{AB}$이면 $\overline{AM}=\overline{BM}$

(2) 직각삼각형 OAM에서 피타고라스 정리에 의하여
$\overline{AM}^2=\overline{OA}^2-\overline{OM}^2$

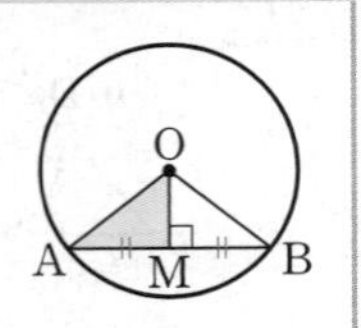

0267 대표문제

오른쪽 그림의 원 O에서 $\overline{OM}\perp\overline{AB}$이고 $\overline{OM}=3$ cm, $\overline{AB}=12$ cm일 때, $\overline{OA}$의 길이는?

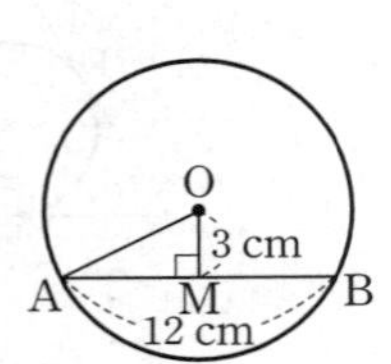

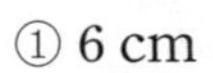

① 6 cm ② $2\sqrt{10}$ cm
③ $3\sqrt{5}$ cm ④ $4\sqrt{3}$ cm
⑤ 7 cm

0268 중하

오른쪽 그림과 같이 반지름의 길이가 5 cm인 원 O에서 $\overline{OM}\perp\overline{AB}$이고 $\overline{OM}=4$ cm일 때, $\overline{AB}$의 길이를 구하시오.

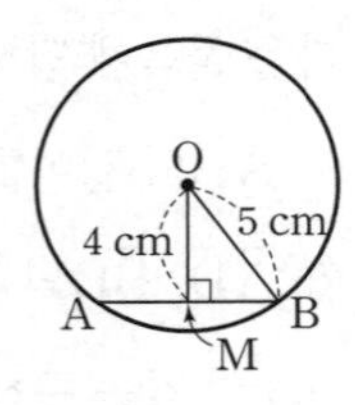

0269 중

오른쪽 그림의 원 O에서 $\overline{AB}$는 지름이고 $\overline{OM}\perp\overline{AC}$이다. $\overline{OB}=17$ cm, $\overline{CM}=15$ cm일 때, $\triangle AOM$의 넓이를 구하시오.

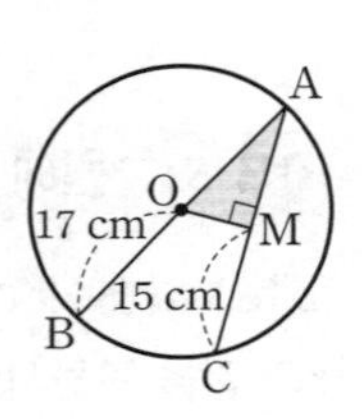

0270 중

오른쪽 그림의 원 O에서 $\overline{AB}\perp\overline{OM}$, $\overline{CD}\perp\overline{ON}$이고 $\overline{AB}=10$, $\overline{OM}=4$, $\overline{ON}=2$일 때, 현 CD의 길이를 구하시오.

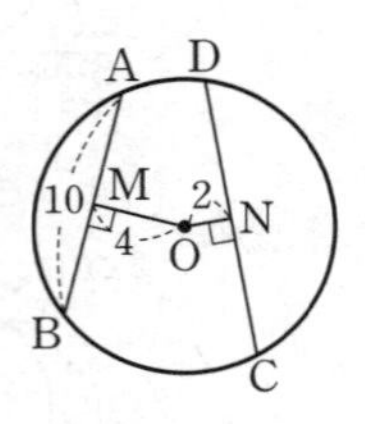

개념원리 중학수학 3-2 61쪽

유형 02 현의 수직이등분선 (2)

원 O에서 $\overline{OA}=\overline{OB}=\overline{OC}=r$이므로

(1) $\overline{OM}=r-\overline{MC}$

(2) $\overline{OA}^2=\overline{AM}^2+\overline{OM}^2$

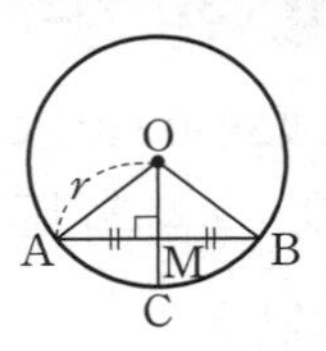

0271 대표문제

오른쪽 그림의 원 O에서 $\overline{OM}\perp\overline{AB}$이고 $\overline{AM}=7$ cm, $\overline{CM}=5$ cm일 때, 원 O의 반지름의 길이를 구하시오.

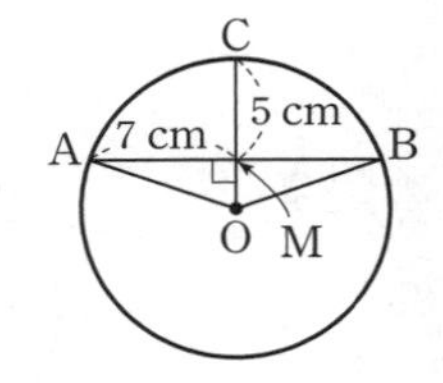

0272 중

오른쪽 그림의 원 O에서 $\overline{OD}\perp\overline{AB}$이고 $\overline{OC}=3$ cm, $\overline{CD}=2$ cm일 때, $\overline{AB}$의 길이는?

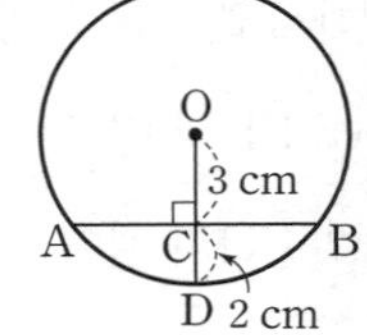
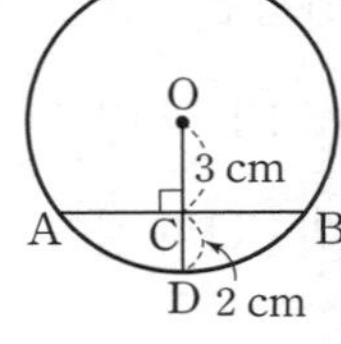

① 6 cm ② 7 cm
③ 8 cm ④ 9 cm
⑤ 10 cm

0273 상중 서술형

오른쪽 그림의 원 O에서 $\overline{CO}\perp\overline{AB}$이고 $\overline{CD}=2$ cm, $\overline{BC}=4$ cm일 때, 원 O의 지름의 길이를 구하시오.

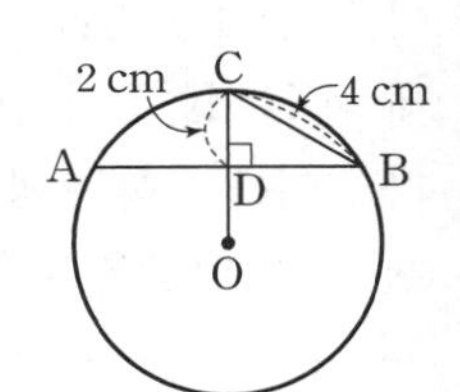

개념원리 중학수학 3-2 62쪽

유형 03 현의 수직이등분선 (3)

원의 일부분이 주어질 때

(i) 원의 중심을 찾아 반지름의 길이를 r로 놓는다.

(ii) 피타고라스 정리를 이용하여 식을 세운다.

⇨ $r^2=(r-a)^2+b^2$

0274 대표문제

오른쪽 그림에서 $\widehat{AB}$는 원의 일부분이다. $\overline{CD}$가 $\overline{AB}$를 수직이등분하고 $\overline{AD}=3\sqrt{3}$, $\overline{CD}=3$일 때, 이 원의 반지름의 길이는?

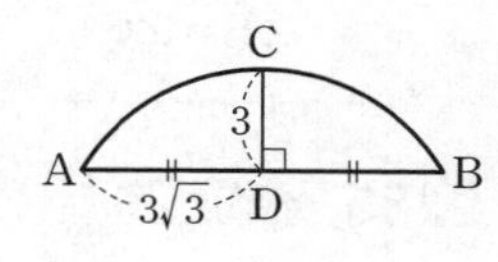

① 4 ② 5 ③ 6
④ 7 ⑤ 8

0275 중

오른쪽 그림에서 $\widehat{AB}$는 반지름의 길이가 20 cm인 원의 일부분이다. $\overline{AB}\perp\overline{CD}$, $\overline{AD}=\overline{BD}$이고 $\overline{AB}=24$ cm일 때, $\overline{CD}$의 길이를 구하시오.

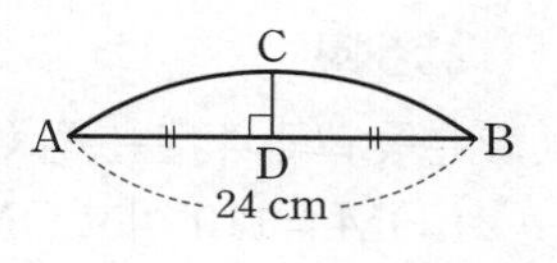

0276 중

오른쪽 그림에서 $\widehat{AB}$는 반지름의 길이가 10 cm인 원의 일부분이다. $\overline{AB}\perp\overline{CD}$, $\overline{AD}=\overline{BD}$이고 $\overline{CD}=4$ cm일 때, △ABC의 넓이를 구하시오.

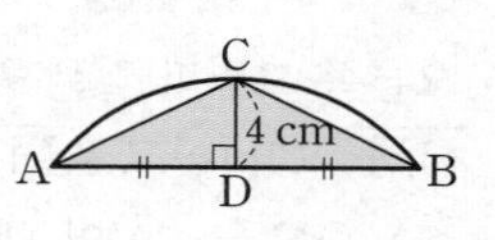

0277 중

원 모양의 접시의 깨진 일부분이 오른쪽 그림과 같을 때, 깨지기 전의 원래 접시의 둘레의 길이를 구하시오.

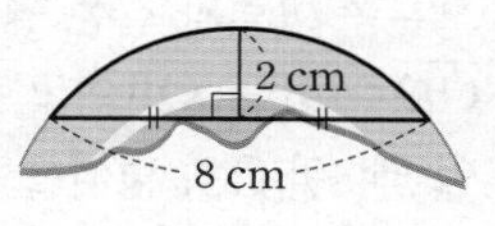

개념원리 중학수학 3-2 62쪽

유형 04 현의 수직이등분선 (4)

원주 위의 한 점이 원의 중심에 오도록 접었을 때 다음이 성립한다.

(1) $\overline{AM}=\overline{BM}$

(2) $\overline{OM}=\overline{CM}=\frac{1}{2}\overline{OA}$

(3) $\overline{OA}^2=\overline{AM}^2+\overline{OM}^2$

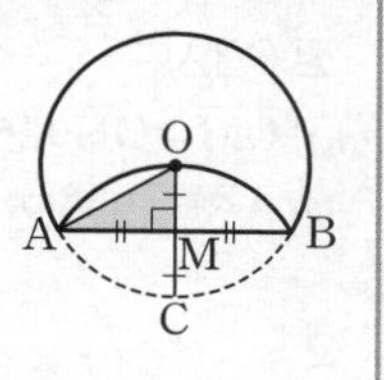

0278 대표문제

오른쪽 그림과 같이 반지름의 길이가 8 cm인 원 O의 원주 위의 한 점이 원의 중심 O에 겹쳐지도록 $\overline{AB}$를 접는 선으로 하여 접었을 때, $\overline{AB}$의 길이는?

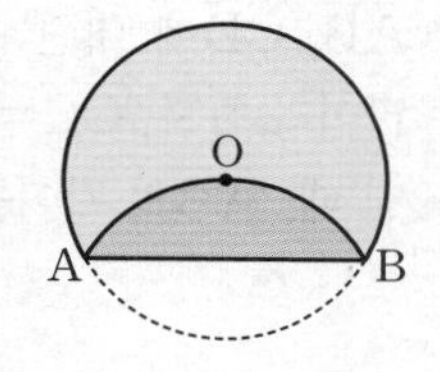

① $3\sqrt{3}$ cm ② $4\sqrt{3}$ cm ③ 10 cm
④ 12 cm ⑤ $8\sqrt{3}$ cm

0279 중 서술형

오른쪽 그림과 같이 원 O의 원주 위의 한 점이 원의 중심 O에 겹쳐지도록 $\overline{AB}$를 접는 선으로 하여 접었을 때, 접힌 현의 길이가 $10\sqrt{3}$이었다. 이때 원 O의 반지름의 길이를 구하시오.

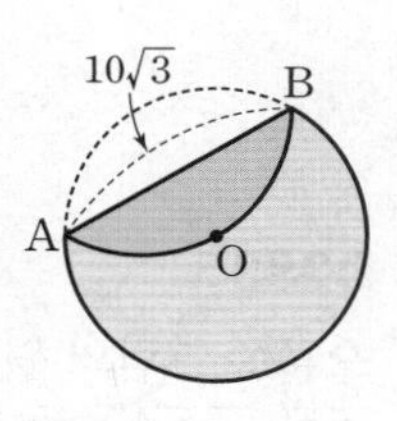

0280 상 중

오른쪽 그림과 같이 원 O의 원주 위의 한 점이 원의 중심 O에 겹쳐지도록 $\overline{AB}$를 접는 선으로 하여 접었다. $\overline{AB}$의 길이가 $6\sqrt{3}$ cm일 때, $\widehat{AB}$의 길이는?

① 3π cm ② 4π cm ③ 5π cm
④ 6π cm ⑤ 7π cm

개념원리 중학수학 3-2 63쪽

유형 | 05 현의 길이 (1)

원 O에서

(1) $\overline{OM}=\overline{ON}$이면 $\overline{AB}=\overline{CD}$

(2) $\overline{AB}=\overline{CD}$이면 $\overline{OM}=\overline{ON}$

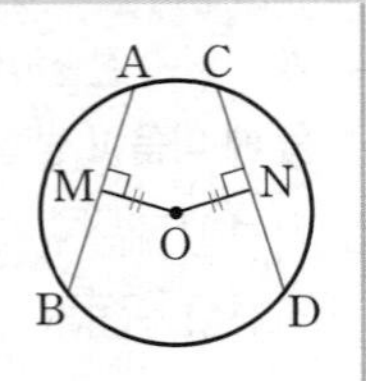

0281 대표문제

오른쪽 그림과 같이 원의 중심 O에서 $\overline{AB}$, $\overline{CD}$에 내린 수선의 발을 각각 M, N이라 하자. $\overline{OC}=5\sqrt{2}$, $\overline{OM}=\overline{ON}=5$일 때, $\overline{AB}$의 길이를 구하시오.

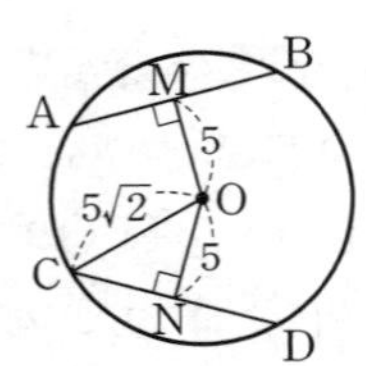

0282 중

오른쪽 그림의 원 O에서 $\overline{AB}\perp\overline{OM}$이고 $\overline{AB}=\overline{CD}$이다. $\overline{OD}=13$ cm, $\overline{OM}=12$ cm일 때, △OCD의 넓이를 구하시오.

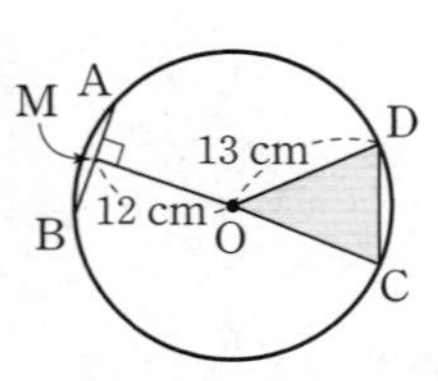

0283 중

오른쪽 그림의 원 O에서 $\overline{AB}\perp\overline{OM}$, $\overline{CD}\perp\overline{ON}$이고 $\overline{OM}=\overline{ON}$이다. ∠MBO=30°, $\overline{CD}=6$ cm일 때, 원 O의 넓이는?

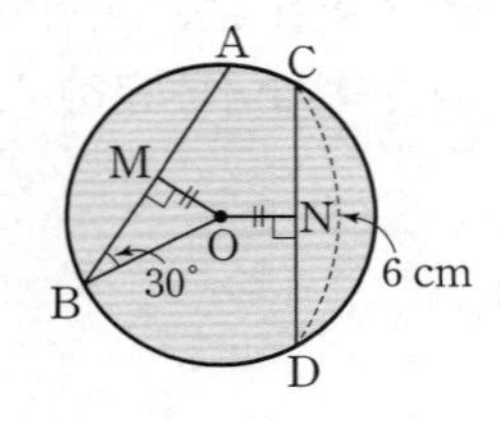

① 6π cm² ② 12π cm²
③ 15π cm² ④ 18π cm²
⑤ 20π cm²

0284 상중

오른쪽 그림과 같은 원 O에서 $\overline{AB}\,/\!/\,\overline{CD}$이고 $\overline{AB}=\overline{CD}=6$ cm, $\overline{OB}=5$ cm일 때, $\overline{AB}$와 $\overline{CD}$ 사이의 거리를 구하시오.

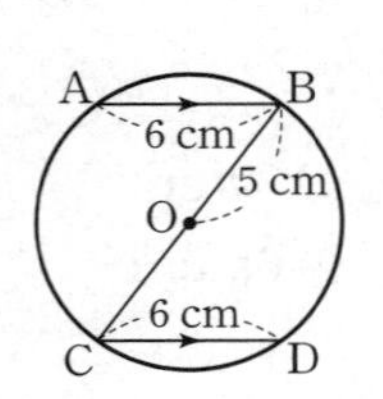

중요

개념원리 중학수학 3-2 63쪽

유형 | 06 현의 길이 (2) – 삼각형이 주어진 경우

(1)

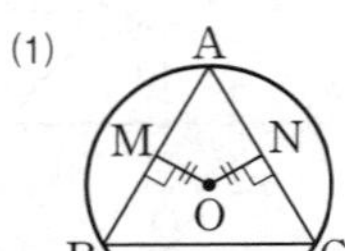
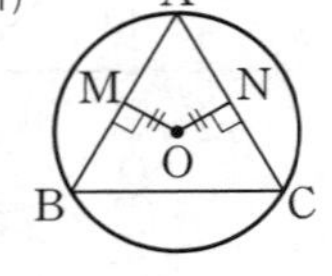

$\overline{OM}=\overline{ON}$이면

⇨ $\overline{AB}=\overline{AC}$이므로

△ABC는 이등변삼각형

(∠B=∠C)

(2)

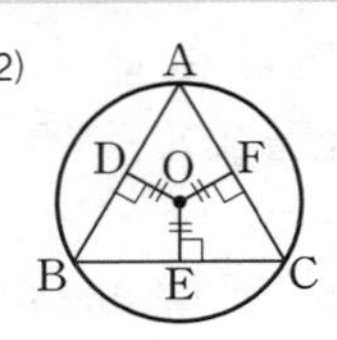

$\overline{OD}=\overline{OE}=\overline{OF}$이면

⇨ $\overline{AB}=\overline{BC}=\overline{CA}$이므로

△ABC는 정삼각형

(∠A=∠B=∠C)

0285 대표문제

오른쪽 그림과 같은 원 O에서 ∠A=48°이고 $\overline{OM}=\overline{ON}$일 때, ∠B의 크기를 구하시오.

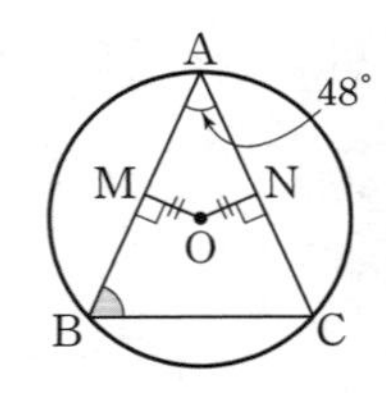

0286 중

오른쪽 그림과 같은 원 O에서 ∠LOM=110°이고 $\overline{OM}=\overline{ON}$일 때, ∠A의 크기를 구하시오.

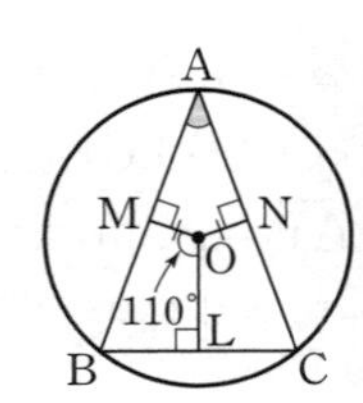

0287 중 서술형

오른쪽 그림과 같은 원 O에서 $\overline{OM}=\overline{ON}$이고 $\overline{AM}=6$, ∠MON=120°일 때, $\overline{BC}$의 길이를 구하시오.

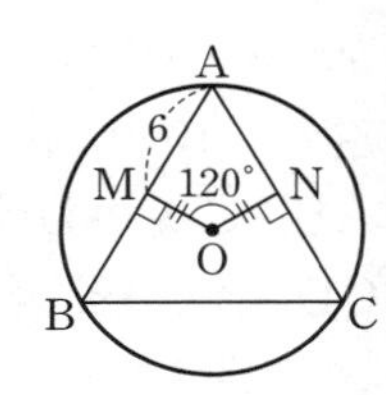

0288 상중

오른쪽 그림과 같은 원 O에서 $\overline{OD}=\overline{OE}=\overline{OF}$이고 $\overline{AB}=8\sqrt{3}$ cm일 때, 원 O의 넓이를 구하시오.

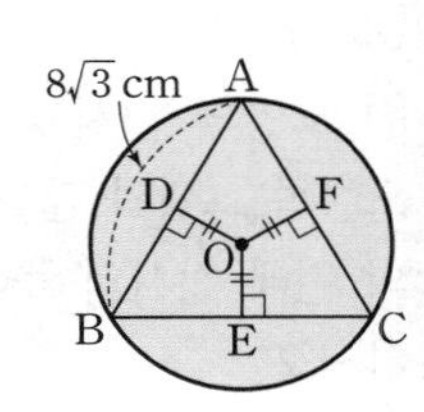

개념원리 중학수학 3-2 67쪽

유형 07 원의 접선의 길이 (1)

원 밖의 점 P에서 원 O에 그은 접선의 접점을 A라 할 때

(1) $\angle PAO = 90°$

(2) $\overline{PO}^2 = \overline{PA}^2 + \overline{OA}^2$

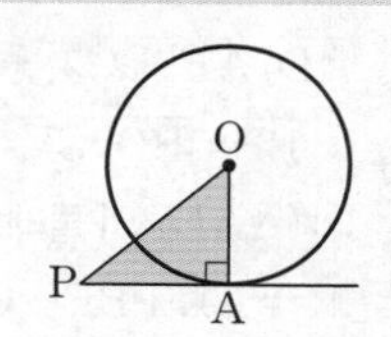

0289 대표문제

오른쪽 그림과 같이 반지름의 길이가 3 cm인 원 O에서 점 A는 원 O의 접점이고 $\overline{PQ} = 4$ cm일 때, $\overline{AP}$의 길이는?

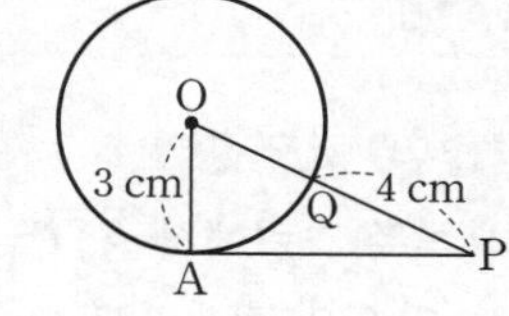

① 6 cm ② $2\sqrt{10}$ cm ③ $4\sqrt{3}$ cm
④ 7 cm ⑤ $5\sqrt{2}$ cm

0290 중

오른쪽 그림에서 점 A는 원 O의 접점이고 $\overline{PA} = 15$ cm, $\overline{PB} = 9$ cm이다. 이때 $\triangle OPA$의 넓이를 구하시오.

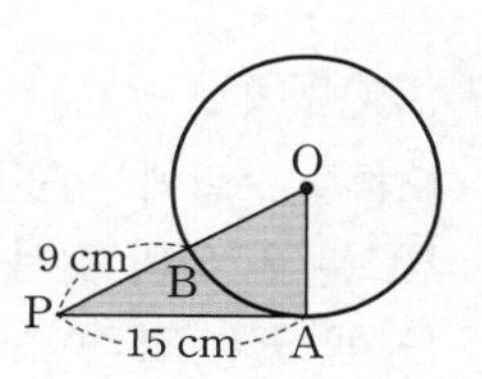

0291 중

오른쪽 그림에서 $\overline{PT}$는 원 O의 접선이고 점 T는 접점이다. $\angle TPA = 30°$, $\overline{PA} = 5$ cm일 때, $\overline{PT}$의 길이를 구하시오.

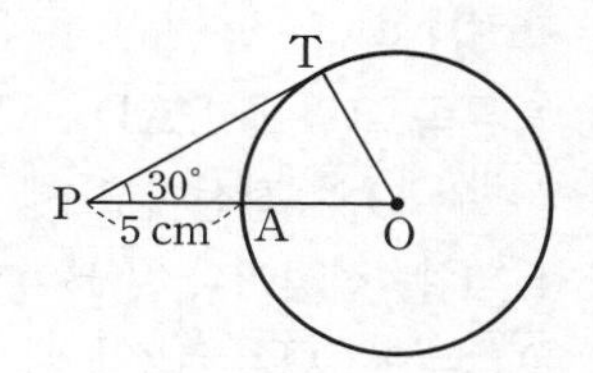

중요

개념원리 중학수학 3-2 68쪽

유형 08 원의 접선의 길이 (2)

원 밖의 점 P에서 원 O에 그은 두 접선의 접점을 A, B라 할 때

(1) $\angle PAO = 90°$, $\angle PBO = 90°$ 이므로
$\angle APB + \angle AOB = 180°$

(2) $\overline{PA} = \overline{PB}$

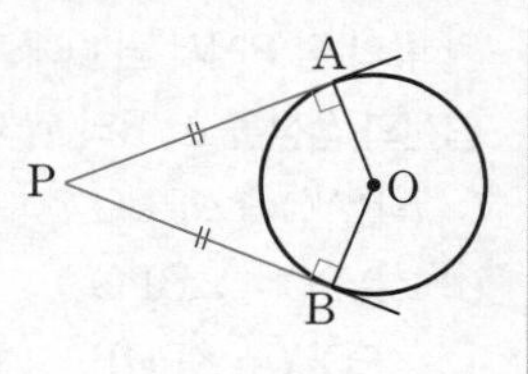

0292 대표문제

오른쪽 그림에서 두 점 A, B는 점 P에서 원 O에 그은 두 접선의 접점이다. $\angle BAO = 23°$일 때, $\angle x$의 크기를 구하시오.

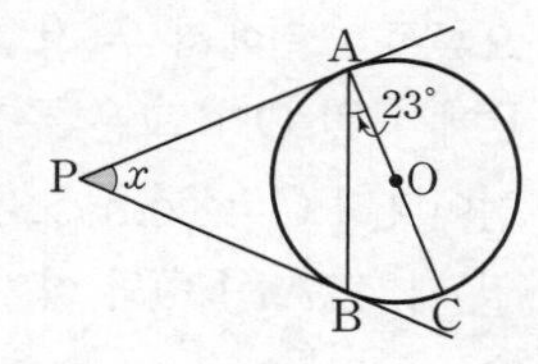

0293 중하

오른쪽 그림에서 두 점 A, B는 점 P에서 원 O에 그은 두 접선의 접점이다. $\angle APB = 70°$일 때, $\angle x$의 크기를 구하시오.

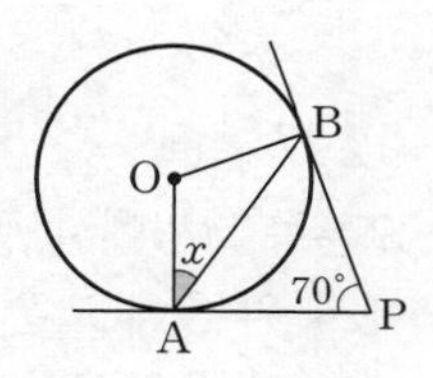

0294 중

오른쪽 그림에서 두 점 A, B는 점 P에서 원 O에 그은 두 접선의 접점이다. $\overline{OA} = 8$ cm, $\angle APB = 45°$일 때, 색칠한 부분의 넓이를 구하시오.

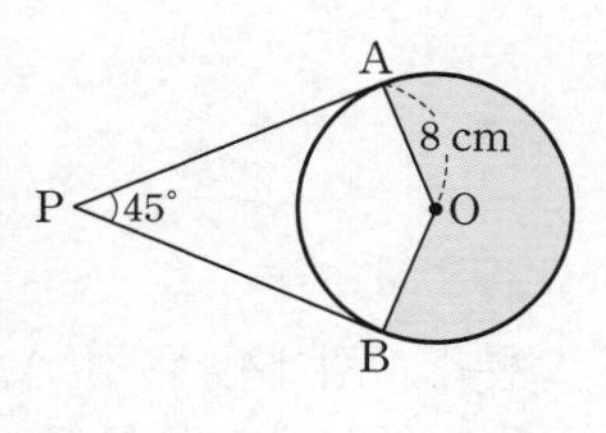

0295 중

오른쪽 그림에서 두 점 A, B는 점 P에서 원 O에 그은 두 접선의 접점이다. $\overline{PA} = 10$ cm, $\angle APB = 60°$일 때, 현 AB의 길이를 구하시오.

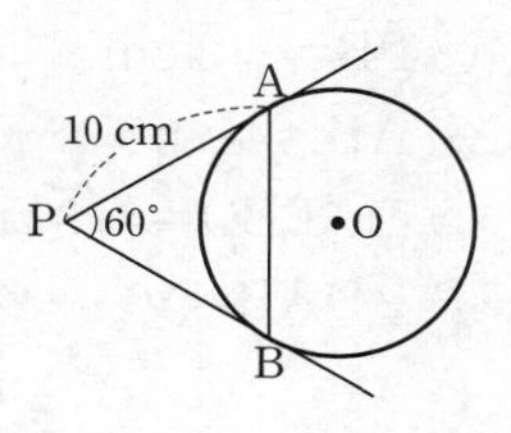

유형 09 원의 접선의 길이 (3)

개념원리 중학수학 3-2 68쪽

원 밖의 점 P에서 원 O에 그은 두 접선의 접점을 A, B라 할 때

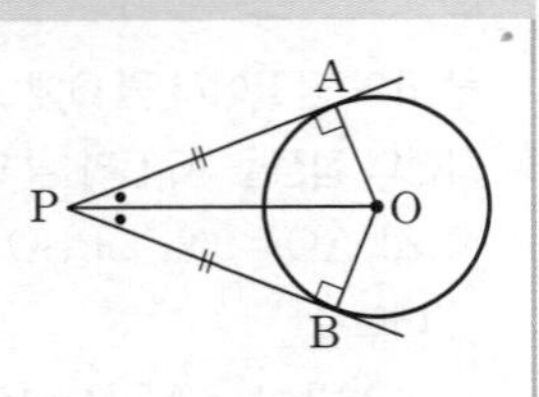

(1) $\triangle PAO \equiv \triangle PBO$

(2) $\angle APO = \angle BPO$, $\angle POA = \angle POB$

(3) $\overline{PA}^2 = \overline{PO}^2 - \overline{OA}^2 = \overline{PO}^2 - \overline{OB}^2$

0296 대표문제

오른쪽 그림에서 두 점 A, B는 점 P에서 원 O에 그은 두 접선의 접점이다. $\overline{PO} = 8$ cm, $\angle OPB = 30°$일 때, $\square APBO$의 넓이를 구하시오.

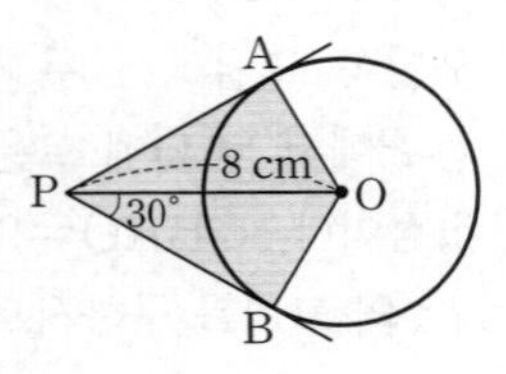

0297 중 하

오른쪽 그림에서 두 점 A, B는 점 P에서 원 O에 그은 두 접선의 접점일 때, x의 값을 구하시오.

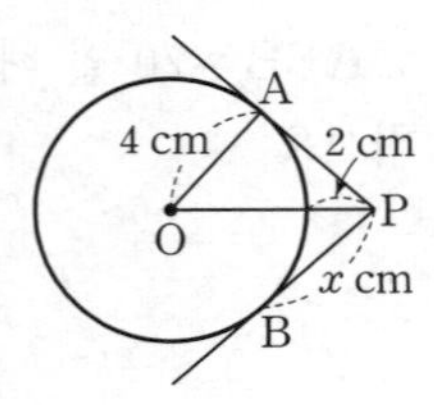

0298 중

오른쪽 그림에서 두 점 A, B는 점 P에서 원 O에 그은 두 접선의 접점이다. $\angle APB = 60°$, $\overline{OA} = 2$ cm일 때, 다음 중 옳지 않은 것은?

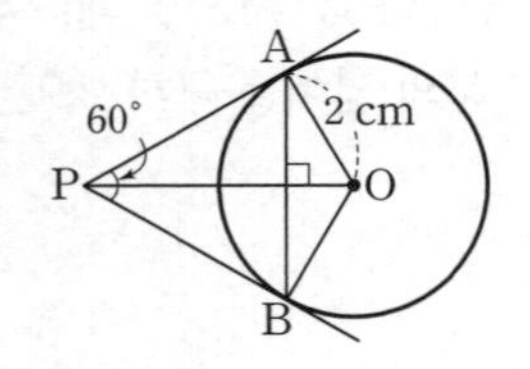

① $\overline{PO} = 4$ cm

② $\overline{PB} = 2\sqrt{3}$ cm

③ $\overline{AB} = 4$ cm

④ $\square APBO = 4\sqrt{3}$ cm^2

⑤ $\angle OAB = 30°$

유형 10 원의 접선의 성질의 응용

개념원리 중학수학 3-2 69쪽

$\overline{AD}$, $\overline{AE}$, $\overline{BC}$가 원 O의 접선이고 세 점 D, E, F가 접점일 때

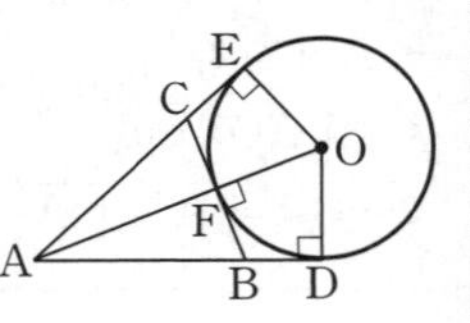

(1) $\overline{BF} = \overline{BD}$, $\overline{CF} = \overline{CE}$

(2) ($\triangle ABC$의 둘레의 길이)

$= \overline{AB} + \overline{BF} + \overline{CF} + \overline{AC}$

$= (\overline{AB} + \overline{BD}) + (\overline{CE} + \overline{AC})$

$= \overline{AD} + \overline{AE}$

$= 2\overline{AD}$

0299 대표문제

오른쪽 그림에서 $\overline{AD}$, $\overline{AF}$, $\overline{BC}$는 원 O의 접선이고 세 점 D, E, F는 접점일 때, $\overline{AD}$의 길이는?

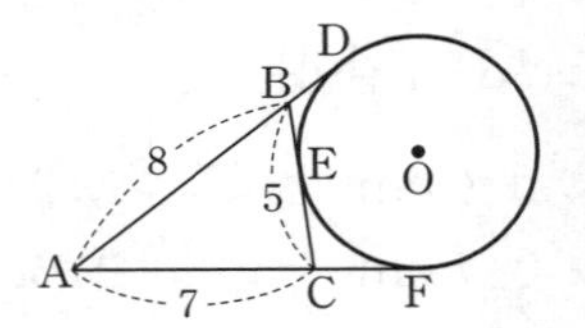

① 9　② 10　③ 11　④ 12　⑤ 13

0300 중 하

오른쪽 그림에서 $\overline{AD}$, $\overline{AF}$, $\overline{BC}$는 원 O의 접선이고 세 점 D, E, F는 접점이다. $\overline{AB} = 6$, $\overline{AD} = 9$, $\overline{BC} = 5$일 때, $\overline{CF}$의 길이를 구하시오.

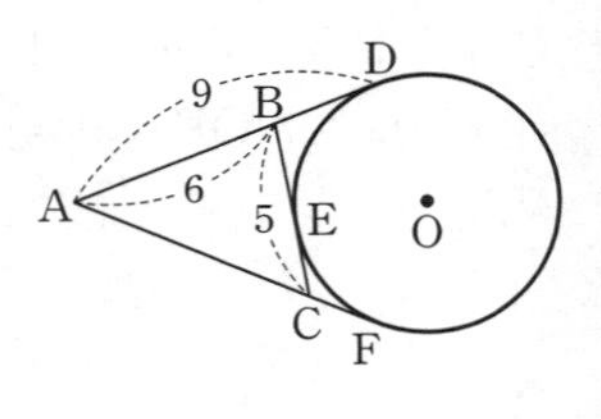

0301 중

오른쪽 그림에서 $\overline{AD}$, $\overline{AF}$, $\overline{BC}$는 원 O의 접선이고 세 점 D, E, F는 접점이다. $\overline{AB} = 8$, $\overline{AC} = 9$, $\overline{AD} = 12$일 때, $\overline{BC}$의 길이를 구하시오.

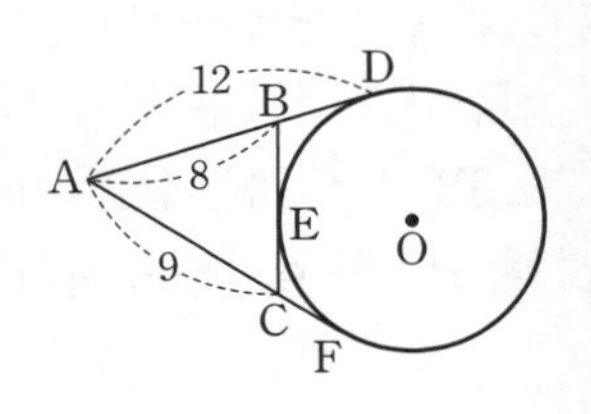

0302 중

오른쪽 그림에서 $\overline{PA}$, $\overline{PB}$, $\overline{DE}$는 원 O의 접선이고 세 점 A, B, C는 접점이다. 다음 중 옳지 않은 것은?

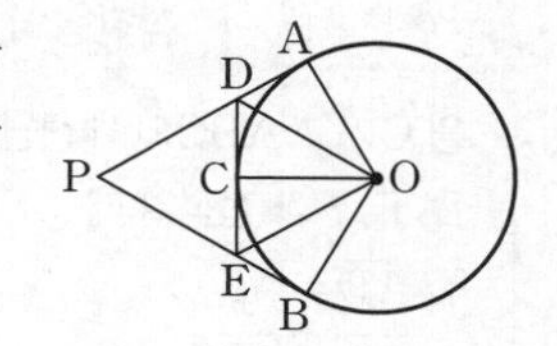

① $\overline{PA}=\overline{PB}$
② $\overline{EB}=\overline{EC}$
③ $\angle ODA=\angle ODC$
④ $\triangle ODC \equiv \triangle OEC$
⑤ ($\triangle PED$의 둘레의 길이)$=2\overline{PA}$

0303 중

오른쪽 그림에서 $\overline{AD}$, $\overline{AE}$, $\overline{BC}$는 원 O의 접선이고 세 점 D, E, F는 접점이다. $\overline{OA}=8$ cm, $\overline{OE}=4$ cm일 때, $\triangle ABC$의 둘레의 길이는?

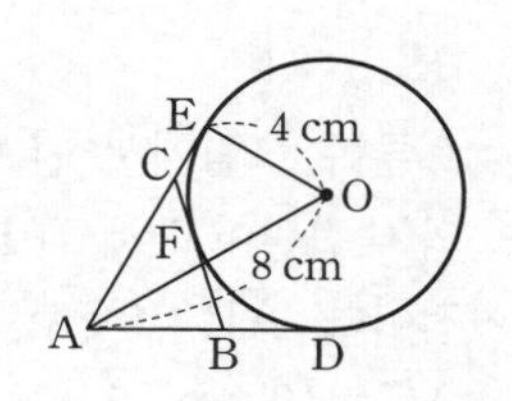

① $6\sqrt{3}$ cm ② 12 cm
③ $8\sqrt{3}$ cm ④ 16 cm
⑤ $10\sqrt{3}$ cm

0304 상 중

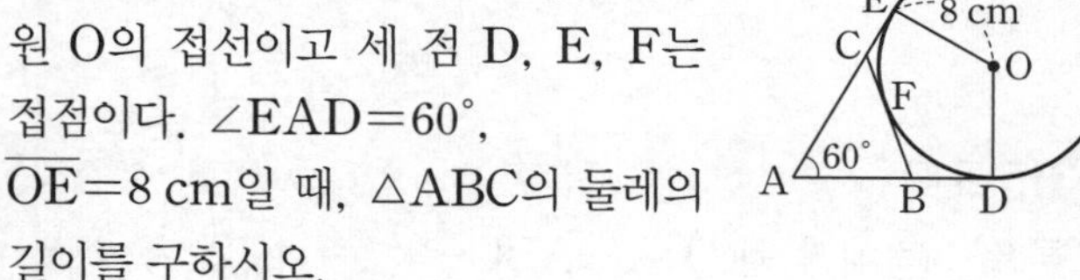

오른쪽 그림에서 $\overline{AD}$, $\overline{AE}$, $\overline{BC}$는 원 O의 접선이고 세 점 D, E, F는 접점이다. $\angle EAD=60°$, $\overline{OE}=8$ cm일 때, $\triangle ABC$의 둘레의 길이를 구하시오.

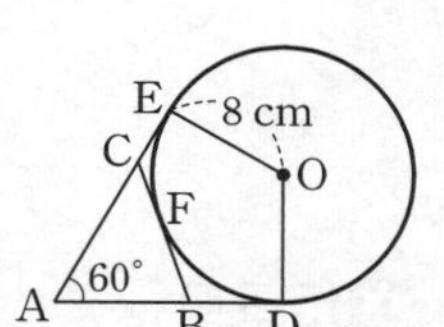

개념원리 중학수학 3-2 69쪽

유형 11 반원에서의 접선

$\overline{AB}$, $\overline{AD}$, $\overline{DC}$가 반원 O의 접선일 때

(1) $\overline{AB}=\overline{AE}$, $\overline{DC}=\overline{DE}$이므로
$\overline{AD}=\overline{AB}+\overline{DC}$

(2) 점 D에서 $\overline{AB}$에 내린 수선의 발을 H라 하면
$\overline{BC}=\overline{HD}=\sqrt{\overline{AD}^2-\overline{AH}^2}$

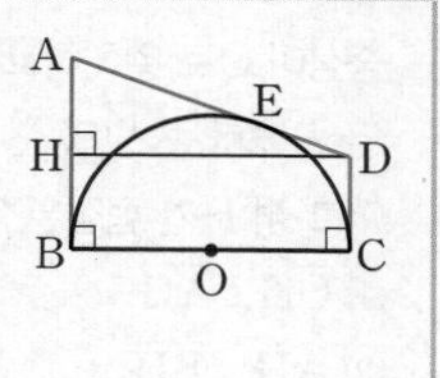

0305 대표문제

오른쪽 그림에서 $\overline{AB}$는 반원 O의 지름이고 $\overline{CA}$, $\overline{CD}$, $\overline{DB}$는 반원 O의 접선이다. $\overline{CA}=10$ cm, $\overline{DB}=6$ cm일 때, $\overline{AB}$의 길이를 구하시오.

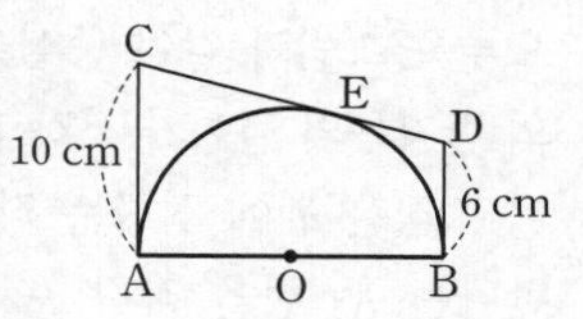

0306 중

오른쪽 그림에서 $\overline{CD}$는 반원 O의 지름이고 $\overline{AB}$, $\overline{AD}$, $\overline{BC}$는 반원 O의 접선이다. $\overline{AB}=6$ cm, $\overline{OC}=2\sqrt{2}$ cm일 때, □ABCD의 넓이를 구하시오.

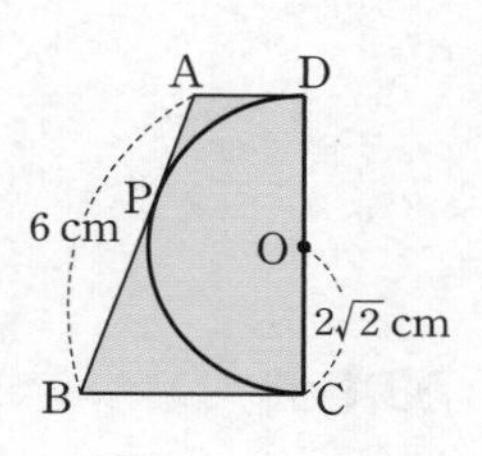

0307 상 중 서술형

오른쪽 그림에서 $\overline{AB}$는 반원 O의 지름이고 $\overline{DA}$, $\overline{DC}$, $\overline{CB}$는 반원 O의 접선이다. $\overline{DA}=8$ cm, $\overline{CB}=5$ cm일 때, $\triangle DOC$의 넓이를 구하시오.

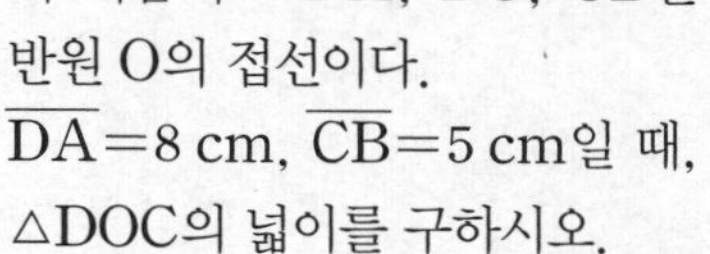

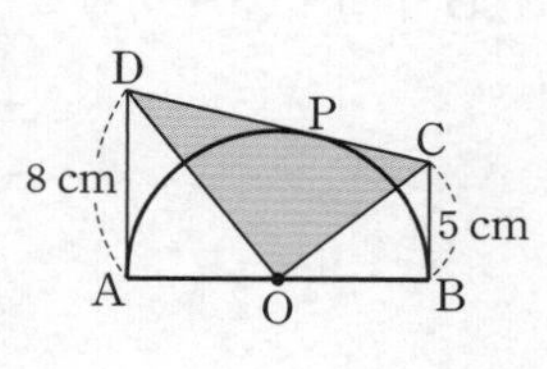

0308 상 중

오른쪽 그림의 □ABCD는 한 변의 길이가 20 cm인 정사각형이다. $\overline{DE}$가 $\overline{AB}$를 지름으로 하는 원 O와 점 F에서 접할 때, $\overline{EF}$의 길이를 구하시오.

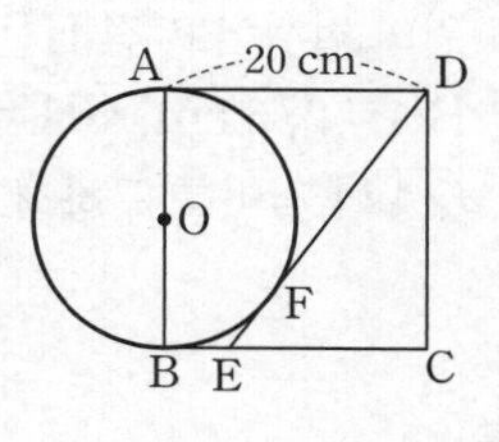

개념원리 중학수학 3-2 67쪽

유형 12 동심원에서의 접선의 활용

중심이 O로 일치하고 반지름의 길이가 다른 두 원에서 큰 원의 현 AB가 작은 원의 접선이고 점 H가 접점일 때

(1) $\overline{OH} \perp \overline{AB}$

(2) $\overline{AH} = \overline{BH}$

(3) $\overline{OA}^2 = \overline{OH}^2 + \overline{AH}^2$

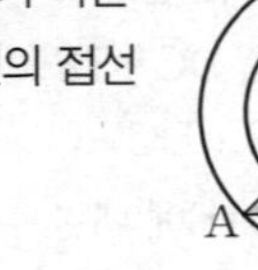

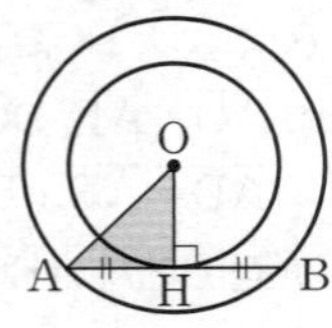

0309 대표문제

오른쪽 그림과 같이 중심이 같은 두 원의 반지름의 길이가 각각 10 cm, 4 cm이고 작은 원에 접하는 직선이 큰 원과 만나는 두 점을 각각 A, B라 할 때, $\overline{AB}$의 길이는?

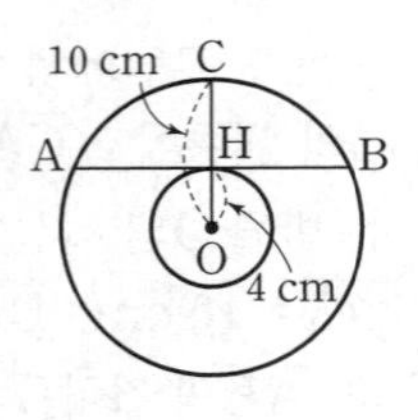

① 6 cm ② 8 cm ③ $6\sqrt{2}$ cm
④ $8\sqrt{3}$ cm ⑤ $4\sqrt{21}$ cm

0310 중

오른쪽 그림과 같이 중심이 같은 두 원에서 큰 원의 현 AB가 작은 원에 접한다. 색칠한 부분의 넓이가 64π cm²일 때, $\overline{AB}$의 길이를 구하시오.

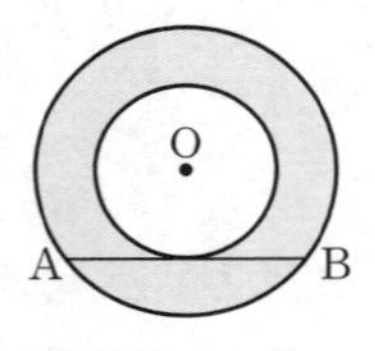

0311 상 중

오른쪽 그림과 같이 중심이 같은 두 원에서 큰 원의 현 AB는 작은 원의 접선이고 점 H는 접점이다. $\overline{BH} = 2\sqrt{6}$ cm, $\overline{CH} = 2$ cm일 때, $\overline{OA}$의 길이를 구하시오.

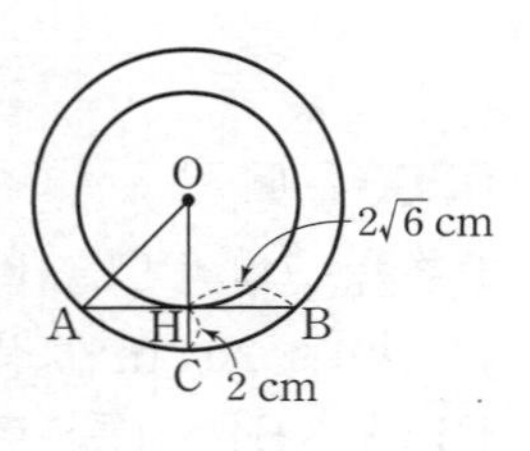

개념원리 중학수학 3-2 73쪽

유형 13 삼각형의 내접원

원 O가 △ABC의 내접원이고 세 점 D, E, F가 접점일 때

⇨ $\overline{AD} = \overline{AF}$

$\overline{BD} = \overline{BE}$

$\overline{CE} = \overline{CF}$

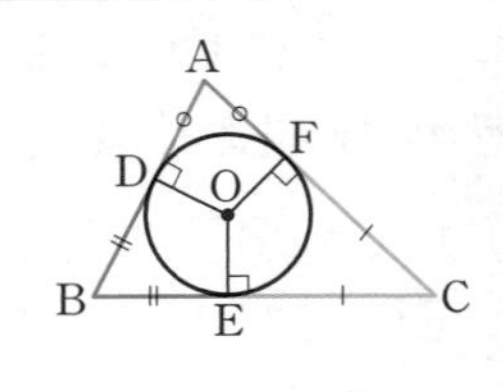

0312 대표문제

오른쪽 그림에서 원 O는 △ABC의 내접원이고 세 점 D, E, F는 접점이다. $\overline{AB} = 14$ cm, $\overline{BC} = 15$ cm, $\overline{CA} = 13$ cm일 때, $\overline{CE}$의 길이를 구하시오.

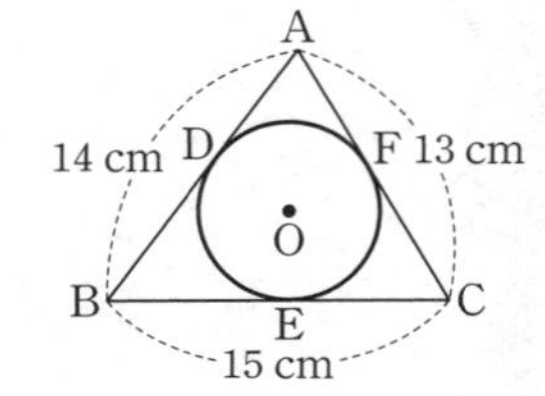

0313 중 하

오른쪽 그림에서 원 O는 △ABC의 내접원이고 세 점 D, E, F는 접점이다. $\overline{AB} = 9$ cm, $\overline{AC} = 10$ cm, $\overline{AF} = 6$ cm일 때, $\overline{BC}$의 길이를 구하시오.

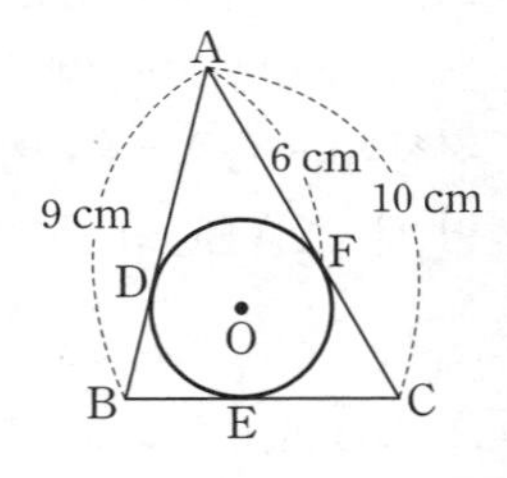

0314 중

오른쪽 그림에서 원 O는 △ABC에 내접하고 세 점 D, E, F는 접점이다. △ABC의 둘레의 길이가 32 cm일 때, $\overline{AD}$의 길이를 구하시오.

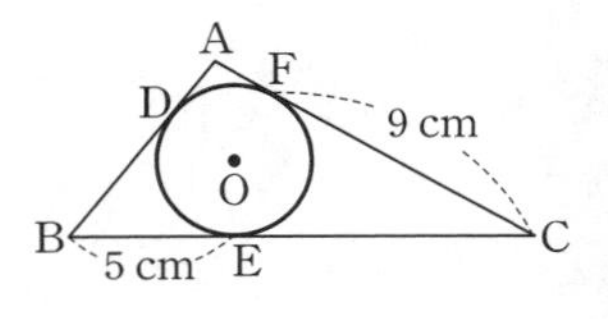

0315 상 중

오른쪽 그림에서 원 O는 △ABC의 내접원이고 $\overline{PQ}$는 원 O에 접한다. $\overline{AB} = 13$ cm, $\overline{AF} = 6$ cm, $\overline{BC} = 15$ cm일 때, △QPC의 둘레의 길이를 구하시오.

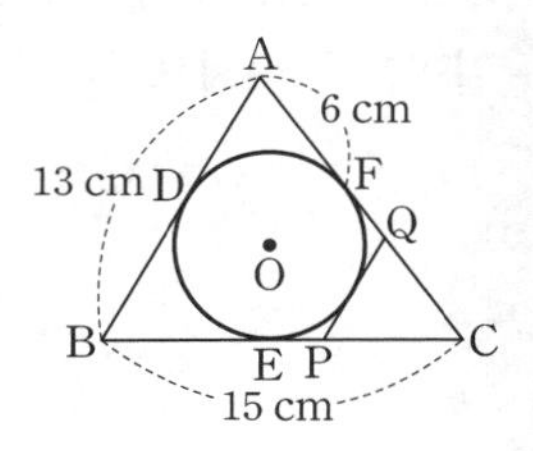

개념원리 중학수학 3-2 73쪽

유형 | 14 직각삼각형의 내접원

직각삼각형 ABC의 내접원 O와 $\overline{BC}$, $\overline{AC}$의 접점을 각각 D, E라 하면 □ODCE는 정사각형이다.

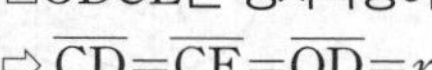

⇨ $\overline{CD}=\overline{CE}=\overline{OD}=r$

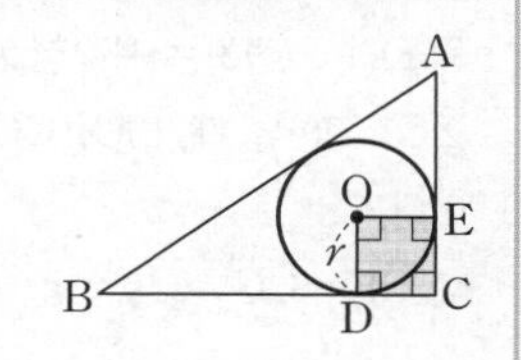

0316 대표문제

오른쪽 그림에서 원 O는 직각삼각형 ABC의 내접원이고 세 점 D, E, F는 접점이다. $\overline{AC}=6$ cm, $\overline{BC}=8$ cm일 때, 원 O의 반지름의 길이를 구하시오.

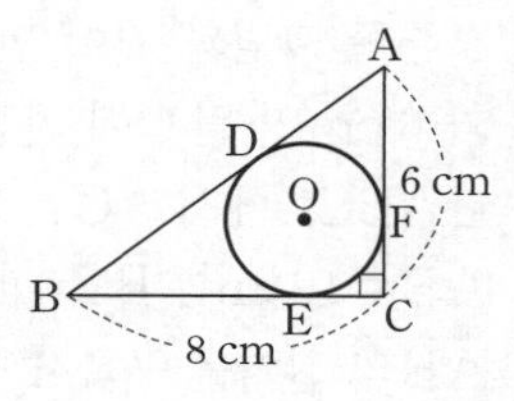

0317 중

오른쪽 그림에서 원 O는 직각삼각형 ABC의 내접원이고 세 점 D, E, F는 접점이다. $\overline{AC}=4$ cm, $\angle C=30°$일 때, 원 O의 반지름의 길이를 구하시오.

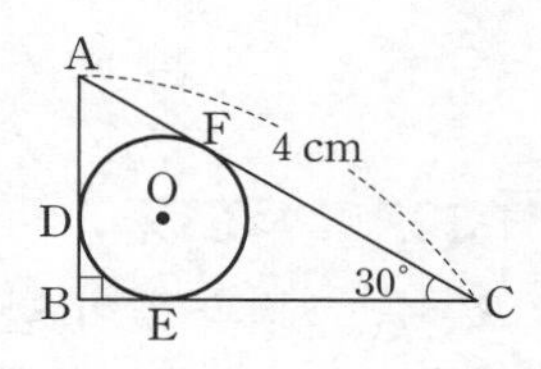

0318 중

오른쪽 그림에서 원 O는 직각삼각형 ABC의 내접원이고 세 점 D, E, F는 접점이다. $\overline{BE}=4$ cm, $\overline{EC}=6$ cm일 때, 원 O의 넓이를 구하시오.

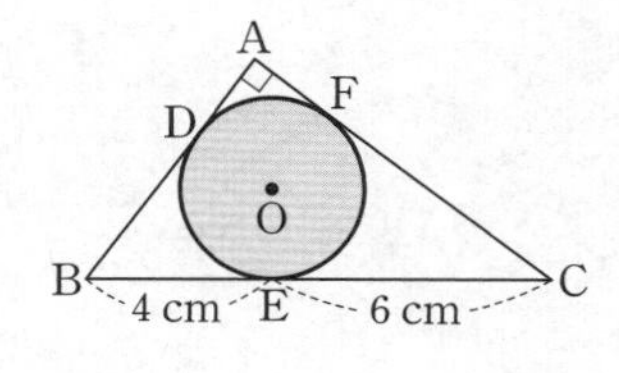

0319 중 서술형

오른쪽 그림과 같이 반지름의 길이가 2 cm인 원 O가 직각삼각형 ABC에 내접하고 세 점 D, E, F가 접점일 때, △ABC의 넓이를 구하시오.

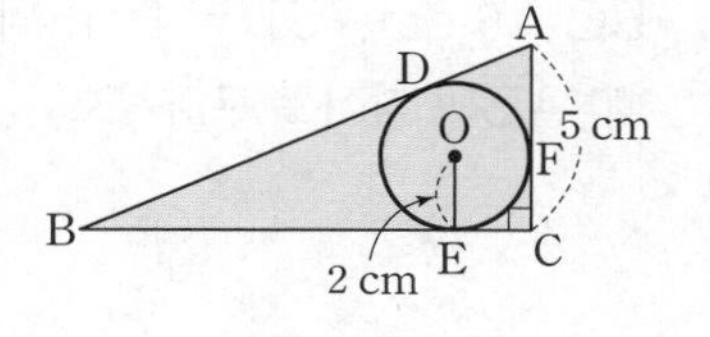

중요

개념원리 중학수학 3-2 74쪽

유형 | 15 원에 외접하는 사각형의 성질 (1)

원 O에 외접하는 사각형의 두 쌍의 대변의 길이의 합은 같다.

⇨ $\overline{AB}+\overline{CD}=\overline{AD}+\overline{BC}$

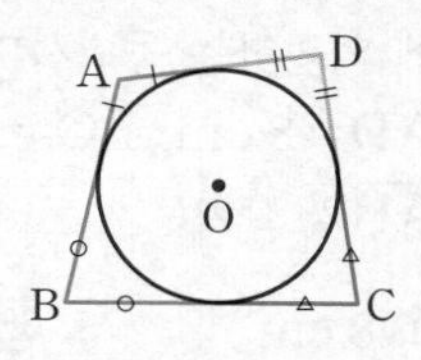

0320 대표문제

오른쪽 그림과 같이 □ABCD가 원 O에 외접할 때, □ABCD의 둘레의 길이는?

① 38 ② 40 ③ 42 ④ 44 ⑤ 46

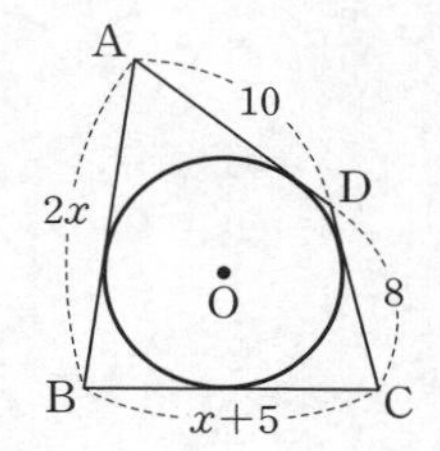

0321 중하

오른쪽 그림과 같이 원 O가 □ABCD에 내접하고 □ABCD의 둘레의 길이가 40 cm일 때, $\overline{CG}$의 길이를 구하시오.

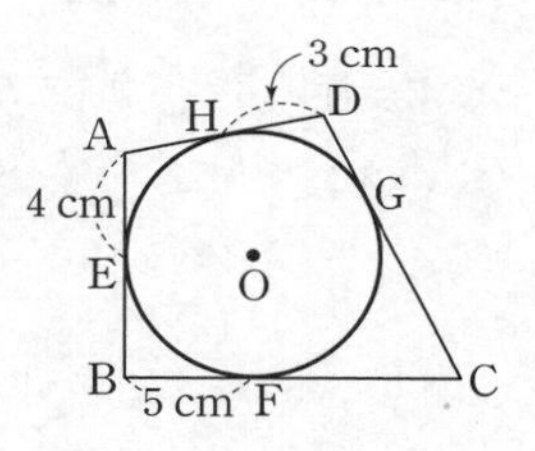

0322 중

오른쪽 그림과 같이 □ABCD가 원 O에 외접할 때, $\overline{AB}$의 길이는?

① 10 ② 11 ③ 12 ④ 13 ⑤ 14

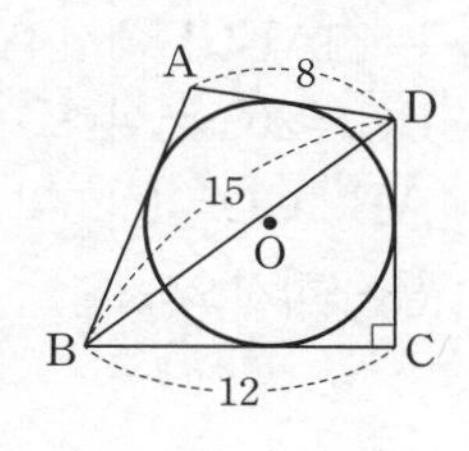

0323 중

오른쪽 그림에서 □ABCD는 원 O에 외접하는 등변사다리꼴이고 $\overline{AD}=8$ cm, $\overline{BC}=12$ cm일 때, $\overline{AB}$의 길이는?

① 8 cm ② 10 cm
③ 12 cm ④ 14 cm
⑤ 16 cm

0324 중

오른쪽 그림의 □ABCD는 원 O에 외접하고 네 점 P, Q, R, S는 접점이다. $\overline{AB}=8$ cm이고 □ABCD의 둘레의 길이가 28 cm일 때, $\overline{DS}+\overline{CQ}$의 길이는?

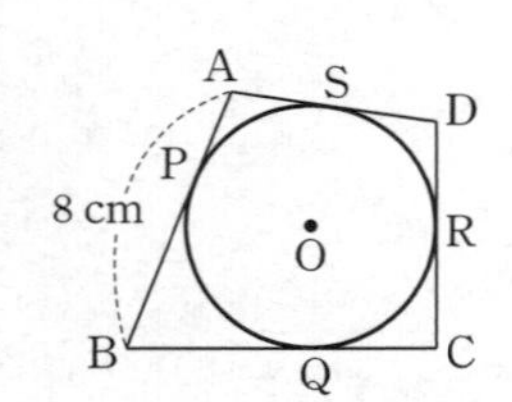

① 4 cm ② 5 cm ③ 6 cm
④ 7 cm ⑤ 8 cm

0325 중

오른쪽 그림과 같이 원 O에 외접하는 □ABCD에서 $\overline{AD}=12$ cm, $\overline{BC}=20$ cm이다. $\overline{AB}:\overline{CD}=3:5$일 때, $\overline{AB}$의 길이를 구하시오.

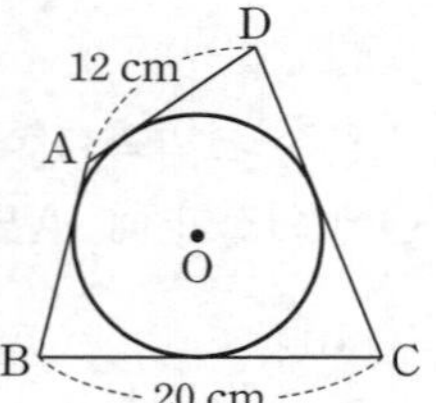

유형 16 원에 외접하는 사각형의 성질 (2)

원 O에 외접하는 사각형 ABCD에서 $\angle C=90°$일 때, □OFCG는 정사각형이다.

⇨ $\overline{CF}=\overline{CG}=\overline{OF}=r$

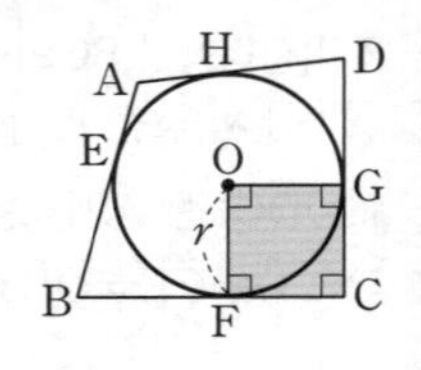

0326 대표문제

오른쪽 그림과 같이 반지름의 길이가 6 cm인 원 O에 외접하는 □ABCD에서 $\angle C=90°$, $\overline{AB}=12$ cm, $\overline{BC}=14$ cm일 때, $\overline{AH}$의 길이를 구하시오.

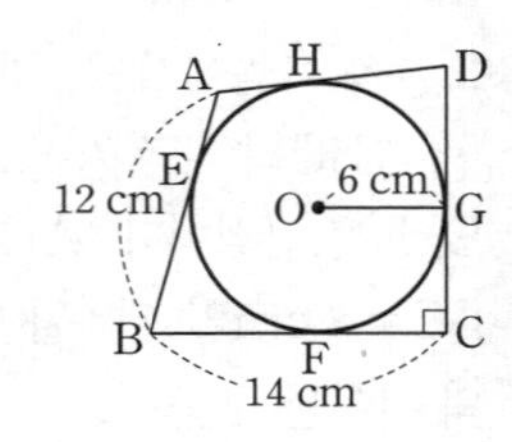

0327 중 서술형

오른쪽 그림과 같이 반지름의 길이가 4 cm인 원 O에 외접하는 사다리꼴 ABCD에서 $\overline{CD}=10$ cm이고 $\angle A=\angle B=90°$일 때, □ABCD의 넓이를 구하시오.

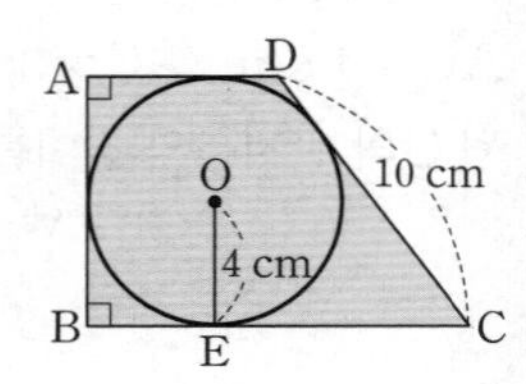

0328 상 중

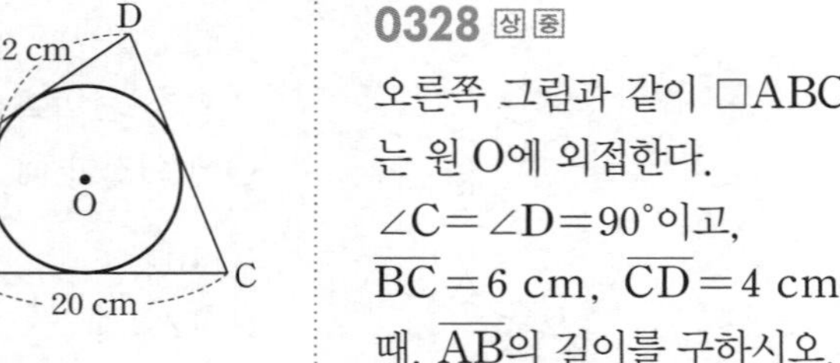
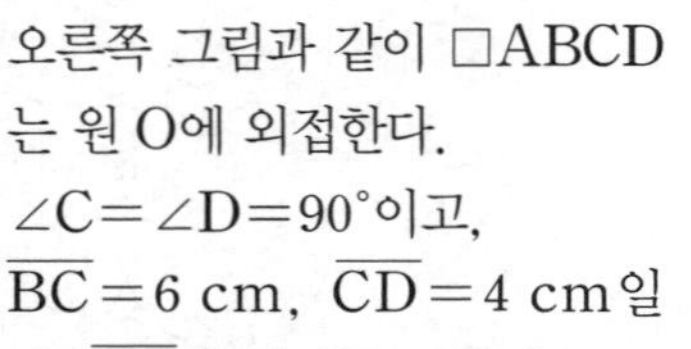

오른쪽 그림과 같이 □ABCD는 원 O에 외접한다. $\angle C=\angle D=90°$이고, $\overline{BC}=6$ cm, $\overline{CD}=4$ cm일 때, $\overline{AB}$의 길이를 구하시오.

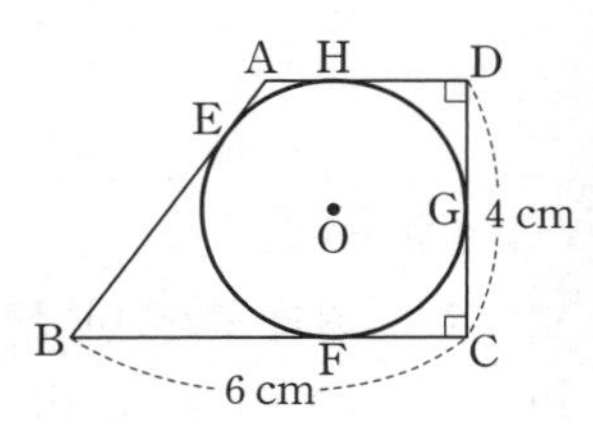

유형 UP

정답과 풀이 p.31

개념원리 중학수학 3-2 74쪽

유형 17 원에 외접하는 사각형의 성질의 활용

원 O가 직사각형 ABCD의 세 변 및 $\overline{DE}$와 접하고 네 점 F, G, H, I가 접점일 때

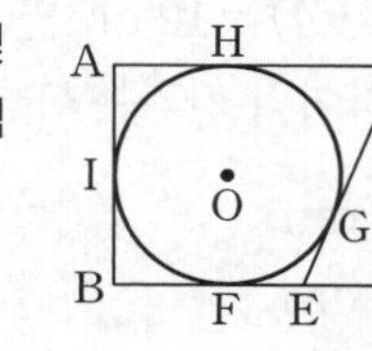

(1) $\overline{DH}=\overline{DG}$, $\overline{EF}=\overline{EG}$이므로 $\overline{DE}=\overline{DH}+\overline{EF}$

(2) $\overline{AB}+\overline{DE}=\overline{AD}+\overline{BE}$

(3) $\triangle DEC$에서 $\overline{DE}^2=\overline{CE}^2+\overline{CD}^2$

0329 대표문제

오른쪽 그림에서 원 O는 직사각형 ABCD의 세 변 AB, AD, BC와 접한다. $\overline{DI}$가 원 O의 접선일 때, $\overline{AD}$의 길이를 구하시오.

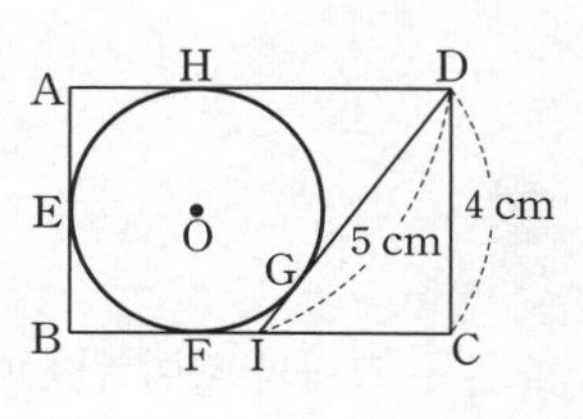

0330 상 중

오른쪽 그림과 같이 원 O는 직사각형 ABCD와 세 점 E, F, G에서 접하고 $\overline{DI}$는 원 O와 점 H에서 접한다. $\overline{AB}=8$ cm, $\overline{AD}=12$ cm일 때, $\overline{GI}$의 길이를 구하시오.

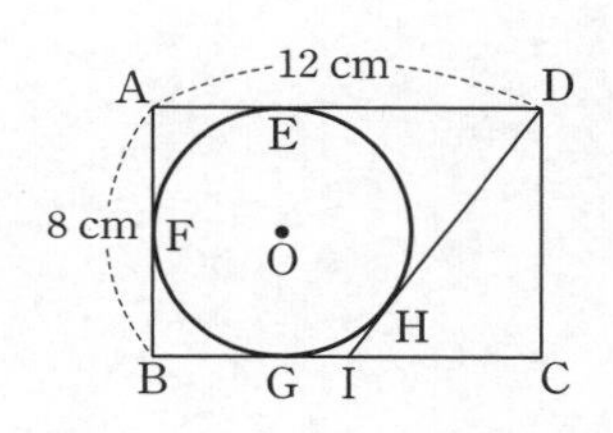

0331 상 중

오른쪽 그림과 같이 직사각형 ABCD의 세 변 AB, AD, BC에 접하는 원 O가 있다. $\overline{DI}$는 원 O와 점 H에서 접하고 $\overline{AB}=4$ cm, $\overline{AD}=8$ cm일 때, $\triangle DIC$의 둘레의 길이는?

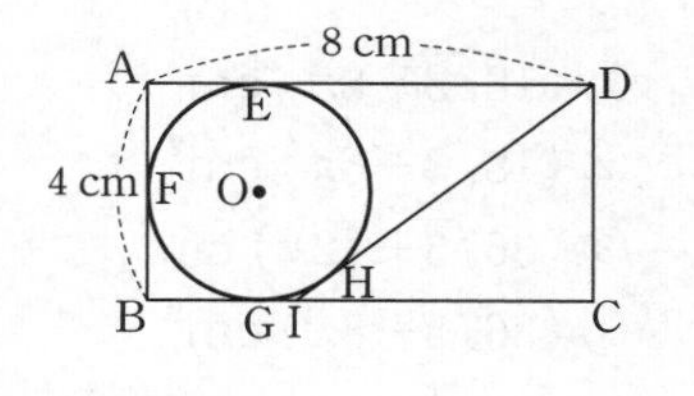

① 14 cm ② 15 cm ③ 16 cm ④ 17 cm ⑤ 18 cm

유형 18 접하는 원에서의 응용

직사각형 ABCD의 변에 접하면서 동시에 서로 외접하는 두 원 O, O′의 반지름의 길이가 각각 r, r' $(r>r')$일 때

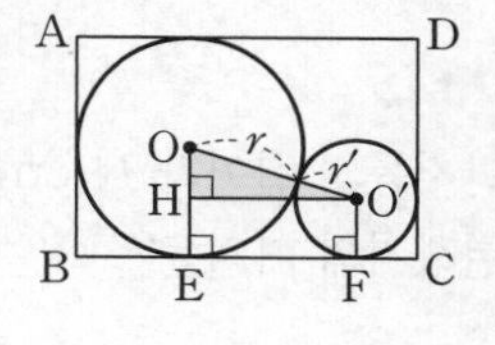

(1) $\overline{OO'}=r+r'$

(2) $\overline{OH}=\overline{OE}-\overline{HE}=\overline{OE}-\overline{O'F}=r-r'$

(3) $\overline{O'H}=\overline{AD}-(r+r')$

(4) $\triangle OHO'$에서 $\overline{OO'}^2=\overline{HO'}^2+\overline{OH}^2$

0332 대표문제

오른쪽 그림과 같이 $\overline{AB}=18$ cm, $\overline{AD}=25$ cm인 직사각형 ABCD의 변에 접하는 두 원 O, O′이 서로 외접할 때, 원 O′의 반지름의 길이를 구하시오.

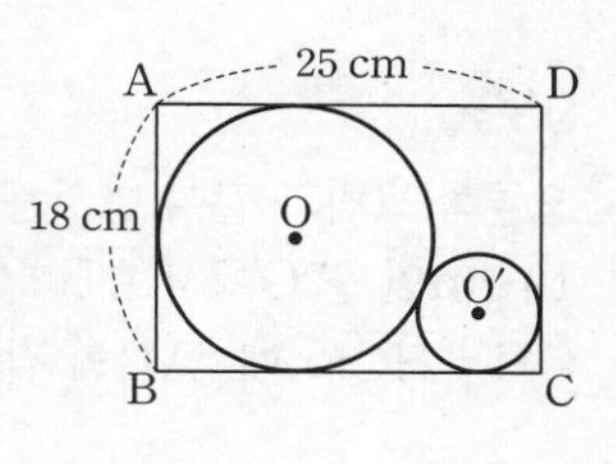

0333 상

오른쪽 그림과 같이 정사각형 ABCD의 두 변에 접하고 $\overline{AD}$를 반지름으로 하는 사분원과 점 E에서 접하는 원 O가 있다. 원 O의 반지름의 길이가 3 cm일 때, 정사각형 ABCD의 한 변의 길이를 구하시오.

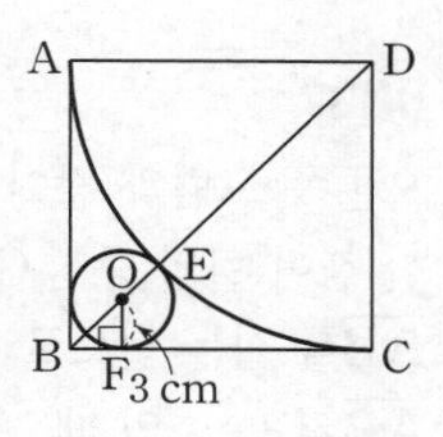

0334 상

오른쪽 그림과 같이 두 원 P, Q가 서로 외접하면서 동시에 반원 O에 내접하고 있다. 반원 O의 반지름의 길이가 16 cm일 때, 원 P의 반지름의 길이를 구하시오.

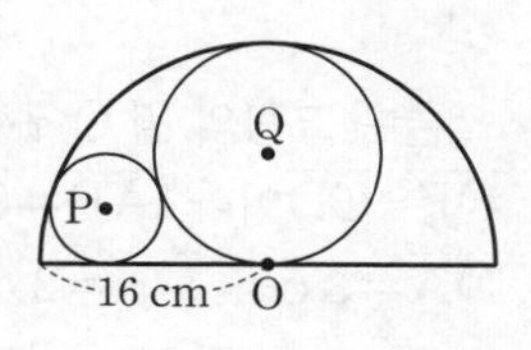

중단원 마무리하기

0335

반지름의 길이가 11 cm인 원의 중심에서 길이가 12 cm인 현까지의 거리는?

① 9 cm　② $\sqrt{82}$ cm　③ $\sqrt{83}$ cm
④ $2\sqrt{21}$ cm　⑤ $\sqrt{85}$ cm

0336

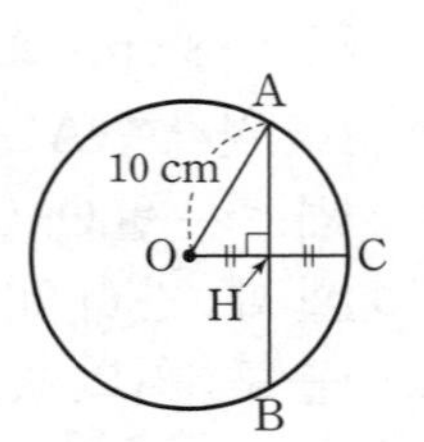

오른쪽 그림과 같이 반지름의 길이가 10 cm인 원 O에서 $\overline{AB}\perp\overline{OC}$, $\overline{OH}=\overline{HC}$일 때, $\overline{AB}$의 길이는?

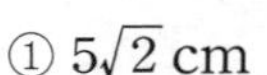

① $5\sqrt{2}$ cm　② $5\sqrt{3}$ cm
③ 10 cm　④ $10\sqrt{2}$ cm
⑤ $10\sqrt{3}$ cm

0337

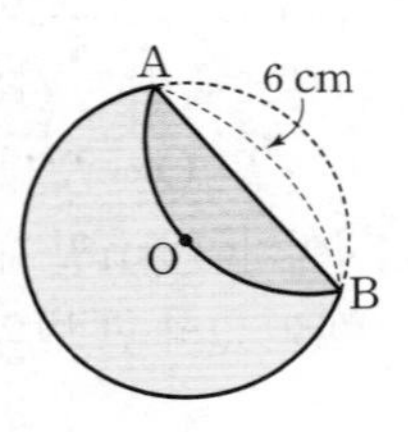

오른쪽 그림과 같이 원 O의 원주 위의 한 점이 원의 중심 O에 겹쳐지도록 $\overline{AB}$를 접는 선으로 하여 접었다. $\overline{AB}=6$ cm일 때, 원 O의 반지름의 길이를 구하시오.

0338

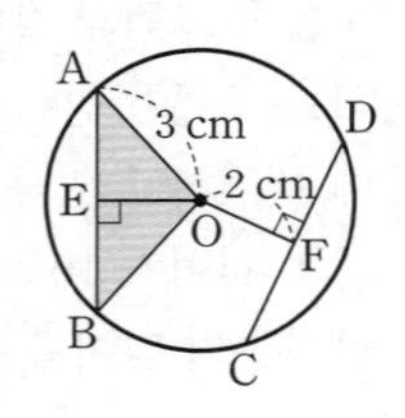

오른쪽 그림의 원 O에서 $\overline{OE}\perp\overline{AB}$, $\overline{OF}\perp\overline{CD}$이다. $\overline{AB}=\overline{CD}$이고 $\overline{OA}=3$ cm, $\overline{OF}=2$ cm일 때, $\triangle$ABO의 넓이를 구하시오.

0339

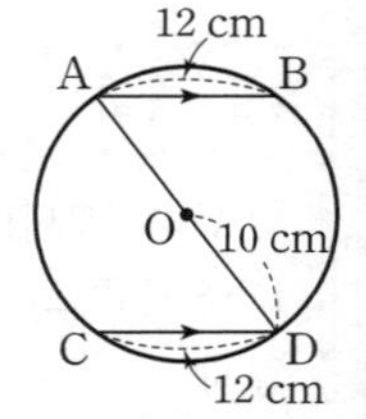

오른쪽 그림과 같이 반지름의 길이가 10 cm인 원 O에서 $\overline{AB}/\!/\overline{CD}$이고 $\overline{AB}=\overline{CD}=12$ cm일 때, 두 현 AB와 CD 사이의 거리는?

① 14 cm　② 15 cm
③ 16 cm　④ 17 cm
⑤ 18 cm

중요
0340

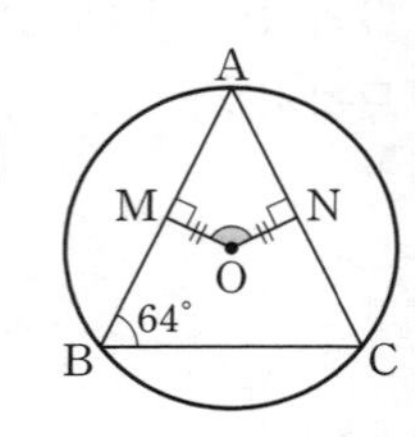

오른쪽 그림과 같이 원 O에 내접하는 $\triangle$ABC에서 $\overline{AB}\perp\overline{OM}$, $\overline{AC}\perp\overline{ON}$이고 $\overline{OM}=\overline{ON}$이다. $\angle B=64°$일 때, $\angle$MON의 크기를 구하시오.

0341

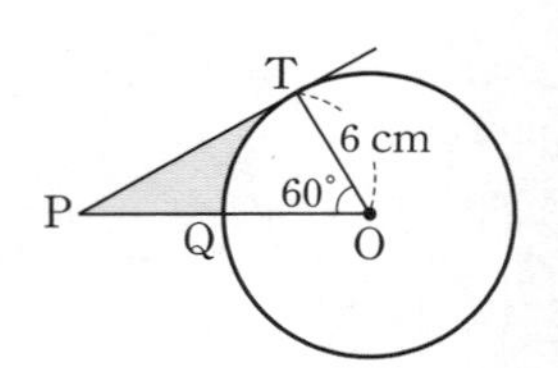

오른쪽 그림과 같이 반지름의 길이가 6 cm인 원 O에서 점 T는 원 O의 접점이고 $\angle POT=60°$일 때, 색칠한 부분의 넓이는?

① $(18\sqrt{3}-8\pi)$ cm^2
② $(18\sqrt{3}-6\pi)$ cm^2
③ $(36\sqrt{3}-12\pi)$ cm^2
④ $(36\sqrt{3}-8\pi)$ cm^2
⑤ $(36\sqrt{3}-6\pi)$ cm^2

0342

오른쪽 그림에서 두 점 A, B는 점 P에서 원 O에 그은 두 접선의 접점이다. $\angle AOB=130°$일 때, $\angle x+\angle y$의 크기는?

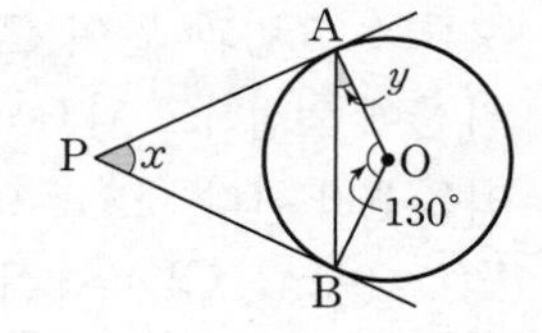

① 60° ② 65° ③ 70°
④ 75° ⑤ 80°

0343

오른쪽 그림에서 두 점 A, B는 점 P에서 원 O에 그은 두 접선의 접점이다. 원 위의 한 점 C에 대하여 $\overline{AC}=\overline{BC}$이고 $\angle PAC=27°$, $\angle ACB=126°$일 때, $\angle APB$의 크기는?

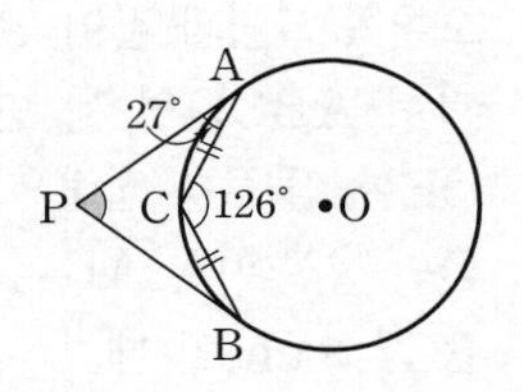

① 68° ② 70° ③ 72°
④ 74° ⑤ 76°

0344

오른쪽 그림과 같이 두 점 A, B는 점 P에서 원 O에 그은 두 접선의 접점이다. $\angle AOB=120°$, $\overline{OA}=8$일 때, $\overline{AB}$의 길이는?

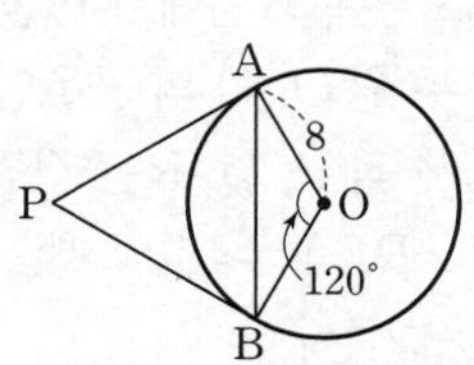
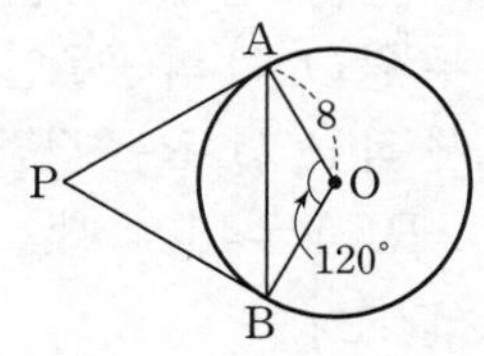

① $4\sqrt{3}$ ② $6\sqrt{3}$ ③ 12
④ $8\sqrt{3}$ ⑤ 14

중요

0345

오른쪽 그림에서 $\overline{AE}$, $\overline{AD}$, $\overline{BC}$는 원 O의 접선이고 세 점 D, E, F는 접점일 때, $\overline{CF}$의 길이는?

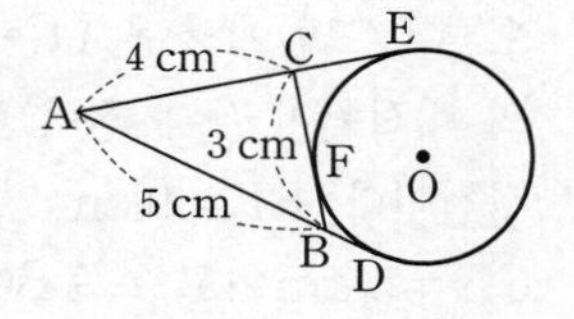

① 1 cm ② $\frac{4}{3}$ cm
③ $\frac{3}{2}$ cm ④ $\frac{5}{3}$ cm
⑤ 2 cm

0346

오른쪽 그림에서 $\overline{AB}$는 반원 O의 지름이고 $\overline{DA}$, $\overline{DC}$, $\overline{CB}$는 반원 O의 접선이다. $\overline{DA}=9$ cm, $\overline{CB}=4$ cm일 때, □ABCD의 둘레의 길이는?

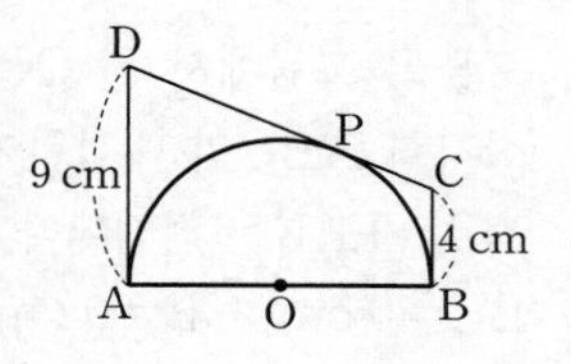

① 38 cm ② 40 cm ③ 42 cm
④ 44 cm ⑤ 46 cm

0347

오른쪽 그림과 같이 중심이 같은 두 원에서 큰 원의 현 AB는 작은 원의 접선이다. $\overline{AB}=12$ cm일 때, 색칠한 부분의 넓이는?

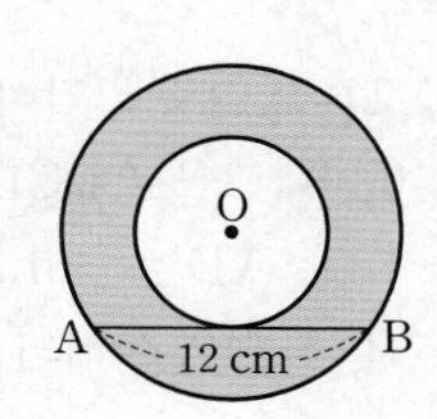

① 34π cm^2 ② 36π cm^2
③ 38π cm^2 ④ 40π cm^2
⑤ 42π cm^2

0348

오른쪽 그림에서 원 O는 $\triangle ABC$의 내접원이고 세 점 D, E, F는 접점이다. $\overline{BF}=9$ cm, $\overline{CE}=5$ cm이고 $\triangle ABC$의 둘레의 길이가 34 cm일 때, $\overline{AE}$의 길이는?

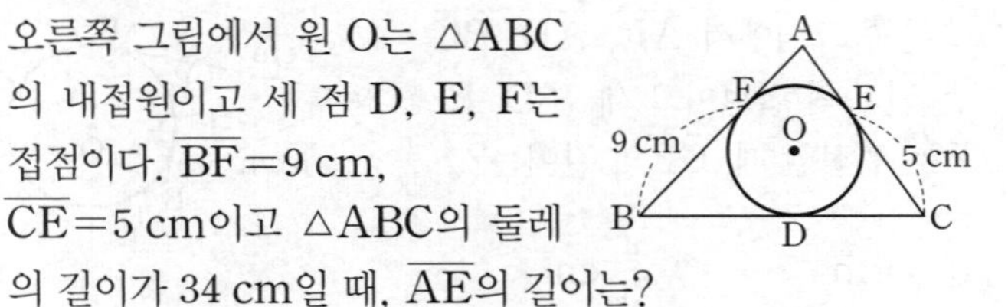

① $\frac{3}{2}$ cm ② 2 cm ③ $\frac{5}{2}$ cm
④ 3 cm ⑤ 4 cm

0349

오른쪽 그림에서 원 O는 직각삼각형 ABC의 내접원이고 세 점 D, E, F는 접점이다. $\overline{BE}=6$ cm, $\overline{CE}=9$ cm일 때, 원 O의 넓이는?

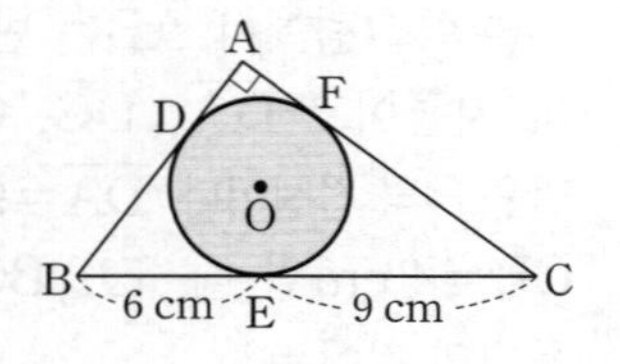

① 8π cm^2 ② 9π cm^2 ③ 10π cm^2
④ 11π cm^2 ⑤ 12π cm^2

중요

0350

오른쪽 그림과 같이 $\overline{AD}/\!/\overline{BC}$인 등변사다리꼴 ABCD가 원 O에 외접한다. $\overline{AD}=6$ cm, $\overline{BC}=10$ cm일 때, 원 O의 둘레의 길이는?

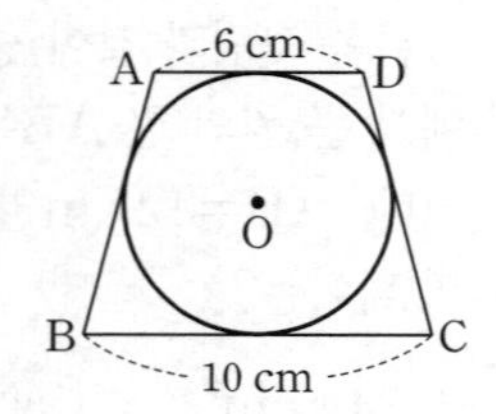

① $\sqrt{15}\pi$ cm ② $4\sqrt{3}\pi$ cm
③ $2\sqrt{15}\pi$ cm ④ 12π cm
⑤ 15π cm

0351

오른쪽 그림과 같이 $\square ABCD$는 원 O에 외접하고 원 O와 $\overline{AD}$의 접점을 E라 한다. $\angle B=90°$이고 $\overline{BC}=9$ cm, $\overline{CD}=8$ cm, $\overline{OE}=3$ cm일 때, $\overline{DE}$의 길이를 구하시오.

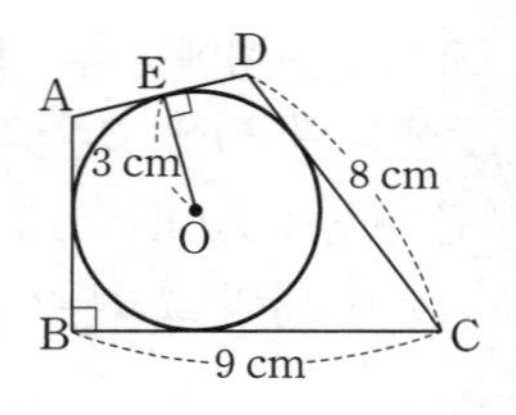

0352

오른쪽 그림과 같이 원 O가 직사각형 ABCD의 세 변에 접하고 $\overline{CE}$는 점 F를 접점으로 하는 원 O의 접선이다. $\overline{AB}=6$ cm, $\overline{BC}=8$ cm일 때, $\triangle DEC$의 둘레의 길이는?

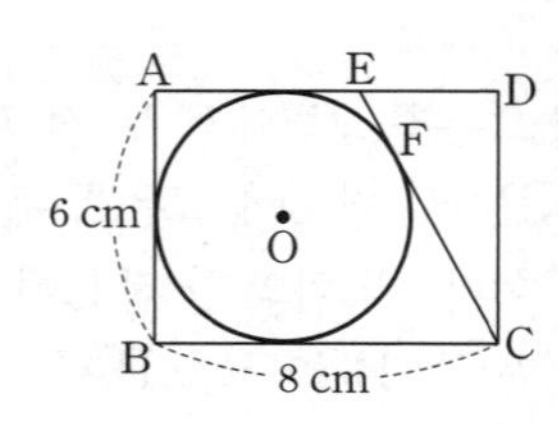

① 14 cm ② 15 cm ③ 16 cm
④ 17 cm ⑤ 18 cm

0353

오른쪽 그림에서 $\overline{PQ}$와 $\overline{TR}$는 두 원 O, O′의 공통인 접선이고 세 점 P, Q, R는 접점이다. $\angle RPT=43°$일 때, $\angle TQR$의 크기는?

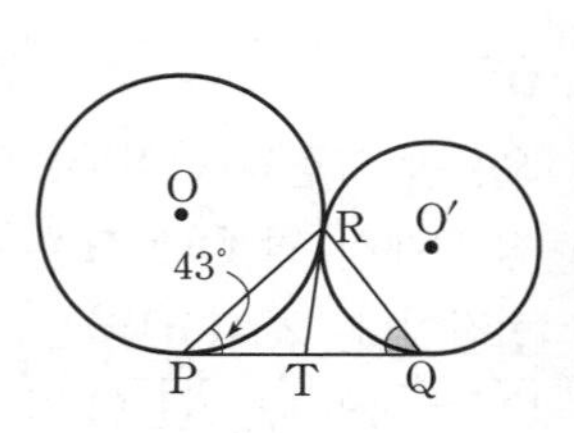

① 45° ② 46° ③ 47°
④ 48° ⑤ 49°

서술형 주관식

0354

오른쪽 그림은 원의 일부분이다. $\overline{AB}\perp\overline{CM}$, $\overline{AM}=\overline{BM}$이고 $\overline{BM}=4$ cm, $\overline{CM}=2$ cm일 때, 이 원의 넓이를 구하시오.

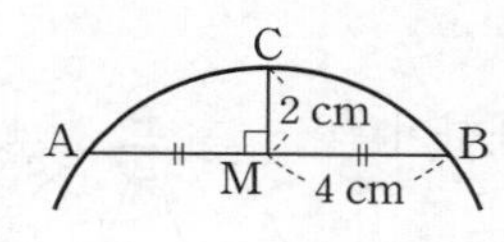

중요

0355

오른쪽 그림에서 두 점 A, B는 점 P에서 원 O에 그은 두 접선의 접점이다. $\overline{PA}=6$ cm, $\angle P=60°$일 때, 색칠한 부분의 넓이를 구하시오.

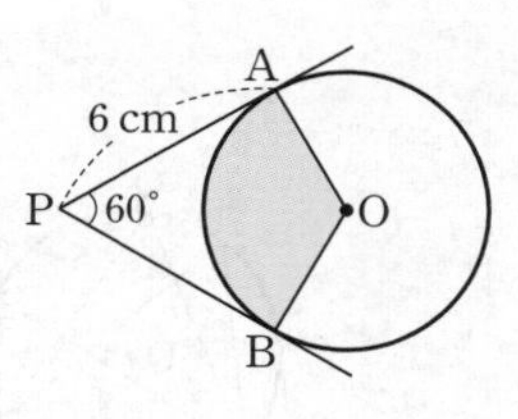

0356

오른쪽 그림과 같이 중심이 같은 두 원에서 큰 원의 현 AB가 점 H에서 작은 원에 접한다. 작은 원과 큰 원의 반지름의 길이의 비는 1 : 2이고 $\overline{AB}=8\sqrt{3}$ cm일 때, 큰 원의 반지름의 길이를 구하시오.

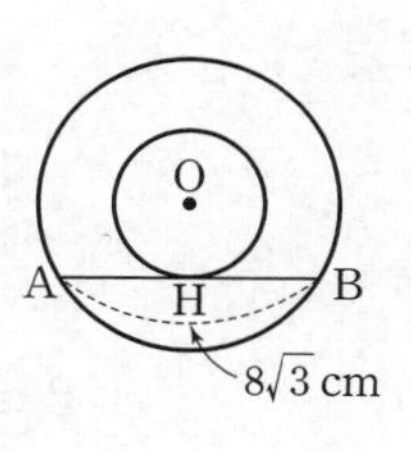

0357

오른쪽 그림에서 원 O는 △ABC의 내접원이고 세 점 D, E, F는 접점이다. △ABC의 넓이가 $12\sqrt{5}$ cm²일 때, $\overline{OC}$의 길이를 구하시오.

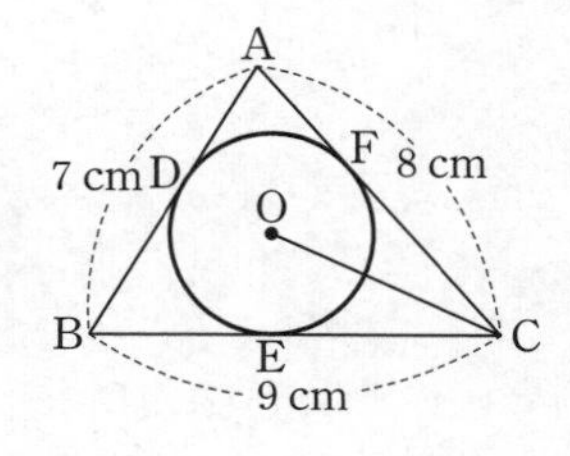

실력 UP

○ 실력 UP 집중 학습은 실력 Up⁺로!!

0358

오른쪽 그림에서 원 O는 $\angle C=90°$인 직각삼각형 ABC의 내접원이고 $\angle A$의 이등분선이 원 O의 중심을 지난다. $\overline{BD}=15$ cm, $\overline{CD}=9$ cm일 때, 내접원 O의 반지름의 길이를 구하시오.

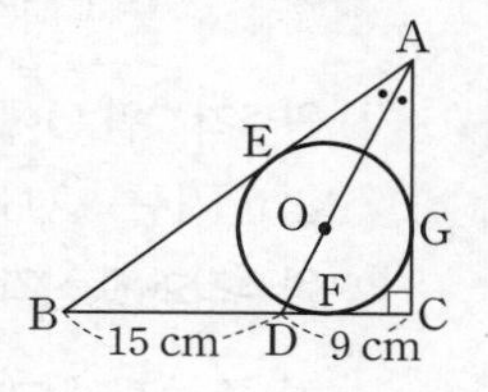

0359

오른쪽 그림과 같이 $\overline{BC}=10$ cm, $\overline{CD}=8$ cm인 직사각형 ABCD가 있다. 점 C를 중심으로 반지름이 $\overline{CD}$인 사분원을 그리고 점 B에서 이 원에 접선을 그어 원과의 접점을 E, $\overline{AD}$와 만나는 점을 F라 할 때, $\overline{DF}$의 길이를 구하시오.

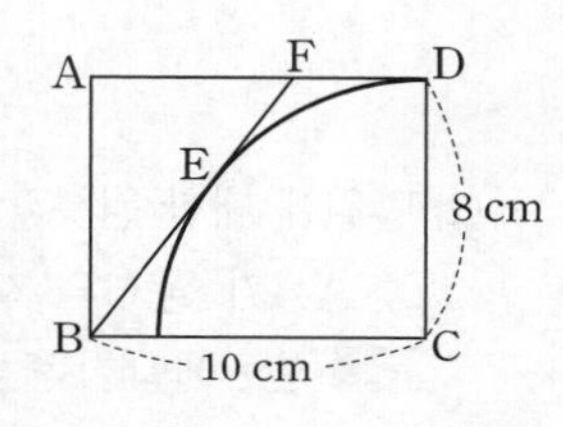

0360

오른쪽 그림에서 $\overline{AB}$, $\overline{BC}$, $\overline{CD}$, $\overline{DE}$, $\overline{EF}$, $\overline{AF}$는 원의 접선이고 $\overline{AC}$, $\overline{AD}$, $\overline{AE}$는 두 원의 공통인 접선이다. 이때 $\overline{AF}$의 길이를 구하시오.

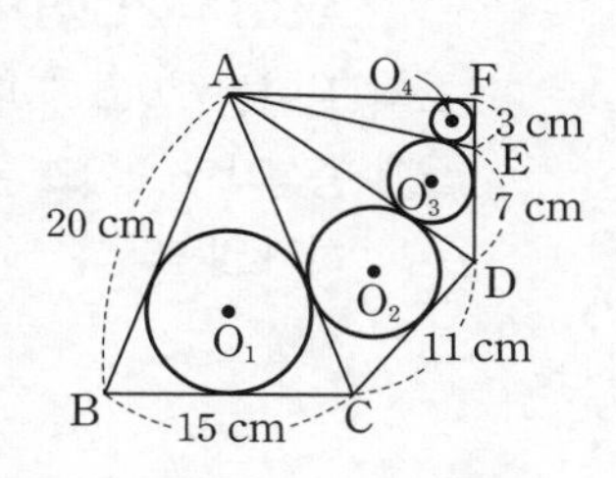

04 원주각

04-1 원주각과 중심각

(1) **원주각**: 원 O에서 $\widehat{AB}$ 위에 있지 않은 원 위의 한 점 P에 대하여 ∠APB를 $\widehat{AB}$에 대한 **원주각**이라 한다.

(2) **원주각과 중심각의 크기**: 한 호에 대한 원주각의 크기는 그 호에 대한 중심각의 크기의 $\frac{1}{2}$이다.

⇨ $\angle APB = \frac{1}{2}\angle AOB$

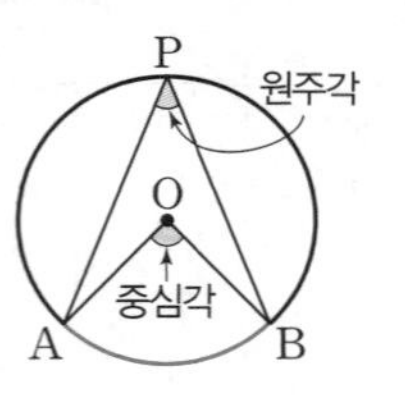

개념플러스

- $\widehat{AB}$에 대한 중심각은 ∠AOB 하나로 정해지지만 원주각 ∠APB는 점 P의 위치에 따라 무수히 많다.

- 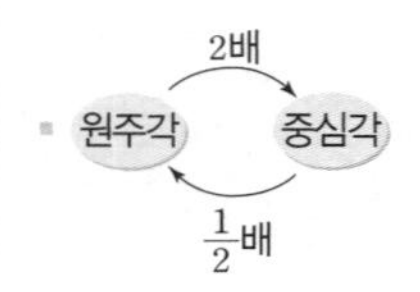

04-2 원주각의 성질

(1) 한 호에 대한 원주각의 크기는 모두 같다.

⇨ $\angle APB = \angle AQB = \angle ARB$

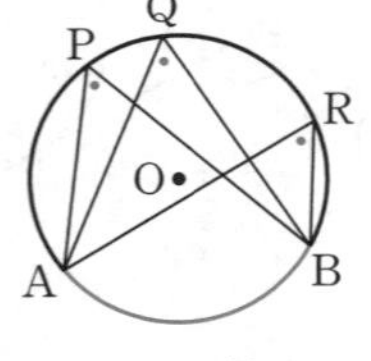

(2) 반원에 대한 원주각의 크기는 90°이다.

⇨ $\overline{AB}$가 원 O의 지름이면 $\angle APB = 90^\circ$

참고 반원에 대한 중심각의 크기는 180°이므로

$\angle APB = \frac{1}{2} \times 180^\circ = 90^\circ$

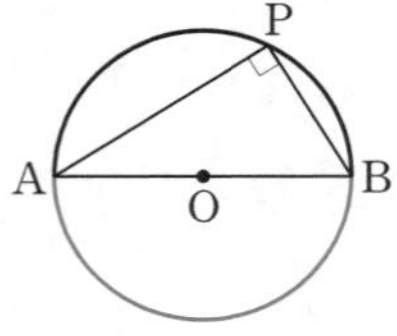

- 한 원에서 모든 호에 대한 원주각의 크기의 합은 180°이다.

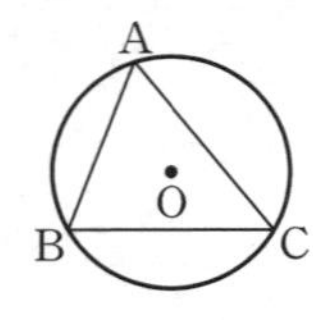

위의 그림에서
$\angle ABC + \angle BCA + \angle CAB = 180^\circ$

04-3 원주각의 크기와 호의 길이

한 원 또는 합동인 두 원에서

(1) 길이가 같은 호에 대한 원주각의 크기는 같다.

⇨ $\widehat{AB} = \widehat{CD}$이면 $\angle APB = \angle CQD$

(2) 크기가 같은 원주각에 대한 호의 길이는 같다.

⇨ $\angle APB = \angle CQD$이면 $\widehat{AB} = \widehat{CD}$

(3) 호의 길이는 그 호에 대한 원주각의 크기에 정비례한다.

주의 중심각의 크기와 현의 길이는 정비례하지 않으므로 원주각의 크기와 현의 길이도 정비례하지 않는다.

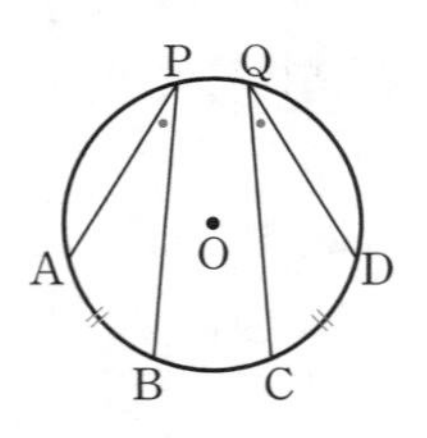

- 호의 길이는 그 호에 대한 중심각의 크기에 정비례한다.

04-4 네 점이 한 원 위에 있을 조건

두 점 C, D가 직선 AB에 대하여 같은 쪽에 있을 때

$\angle ACB = \angle ADB$

이면 네 점 A, B, C, D는 한 원 위에 있다.

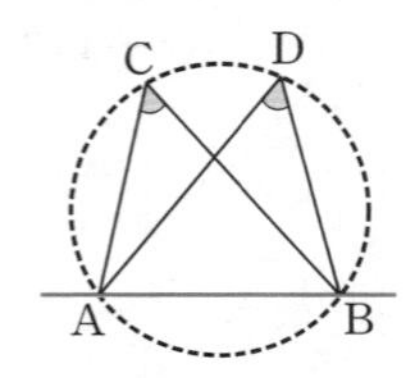

- 네 점 A, B, C, D가 한 원 위에 있으면 $\angle ACB = \angle ADB$

교과서문제 정복하기

정답과 풀이 p.36

04-1 원주각과 중심각

[0361~0364] 다음 그림에서 $\angle x$의 크기를 구하시오.

0361

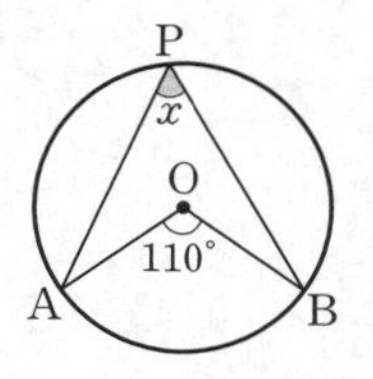

0362

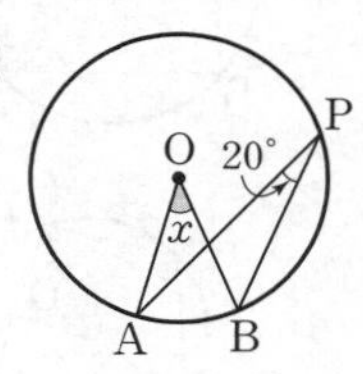

0363

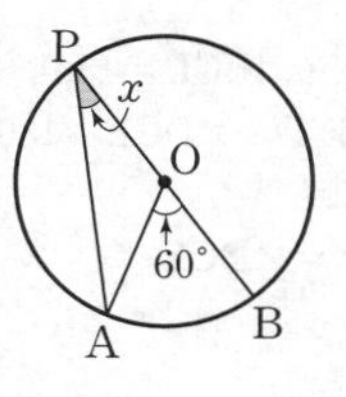

0364

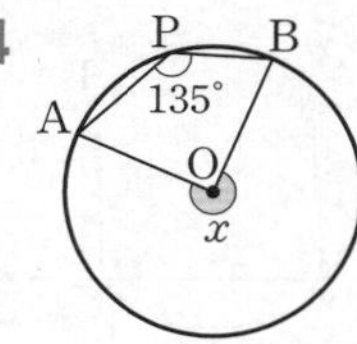

04-2 원주각의 성질

[0365~0366] 다음 그림에서 $\angle x$의 크기를 구하시오.

0365

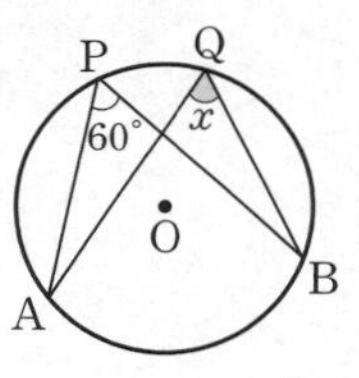

0366

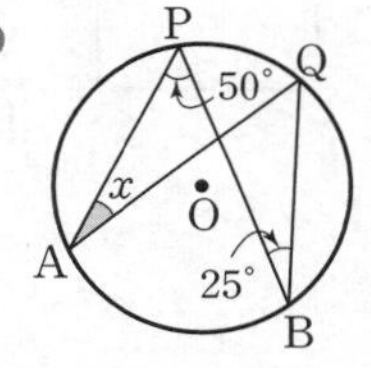

[0367~0368] 다음 그림에서 $\angle x$의 크기를 구하시오.

0367

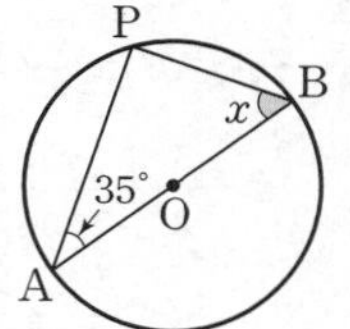

0368

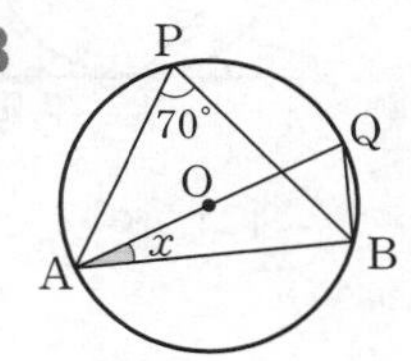

04-3 원주각의 크기와 호의 길이

[0369~0372] 다음 그림에서 x의 값을 구하시오.

0369

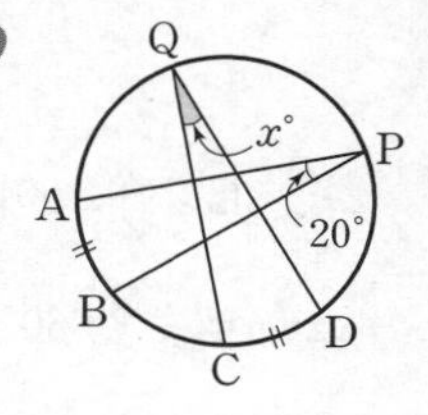

0370

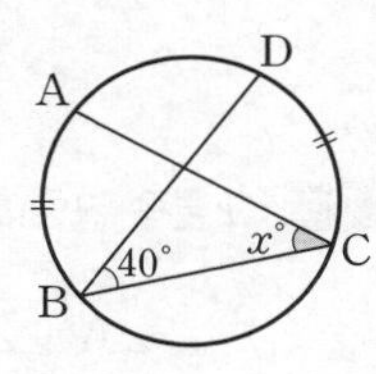

0371

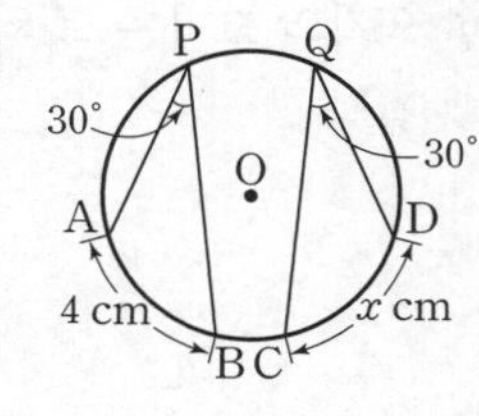

0372

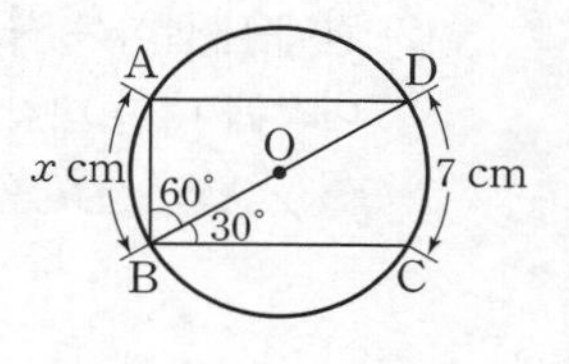

[0373~0374] 다음 그림에서 x의 값을 구하시오.

0373

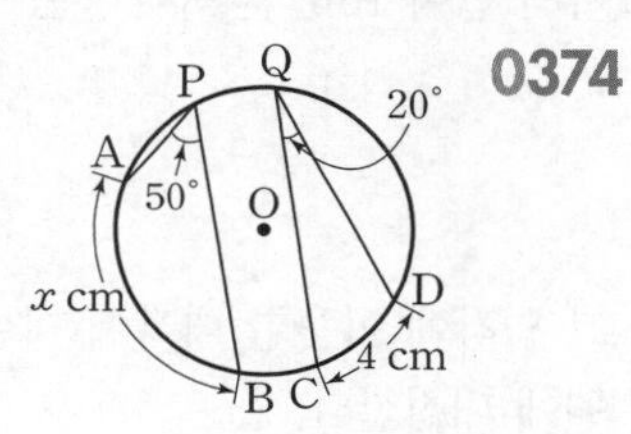

0374

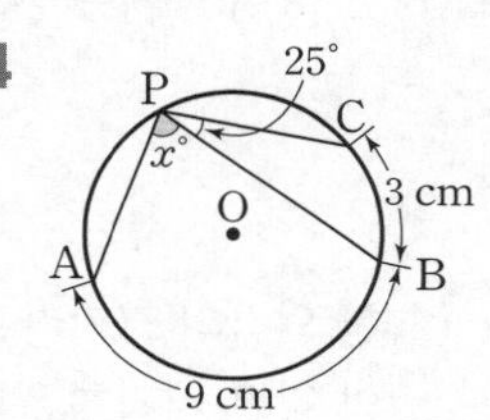

04-4 네 점이 한 원 위에 있을 조건

[0375~0378] 다음 그림에서 네 점 A, B, C, D가 한 원 위에 있을 때, $\angle x$의 크기를 구하시오.

0375

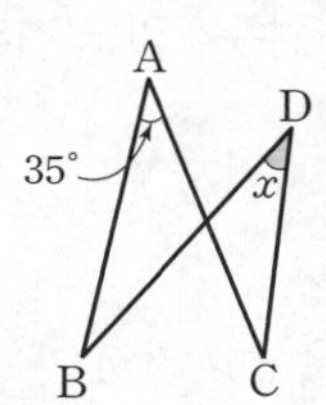

0376

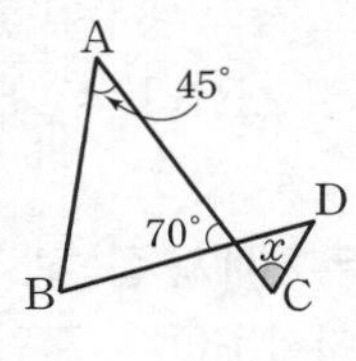

0377

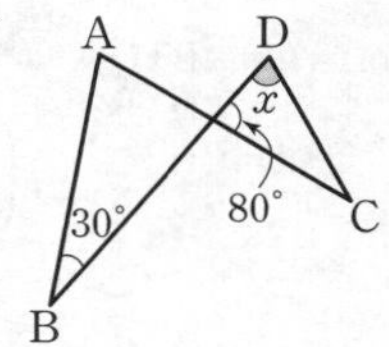

0378

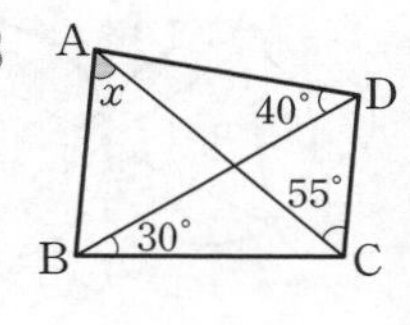

04 원주각

04-5 원에 내접하는 사각형의 성질

(1) 원에 내접하는 사각형의 한 쌍의 대각의 크기의 합은 180°이다.

⇨ $\angle A+\angle C=180^\circ$, $\angle B+\angle D=180^\circ$

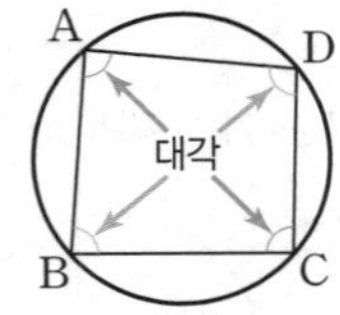

참고 오른쪽 그림에서 $\angle A=\frac{1}{2}\angle a$, $\angle C=\frac{1}{2}\angle b$이므로

$$\angle A+\angle C=\frac{1}{2}(\angle a+\angle b)=\frac{1}{2}\times 360^\circ=180^\circ$$

같은 방법으로 하면 $\angle B+\angle D=180^\circ$

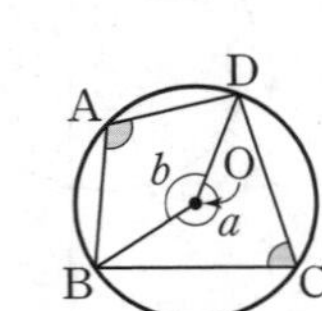

(2) 원에 내접하는 사각형의 한 외각의 크기는 그 외각에 이웃한 내각에 대한 대각의 크기와 같다.

⇨ $\angle A=\angle DCE$

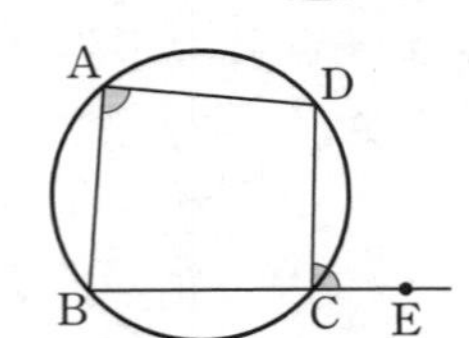

○ 개념플러스

- 삼각형의 외접원은 반드시 존재하지만 사각형의 외접원은 존재하지 않을 수도 있다.
- $\angle A+\angle BCD=180^\circ$, $\angle BCD+\angle DCE=180^\circ$ 이므로 $\angle A=\angle DCE$

04-6 사각형이 원에 내접하기 위한 조건

(1) 한 쌍의 대각의 크기의 합이 180°인 사각형은 원에 내접한다.

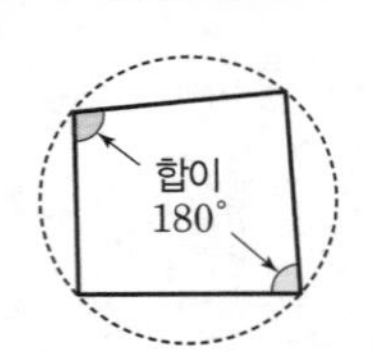

(2) 한 외각의 크기가 그 외각에 이웃한 내각에 대한 대각의 크기와 같은 사각형은 원에 내접한다.

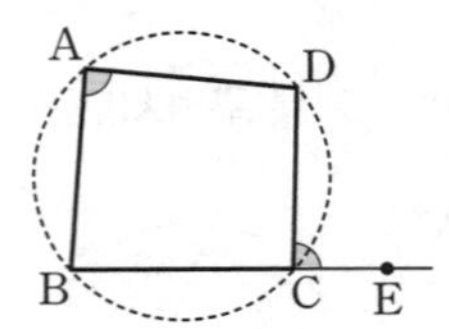

- 직사각형, 정사각형, 등변사다리꼴의 한 쌍의 대각의 크기의 합은 180°이므로 항상 원에 내접한다.

04-7 접선과 현이 이루는 각

(1) 접선과 현이 이루는 각

원의 접선과 그 접점을 지나는 현이 이루는 각의 크기는 그 각의 내부에 있는 호에 대한 원주각의 크기와 같다.

⇨ $\angle BAT=\angle BCA$

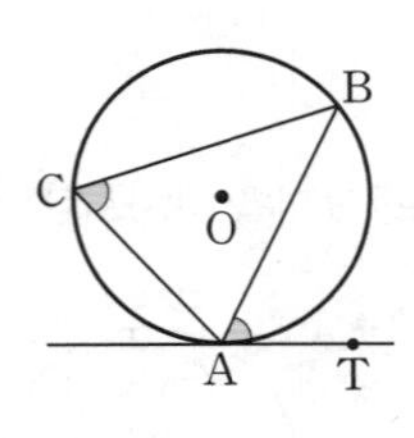

(2) 두 원에서 접선과 현이 이루는 각

직선 PQ가 두 원의 공통인 접선이고 점 T가 접점일 때, 다음 각 경우에 대하여 $\overline{AB}\,/\!/\,\overline{CD}$가 성립한다.

①

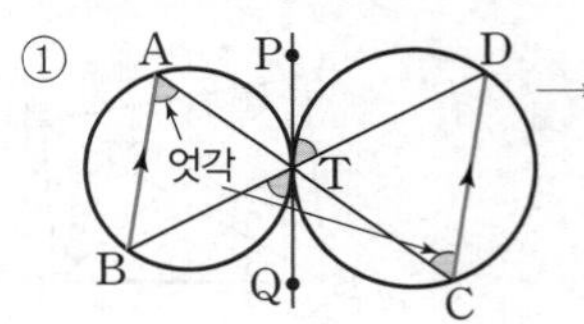

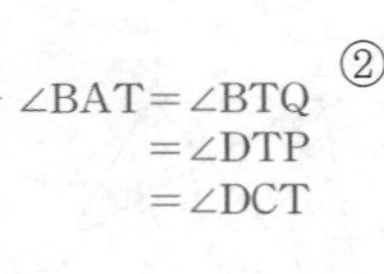

→ $\angle BAT=\angle BTQ$
$=\angle DTP$
$=\angle DCT$

②

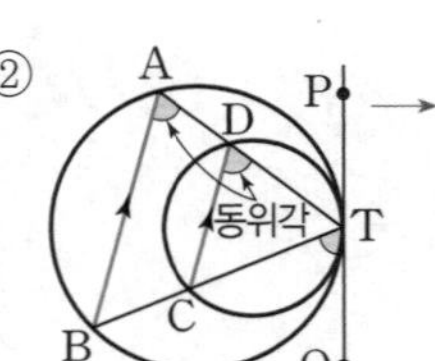

→ $\angle BAT=\angle BTQ$
$=\angle CDT$

04-5 원에 내접하는 사각형의 성질

[0379~0380] 다음 그림에서 □ABCD가 원에 내접할 때, $\angle x$의 크기를 구하시오.

0379

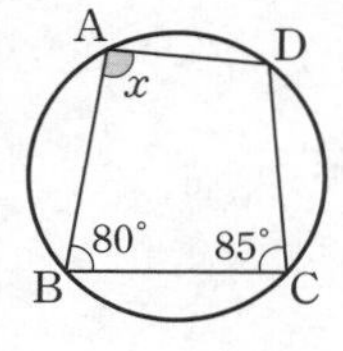

0380

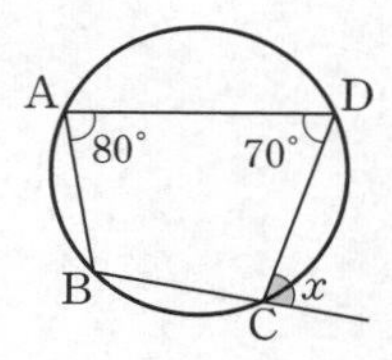

04-6 사각형이 원에 내접하기 위한 조건

0381 다음 **보기** 중 □ABCD가 원에 내접하는 것을 모두 고르시오.

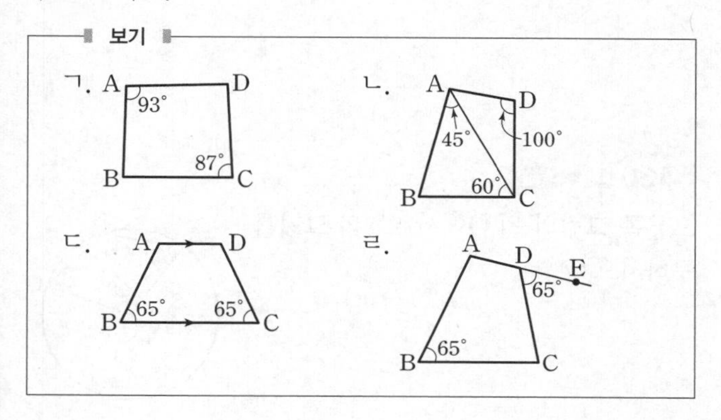

[0382~0385] 다음 그림에서 □ABCD가 원에 내접하도록 하는 $\angle x$의 크기를 구하시오.

0382

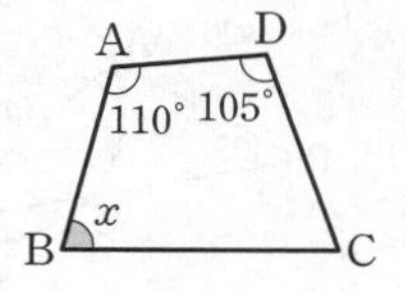

0383

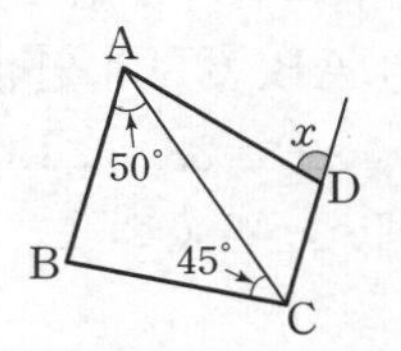

0384

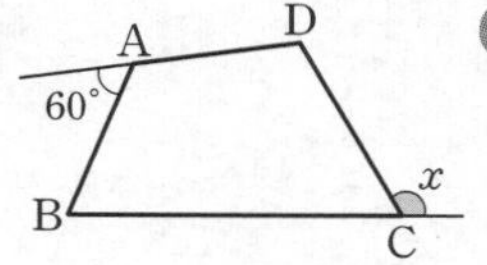

0385

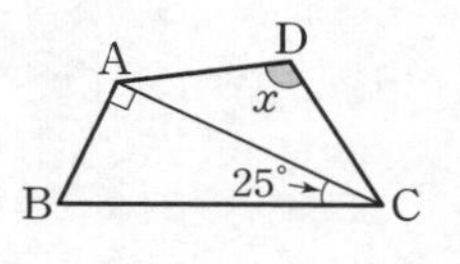

04-7 접선과 현이 이루는 각

[0386~0391] 다음 그림에서 직선 TT′이 원의 접선이고 점 B가 접점일 때, $\angle x$의 크기를 구하시오.

0386

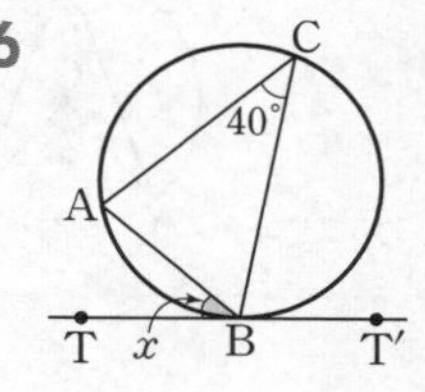

0387

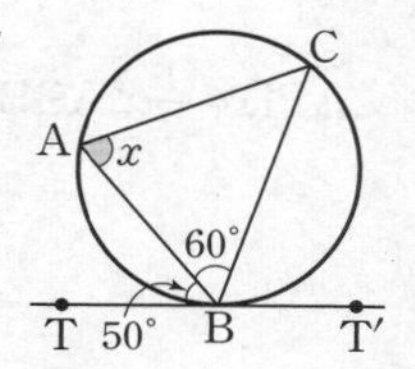

0388

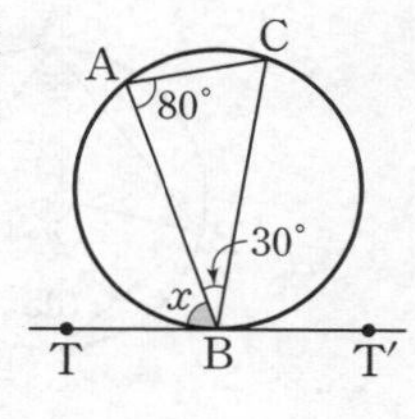

0389

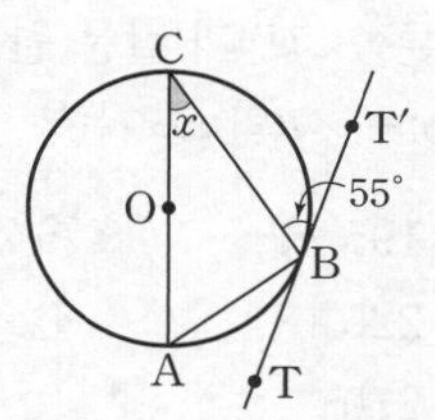

0390

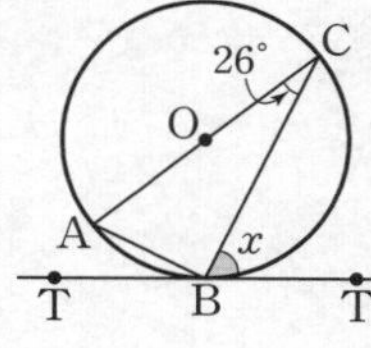

0391

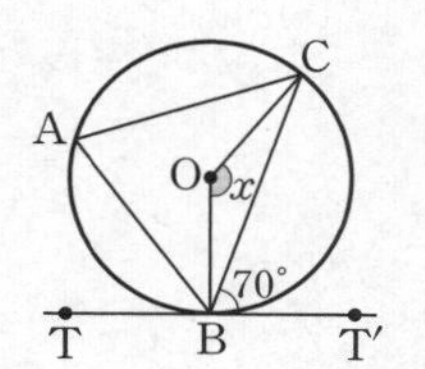

[0392~0394] 다음 그림에서 직선 PQ가 두 원의 공통인 접선이고 점 T가 접점일 때, $\angle x$, $\angle y$의 크기를 각각 구하시오.

0392

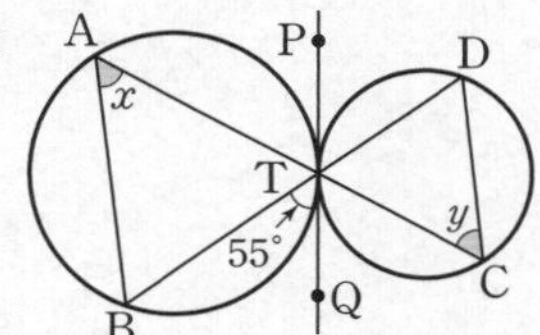

0393

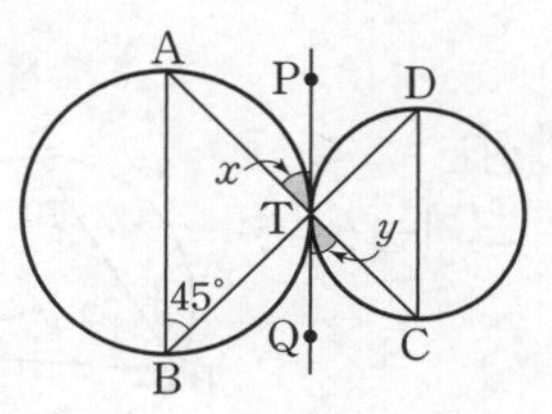

0394

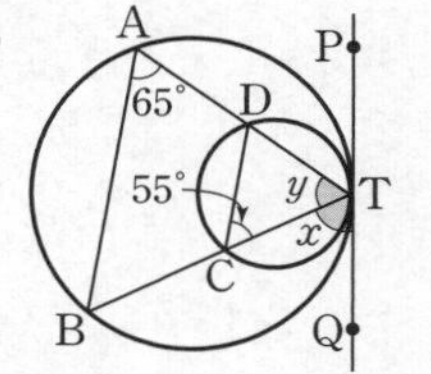

유형 익히기

중요

개념원리 중학수학 3-2 87쪽

유형 01 원주각과 중심각의 크기

(원주각의 크기)$=\frac{1}{2}\times$(중심각의 크기)

⇨ $\angle APB=\frac{1}{2}\angle AOB$

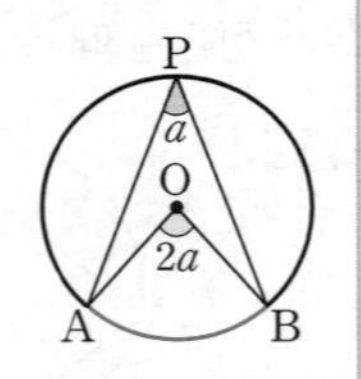

0395 대표문제

오른쪽 그림과 같은 원 O에서 $\angle x+\angle y$의 크기는?

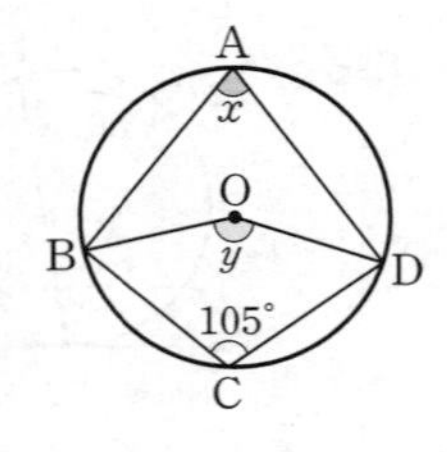

① 195°　② 200°　③ 225°　④ 245°　⑤ 270°

0396 중 하

오른쪽 그림과 같은 원 O에서 $\angle APB=35°$, $\angle BQC=20°$일 때, $\angle x$의 크기는?

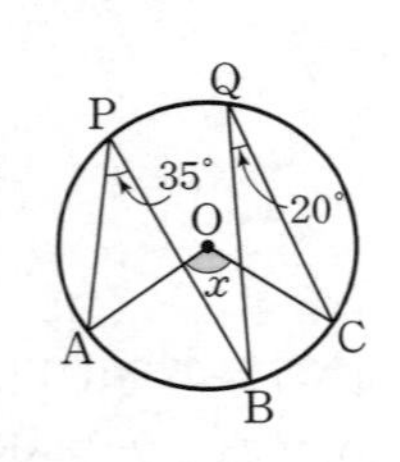

① 90°　② 95°　③ 100°　④ 105°　⑤ 110°

0397 중

오른쪽 그림과 같은 원 O에서 $\angle BAC=70°$일 때, $\angle x$의 크기는?

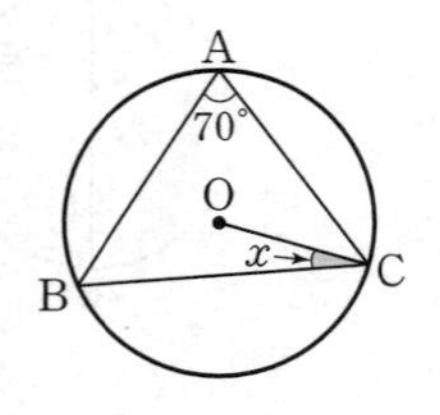

① 16°　② 18°　③ 20°　④ 22°　⑤ 24°

0398 중

오른쪽 그림과 같은 원 O에서 $\angle APB=48°$일 때, $\angle OAB$의 크기를 구하시오.

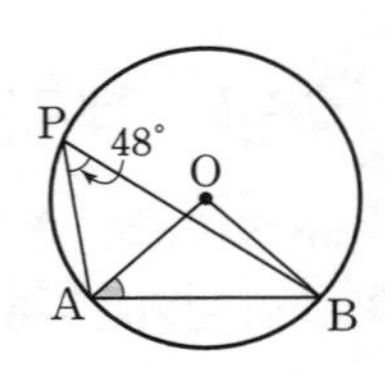

0399 중

오른쪽 그림과 같은 원 O에서 $\angle BAC=60°$, $\overline{OB}=9$ cm일 때, $\widehat{BC}$의 길이는?

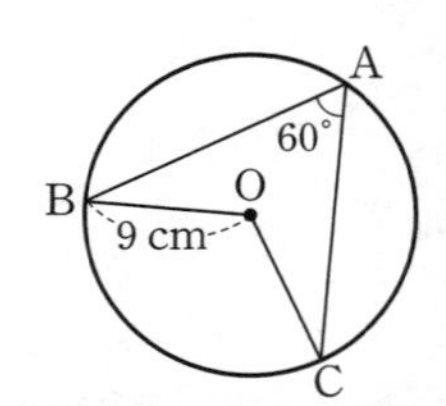

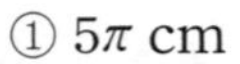
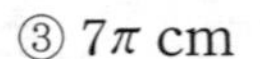

① 5π cm　② 6π cm　③ 7π cm　④ 8π cm　⑤ 9π cm

0400 중 서술형

오른쪽 그림의 원 O에서 $\angle x$의 크기를 구하시오.

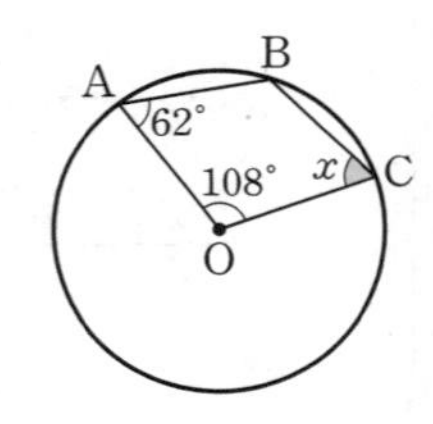

0401 중

오른쪽 그림에서 점 P는 원 O의 두 현 AB, CD의 연장선의 교점이다. $\angle P=38°$, $\angle BOD=140°$일 때, $\angle ADC$의 크기를 구하시오.

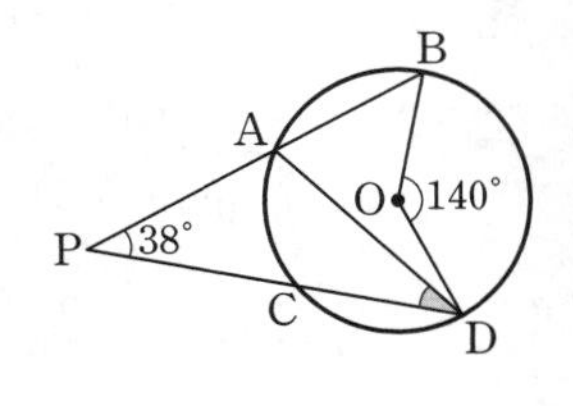

개념원리 중학수학 3-2 87쪽

유형 02 두 접선이 주어진 경우 원주각과 중심각의 크기

두 점 A, B가 원 O의 접점일 때

(1) $\angle PAO=\angle PBO=90°$이므로

□APBO에서

$\angle P+\angle AOB=180°$

(2) $\angle ACB=\frac{1}{2}\angle AOB=\frac{1}{2}(180°-\angle P)$

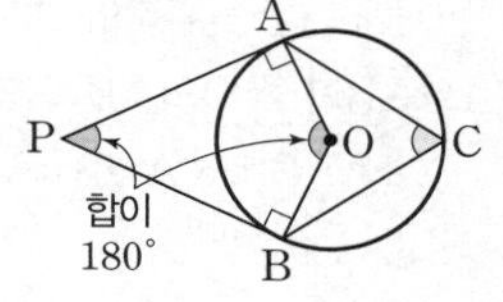

0402 대표문제

오른쪽 그림에서 두 점 A, B는 점 P에서 원 O에 그은 두 접선의 접점이다. $\angle P=50°$일 때, $\angle x$의 크기를 구하시오.

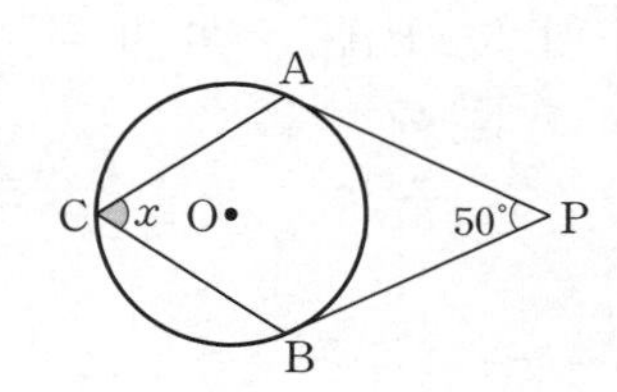

0403 중

오른쪽 그림에서 두 점 A, B는 점 P에서 원 O에 그은 두 접선의 접점이다. $\angle ACB=48°$일 때, $\angle P$의 크기를 구하시오.

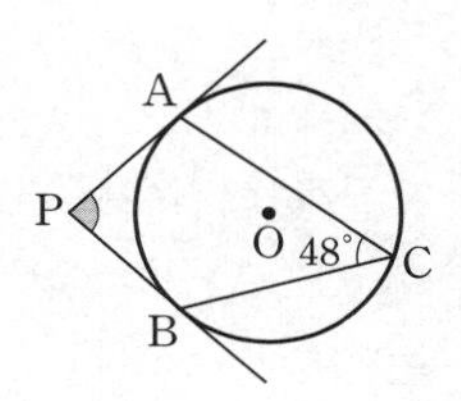

0404 중

오른쪽 그림에서 두 점 A, B는 점 P에서 원 O에 그은 두 접선의 접점이다. $\angle P=52°$일 때, $\angle ACB$의 크기를 구하시오.

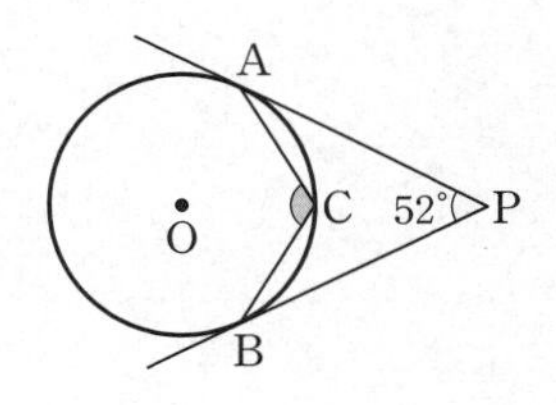

0405 상 중

오른쪽 그림에서 두 점 A, B는 점 P에서 원 O에 그은 두 접선의 접점이다. $\angle AQB=112°$일 때, $\angle P$의 크기는?

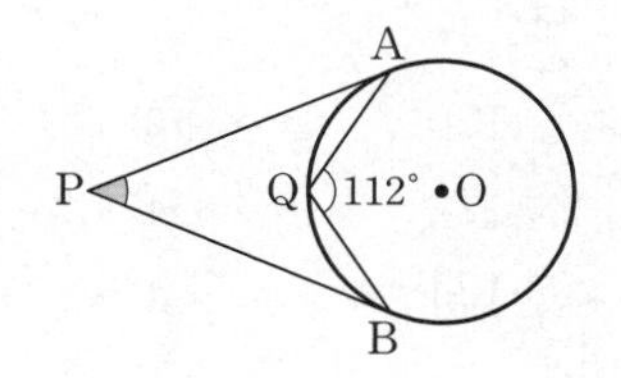

① 40° ② 44° ③ 48°
④ 52° ⑤ 56°

중요

개념원리 중학수학 3-2 88쪽

유형 03 원주각의 성질

한 호에 대한 원주각의 크기는 모두 같다.

⇨ $\angle APB=\angle AQB=\angle ARB$

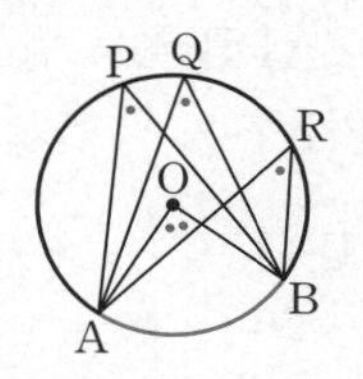

0406 대표문제

오른쪽 그림에서 $\angle APB=35°$, $\angle BRC=22°$일 때, $\angle x$의 크기는?

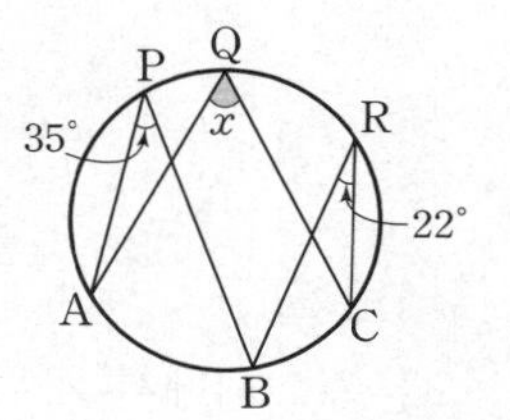

① 55° ② 57°
③ 60° ④ 62°
⑤ 65°

0407 중 하

오른쪽 그림과 같은 원 O에서 $\angle APB=35°$일 때, $\angle x+\angle y$의 크기를 구하시오.

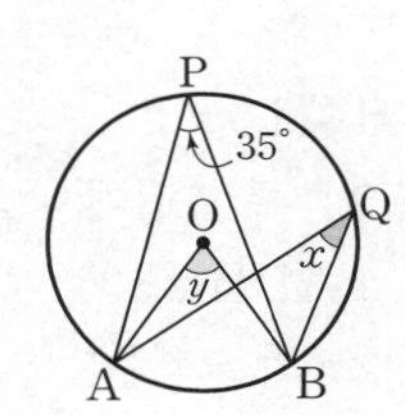

0408 중 하

오른쪽 그림에서 $\angle PAB=87°$, $\angle PBA=40°$일 때, $\angle x$의 크기는?

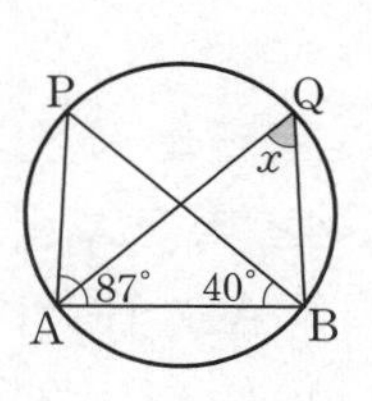

① 50° ② 51°
③ 52° ④ 53°
⑤ 54°

0409 중

오른쪽 그림에서 $\angle DAC=20°$, $\angle APB=64°$일 때, $\angle y-\angle x$의 크기는?

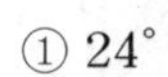

① 24° ② 25° ③ 26° ④ 27° ⑤ 28°

0410 중

오른쪽 그림에서 $\angle ACB=70°$, $\angle BDC=35°$, $\angle DAC=50°$일 때, $\angle x$의 크기를 구하시오.

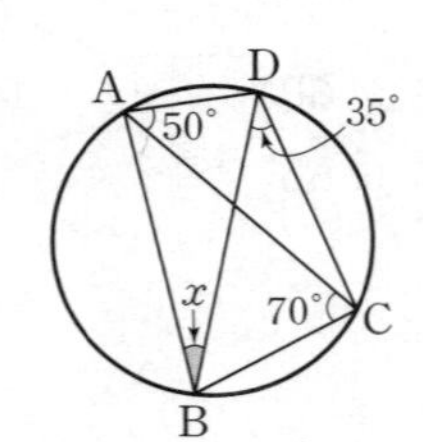

0411 중

오른쪽 그림에서 $\angle ACD=25°$, $\angle ADB=33°$, $\angle BAC=65°$일 때, $\angle x$의 크기는?

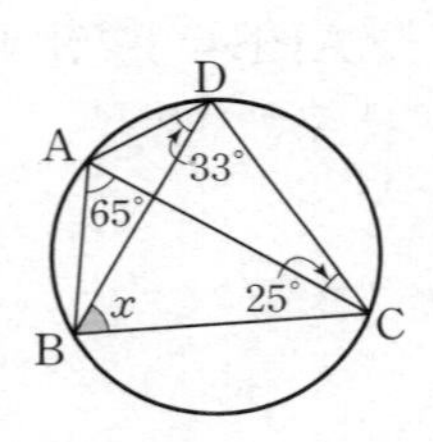

① 55° ② 56° ③ 57° ④ 58° ⑤ 59°

0412 중 서술형

오른쪽 그림에서 점 P는 두 현 AD, BC의 연장선의 교점이다. $\angle P=25°$이고 $\angle ADB=20°$일 때, $\angle x$의 크기를 구하시오.

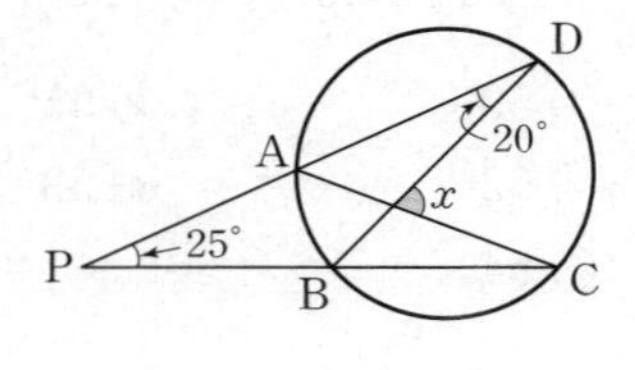

개념원리 중학수학 3-2 88쪽, 89쪽

유형 04 반원에 대한 원주각의 크기

반원에 대한 원주각의 크기는 90°이다.

⇨ $\overline{AB}$가 원 O의 지름이면
$\angle APB=\angle AQB=90°$

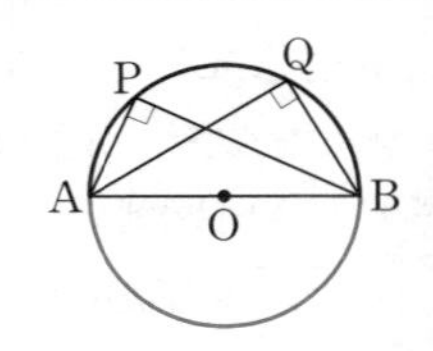

0413 대표문제

오른쪽 그림에서 $\overline{AB}$는 원 O의 지름이고 $\angle BAC=36°$일 때, $\angle ADC$의 크기를 구하시오.

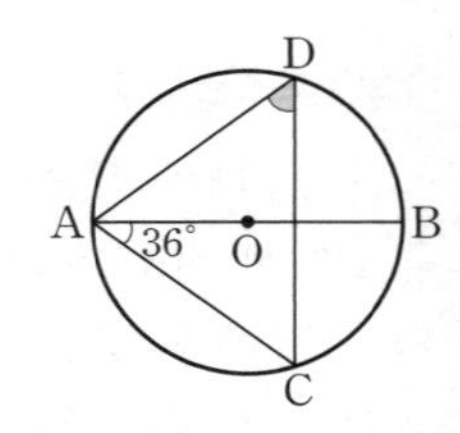

0414 중

오른쪽 그림에서 $\overline{AC}$는 원 O의 지름이고 $\angle AEB=48°$일 때, $\angle x$의 크기는?

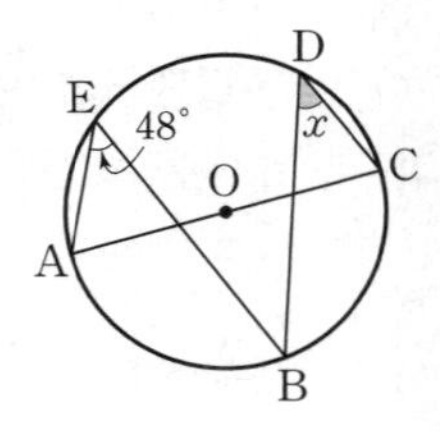

① 40° ② 42° ③ 44° ④ 46° ⑤ 48°

0415 중

오른쪽 그림에서 $\overline{AB}$는 반원 O의 지름이고 $\angle ABD=32°$일 때, $\angle x$의 크기는?

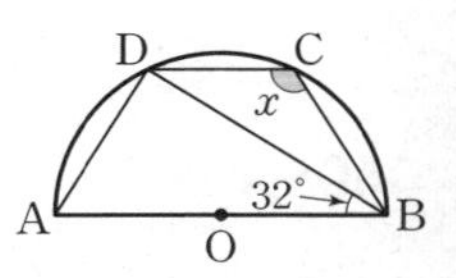

① 120° ② 121° ③ 122° ④ 123° ⑤ 124°

0416 중

오른쪽 그림에서 $\overline{AC}$는 원 O의 지름이고 $\angle ABD=60^\circ$, $\angle DPC=70^\circ$일 때, $\angle x$의 크기를 구하시오.

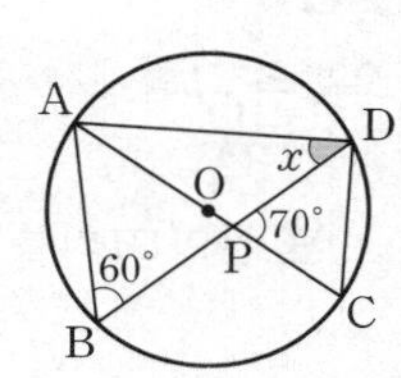

0417 중

오른쪽 그림에서 $\overline{AB}$는 원 O의 지름이고 $\angle ACD=45^\circ$, $\angle CDA=25^\circ$일 때, $\angle APD$의 크기를 구하시오.

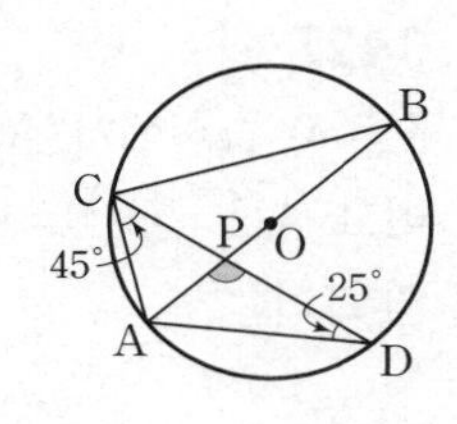

0418 상 중

오른쪽 그림에서 $\overline{AB}$는 원 O의 지름이고 점 P는 두 현 AC, BD의 연장선의 교점이다. $\angle COD=64^\circ$일 때, $\angle P$의 크기는?

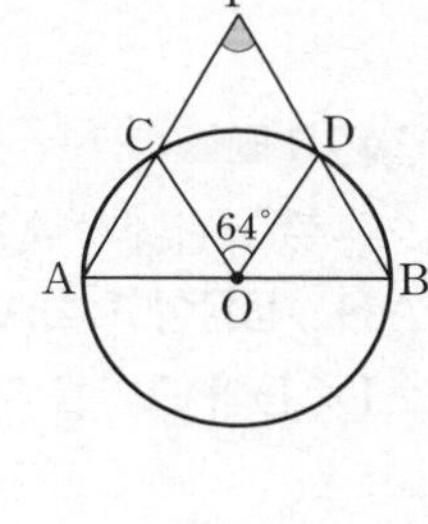

① 50°　② 55°　③ 58°　④ 60°　⑤ 62°

0419 상 중

오른쪽 그림과 같이 $\overline{AB}$, $\overline{CD}$를 지름으로 하는 원 O에서 $\overline{CE}$는 $\angle ACB$의 이등분선이다. $\angle AOD=58^\circ$일 때, $\angle x$의 크기를 구하시오.

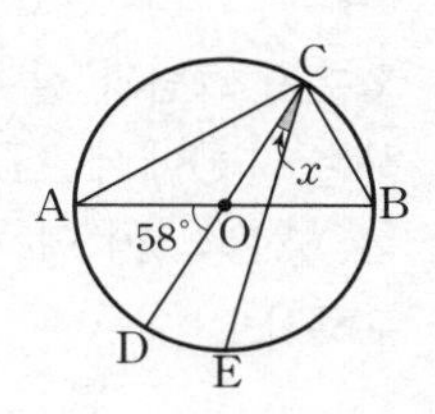

개념원리 중학수학 3-2 89쪽

유형 05 원주각의 성질과 삼각비의 값

$\triangle ABC$가 원 O에 내접할 때,
$\angle BAC=\angle BA'C$이고 $\triangle A'BC$는 직각삼각형이다.
└→ $\overline{A'B}$는 원 O의 지름이므로 $\angle A'CB=90^\circ$

$\Rightarrow \sin A=\sin A'=\dfrac{\overline{BC}}{\overline{A'B}}$

$\cos A=\cos A'=\dfrac{\overline{A'C}}{\overline{A'B}}$

$\tan A=\tan A'=\dfrac{\overline{BC}}{\overline{A'C}}$

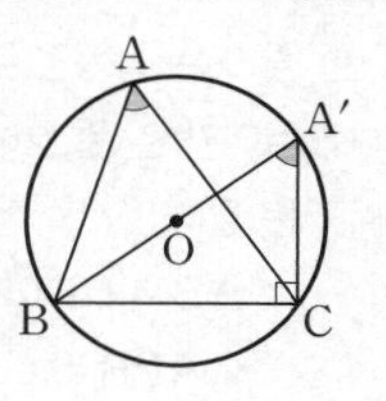

0420 대표문제

오른쪽 그림과 같이 원 O에 내접하는 $\triangle ABC$에서 $\tan A=2\sqrt{3}$, $\overline{BC}=4\sqrt{3}$ cm일 때, 원 O의 지름의 길이를 구하시오.

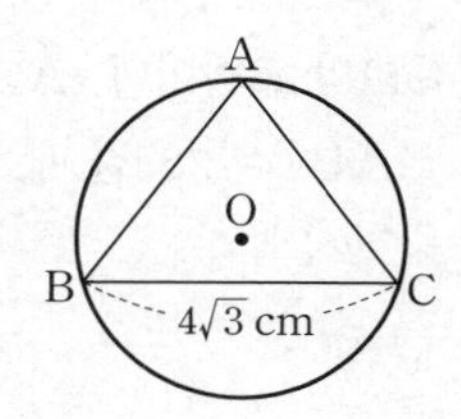

0421 중

오른쪽 그림과 같이 $\overline{AB}$를 지름으로 하는 원 O에서 $\angle CAB=30^\circ$일 때, $\triangle ABC$의 둘레의 길이는?

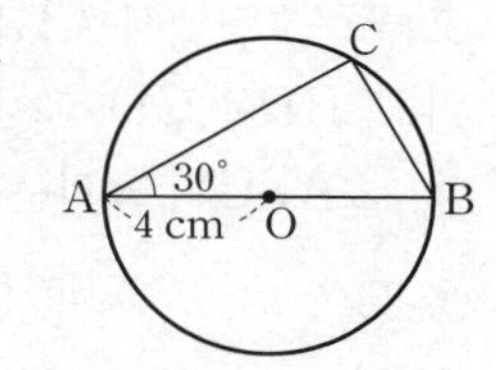

① $(12+4\sqrt{3})$ cm
② $(12+6\sqrt{3})$ cm
③ 20 cm
④ $(16+4\sqrt{3})$ cm
⑤ $(16+6\sqrt{3})$ cm

0422 상 중 서술형

오른쪽 그림과 같이 $\overline{AB}$를 지름으로 하는 원 O 위의 점 C에서 $\overline{AB}$에 내린 수선의 발을 D라 하자. $\overline{AB}=20$, $\overline{BC}=12$일 때, $\sin x\times\cos x$의 값을 구하시오.

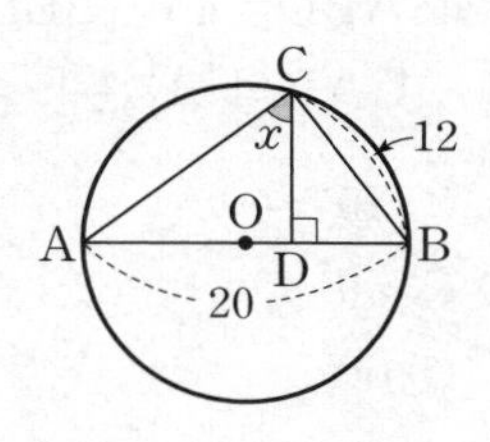

개념원리 중학수학 3-2 90쪽

유형 06 원주각의 크기와 호의 길이 (1)

한 원 또는 합동인 두 원에서

(1) 길이가 같은 호에 대한 원주각의 크기는 같다.
⇨ $\widehat{AB}=\widehat{CD}$이면 $\angle APB=\angle CQD$

(2) 크기가 같은 원주각에 대한 호의 길이는 같다.
⇨ $\angle APB=\angle CQD$이면 $\widehat{AB}=\widehat{CD}$

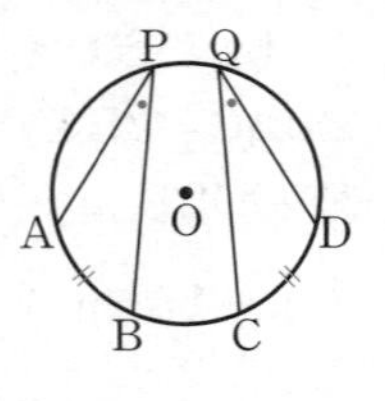

0423 대표문제

오른쪽 그림에서 점 P는 두 현 AB, CD의 교점이다. $\widehat{AC}=\widehat{BD}$이고 $\angle ABC=28^\circ$일 때, $\angle DPB$의 크기를 구하시오.

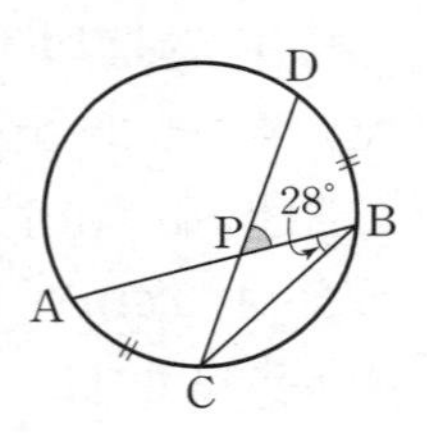

0424 중

오른쪽 그림에서 $\overline{AB}$는 원 O의 지름이고 $\widehat{BD}=\widehat{CD}$, $\angle DAB=32^\circ$일 때, $\angle ABC$의 크기는?

① 24° ② 26° ③ 28° ④ 30° ⑤ 32°

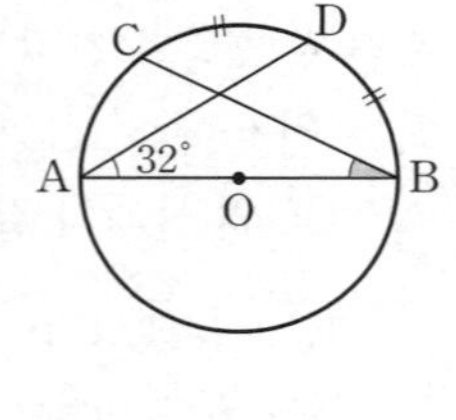

0425 중

오른쪽 그림에서 $\widehat{AB}=\widehat{BC}$이고 $\angle ABD=45^\circ$, $\angle BDC=40^\circ$일 때, $\angle CAD$의 크기는?

① 40° ② 45° ③ 50° ④ 55° ⑤ 60°

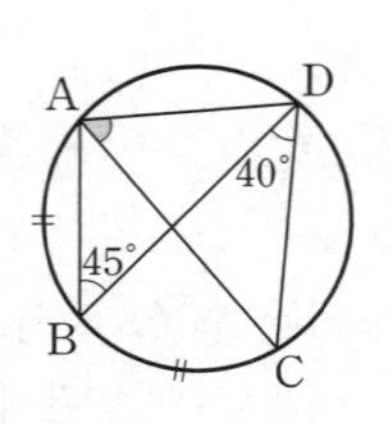

0426 중

오른쪽 그림에서 $\widehat{AD}=\widehat{DC}$이고 $\angle ABD=30^\circ$, $\angle BDC=56^\circ$일 때, $\angle ACB$의 크기를 구하시오.

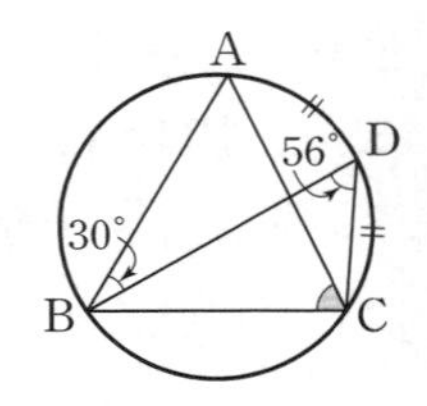

0427 중

오른쪽 그림에서 $\overline{AB}$는 원 O의 지름이고 $\widehat{AC}=\widehat{CD}=\widehat{DB}$일 때, $\angle CPD$의 크기는?

① 20° ② 25° ③ 30° ④ 35° ⑤ 40°

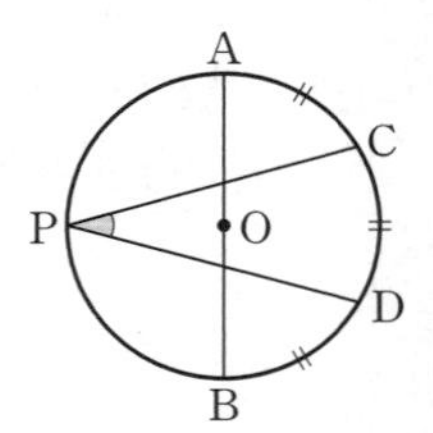

0428 상중

오른쪽 그림에서 $\widehat{AB}=\widehat{BC}$, $\overline{AD}\,/\!/\,\overline{BE}$이고 $\angle ADC=46^\circ$일 때, $\angle DCE$의 크기를 구하시오.

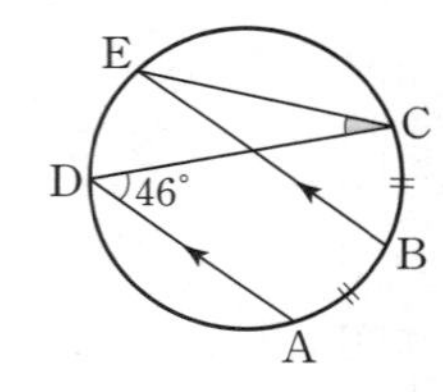

0429 상중

오른쪽 그림과 같이 $\overline{AB}$를 지름으로 하는 원 O에서 $\widehat{AD}=\widehat{DC}$이고 $\angle CAB=20^\circ$일 때, $\angle x$의 크기를 구하시오.

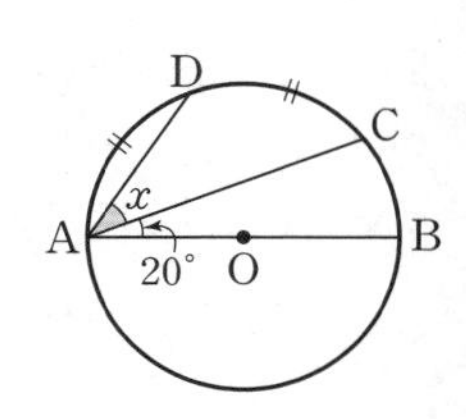

중요

개념원리 중학수학 3-2 90쪽

유형 07 원주각의 크기와 호의 길이 (2)

한 원 또는 합동인 두 원에서 호의 길이는 그 호에 대한 원주각의 크기에 정비례한다.

⇨ $\angle x : \angle y = \overparen{AB} : \overparen{BC}$

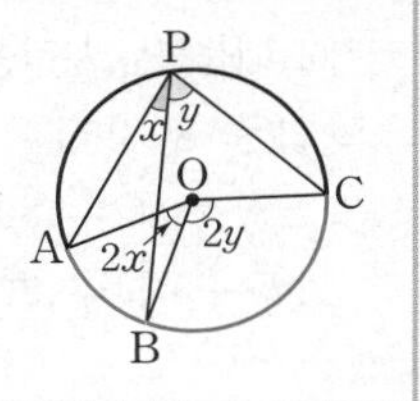

0430 대표문제

오른쪽 그림에서 점 P는 두 현 AC, BD의 교점이다. $\overparen{AD} = 2\overparen{BC}$이고, $\angle BAC = 20°$일 때, $\angle CPD$의 크기를 구하시오.

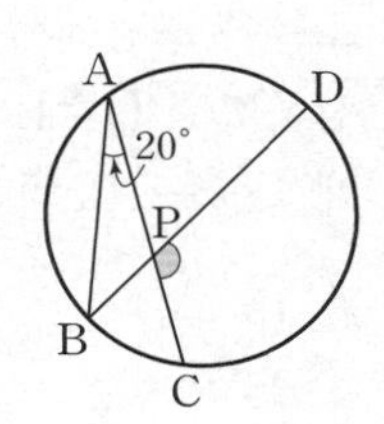

0431 중

오른쪽 그림에서 $\overparen{PB} = \frac{1}{2}\overparen{PA}$일 때, $\angle x$의 크기를 구하시오.

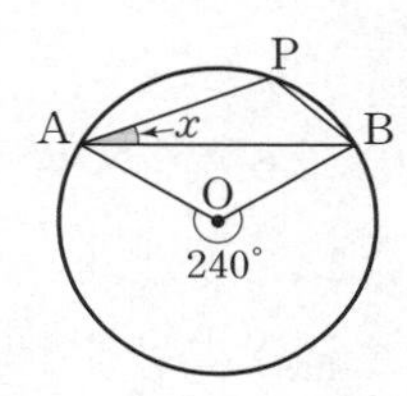

0432 중

오른쪽 그림에서 점 P는 두 현 AB, CD의 교점이다. $\overparen{BC} = 6\pi$ cm, $\angle ACD = 25°$, $\angle CPB = 70°$일 때, 이 원의 둘레의 길이를 구하시오.

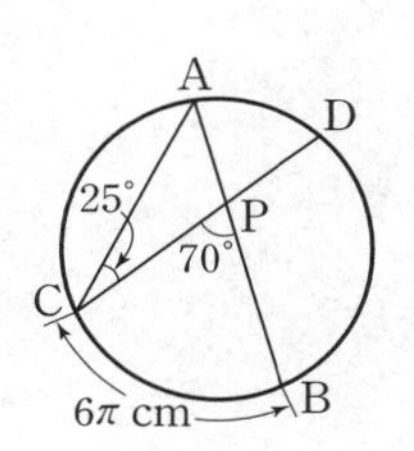

0433 중 서술형

다음 그림에서 $\overparen{AB} : \overparen{CD} = 3 : 2$이고 $\angle APB = 25°$일 때, $\angle ADB$의 크기를 구하시오.

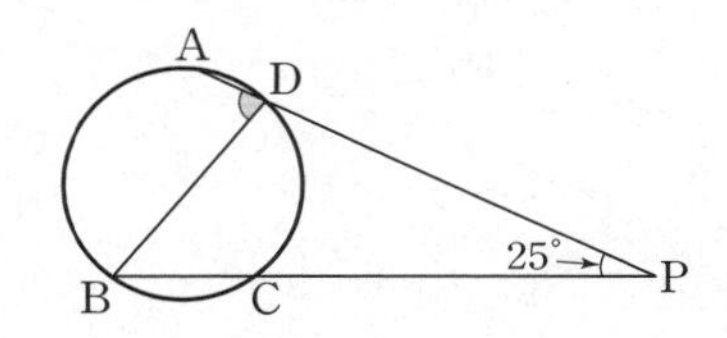

개념원리 중학수학 3-2 90쪽

유형 08 원주각의 크기와 호의 길이 (3)

원 O에서 $\overparen{AB}$의 길이가 원주의 $\frac{1}{k}$일 때, $\overparen{AB}$에 대한 원주각의 크기는

⇨ $\angle ACB = 180° \times \frac{1}{k}$

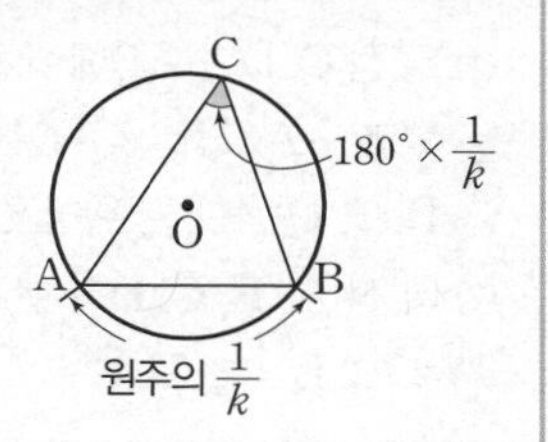

0434 대표문제

오른쪽 그림에서

$\overparen{AB} : \overparen{BC} : \overparen{CA} = 2 : 3 : 4$

일 때, $\angle x$, $\angle y$, $\angle z$의 크기를 각각 구하시오.

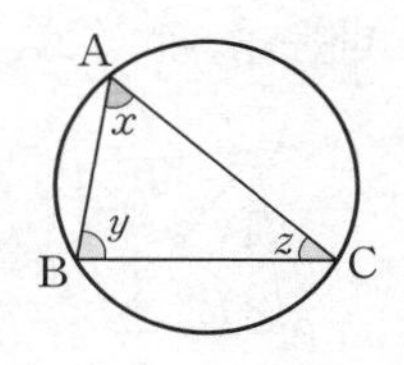

0435 중 서술형

오른쪽 그림에서 점 P는 두 현 AC, BD의 교점이다. $\overparen{AB}$의 길이는 원주의 $\frac{1}{9}$이고 $\overparen{CD}$의 길이는 원주의 $\frac{1}{5}$일 때, $\angle CPD$의 크기를 구하시오.

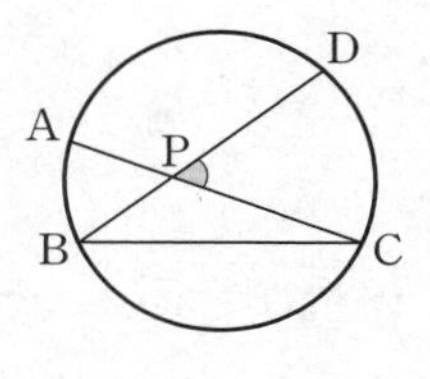

0436 중

오른쪽 그림에서

$\overparen{AB} : \overparen{BC} : \overparen{CD} : \overparen{DA} = 1 : 2 : 3 : 3$

일 때, $\angle ADC$의 크기를 구하시오.

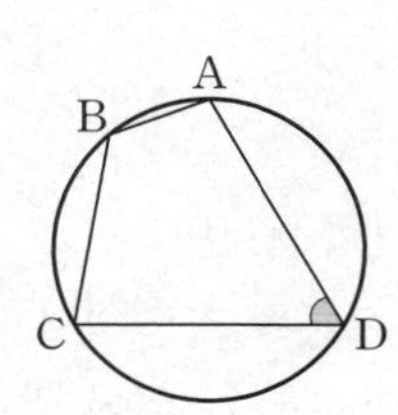

0437 상 중

오른쪽 그림에서 점 P는 두 현 AB, CD의 교점이다. $\overparen{BD}$의 길이는 원주의 $\frac{1}{6}$이고 $\overparen{AC} : \overparen{BD} = 4 : 3$일 때, $\angle APC$의 크기를 구하시오.

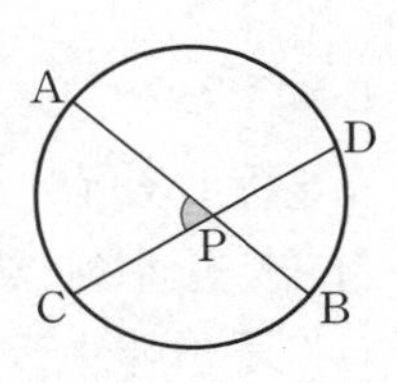

유형 09 네 점이 한 원 위에 있을 조건

개념원리 중학수학 3-2 91쪽

(1) 두 점 C, D가 $\overline{AB}$에 대하여 같은 쪽에 있고 $\angle ACB=\angle ADB$이면 네 점 A, B, C, D는 한 원 위에 있다.

(2) 네 점 A, B, C, D가 한 원 위에 있으면 $\angle ACB=\angle ADB$

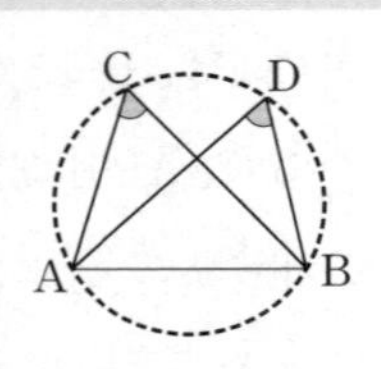

0438 대표문제

다음 중 네 점 A, B, C, D가 한 원 위에 있지 않은 것은?

① 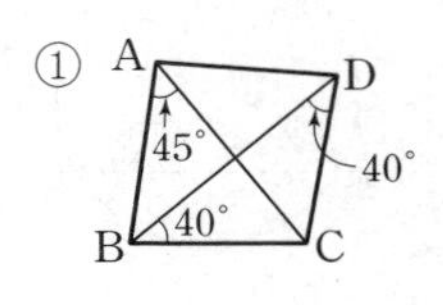

② 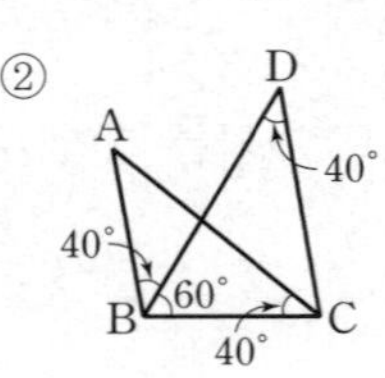

③ 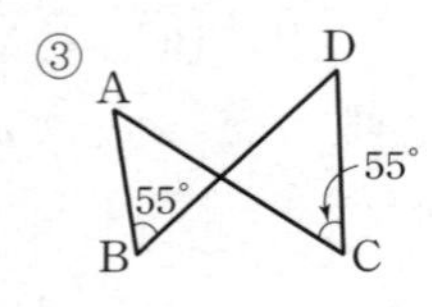

④ 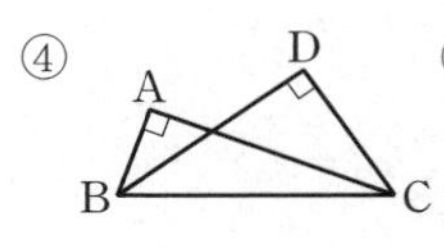

⑤ 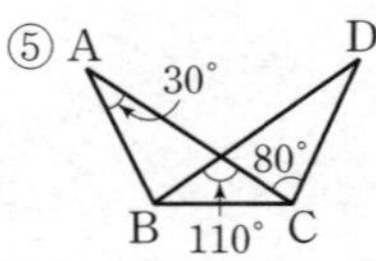

0439 중하

오른쪽 그림에서 네 점 A, B, C, D가 한 원 위에 있을 때, $\angle x$의 크기를 구하시오.

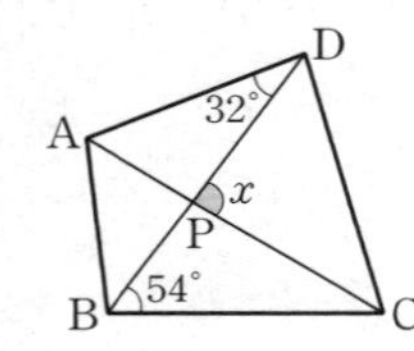

0440 중

오른쪽 그림에서 네 점 A, B, C, D가 한 원 위에 있을 때, $\angle x$의 크기를 구하시오.

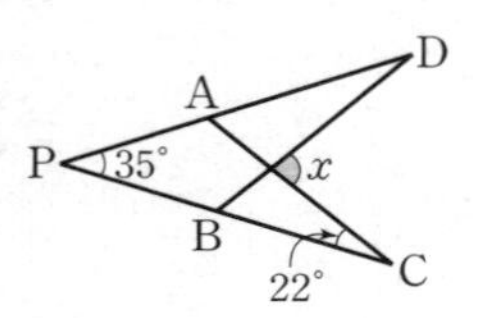

0441 상중

오른쪽 그림에서 네 점 A, B, C, D가 한 원 위에 있을 때, $\angle ACD$의 크기를 구하시오.

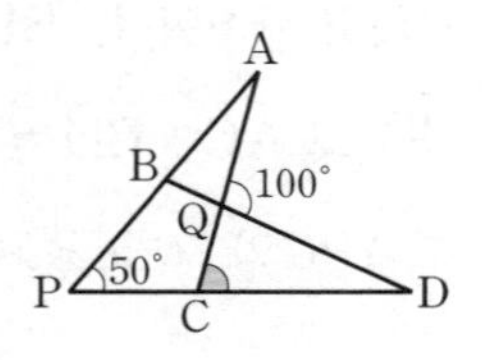

중요 유형 10 원에 내접하는 사각형의 성질 (1)

개념원리 중학수학 3-2 96쪽

원에 내접하는 사각형의 한 쌍의 대각의 크기의 합은 180°이다.

⇨ $\angle A+\angle C=180^\circ$

$\angle B+\angle D=180^\circ$

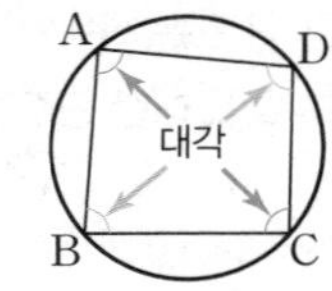

0442 대표문제

오른쪽 그림에서 □ABCD가 원 O에 내접하고 $\angle OAB=25^\circ$, $\angle OCB=40^\circ$일 때, $\angle y-\angle x$의 크기는?

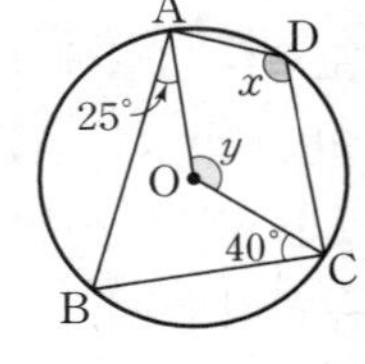

① 15°　② 20°　③ 25°　④ 30°　⑤ 35°

0443 중

오른쪽 그림에서 □ABCD가 원에 내접하고 $\angle ABC=70^\circ$, $\angle DCA=40^\circ$일 때, $\angle x$의 크기는?

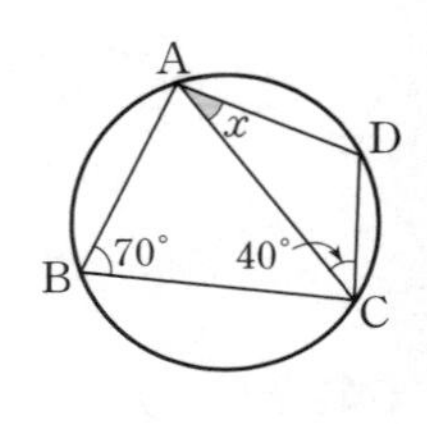

① 28°　② 30°　③ 32°　④ 34°　⑤ 36°

0444 중

오른쪽 그림에서 □ABCD가 원에 내접하고 $\overline{AD}=\overline{BD}$, $\angle ADB=40^\circ$일 때, $\angle x$의 크기는?

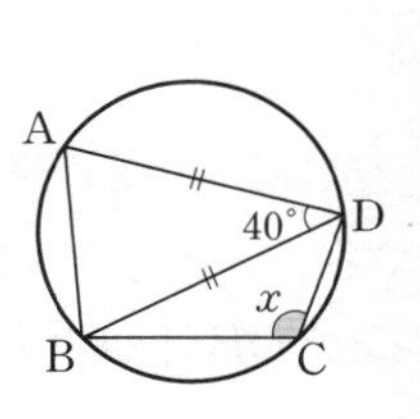

① 100°　② 105°　③ 110°　④ 115°　⑤ 120°

0445 중

오른쪽 그림에서 $\overline{AB}$는 원 O의 지름이고 $\angle DBA=30°$일 때, $\angle x$의 크기를 구하시오.

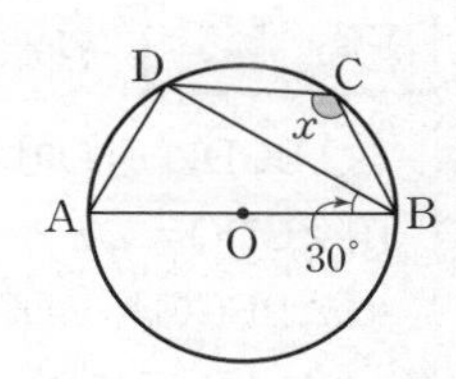

0446 중

오른쪽 그림에서 □ABCE, □ABDE가 원에 내접하고 $\angle BDE=62°$, $\angle CBD=20°$일 때, $\angle x+\angle y$의 크기를 구하시오.

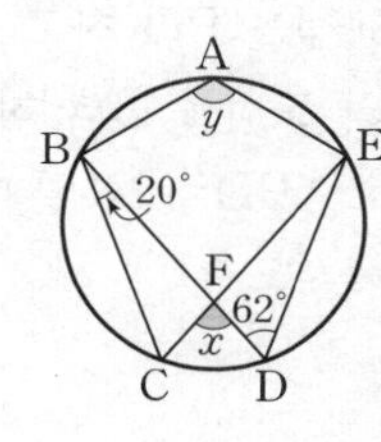

0447 중

오른쪽 그림과 같이 원 O에 내접하는 □ABCD에서 $\angle BAD=50°$일 때, $\angle x+\angle y$의 크기를 구하시오.

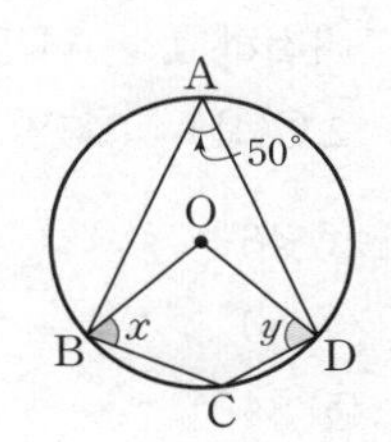

0448 상 중

오른쪽 그림에서 □ABCD가 원에 내접하고 $\overline{BC}=\overline{CD}$이다. $\angle BAD=80°$, $\angle ABC=120°$일 때, $\angle y-\angle x$의 크기를 구하시오.

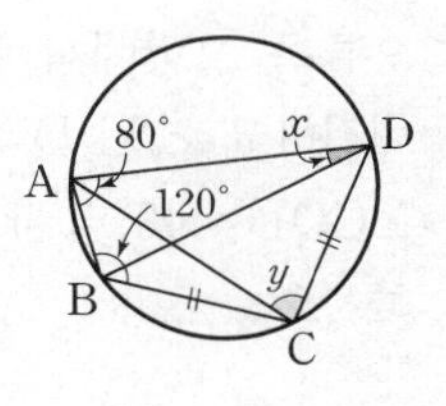

중요

개념원리 중학수학 3-2 96쪽

유형 11 원에 내접하는 사각형의 성질 (2)

원에 내접하는 사각형의 한 외각의 크기는 그 외각에 이웃한 내각에 대한 대각의 크기와 같다.

⇨ $\angle A=\angle DCE$

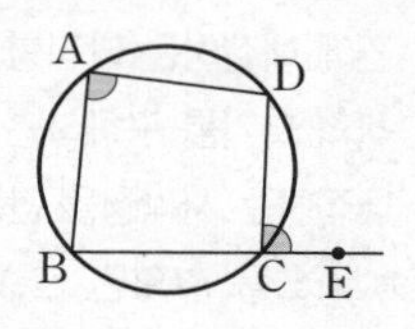

0449 대표문제

오른쪽 그림에서 □ABCD가 원 O에 내접하고 $\angle BAD=100°$일 때, $\angle x+\angle y$의 크기를 구하시오.

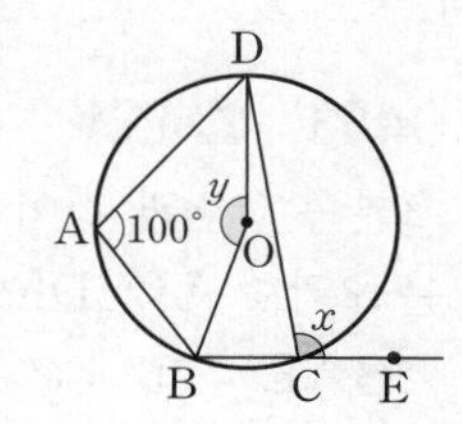

0450 중 하

오른쪽 그림과 같이 □ABCD가 원에 내접하고 $\angle ADC=100°$, $\angle AEB=35°$일 때, $\angle BAD$의 크기를 구하시오.

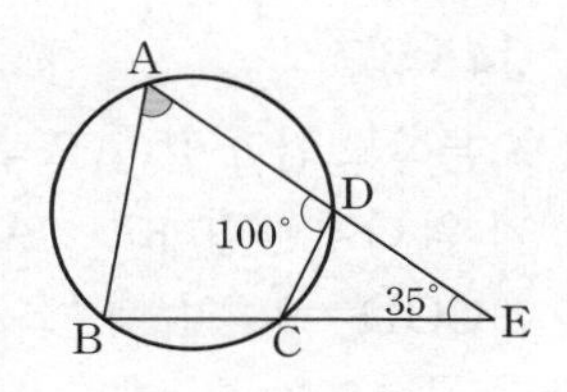

0451 중

오른쪽 그림과 같이 □ABCD가 원에 내접하고 $\angle ADB=45°$, $\angle BAC=55°$일 때, $\angle ABE$의 크기를 구하시오.

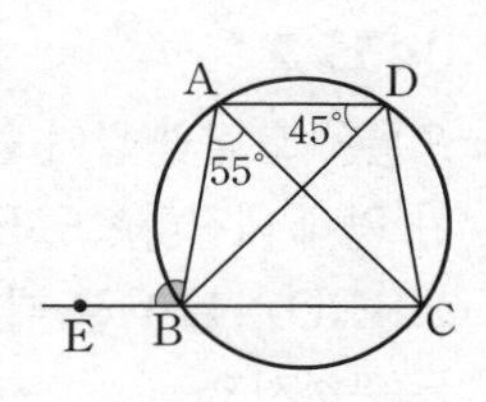

0452 상 중 서술형

오른쪽 그림에서 $\overset{\frown}{ADC}$의 길이는 원주의 $\frac{2}{3}$이고 $\overset{\frown}{BCD}$의 길이는 원주의 $\frac{3}{5}$일 때, $\angle x+\angle y$의 크기를 구하시오.

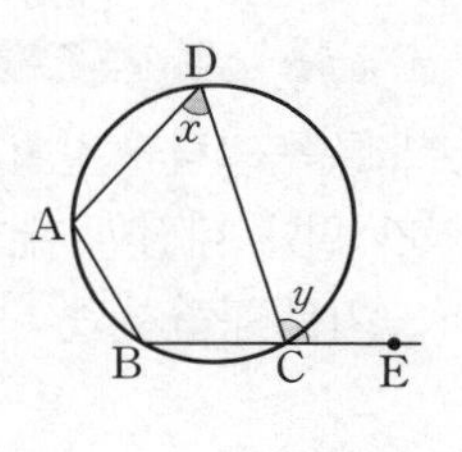

개념원리 중학수학 3-2 97쪽

유형 | 12 원에 내접하는 다각형

원에 내접하는 다각형(오각형, 육각형)에서 각의 크기를 구하려면 보조선을 그어 원에 내접하는 사각형을 만든다.

⇨ $\overline{CE}$를 그으면 □ABCE가 원에 내접하므로

$\angle A+\angle BCE=\angle B+\angle AEC=180^\circ$

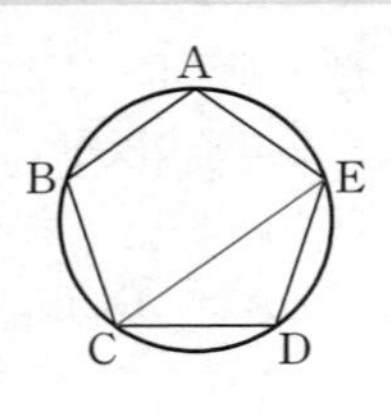

0453 대표문제

오른쪽 그림과 같이 원 O에 내접하는 오각형 ABCDE에서 $\angle BAE=76^\circ$, $\angle CDE=138^\circ$일 때, $\angle BOC$의 크기를 구하시오.

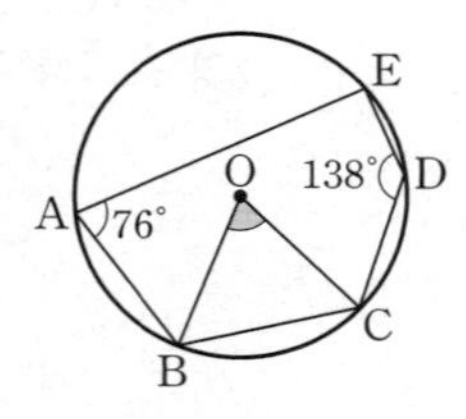

0454 중

오른쪽 그림과 같이 오각형 ABCDE가 원 O에 내접하고 $\angle AED=102^\circ$, $\angle COD=98^\circ$일 때, $\angle ABC$의 크기를 구하시오.

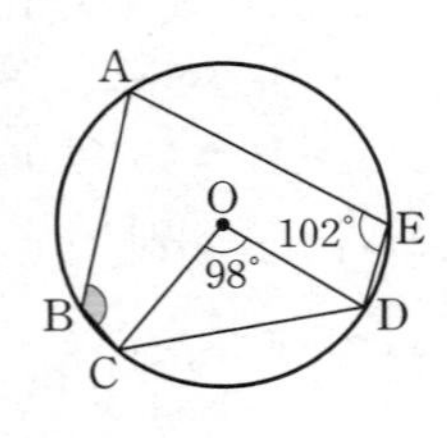

0455 중

오른쪽 그림과 같이 육각형 ABCDEF가 원에 내접하고 $\angle BAF=120^\circ$, $\angle BCD=110^\circ$일 때, $\angle FED$의 크기를 구하시오.

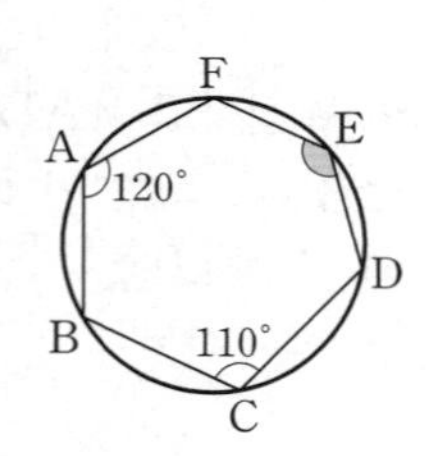

0456 상 중 서술형

오른쪽 그림과 같이 육각형 ABCDEF가 원에 내접할 때, $\angle x+\angle y+\angle z$의 크기를 구하시오.

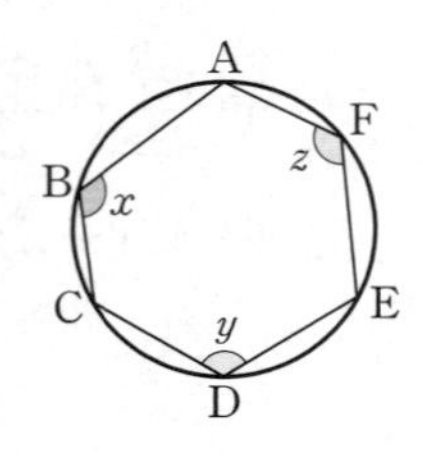

개념원리 중학수학 3-2 97쪽

유형 | 13 원에 내접하는 사각형과 삼각형의 외각의 성질

□ABCD가 원 O에 내접할 때

(1) $\angle CDQ=\angle x$

(2) △PBC에서 $\angle DCQ=\angle x+\angle a$

⇨ △DCQ에서

$\angle x+(\angle x+\angle a)+\angle b=180^\circ$

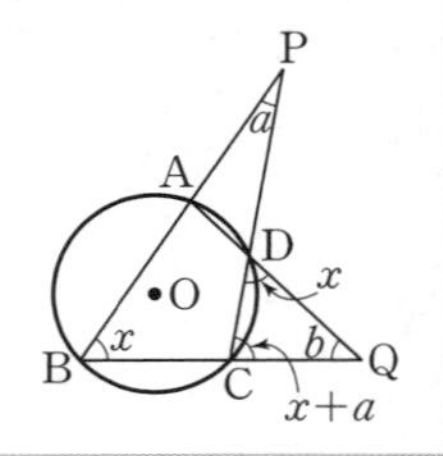

0457 대표문제

오른쪽 그림과 같이 원에 내접하는 □ABCD에서 $\overline{AB}$, $\overline{CD}$의 연장선의 교점을 P라 하고 $\overline{AD}$, $\overline{BC}$의 연장선의 교점을 Q라 하자. $\angle ABC=56^\circ$, $\angle APD=24^\circ$일 때, $\angle x$의 크기를 구하시오.

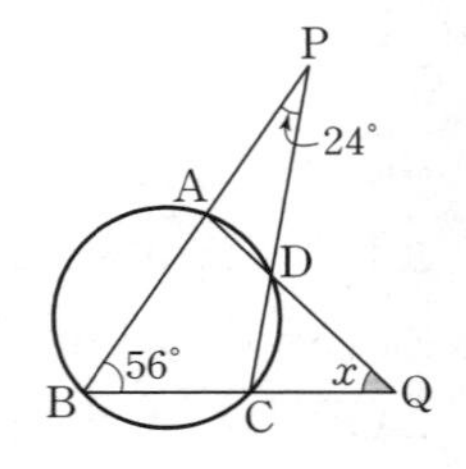

0458 중

오른쪽 그림에서 □ABCD가 원에 내접하고 $\angle APD=43^\circ$, $\angle CQD=33^\circ$일 때, $\angle x$의 크기는?

① 46° ② 48° ③ 50° ④ 52° ⑤ 54°

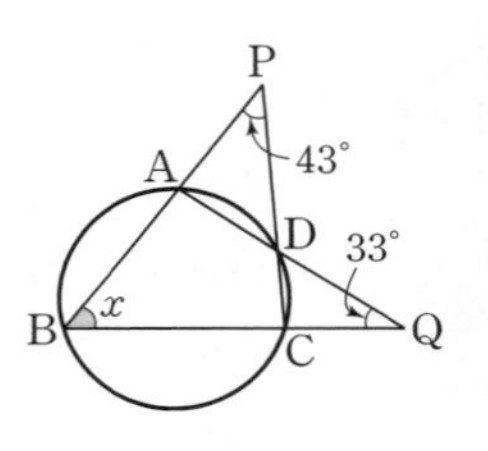

0459 상 중

오른쪽 그림에서 □ABCD가 원에 내접하고 $\angle APD=42^\circ$, $\angle CQD=40^\circ$일 때, $\angle x$의 크기를 구하시오.

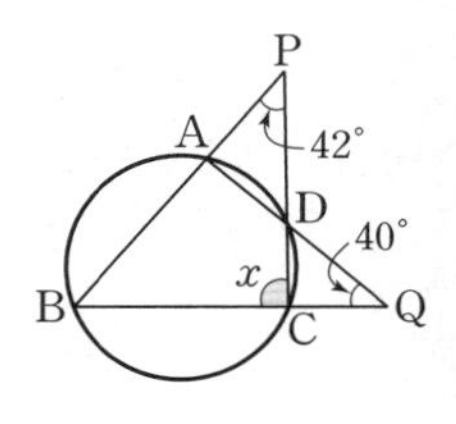

개념원리 중학수학 3-2 98쪽

유형 14 두 원에서 내접하는 사각형의 성질의 활용

□ABQP와 □PQCD가 각각 원에 내접할 때

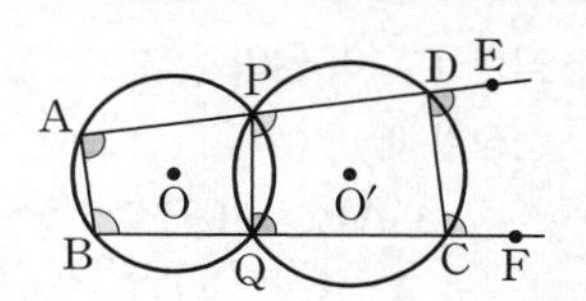

(1) ∠BAP=∠PQC=∠CDE
∠ABQ=∠QPD=∠DCF
(2) ∠BAP+∠PDC=180°
∠ABQ+∠QCD=180°
(3) ∠BAP=∠CDE (동위각)이므로 $\overline{AB}$ // $\overline{DC}$

0460 대표문제

오른쪽 그림과 같이 두 원이 두 점 P, Q에서 만나고 ∠ABQ=100°일 때, ∠x의 크기를 구하시오.

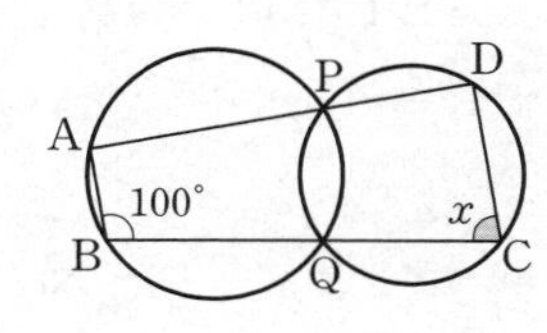

0461 중

오른쪽 그림과 같이 두 원 O, O′이 두 점 P, Q에서 만나고 ∠POB=150°일 때, ∠PDC의 크기를 구하시오.

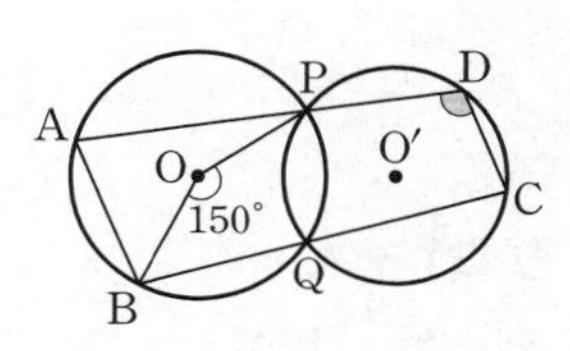

0462 중 서술형

오른쪽 그림과 같이 두 원이 두 점 P, Q에서 만나고 ∠ADP=85°일 때, ∠PEC의 크기를 구하시오.

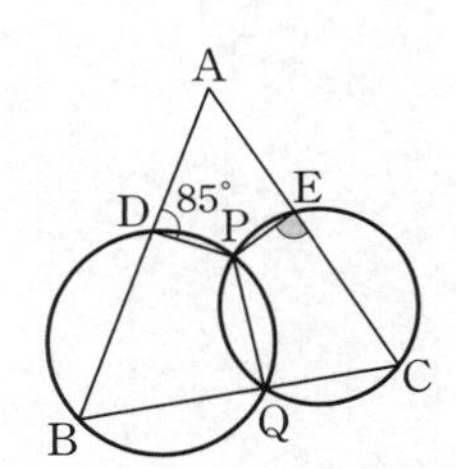

0463 상 중

오른쪽 그림과 같이 세 원이 만나고 ∠HAB=95°, ∠ABC=80°일 때, ∠DEF의 크기를 구하시오.

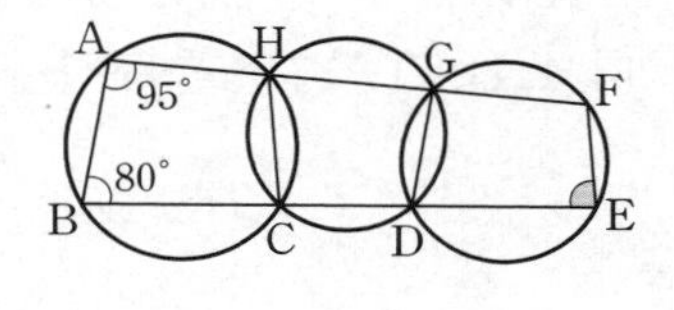

개념원리 중학수학 3-2 98쪽

유형 15 사각형이 원에 내접하기 위한 조건

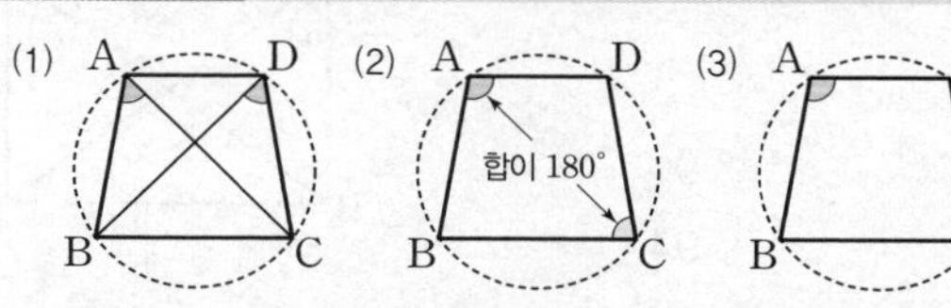

(1) 한 선분에 대하여 같은 쪽에 있는 원주각의 크기가 같을 때
(2) 한 쌍의 대각의 크기의 합이 180°일 때
(3) 한 외각의 크기가 그 외각에 이웃한 내각에 대한 대각의 크기와 같을 때

0464 대표문제

다음 중 □ABCD가 원에 내접하지 않는 것을 모두 고르면? (정답 2개)

① 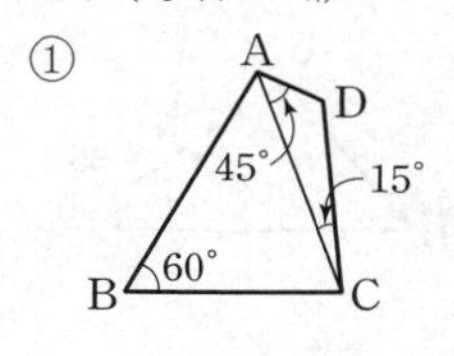

② 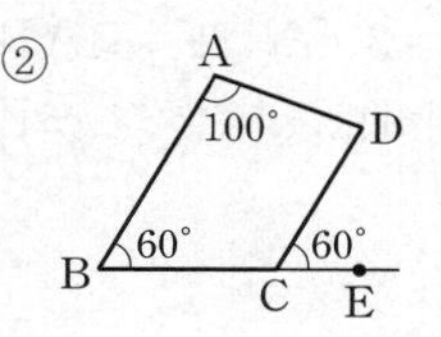

③ 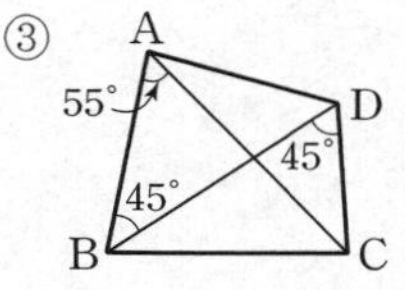

④ 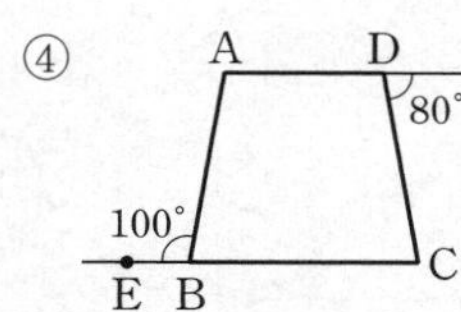

⑤ 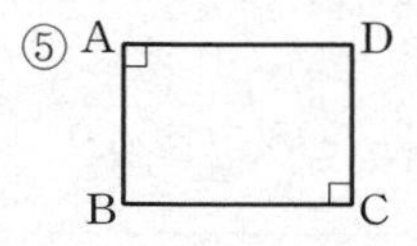

0465 중 하

다음 중 오른쪽 그림의 □ABCD가 원에 내접할 조건이 아닌 것은?

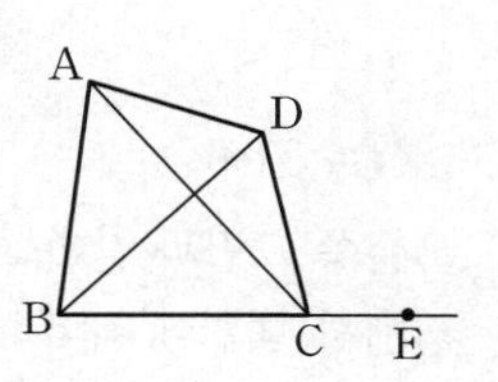

① ∠ACD=∠DBC
② ∠ACB=∠ADB
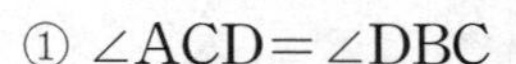
③ ∠BAC=∠BDC
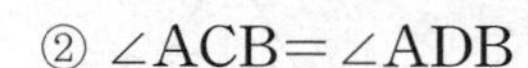
④ ∠DAB=∠DCE
⑤ ∠DAB+∠DCB=180°

04 | 원주각

0466 중

오른쪽 그림의 □ABCD에서 $\angle x$의 크기는?

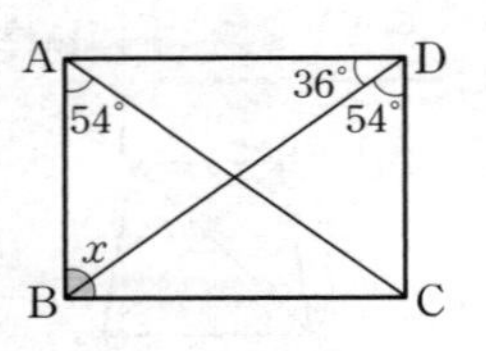

① 88°　　② 90°

③ 92°　　④ 94°

⑤ 96°

0467 중

오른쪽 그림에서 $\angle ADC=130°$, $\angle DFC=35°$일 때, □ABCD가 원에 내접하도록 하는 $\angle x$의 크기를 구하시오.

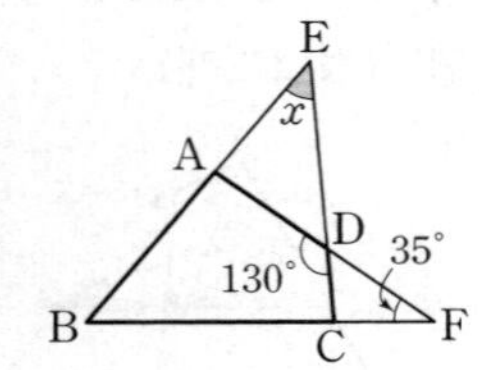

0468 중

다음 **보기** 중 항상 원에 내접하는 사각형을 모두 고르시오.

보기		
ㄱ. 사다리꼴	ㄴ. 등변사다리꼴	ㄷ. 평행사변형
ㄹ. 직사각형	ㅁ. 마름모	ㅂ. 정사각형

0469 상 중

오른쪽 그림과 같이 △ABC의 세 꼭짓점에서 대변에 내린 수선의 발을 각각 D, E, F라 하고, 세 수선의 교점을 G라 하자. 7개의 점 A~G 중 4개의 점을 꼭짓점으로 하는 사각형 중에서 원에 내접하는 사각형의 개수를 구하시오.

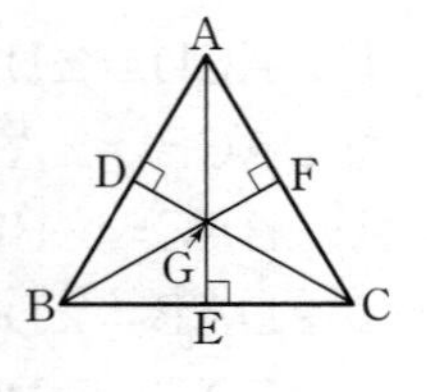

중요

개념원리 중학수학 3-2 103쪽

유형 16 접선과 현이 이루는 각

직선 TT′이 원의 접선이고 점 B는 접점일 때

$\angle CAB=\angle CBT'$

$\angle ACB=\angle ABT$

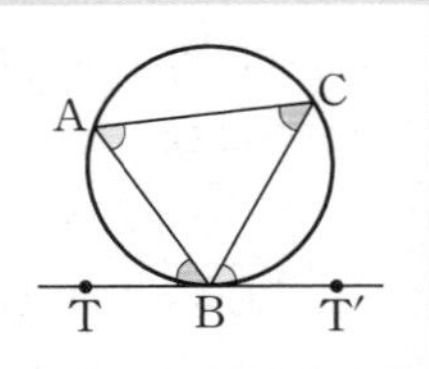

0470 대표문제

오른쪽 그림에서 직선 BT는 원 O의 접선이고 점 B는 접점이다. $\angle ABT=58°$일 때, $\angle OAB$의 크기는?

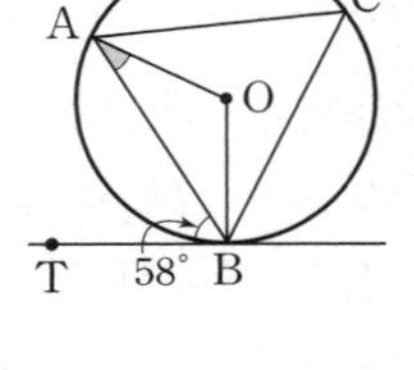

① 22°　　② 25°

③ 28°　　④ 30°

⑤ 32°

0471 중 하

오른쪽 그림에서 직선 TT′은 원의 접선이고 점 A는 접점이다. $\angle CAT=45°$, $\angle CAB=55°$일 때, $\angle x$의 크기를 구하시오.

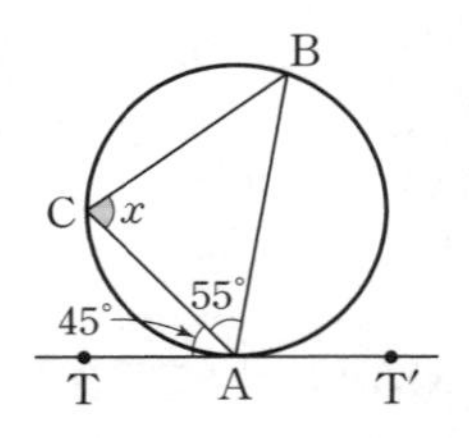

0472 중 하

오른쪽 그림에서 $\overline{PT}$는 원의 접선이고 점 T는 접점이다. $\angle ABT=70°$, $\angle BPT=32°$일 때, $\angle BAT$의 크기를 구하시오.

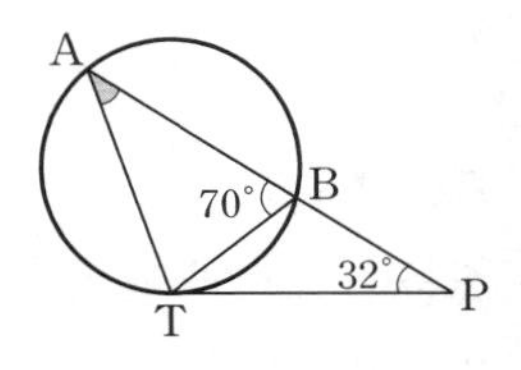

0473 중

오른쪽 그림에서 직선 TT′은 원의 접선이고 점 B는 접점이다.
$\overset{\frown}{AB}=2\overset{\frown}{BC}$이고 $\angle ABT=80^\circ$일 때, $\angle CAB$의 크기를 구하시오.

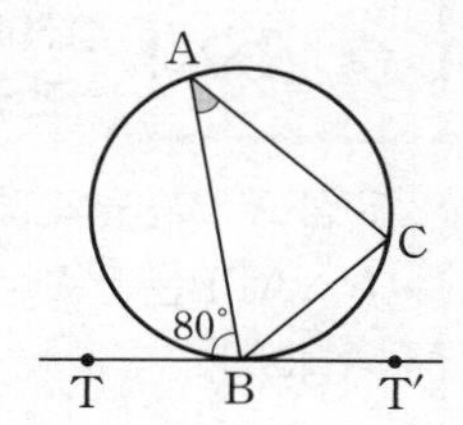

0474 중

오른쪽 그림에서 직선 TT′은 원 O의 접선이고 점 A는 접점이다.
$\angle BOC=150^\circ$, $\angle BAT'=74^\circ$일 때, $\angle ABC$의 크기는?

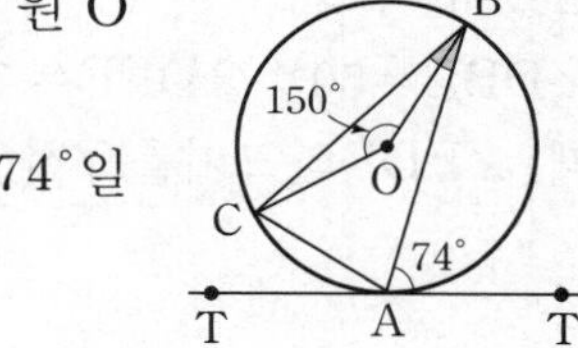

① 30°　② 31°
③ 32°　④ 33°
⑤ 34°

0475 중 서술형

오른쪽 그림에서 직선 AT는 원의 접선이고 점 A는 접점이다.
$\overset{\frown}{AB}:\overset{\frown}{BC}:\overset{\frown}{CA}=5:3:4$일 때, $\angle BAT$의 크기를 구하시오.

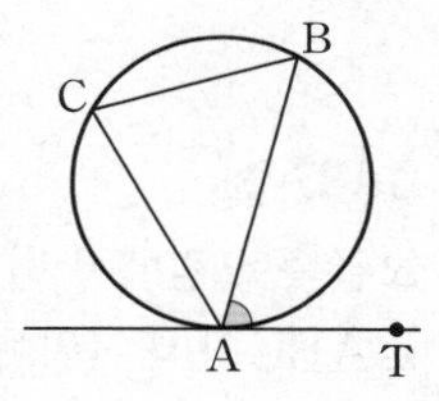

0476 중

오른쪽 그림에서 $\overline{PT}$는 원의 접선이고 점 T는 접점이다. $\overline{AP}=\overline{AT}$이고 $\angle BPT=36^\circ$일 때, $\angle x$의 크기는?

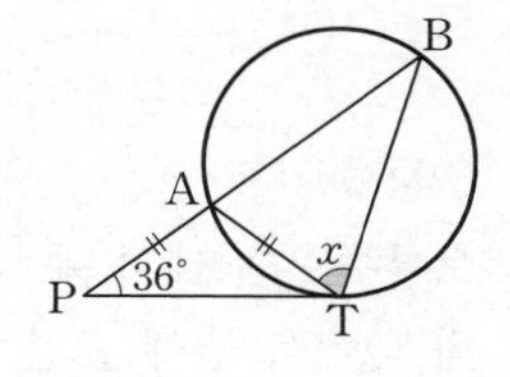

① 68°　② 70°　③ 72°
④ 74°　⑤ 76°

중요

개념원리 중학수학 3-2 103쪽

유형 17 접선과 현이 이루는 각의 활용 －원에 내접하는 사각형

직선 BT가 원의 접선이고 점 B는 접점일 때, 이 원에 내접하는 □ABCD에서
(1) $\angle DAB+\angle DCB=180^\circ$
　$\angle ABC+\angle ADC=180^\circ$
(2) $\angle ABT=\angle ACB$

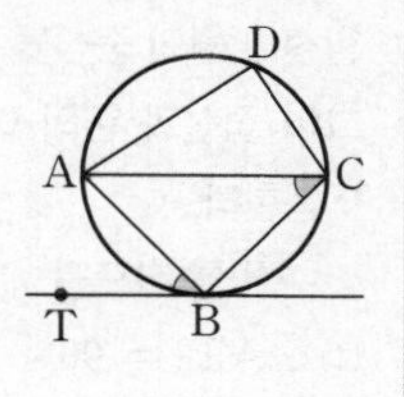

0477 대표문제

오른쪽 그림에서 직선 CT는 원의 접선이고 $\angle ABD=34^\circ$, $\angle ADB=58^\circ$, $\angle DCT=46^\circ$일 때, $\angle y-\angle x$의 크기를 구하시오.

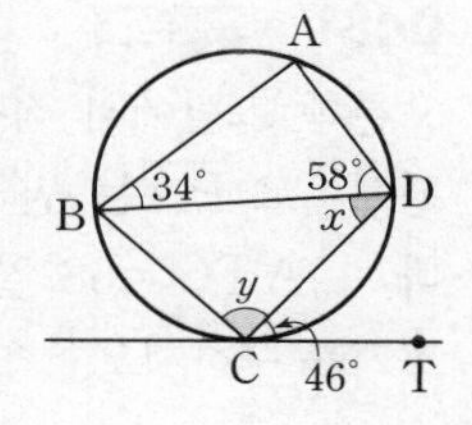

0478 중

오른쪽 그림에서 직선 AT는 원의 접선이고 $\angle ACB=32^\circ$, $\angle CDB=46^\circ$일 때, $\angle CAT$의 크기를 구하시오.

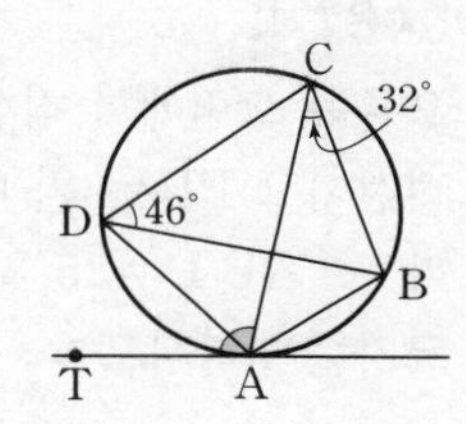

0479 중

오른쪽 그림에서 $\overline{CT}$는 원의 접선이고 점 C는 접점이다.
$\angle ABC=100^\circ$, $\angle CAD=35^\circ$일 때, $\angle DTC$의 크기를 구하시오.

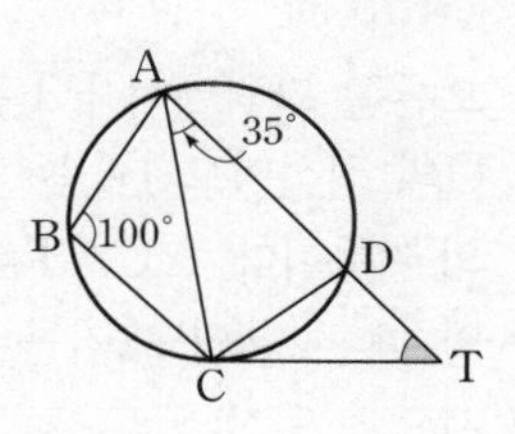

0480 상중

오른쪽 그림에서 $\overline{CP}$는 원의 접선이고 $\angle ABC=110^\circ$, $\angle APC=46^\circ$일 때, $\angle CAD$의 크기를 구하시오.

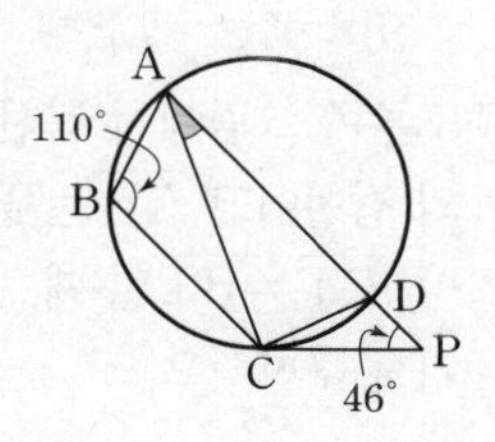

중요 개념원리 중학수학 3-2 104쪽

유형 18 접선과 현이 이루는 각의 활용 –할선이 원의 중심을 지날 때

할선이 원의 중심을 지날 때, 보조선을 그어 접선과 현이 이루는 각의 성질을 이용한다.

⇨ $\overline{AT}$를 그으면

(1) $\angle ATB=90^\circ$

(2) $\angle ATP=\angle ABT$

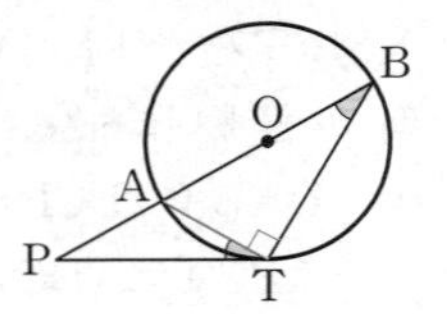

0481 대표문제

오른쪽 그림에서 직선 PT는 원 O의 접선이고 $\overline{PA}$는 원 O의 중심을 지난다. $\angle ATC=68^\circ$일 때, $\angle y-\angle x$의 크기를 구하시오.

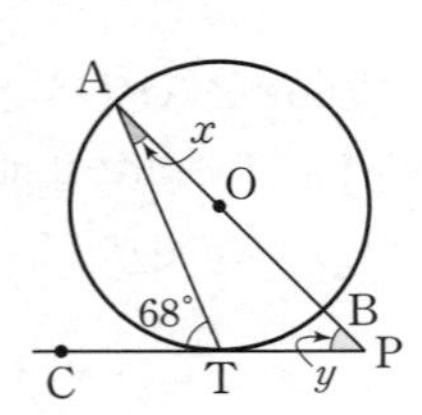

0482 중

오른쪽 그림에서 직선 PT는 원 O의 접선이고 $\overline{PB}$는 원 O의 중심을 지난다. $\angle ABT=25^\circ$일 때, $\angle APT$의 크기를 구하시오.

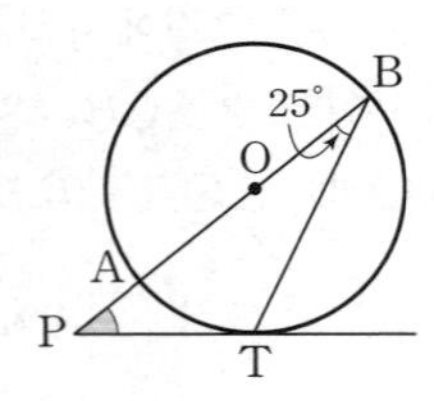

0483 중

오른쪽 그림에서 $\overline{PT}$는 원 O의 접선이고 $\overline{BC}$는 원 O의 지름이다. $\angle CAT=55^\circ$일 때, $\angle x$의 크기를 구하시오.

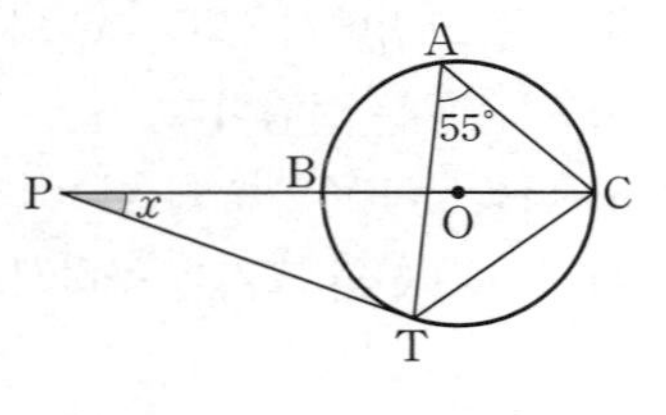

0484 상 중 서술형

오른쪽 그림에서 직선 PT는 원 O의 접선이고 $\overline{AB}$는 원 O의 지름이다. $\overline{PT}=\overline{BT}$일 때, $\angle BTC$의 크기를 구하시오.

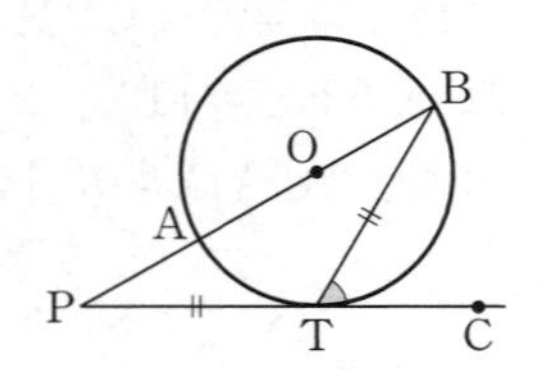

개념원리 중학수학 3-2 104쪽

유형 19 접선과 현이 이루는 각의 활용 –한 점에서 원에 그은 두 접선

두 점 A, B가 원의 접점일 때

(1) $\triangle APB$는 $\overline{PA}=\overline{PB}$인 이등변삼각형이다.

(2) $\angle PAB=\angle PBA=\angle ACB$

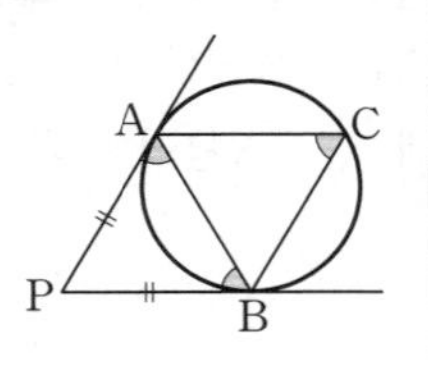

0485 대표문제

오른쪽 그림에서 원 O는 $\triangle ABC$의 내접원이면서 $\triangle DEF$의 외접원이다. $\angle DBE=50^\circ$, $\angle DEF=48^\circ$일 때, $\angle EDF$의 크기를 구하시오.

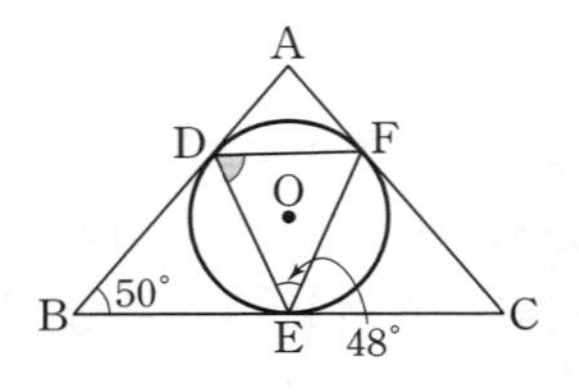

0486 중

오른쪽 그림에서 두 점 A, B는 점 P에서 원에 그은 두 접선의 접점이다. $\angle APB=52^\circ$, $\angle CAD=75^\circ$일 때, $\angle CBE$의 크기를 구하시오.

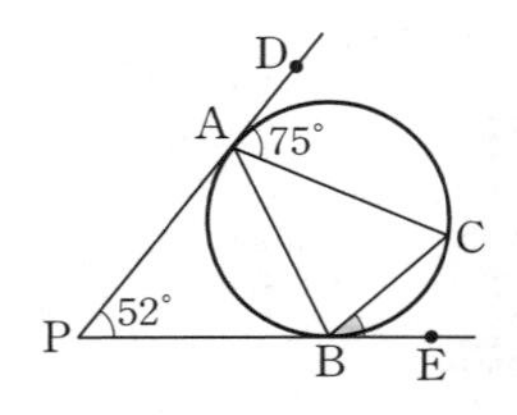

0487 중

오른쪽 그림에서 원 O는 $\triangle ABC$의 내접원이면서 $\triangle DEF$의 외접원이다. $\angle DBE=54^\circ$, $\angle EDF=62^\circ$일 때, $\angle x+\angle y$의 크기를 구하시오.

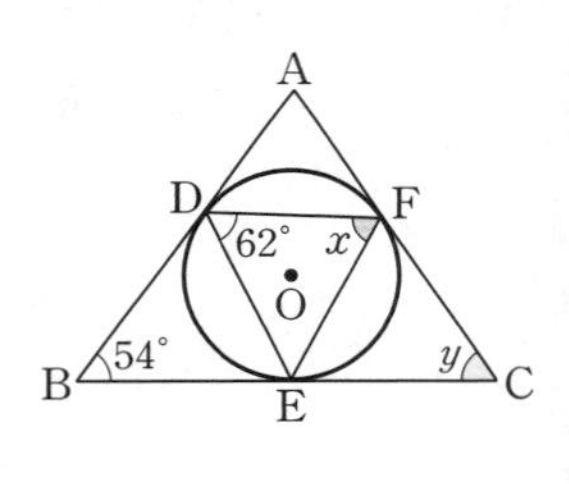

0488 상 중

오른쪽 그림에서 두 점 C, D는 점 Q에서 원에 그은 두 접선의 접점이다. $\angle BDC=24^\circ$, $\angle BPC=36^\circ$일 때, $\angle x$, $\angle y$의 크기를 각각 구하시오.

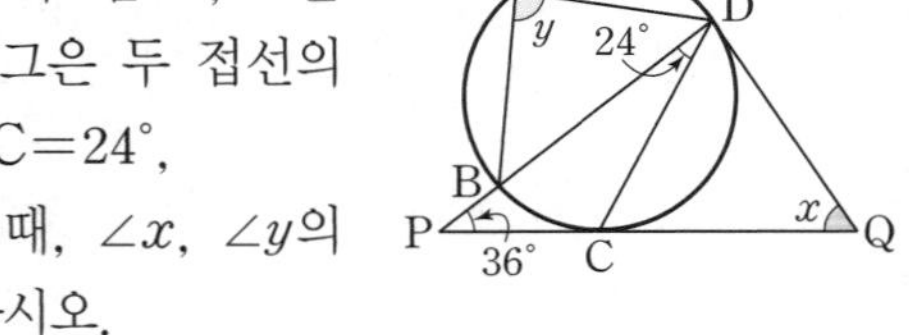

유형 UP

정답과 풀이 p.45

유형 20 두 원에서 접선과 현이 이루는 각

개념원리 중학수학 3-2 105쪽

(1)

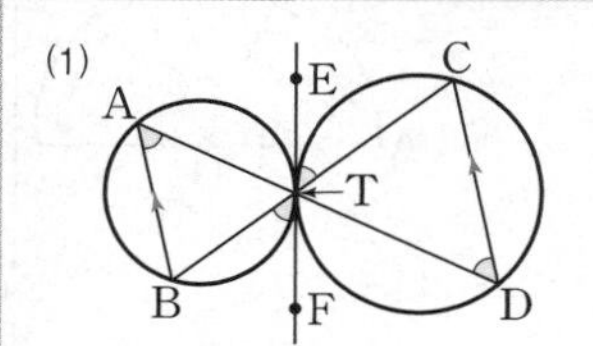

① $\angle BAT = \angle BTF$
$= \angle CTE$
$= \angle CDT$

② $\overline{AB} /\!/ \overline{CD}$

(2)

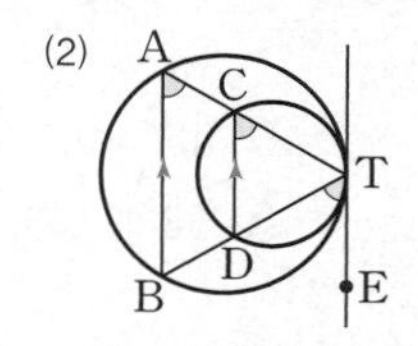

① $\angle BAT = \angle BTE$
$= \angle DCT$

② $\overline{AB} /\!/ \overline{CD}$

0489 대표문제

오른쪽 그림과 같이 두 원이 점 P에서 외접하고 $\angle BAP = 65°$, $\angle DCP = 70°$일 때, $\angle APB$의 크기를 구하시오.

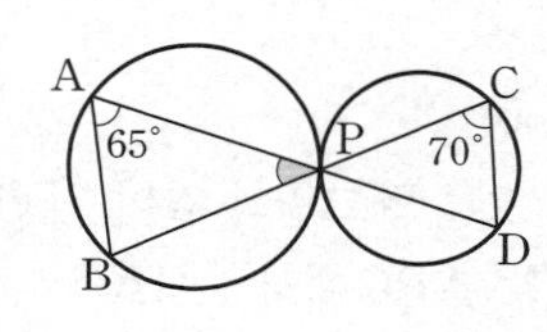

0490 중

오른쪽 그림에서 직선 PQ는 두 원의 공통인 접선이고 점 T는 접점이다. $\angle ADT = 65°$, $\angle CTB = 40°$일 때, $\angle x$, $\angle y$의 크기를 각각 구하시오.

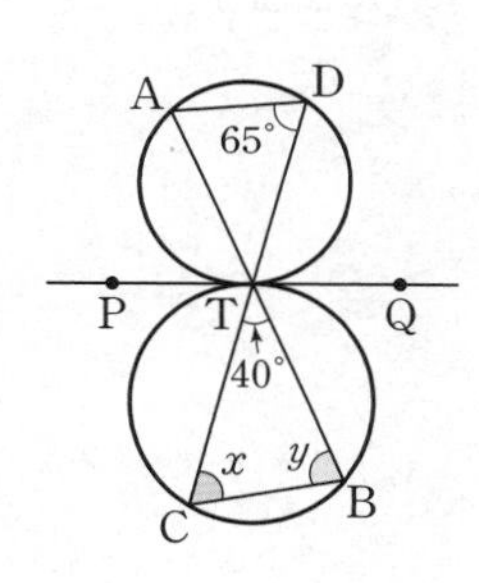

0491 중

오른쪽 그림에서 직선 PQ는 두 원의 공통인 접선이고 점 T는 접점이다. $\angle ABD = 70°$일 때, $\angle x + \angle y$의 크기를 구하시오.

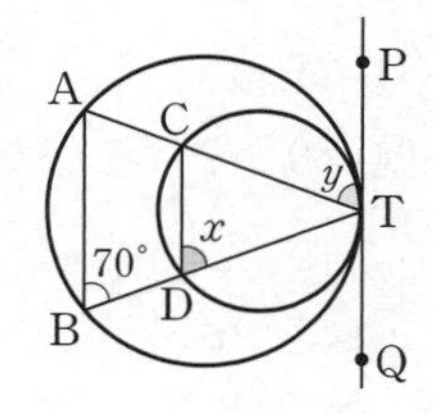

0492 중

오른쪽 그림에서 직선 PQ는 두 원의 공통인 접선이고 점 T는 접점이다. 다음 중 옳지 않은 것은?

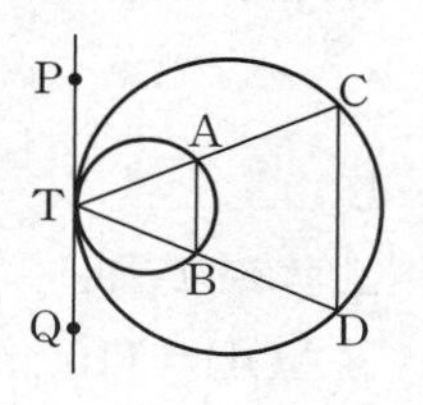

① $\angle TAB = \angle ACD$
② $\angle PTA = \angle BDC$
③ $\overline{AB} /\!/ \overline{CD}$
④ $\triangle TAB \backsim \triangle TCD$
⑤ $\overline{TB} : \overline{TC} = \overline{AB} : \overline{CD}$

0493 중

다음 중 $\overline{AB}$와 $\overline{CD}$가 서로 평행하다고 할 수 없는 것은?

①
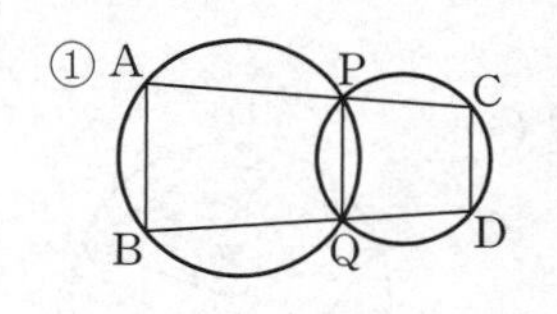

②
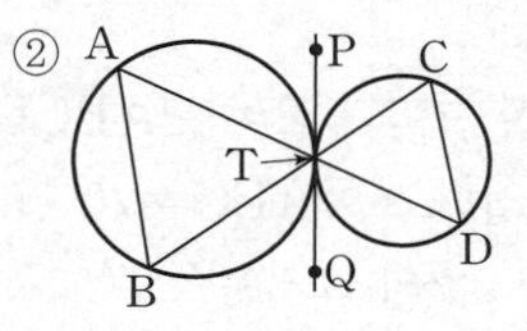

③
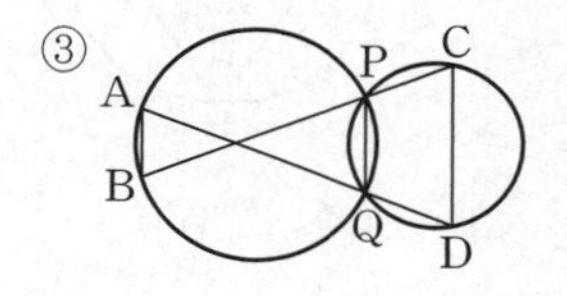

④
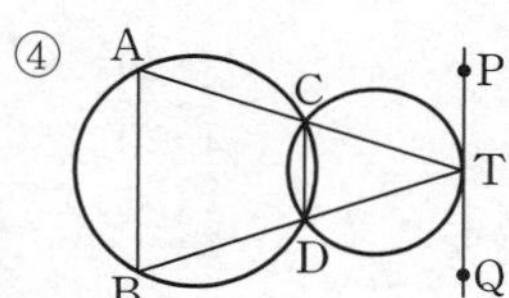

⑤
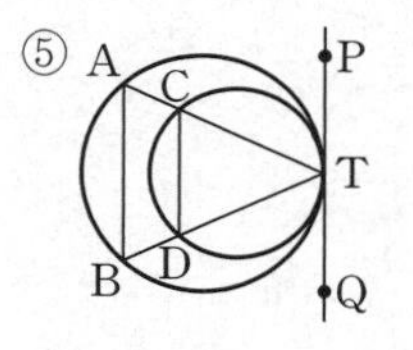

0494 상 중

오른쪽 그림에서 직선 FG는 작은 원의 접선이고 점 A는 접점이다. $\angle ADE = 68°$, $\angle GAE = 55°$일 때, $\angle x$의 크기를 구하시오.

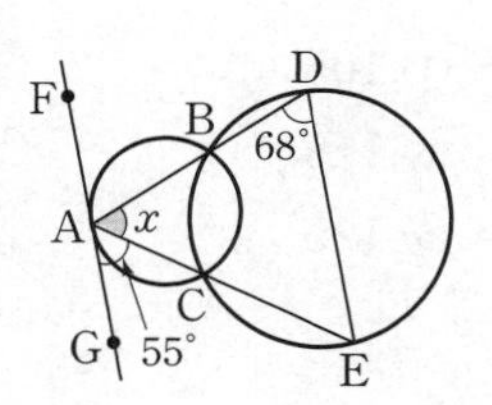

중단원 마무리하기

0495

오른쪽 그림과 같은 원 O에서 $\angle AOB=110°$, $\angle APC=30°$일 때, $\angle CQB$의 크기는?

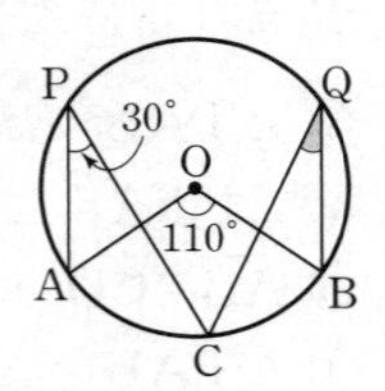

① 15° ② 20°
③ 25° ④ 28°
⑤ 30°

0496

오른쪽 그림과 같이 □ABCD가 원 O에 내접하고 $\angle ABC=70°$일 때, $\angle y-\angle x$의 크기는?

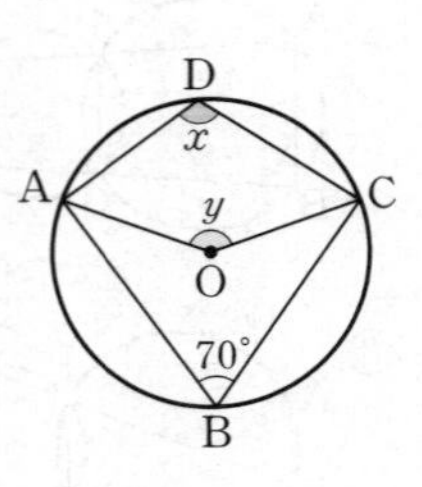

① 15° ② 20°
③ 25° ④ 30°
⑤ 35°

0497

오른쪽 그림에서 $\overline{AC}$는 원 O의 지름이고 $\angle DBC=30°$, $\angle ACB=35°$일 때, $\angle x+\angle y$의 크기는?

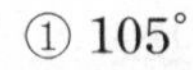

① 105° ② 110°
③ 115° ④ 120°
⑤ 125°

중요

0498

오른쪽 그림에서 $\overline{AB}$는 반원 O의 지름이고 $\angle CPD=66°$일 때, $\angle COD$의 크기는?

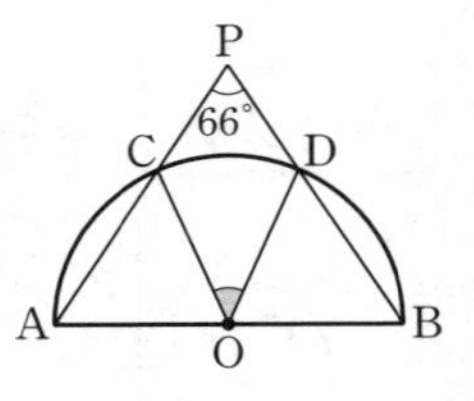

① 42° ② 48°
③ 52° ④ 54°
⑤ 64°

0499

오른쪽 그림과 같이 원 O에 내접하는 △ABC에서 $\angle BAC=60°$ $\overline{BC}=2\sqrt{3}$ cm일 때, 원 O의 지름의 길이는?

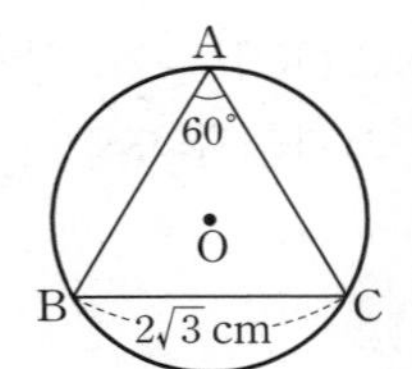

① 4 cm ② $3\sqrt{2}$ cm
③ $3\sqrt{3}$ cm ④ $2\sqrt{7}$ cm
⑤ $4\sqrt{2}$ cm

0500

오른쪽 그림에서 점 P는 두 현 AD, BC의 연장선의 교점이다. $\widehat{AB}=3\widehat{CD}$이고 $\angle CPD=20°$일 때, $\angle x$의 크기는?

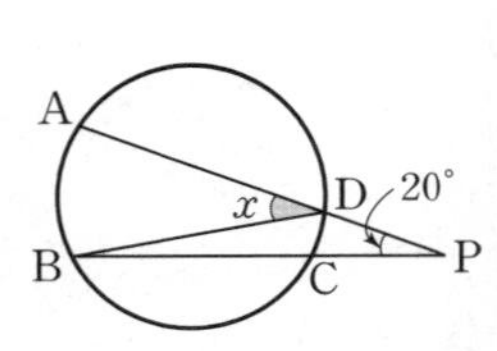

① 27° ② 28° ③ 29°
④ 30° ⑤ 31°

0501

오른쪽 그림에서 $\widehat{AB}=\widehat{CD}$이고 $\widehat{AB}$의 길이가 원주의 $\frac{1}{6}$일 때, $\angle x$의 크기를 구하시오.

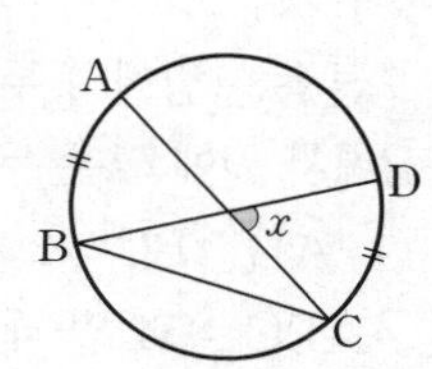

0502

오른쪽 그림에서

$\widehat{AB}:\widehat{BC}:\widehat{CA}=1:2:3$

일 때, 다음 중 옳지 않은 것은?

① $\angle CAB=60°$
② $\angle ABC=90°$
③ $\angle ACB=30°$
④ $\triangle ABC$는 직각삼각형이다.
⑤ $\widehat{BC}=6\pi$ cm이면 $\widehat{CA}=8\pi$ cm이다.

중요

0503

다음 중 네 점 A, B, C, D가 한 원 위에 있지 않은 것은?

①
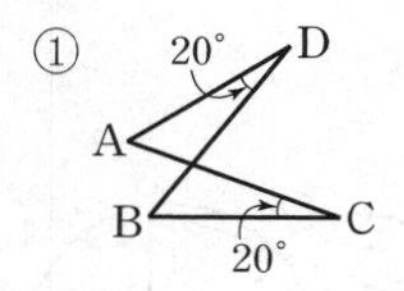

②
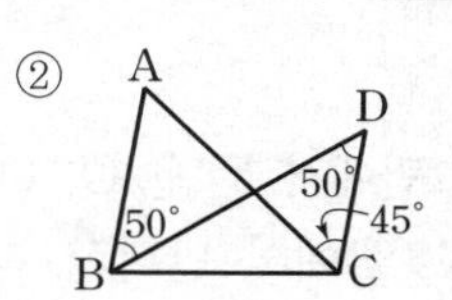

③
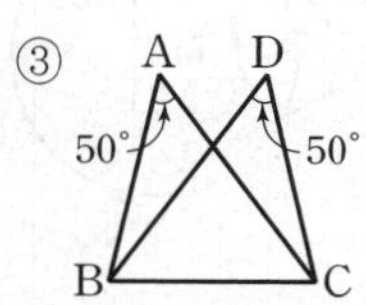

④
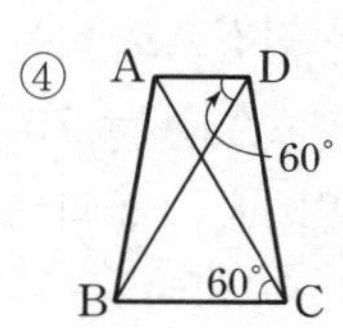

⑤
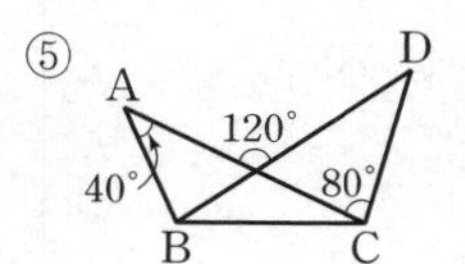

0504

오른쪽 그림에서 네 점 A, B, C, D가 한 원 위에 있을 때, $\angle x$의 크기를 구하시오.

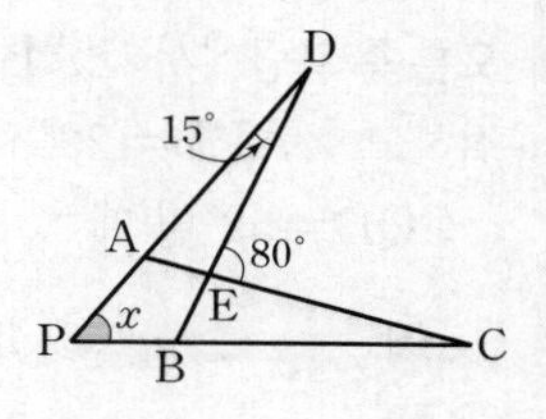

0505

오른쪽 그림에서 두 점 A, B는 점 P에서 원 O에 그은 두 접선의 접점이다. $\angle APB=60°$일 때, $\angle x-\angle y$의 크기는?

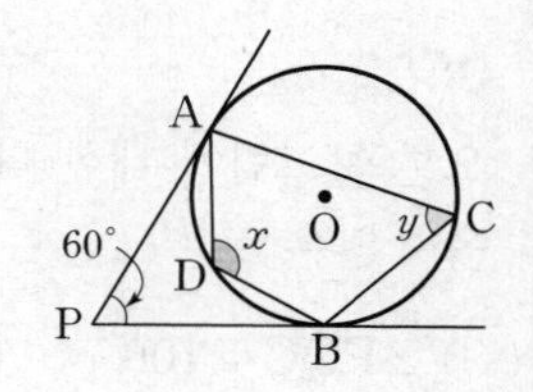

① 50°　　② 60°
③ 70°　　④ 80°
⑤ 90°

0506

오른쪽 그림과 같이 □ABCD가 원 O에 내접하고 $\overline{BC}$는 원 O의 지름이다. $\angle ACD=30°$, $\angle EAD=65°$일 때, $\angle x$, $\angle y$의 크기를 각각 구하시오.

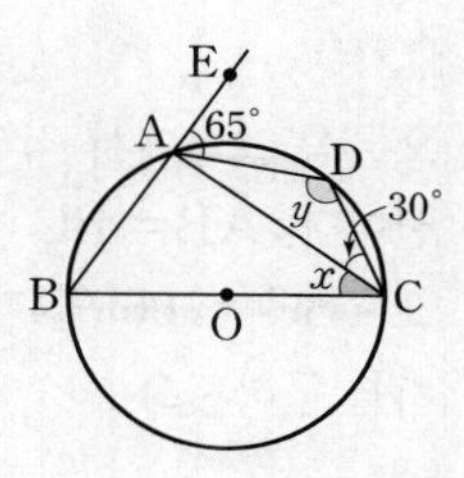

0507

오른쪽 그림과 같이 오각형 ABCDE가 원에 내접하고 $\angle BEC=40°$일 때, $\angle x+\angle y$의 크기를 구하시오.

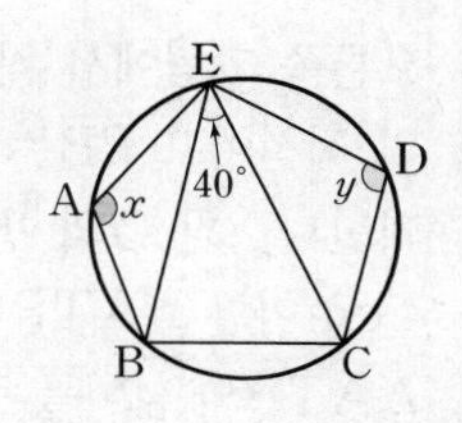

0508

오른쪽 그림에서 □ABCD가 원에 내접하고 $\angle APD = 22°$, $\angle CQD = 52°$일 때, $\angle x$의 크기는?

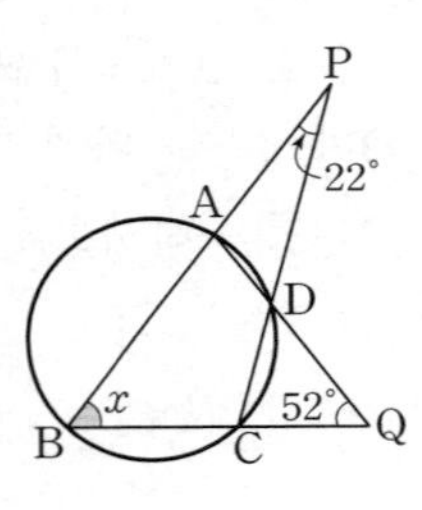

① 40° ② 45°
③ 50° ④ 53°
⑤ 55°

0509

오른쪽 그림에 대한 다음 설명 중 옳지 않은 것은?

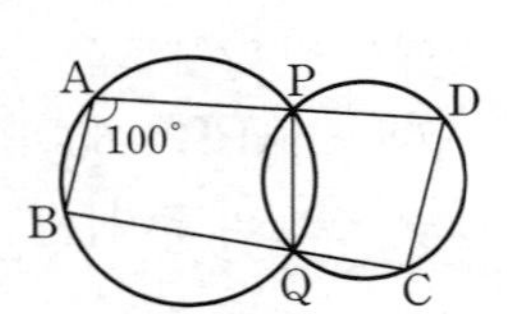

① $\angle PQC = 100°$
② $\angle ABQ = 80°$
③ $\angle CDP = 80°$
④ $\overline{AB} /\!/ \overline{DC}$
⑤ $\angle ABQ + \angle DCQ = 180°$

0510

오른쪽 그림에서 직선 CT는 원의 접선이다. $\widehat{AB} = \widehat{BC}$, $\overline{AD} /\!/ \overline{BC}$이고 $\angle ABC = 106°$일 때, $\angle DCT$의 크기를 구하시오.

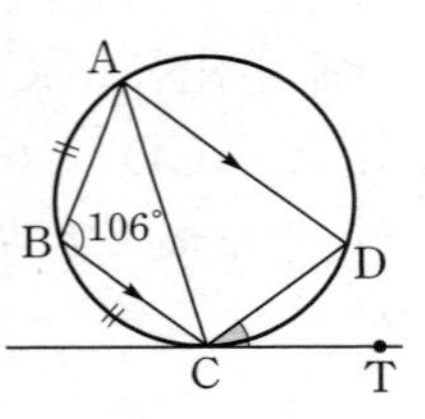

중요
0511

오른쪽 그림에서 직선 PT는 원 O의 접선이고 $\overline{PB}$는 원 O의 중심을 지난다. 원 O의 반지름의 길이가 4 cm이고 $\angle ATP = 30°$일 때, △ATB의 넓이를 구하시오.

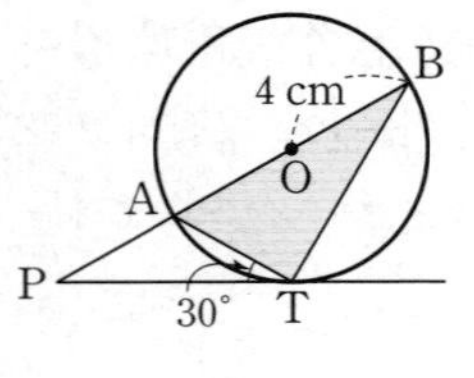

0512

오른쪽 그림에서 두 점 A, C는 점 P에서 원에 그은 두 접선의 접점이다. $\widehat{AB} : \widehat{BC} = 2 : 1$이고 $\angle APC = 54°$일 때, $\angle x$의 크기를 구하시오.

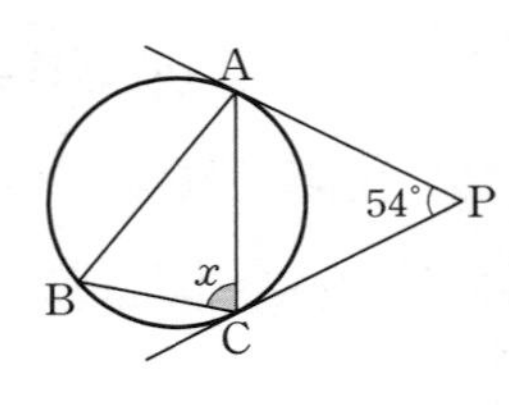

0513

오른쪽 그림에서 원 O는 △ABC의 내접원이면서 △DEF의 외접원이다. $\angle DAF = 65°$, $\angle FCE = 55°$일 때, $\angle DFE$의 크기는?

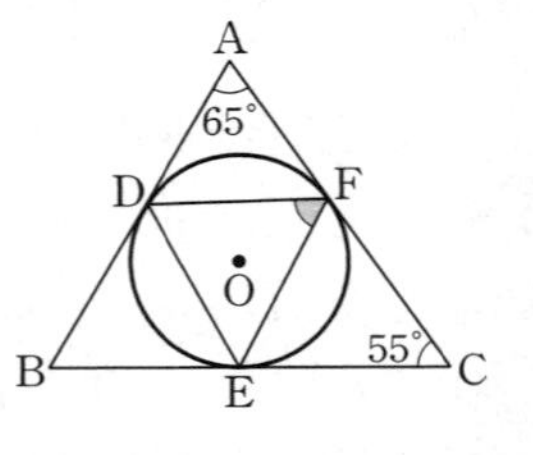

① 56° ② 58° ③ 60°
④ 62° ⑤ 64°

0514

오른쪽 그림에서 두 원 O, O′은 두 점 A, B에서 만나고 직선 TT′은 점 P를 접점으로 하는 원 O의 접선이다. $\angle ADC = 70°$, $\angle BCD = 62°$일 때, $\angle x$의 크기는?

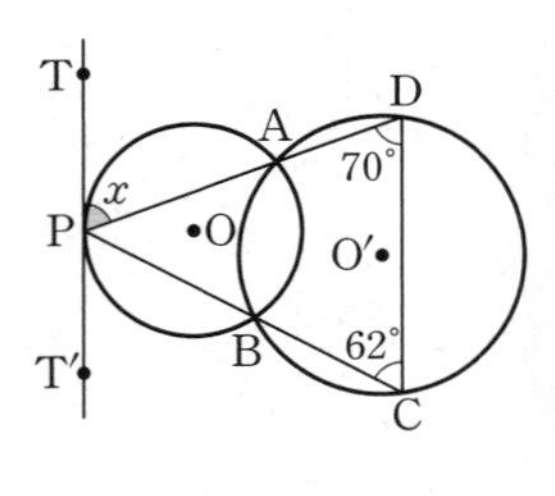

① 68° ② 69° ③ 70°
④ 71° ⑤ 72°

서술형 주관식

0515

오른쪽 그림과 같이 반지름의 길이가 3인 원 O에서 $\angle PAO=35^\circ$, $\angle PBO=45^\circ$일 때, 색칠한 부분의 넓이를 구하시오.

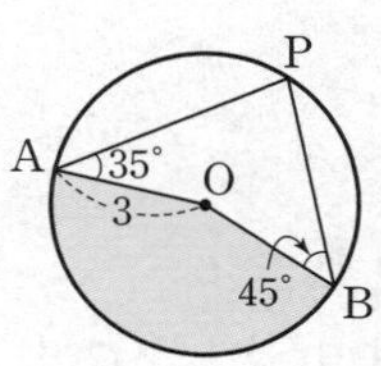

중요

0516

오른쪽 그림에서 점 P는 원의 두 현 AB, CD의 연장선의 교점이고, 점 Q는 두 현 AD, BC의 교점이다. $\angle APC=35^\circ$, $\angle BQD=75^\circ$일 때, $\angle x$의 크기를 구하시오.

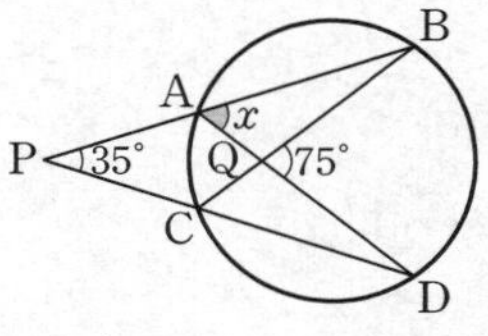

0517

오른쪽 그림에서 직선 PC는 원의 접선이고 점 C는 접점이다. $\widehat{AD}=\widehat{DC}$, $\angle APC=43^\circ$, $\angle ACD=40^\circ$일 때, $\angle BAC$의 크기를 구하시오.

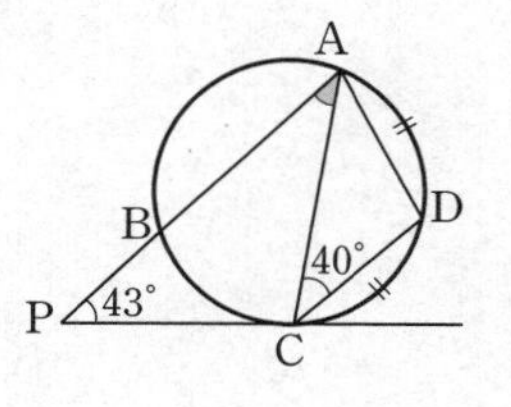

0518

오른쪽 그림에서 직선 PB는 원 O의 접선이고 $\overline{AC}$는 원 O의 지름이다. $\angle ABT=62^\circ$일 때, $\angle y-\angle x$의 크기를 구하시오.

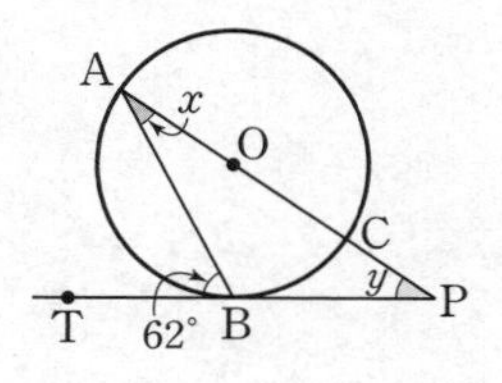

실력 UP

○ 실력 UP 집중 학습은 실력 Up⁺로!!

0519

오른쪽 그림에서 $\overline{AC}$는 원 O의 지름이고 $\widehat{BC}=\widehat{CD}$, $\angle CED=40^\circ$일 때, $\angle x$, $\angle y$의 크기를 각각 구하시오.

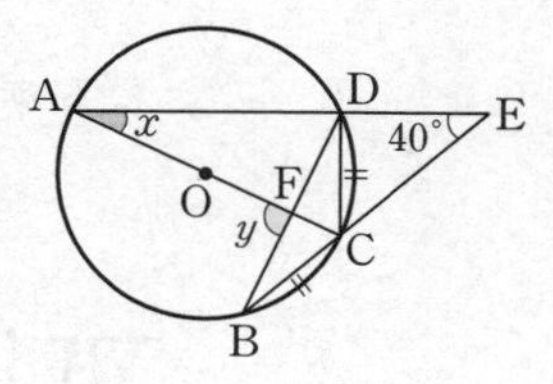

0520

오른쪽 그림에서 $\overline{AB}$는 원 O의 지름이다. 점 B에서 점 T를 접점으로 하는 원 O의 접선에 내린 수선의 발을 H라 하면 $\overline{AB}=15$ cm, $\overline{BH}=6$ cm일 때, $\overline{TH}$의 길이를 구하시오.

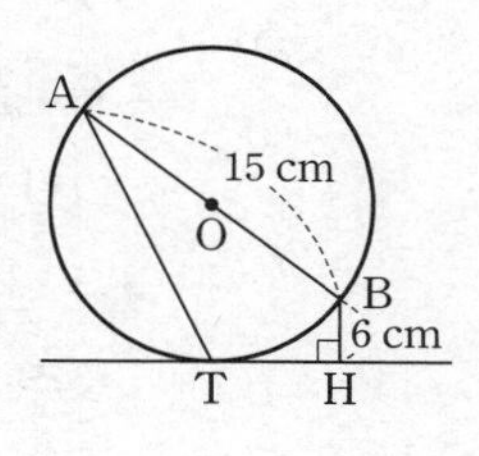

0521

오른쪽 그림에서 직선 AB는 두 원 O, O′의 접선이고 두 점 A, B는 접점이다. 두 점 P, Q는 두 원의 교점이고 $\angle PAQ=40^\circ$, $\angle PBQ=52^\circ$일 때, $\angle APB$의 크기는?

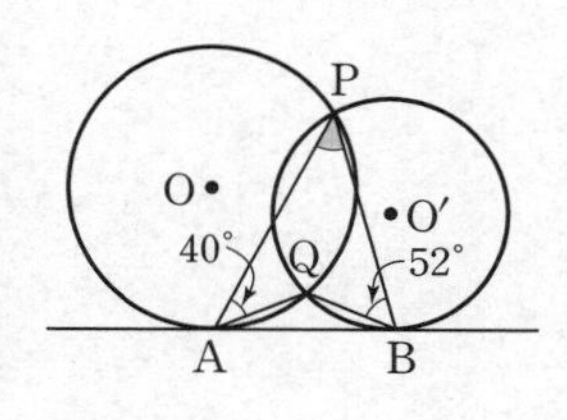

① 40°　② 41°　③ 42°　④ 43°　⑤ 44°

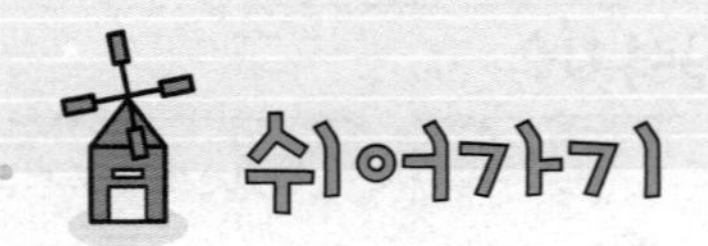

그대의 인생을 분별있게 나누어 쓰라.

그대의 인생을 분별있게 나누어 쓰라.
한숨도 쉬지 않는 인생은 주막에도 들르지 않는 긴 여행만큼 피곤하다. 다양한 지식은 삶을 즐겁게 만든다.
멋진 인생의 첫 여행은 죽은 자들과의 대화로 시작하라.
우리는 알기 위해서, 그리고 우리 자신을 알기 위해서 산다.
그럴 때 진실된 책이 우리를 사람답게 만들 것이다.
두 번째 여행은 산 사람들과 보내면서 이 세상의 좋은 것들을 보고 깨달으라. 이 세상을 만든 조물주도 자신의 재능을 나누어 썼고, 때로는 풍요로운 것에 추한 것을 곁들여 놓았다.
세 번째 여행은 자기 자신과 보내라.
마지막 행복은 철학하며 사는 것이다.

통계

05 대푯값과 산포도

06 상관관계

대푯값과 산포도

05-1 대푯값

(1) **대푯값** : 자료 전체의 중심 경향이나 특징을 대표적으로 나타낸 값

(2) **평균** : 변량의 총합을 변량의 개수로 나눈 값

⇨ $(\text{평균})=\dfrac{(\text{변량의 총합})}{(\text{변량의 개수})}$

(3) **중앙값** : 자료의 변량을 작은 값부터 크기순으로 나열할 때, 중앙에 위치하는 값

① 변량의 개수가 홀수이면 ⇨ 중앙에 위치하는 값이 중앙값이다.

② 변량의 개수가 짝수이면 ⇨ 중앙에 위치하는 두 값의 평균이 중앙값이다.

참고 n개의 변량을 작은 값부터 크기순으로 나열할 때, 중앙값은 다음과 같다.

① n이 홀수인 경우 ⇨ $\dfrac{n+1}{2}$번째 값

② n이 짝수인 경우 ⇨ $\dfrac{n}{2}$번째와 $\left(\dfrac{n}{2}+1\right)$번째 값의 평균

(4) **최빈값** : 자료의 변량 중에서 가장 많이 나타나는 값

참고 최빈값은 변량이 중복되어 나타나는 자료나 숫자로 나타낼 수 없는 자료의 대푯값으로 많이 사용된다.

개념플러스

- 대푯값에는 평균, 중앙값, 최빈값 등이 있고 평균이 대푯값으로 가장 많이 사용된다.
- 최빈값은 자료에 따라 두 개 이상일 수도 있다.

05-2 산포도와 표준편차

(1) **산포도** : 자료의 변량이 대푯값을 중심으로 흩어져 있는 정도를 하나의 수로 나타낸 값

⇨ 자료의 변량이 대푯값에 모여 있을수록 산포도는 작아지고, 흩어져 있을수록 산포도는 커진다.

(2) **편차** : 각 변량에서 평균을 뺀 값

⇨ (편차)=(변량)−(평균)

① 편차의 합은 항상 0이다.

② 평균보다 큰 변량의 편차는 양수이고, 평균보다 작은 변량의 편차는 음수이다.

③ 편차의 절댓값이 클수록 변량은 평균에서 멀리 떨어져 있고, 편차의 절댓값이 작을수록 변량은 평균 가까이 있다.

(3) **분산** : 편차의 제곱의 평균

⇨ $(\text{분산})=\dfrac{\{(\text{편차})^2\text{의 총합}\}}{(\text{변량의 개수})}$

(4) **표준편차** : 분산의 양의 제곱근

⇨ $(\text{표준편차})=\sqrt{(\text{분산})}$

참고 자료의 분산과 표준편차가 작을수록 변량이 평균을 중심으로 모여 있는 것이므로 변량의 분포 상태가 고르다고 할 수 있다.

- 분산에는 단위를 붙이지 않으며 표준편차의 단위는 변량의 단위와 같다.

교과서문제 정복하기

정답과 풀이 p.49

05-1 대푯값

[0522~0524] 다음 자료의 평균을 구하시오.

0522 8, 5, 4, 10, 7, 2

0523 80, 85, 95, 93, 77, 86

0524 18, 20, 21, 22, 24, 26, 24, 21

[0525~0528] 다음 자료의 중앙값을 구하시오.

0525 130, 80, 90, 100, 80

0526 5, 4, 9, 7, 8, 3

0527 6, 4, 7, 5, 10, 1, 3, 9

0528 83, 97, 68, 95, 87, 69, 76

[0529~0532] 다음 자료의 최빈값을 구하시오.

0529 5, 3, 9, 3, 6, 1

0530 1, 2, 2, 3, 6, 1, 2

0531 7, 9, 9, 10, 8, 3, 9, 10, 10, 8

0532 빨강, 파랑, 빨강, 노랑, 파랑, 빨강

0533 오른쪽 줄기와 잎 그림은 민희네 반 학생들의 한 달 동안의 독서 시간을 조사하여 나타낸 것이다. 이 자료의 중앙값과 최빈값을 각각 구하시오.

(0|2는 2시간)

줄기	잎
0	2 3 6
1	3 4 6 9
2	2 2 3 7
3	5 9

05-2 산포도와 표준편차

[0534~0536] 어떤 자료의 편차가 다음과 같을 때, x의 값을 구하시오.

0534 $-2,\ x,\ 0,\ 1,\ 2$

0535 $-4,\ 2,\ x,\ -1,\ 0$

0536 $-7,\ -3,\ 8,\ x,\ 5,\ -4$

0537 아래 표는 A, B, C, D, E 5명의 수학 점수에 대한 편차를 나타낸 것이다. 다음 물음에 답하시오.

학생	A	B	C	D	E
편차(점)	0	-8	x	-13	12

(1) x의 값을 구하시오.

(2) 평균이 85점일 때, B의 수학 점수를 구하시오.

0538 아래 자료에 대하여 다음을 구하시오.

2, 4, 6, 8, 10

(1) 평균

(2) 편차의 합

(3) $(\text{편차})^2$의 총합

(4) 분산

(5) 표준편차

유형 익히기

개념원리 중학수학 3-2 118쪽

유형 01 평균

평균은 변량의 총합을 변량의 개수로 나눈 값이고 대푯값으로 가장 많이 사용된다.

⇨ $(\text{평균})=\dfrac{(\text{변량의 총합})}{(\text{변량의 개수})}$

0539 대표문제

4개의 변량 a, b, c, d의 평균이 8일 때, 5개의 변량 a, b, c, d, 9의 평균은?

① 8.1　② 8.2　③ 8.3
④ 8.4　⑤ 8.5

0540 중하

다음 표는 우리나라가 최근 5번의 동계올림픽에서 받은 금메달 수를 조사하여 나타낸 것이다. 금메달 수의 평균을 구하시오.

연도	2002	2006	2010	2014	2018
금메달 수(개)	2	6	6	3	5

0541 중

3개의 변량 a, b, c의 평균이 10일 때, 4개의 변량 $3a-3$, $3b+1$, $3c$, 8의 평균은?

① 15　② 24　③ 30
④ 34　⑤ 40

개념원리 중학수학 3-2 118쪽

유형 02 중앙값

(1) 중앙값: 자료의 변량을 작은 값부터 크기순으로 나열할 때, 중앙에 위치하는 값

(2) n개의 변량을 작은 값부터 크기순으로 나열할 때, 중앙값은

① n이 홀수이면 ⇨ $\dfrac{n+1}{2}$번째 값

② n이 짝수이면 ⇨ $\dfrac{n}{2}$번째와 $\left(\dfrac{n}{2}+1\right)$번째 값의 평균

0542 대표문제

다음 자료는 어느 봉사 동아리에서 A, B 두 조의 봉사활동 시간을 조사하여 나타낸 것이다. A, B 두 조의 봉사활동 시간의 중앙값을 각각 a시간, b시간이라 할 때, $a+b$의 값을 구하시오.

(단위: 시간)

[A조]	23, 32, 25, 10, 47
[B조]	11, 8, 9, 15, 20, 24

0543 중

다음 자료는 어느 반 학생 12명의 턱걸이 횟수를 조사하여 나타낸 것이다. 턱걸이 횟수의 평균을 a회, 중앙값을 b회라 할 때, ab의 값을 구하시오.

(단위: 회)

8, 3, 5, 8, 4, 1, 7, 4, 8, 1, 6, 5

0544 상중

9개의 정수 7, 8, 2, 4, 9, 4, p, q, r의 중앙값이 될 수 있는 가장 큰 수를 구하시오.

개념원리 중학수학 3-2 118쪽

유형 03 최빈값

(1) 최빈값: 자료의 변량 중에서 가장 많이 나타나는 값
(2) 최빈값은 자료에 따라 두 개 이상일 수 있다.

0545 대표문제

오른쪽 그림과 같이 공의 무게가 수로 표기된 10개의 볼링공이 있다. 공의 무게의 평균을 m파운드, 중앙값을 a파운드, 최빈값을 b파운드라 할 때, $m+a+b$의 값을 구하시오.

(단위: 파운드)

0546 중하

다음 자료는 어느 중학교 바둑반 학생 9명의 바둑 급수를 조사하여 나타낸 것이다. 바둑 급수가 최빈값인 학생을 모두 찾으시오.

명수 — 9급	한영 — 4급	강희 — 9급
창훈 — 8급	진수 — 8급	상일 — 3급
지광 — 7급	태연 — 8급	연지 — 7급

0547 중 서술형

다음 자료는 수박 8통의 무게를 조사하여 나타낸 것이다. 중앙값과 최빈값의 합을 구하시오.

(단위: kg)

10, 5, 13, 8, 7, 12, 5, 9

개념원리 중학수학 3-2 118쪽

유형 04 여러 가지 자료에서 대푯값 구하기

(1) 평균: (평균)$=\dfrac{\text{(변량의 총합)}}{\text{(변량의 개수)}}$
(2) 중앙값: 자료의 변량을 작은 값부터 크기순으로 나열할 때, 중앙에 위치하는 값
(3) 최빈값: 자료의 변량 중에서 가장 많이 나타나는 값

0548 대표문제

오른쪽 줄기와 잎 그림은 윤모네 반 학생 12명이 30초 동안 윗몸일으키기를 한 횟수를 조사하여 나타낸 것이다. 이 자료의 중앙값을 a회, 최빈값을 b회라 할 때, $a+b$의 값을 구하시오.

(0|6은 6회)

줄기	잎
0	6 7 8 9
1	0 3 5 5 8
2	3 7 9

0549 중하

오른쪽 줄기와 잎 그림은 어느 중학교 3학년 학생 10명의 던지기 기록을 조사하여 나타낸 것이다. 이 자료의 평균을 a m, 중앙값을 b m, 최빈값을 c m라 할 때, $a+b+c$의 값을 구하시오.

(0|5는 5 m)

줄기	잎
0	5 7
1	0 1 6 6
2	0 3 5
3	4

0550 중

오른쪽 막대그래프는 어느 반 학생 15명이 한 달 동안 읽은 책의 권수를 조사하여 나타낸 것이다. 이 자료의 평균을 a권, 중앙값을 b권, 최빈값을 c권이라 할 때, $a+b-c$의 값은?

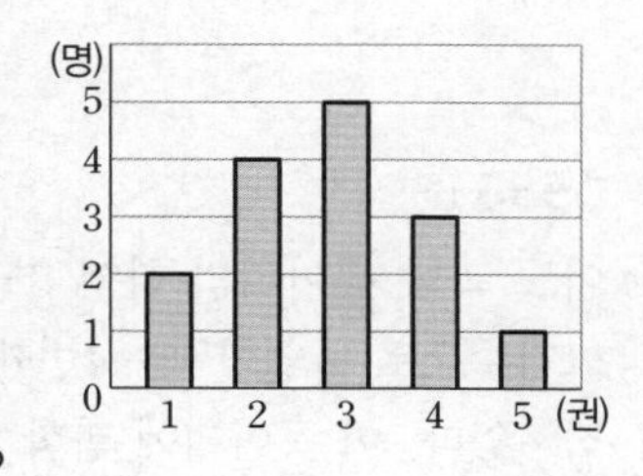

① 2.5 ② 2.8 ③ 3.1
④ 3.4 ⑤ 3.7

중요

개념원리 중학수학 3-2 119쪽

유형 05 대푯값이 주어졌을 때, 변량 구하기

(1) 평균이 주어진 경우 ⇨ (평균)$=\frac{(\text{변량의 총합})}{(\text{변량의 개수})}$임을 이용하여 식을 세운다.

(2) 중앙값이 주어진 경우
⇨ (i) 변량을 작은 값부터 크기순으로 나열한다.
(ii) 변량의 개수가 홀수일 때와 짝수일 때에 따라 문제의 조건에 맞게 식을 세운다.

(3) 최빈값이 주어진 경우 ⇨ 도수가 가장 큰 변량을 확인하고 문제의 조건에 맞게 식을 세운다.

0551 대표문제

4개의 변량 27, 9, 13, a의 중앙값이 14일 때, 평균을 구하시오.

0552 중

다음 자료는 어느 반 학생 6명의 윗몸일으키기 기록을 조사하여 나타낸 것이다. 이 자료의 평균이 24회일 때, 중앙값은?

(단위: 회)

24, 28, 40, 12, 8, x

① 24회 ② 25회 ③ 26회
④ 27회 ⑤ 28회

0553 중

어느 과학 동아리의 학생 8명의 과학 점수를 작은 값부터 크기순으로 나열할 때, 4번째 값은 78점이고 중앙값은 80점이었다. 이 동아리에 과학 점수가 83점인 학생이 들어왔을 때, 이 동아리의 학생 9명의 과학 점수의 중앙값을 구하시오.

0554 중 서술형

다음은 12개의 변량을 작은 값부터 크기순으로 나열한 것이다. 이 자료의 최빈값이 28, 중앙값이 26일 때, $b-a$의 값을 구하시오.

12, 15, 20, 20, 21, a, b, 28, 28, 32, 36, 40

0555 중

다음 자료는 어느 항공사의 제주도 노선의 비행기 출발 지연 시간을 조사하여 나타낸 것이다. 이 자료의 평균이 11분이고 중앙값이 9분일 때, $\frac{b}{a}$의 값은? (단, $a<b$)

(단위: 분)

4, 8, 22, 13, 3, a, b

① $\frac{4}{3}$ ② $\frac{3}{2}$ ③ 2
④ $\frac{5}{2}$ ⑤ 3

0556 상 중

평균이 10이고 중앙값이 12인 서로 다른 3개의 자연수가 있다. 이 세 자연수 중 가장 작은 수를 a, 가장 큰 수를 b라 할 때, a, b의 순서쌍 (a, b)의 개수를 구하시오.

0557 상 중

7개의 변량 중 3개의 변량이 2, 4, 4이다. 최빈값과 평균이 모두 5일 때, 7개의 변량 중 가장 큰 값을 구하시오.

정답과 풀이 p.51

개념원리 중학수학 3-2 124쪽

유형 06 편차

(1) (편차)=(변량)−(평균)이므로 (변량)=(편차)+(평균)
(2) 편차의 합은 항상 0이다.

0558 대표문제

다음 표는 A, B, C, D, E 5명의 수학 점수에 대한 편차를 나타낸 것이다. 이 자료의 평균이 76점일 때, E의 수학 점수는?

학생	A	B	C	D	E
편차(점)	-3	-4	3	6	x

① 72점 ② 73점 ③ 74점
④ 75점 ⑤ 76점

0559 중

아래 표는 연우네 반 학생 5명의 봉사활동 시간에 대한 편차를 나타낸 것이다. 자료의 평균이 20시간일 때, 다음 중 옳은 것은?

학생	연우	민정	재석	태준	선영
편차(시간)	3	-2	4	x	-3

① x의 값은 2이다.
② 민정이의 봉사활동 시간은 22시간이다.
③ 봉사활동을 가장 많이 한 학생은 재석이다.
④ 평균보다 봉사활동 시간이 더 많은 학생은 3명이다.
⑤ 선영이가 연우보다 6시간 더 봉사활동을 했다.

0560 중

다음 표는 A, B, C, D, E 5명의 음악 실기 점수에 대한 편차를 나타낸 것이다. 5명의 점수의 평균이 72점일 때, C와 E의 점수의 평균은?

학생	A	B	C	D	E
편차(점)	2	-4	x	-2	$1-2x$

① 71점 ② 72점 ③ 73점
④ 74점 ⑤ 75점

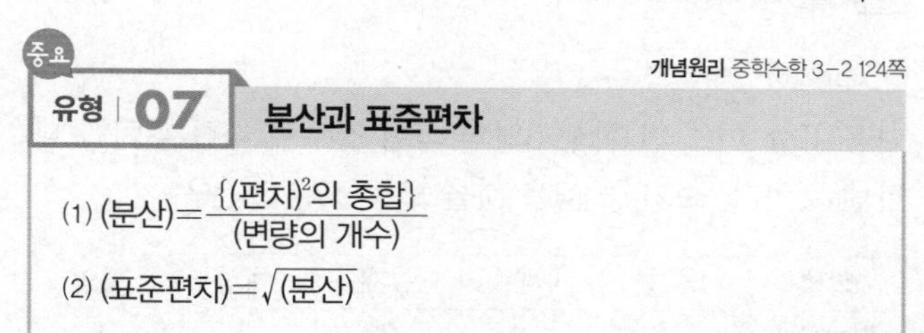

중요

개념원리 중학수학 3-2 124쪽

유형 07 분산과 표준편차

(1) (분산)$=\dfrac{\{(\text{편차})^2\text{의 총합}\}}{(\text{변량의 개수})}$
(2) (표준편차)$=\sqrt{(\text{분산})}$

0561 대표문제

다음은 어느 농구 선수가 최근 5경기에서 얻은 점수에 대한 편차를 나타낸 것이다. 이 자료의 표준편차는?

(단위: 점)

2, 1, -1, 0, -2

① 1점 ② $\sqrt{2}$점 ③ $\sqrt{3}$점
④ 2점 ⑤ $\sqrt{5}$점

0562 중 하

다음 중 옳지 않은 것은?

① (편차)=(변량)−(평균)
② 편차의 합은 항상 0이다.
③ 분산은 편차의 제곱의 평균이다.
④ 표준편차는 분산의 양의 제곱근이다.
⑤ 편차의 절댓값이 클수록 변량은 평균에 가깝다.

0563 중

다음 표는 A, B, C, D, E 5명의 영어 점수에 대한 편차를 나타낸 것이다. 영어 점수의 분산을 구하시오.

학생	A	B	C	D	E
편차(점)	-2	-5	x	2	1

0564 중

다음 표는 어느 반 학생 5명의 국어 점수에 대한 편차를 나타낸 것이다. **보기** 중 옳은 것을 모두 고른 것은?

학생	영진	현수	연재	예성	희영
편차(점)	-2	-1	2	0	1

보기

ㄱ. 현수와 연재의 점수의 차는 1점이다.
ㄴ. 예성이의 점수는 평균과 같다.
ㄷ. 표준편차는 $\sqrt{2}$점이다.
ㄹ. 점수가 가장 낮은 학생은 영진이다.

① ㄱ, ㄴ ② ㄱ, ㄷ ③ ㄴ, ㄹ
④ ㄱ, ㄴ, ㄷ ⑤ ㄴ, ㄷ, ㄹ

0565 중 서술형

5개의 변량 5, 7, x, $x+1$, $x+3$의 평균이 8일 때, 표준편차를 구하시오.

0566 상 중

5개의 변량 1, 3, a, b, c의 중앙값과 최빈값이 모두 5이고 평균이 4일 때, 분산은?

① 2.4 ② 2.8 ③ 3
④ 3.2 ⑤ 3.6

중요

개념원리 중학수학 3-2 125쪽

유형 08 평균과 분산을 이용하여 식의 값 구하기

(i) 조건에 맞게 식을 세운 다음 $x+y$, x^2+y^2 등의 값을 구한다.
(ii) $(x+y)^2=x^2+y^2+2xy$임을 이용하여 식의 값을 구한다.

0567 대표문제

5개의 변량 7, 6, 5, x, y의 평균이 5이고 분산이 2일 때, xy의 값은?

① 6 ② 8 ③ 10
④ 12 ⑤ 14

0568 중 하

4개의 변량 a, b, c, d의 평균이 6이고 표준편차가 5일 때, $(a-6)^2+(b-6)^2+(c-6)^2+(d-6)^2$의 값은?

① 60 ② 86 ③ 100
④ 120 ⑤ 200

0569 중

2개의 변량 x, y의 평균이 2이고 분산이 2일 때, x^2+y^2의 값은?

① 10 ② 12 ③ 14
④ 16 ⑤ 18

0570 상 중 서술형

다음 표는 A, B, C, D, E 5명의 몸무게에 대한 편차를 나타낸 것이다. 몸무게의 분산이 6.8일 때, ab의 값을 구하시오.

학생	A	B	C	D	E
편차(kg)	a	-2	b	4	-1

개념원리 중학수학 3-2 125쪽

유형 | 09 자료의 이해

(1) 표준편차가 작을수록
① 변량이 평균을 중심으로 밀집되어 있다.
② 변량의 분포 상태가 고르다.
(2) 표준편차가 클수록
① 변량이 평균으로부터 멀리 떨어져 있다.
② 변량의 분포 상태가 고르지 않다.

0571 대표문제

오른쪽 표는 진규네 반 학생들의 음악 점수와 미술 점수의 평균과 표준편차를 나타낸 것이다. 다음 설명 중 옳은 것은?

과목	음악	미술
평균(점)	68	68
표준편차(점)	$2\sqrt{3}$	4

① 음악 점수가 미술 점수보다 우수하다.
② 미술 점수가 음악 점수보다 우수하다.
③ 음악 점수가 미술 점수보다 고르다.
④ 미술 점수가 음악 점수보다 고르다.
⑤ 어느 과목의 점수가 더 고른지 알 수 없다.

0572 중하

다음 표는 다섯 반의 사회 점수의 평균과 분산을 나타낸 것이다. 점수가 평균을 중심으로 가장 밀집되어 있는 반을 구하시오.

	1반	2반	3반	4반	5반
평균(점)	62	62	62	62	62
분산	133	138	136	135	137

0573 중

다음 자료 중 표준편차가 가장 큰 것은?

① 2, 6, 2, 6, 2, 6, 2, 6
② 2, 6, 2, 6, 4, 4, 4, 4
③ 3, 5, 3, 5, 3, 5, 3, 5
④ 3, 5, 3, 5, 4, 4, 4, 4
⑤ 4, 4, 4, 4, 4, 4, 4, 4

0574 중

다음 표는 A, B 두 팀이 5회에 걸친 경기에서 친 안타 수를 조사하여 나타낸 것이다. 두 팀 모두 평균 10개의 안타를 쳤을 때, **보기** 중 옳은 것을 모두 고른 것은?

	1회	2회	3회	4회	5회
A팀(개)	13	13	8	a	10
B팀(개)	9	5	b	18	12

보기
ㄱ. $a=6$, $b=6$
ㄴ. A팀과 B팀의 표준편차는 같다.
ㄷ. B팀의 타격력이 A팀의 타격력보다 기복이 심하다.

① ㄱ ② ㄷ ③ ㄱ, ㄴ
④ ㄱ, ㄷ ⑤ ㄴ, ㄷ

0575 상중

다음 표는 4회에 걸친 사회 수행평가에서 영철, 주완, 유준이가 얻은 점수를 나타낸 것이다. 영철, 주완, 유준이가 얻은 점수의 표준편차를 각각 s_1점, s_2점, s_3점이라 할 때, s_1, s_2, s_3의 대소 관계로 옳은 것은?

	1회	2회	3회	4회
영철(점)	7	7	7	7
주완(점)	9	4	5	10
유준(점)	8	6	6	8

① $s_1<s_2<s_3$ ② $s_1<s_3<s_2$ ③ $s_2<s_1<s_3$
④ $s_2<s_3<s_1$ ⑤ $s_3<s_1<s_2$

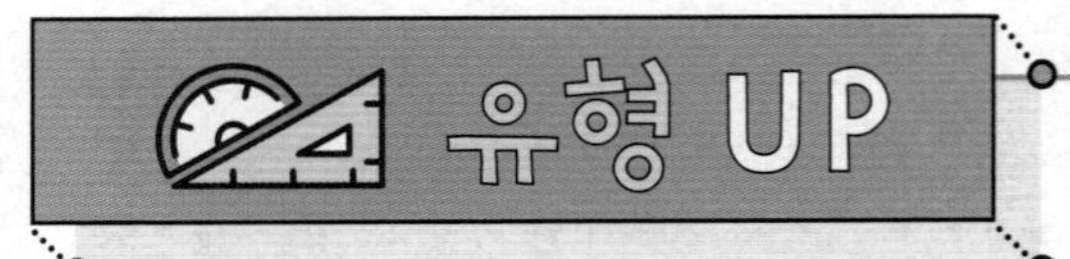

정답과 풀이 p.53

개념원리 중학수학 3-2 126쪽

유형 10 두 집단 전체의 평균, 분산, 표준편차

평균이 같은 두 집단 A, B의 표준편차와 도수가 오른쪽 표와 같을 때, A, B 두 집단 전체의 표준편차는

	A	B
표준편차	x	y
도수	a	b

⇨ $\sqrt{\dfrac{\{(\text{편차})^2\text{의 총합}\}}{(\text{도수의 총합})}}=\sqrt{\dfrac{ax^2+by^2}{a+b}}$

0576 대표문제

오른쪽 표는 어느 중학교 3학년 남학생과 여학생의 학생 수, 수학 점수의 평균을 나타낸 것이다. 전체 학생 250명의 평균이 76점일 때, 여학생의 평균은?

	남학생	여학생
학생 수(명)	150	100
평균(점)	72	

① 81.3점 ② 81.5점 ③ 82점
④ 82.4점 ⑤ 82.7점

0577 중

다음 표는 A조에 속한 학생 6명과 B조에 속한 학생 6명의 체육 실기 점수를 나타낸 것이다. B조의 평균은 80점이고, A, B 두 조 전체의 평균은 78점일 때, $y-x$의 값을 구하시오.

A조(점)	80	70	85	70	65	y
B조(점)	70	85	x	90	95	65

0578 상중

오른쪽 표는 어느 반 남학생과 여학생의 학생 수, 과학 점수의 평균, 표준편차를 나타낸 것이다. 전체 학생의 과학 점수의 표준편차를 구하시오.

	남학생	여학생
학생 수(명)	20	20
평균(점)	a	a
표준편차(점)	5	7

개념원리 중학수학 3-2 126쪽

유형 11 변화된 변량의 평균, 분산, 표준편차

n개의 변량 $x_1, x_2, x_3, \cdots, x_n$의 평균이 m이고 표준편차가 s일 때, 새로운 변량 $ax_1+b, ax_2+b, ax_3+b, \cdots, ax_n+b$ (a, b는 상수)의 평균, 분산, 표준편차는

⇨ (평균)$=am+b$, (분산)$=a^2s^2$, (표준편차)$=|a|s$

참고 변량에 일정한 수를 더하거나 빼도 분산과 표준편차에는 영향을 주지 않는다.

0579 대표문제

3개의 변량 x, y, z의 평균이 8이고 분산이 4일 때, 변량 $x+4, y+4, z+4, 12$의 분산은?

① $\frac{7}{2}$ ② $\frac{13}{4}$ ③ 3
④ $\frac{11}{4}$ ⑤ $\frac{5}{2}$

0580 중

5개의 변량 a, b, c, d, e의 평균이 5이고 표준편차가 2일 때, 변량 $3a, 3b, 3c, 3d, 3e$의 평균과 표준편차를 차례로 구하면?

① 12, 6 ② 12, 9 ③ 15, 4
④ 15, 6 ⑤ 15, 9

0581 상중

4개의 변량 a, b, c, d의 평균이 10이고 분산이 3일 때, 변량 $2a-3, 2b-3, 2c-3, 2d-3$의 표준편차는?

① $\sqrt{10}$ ② $2\sqrt{3}$ ③ $\sqrt{14}$
④ 4 ⑤ $3\sqrt{2}$

중단원 마무리하기

정답과 풀이 p.54

0582

다음 중 대푯값에 대한 설명으로 옳지 않은 것은?

① 대푯값은 자료 전체의 특징을 대표하는 값이다.
② 대푯값에는 평균, 중앙값, 최빈값 등이 있다.
③ 최빈값은 자료에 따라 두 개 이상일 수도 있다.
④ 평균, 중앙값, 최빈값이 모두 같은 경우도 있다.
⑤ 평균은 자료의 일부만을 이용하여 계산한다.

0583

다음 자료 중 중앙값과 최빈값이 서로 같은 것은?

① 2, 5, 3, 6, 4, 6
② 4, 6, 4, 6, 4, 7
③ 5, 3, 6, 1, 5, 0
④ 8, 3, 5, 5, 5, 2, 2
⑤ 8, 10, 3, 6, 5, 2, 8

0584

오른쪽 줄기와 잎 그림은 어느 배구팀 선수 10명의 경기 출전 횟수를 조사하여 나타낸 것이다. 이 자료의 평균이 25회일 때, 중앙값은?

(1|2는 12회)

줄기	잎
1	2 4
2	1 a a 9
3	0 1 1 2

① 21회 ② 23회 ③ 25회
④ 27회 ⑤ 29회

중요
0585

다음 두 자료 A, B의 중앙값이 각각 40, 50일 때, $b-a$의 값을 구하시오. (단, $a<b$)

자료 A : 10, 20, 90, a, b
자료 B : 10, 20, 70, 90, a, b

0586

4개의 변량 26, a, 17, 14의 평균이 m, 중앙값이 20일 때, $a-m$의 값은?

① -1 ② 0 ③ 1
④ 2 ⑤ 3

0587

다음은 어느 농구부 선수 5명의 자유투 기록에 대한 편차를 나타낸 것이다. 이때 $x+y$의 값을 구하시오.

(단위 : 개)

$-3,\ x,\ 2,\ 0,\ y$

0588

다음 중 두 학급의 성적의 산포도를 비교하여 알 수 있는 것은?

① 성적이 더 우수한 학급
② 성적이 더 낮은 학급
③ 최고 성적의 학생이 속한 학급
④ 최하 성적의 학생이 속한 학급
⑤ 성적이 더 고르게 분포한 학급

0589

다음 자료는 다섯 그루의 은행나무 묘목의 키를 조사하여 나타낸 것이다. 이 은행나무들의 키의 표준편차를 구하시오.

20 cm, 16 cm, 22 cm, 19 cm, 23 cm

0590

다음 표는 A, B, C, D, E 5명의 턱걸이 횟수에 대한 편차를 나타낸 것인데 일부분이 훼손되었다. 턱걸이 횟수의 분산을 구하시오.

학생	A	B	C	D	E
편차(회)	2	4	0		-2

0591

오른쪽 그림은 현정이가 6점부터 10점까지 점수가 정해진 과녁에 10발을 사격한 결과이다. 10발에 대한 사격 점수의 분산을 구하시오.

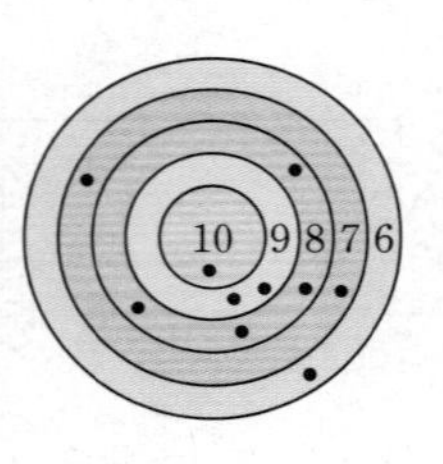

0592

5개의 변량 5, x, 7, y, 9의 평균이 10이고 표준편차가 $2\sqrt{5}$일 때, $2xy$의 값은?

① 388 ② 396 ③ 400
④ 412 ⑤ 432

0593

아래 표는 5회에 걸쳐 실시한 쪽지 시험 중 광욱이의 국어, 영어, 수학 점수를 나타낸 것이다. 다음 설명 중 옳지 않은 것은?

	1회	2회	3회	4회	5회
국어(점)	70	80	70	85	70
영어(점)	60	60	65	100	90
수학(점)	70	75	75	75	80

① 세 과목 점수의 평균은 모두 같다.
② 국어 점수의 산포도가 수학 점수의 산포도보다 크다.
③ 산포도가 가장 작은 과목은 수학이다.
④ 표준편차가 가장 큰 과목은 국어이다.
⑤ 수학 점수가 평균 주위에 가장 밀집되어 있다.

0594

오른쪽 표는 민호네 반 남학생과 여학생의 학생 수와 수학 점수의 평균과 분산을 나타낸 것이다. 민호네 반 전체 학생의 수학 점수의 표준편차를 구하시오.

	남학생	여학생
학생 수(명)	20	15
평균(점)	60	60
분산	15	8

0595

6개의 변량 a, b, c, d, e, f의 평균이 8이고 표준편차가 2일 때, 변량 $2a+3$, $2b+3$, $2c+3$, $2d+3$, $2e+3$, $2f+3$의 평균과 표준편차의 합을 구하시오.

서술형 주관식

0596

다음 자료의 평균, 중앙값, 최빈값을 각각 구하고, 이 중 자료의 대푯값으로 가장 적절한 것과 그 이유를 말하시오.

15, 20, 21, 28, 15, 199, 18, 28

0597

다음 표는 A, B, C, D, E 5명이 올해 관람한 영화의 편수에 대한 편차를 나타낸 것이다. 올해 A가 관람한 영화가 10편일 때, 5명이 관람한 영화의 편수의 평균과 표준편차를 각각 구하시오.

학생	A	B	C	D	E
편차(편)	x	1	0	-1	2

0598

3개의 변량 8, 10, 12에 2개의 변량을 추가하여 5개의 변량의 평균과 분산을 구하였더니 평균이 9이고 분산이 4이었다. 추가한 2개의 변량의 곱을 구하시오.

0599

반지름의 길이가 각각 a, b, c인 세 원이 있다. 이 세 원의 반지름의 길이의 평균이 4이고 표준편차가 $\sqrt{3}$일 때, 세 원의 넓이의 평균을 구하시오.

실력 UP

실력 UP 집중 학습은 실력 Up+로!!

0600

다음 자료는 학생 8명의 과학 수행평가 점수이다. 이 자료의 중앙값이 8점, 최빈값이 10점일 때, $a+b+c$의 값을 구하시오.

(단위: 점)

4, 5, 10, 7, 5, a, b, c

0601

학생 10명의 몸무게를 조사한 결과 평균이 50 kg, 표준편차가 4 kg이었다. 그런데 실제 몸무게가 45 kg, 50 kg인 두 학생의 몸무게가 각각 47 kg, 48 kg으로 잘못 기록된 것이 발견되었다. 이때 학생 10명의 실제 몸무게의 분산을 구하시오.

0602

A, B 두 학교 학생들이 함께 치른 수학 시험 점수의 평균이 다음 표와 같을 때, A, B 두 학교의 남학생 전체의 평균을 구하시오.

학교 / 학생	A	B	전체
남학생(점)	71	81	
여학생(점)	76	90	84
전체(점)	74	84	

06 상관관계

06-1 산점도

두 변량 x, y의 순서쌍 $(x,\ y)$를 좌표평면 위에 나타낸 그래프를 x와 y의 **산점도**라 한다.

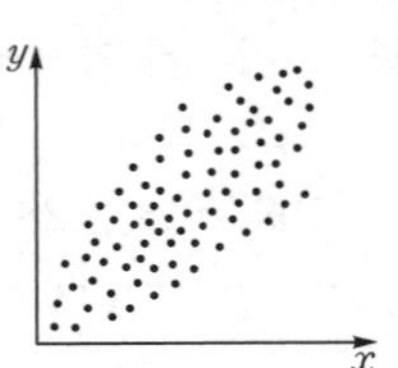

참고 산점도를 이용하면 두 변량 사이의 관계를 좀 더 쉽게 알 수 있다.

06-2 상관관계

(1) **상관관계**: 두 변량 x, y 사이에 x의 값이 증가함에 따라 y의 값이 증가하거나 감소하는 경향이 있을 때, 두 변량 x, y 사이에 **상관관계**가 있다고 한다.

(2) **여러 가지 상관관계**

① **양의 상관관계**: 두 변량 x와 y에 대하여 x의 값이 증가함에 따라 y의 값도 대체로 증가하는 경향이 있을 때, 두 변량 사이에는 **양의 상관관계**가 있다고 한다.

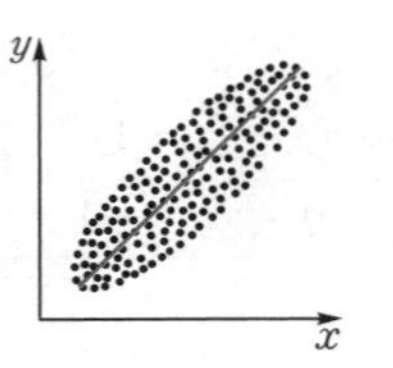

② **음의 상관관계**: 두 변량 x와 y에 대하여 x의 값이 증가함에 따라 y의 값이 대체로 감소하는 경향이 있을 때, 두 변량 사이에는 **음의 상관관계**가 있다고 한다.

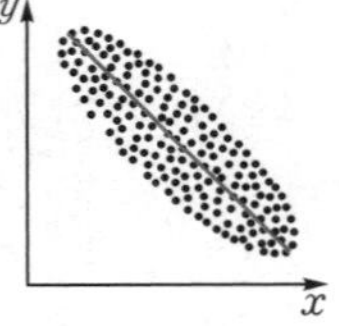

(3) 두 변량 x와 y에 대하여 x의 값이 증가함에 따라 y의 값이 증가하는 경향이 있는지 감소하는 경향이 있는지 분명하지 않은 경우에 두 변량 사이에는 **상관관계가 없다**고 한다.

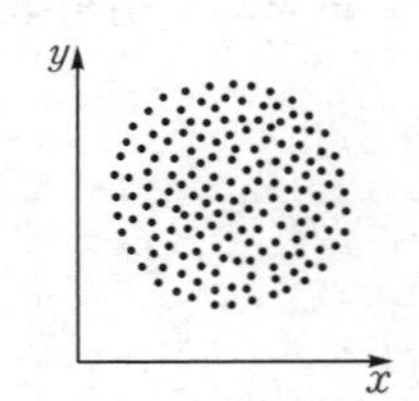

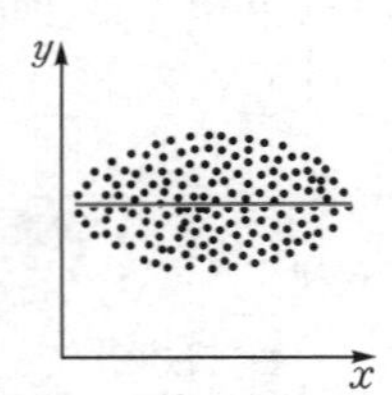

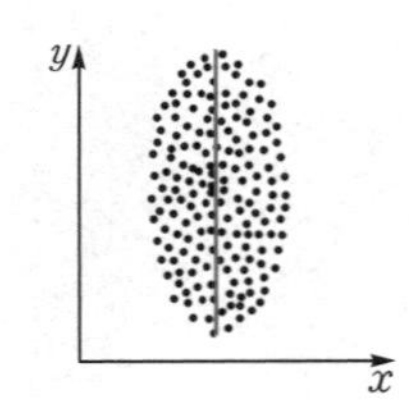

참고 양의 상관관계 또는 음의 상관관계가 있는 산점도에서 점들이 한 직선에 가까이 분포되어 있을수록 상관관계가 강하다고 하고, 흩어져 있을수록 상관관계가 약하다고 한다.

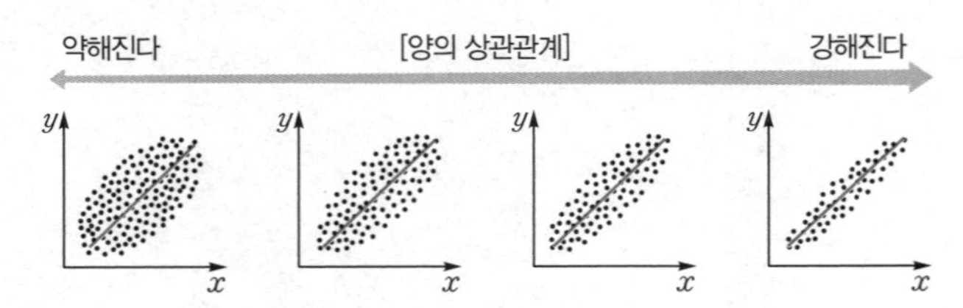

개념플러스

- 산점도에서 점들이 오른쪽 위로 향하는 경향이 있으면 양의 상관관계가 있고, 오른쪽 아래로 향하는 경향이 있으면 음의 상관관계가 있다.

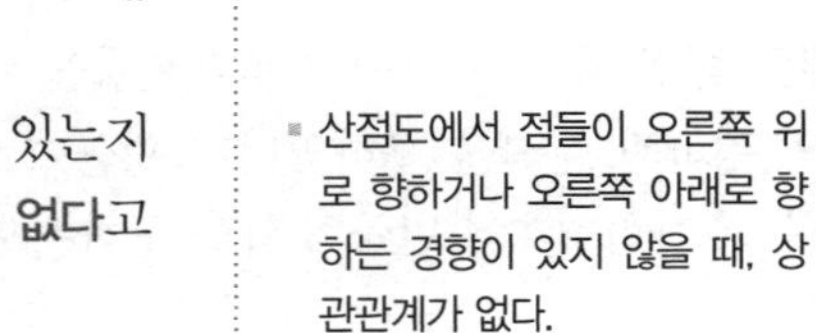

- 산점도에서 점들이 오른쪽 위로 향하거나 오른쪽 아래로 향하는 경향이 있지 않을 때, 상관관계가 없다.

교과서문제 정복하기

정답과 풀이 p.58

06-1 산점도

0603 다음은 서준이네 반 학생 12명의 지난 일 년 동안 읽은 책의 권수와 국어 점수를 조사하여 나타낸 것이다. 읽은 책의 권수와 국어 점수에 대한 산점도를 좌표평면 위에 그리시오.

책의 권수(권)	국어 점수(점)	책의 권수(권)	국어 점수(점)
2	50	8	100
4	50	10	70
4	60	10	90
6	60	12	70
6	70	12	80
8	60	14	90

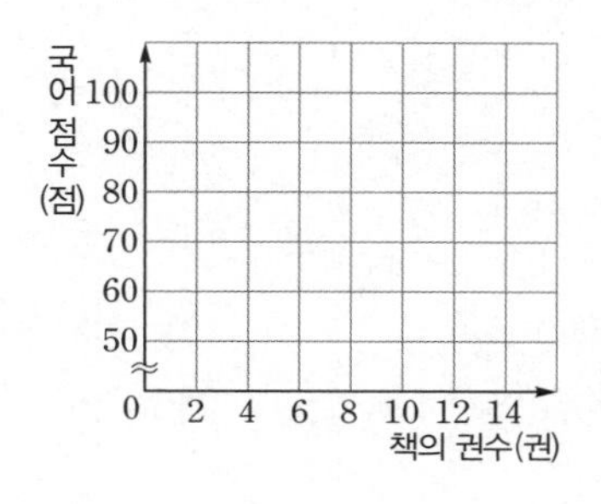

0604 오른쪽 그림은 미정이네 반 학생 10명의 수학 점수와 과학 점수에 대한 산점도이다. 다음 물음에 답하시오.

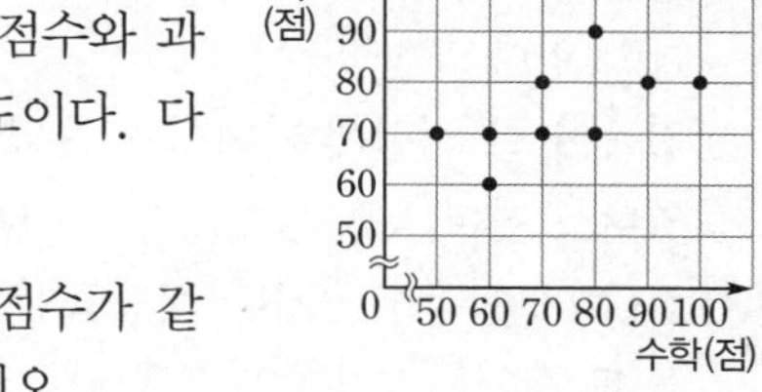

(1) 수학 점수와 과학 점수가 같은 학생 수를 구하시오.

(2) 수학 점수가 70점 이상인 학생 수를 구하시오.

(3) 과학 점수가 수학 점수보다 높은 학생 수를 구하시오.

06-2 상관관계

[0605~0607] 다음 보기의 산점도에 대하여 물음에 답하시오.

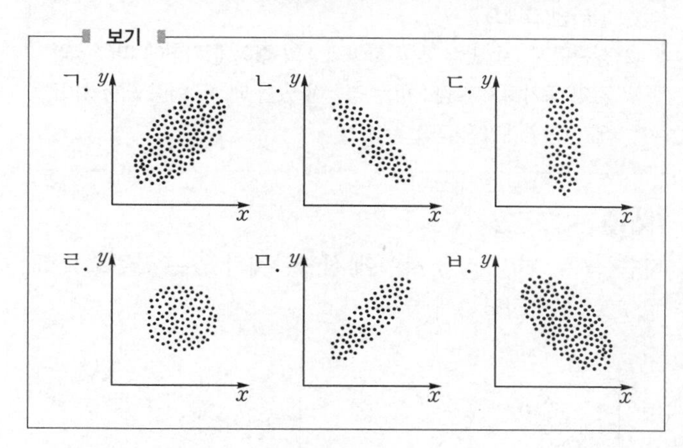

0605 양의 상관관계가 있는 산점도를 모두 찾으시오.

0606 음의 상관관계가 있는 산점도를 모두 찾으시오.

0607 상관관계가 없는 산점도를 모두 찾으시오.

0608 오른쪽 그림은 도시의 인구수와 중학교 수에 대한 산점도이다. 인구수와 중학교 수 사이의 상관관계를 말하시오.

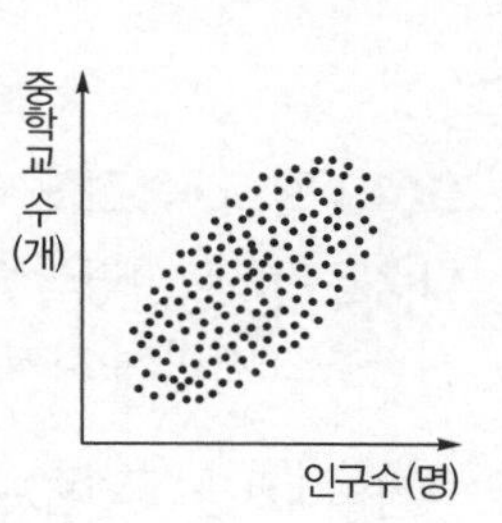

[0609~0611] 다음 두 변량 사이의 상관관계를 말하시오.

0609 대류권에서 지면으로부터의 높이와 기온

0610 정삼각형의 한 변의 길이와 넓이

0611 시력과 몸무게

개념원리 중학수학 3-2 138쪽

유형 01 산점도와 상관관계의 뜻

(1) 산점도: 두 변량의 순서쌍을 좌표로 하는 점을 좌표평면 위에 나타낸 그래프

(2) 상관관계: 두 변량 x, y 사이에 x의 값이 증가함에 따라 y의 값이 증가하거나 감소하는 경향이 있을 때, 두 변량 x, y 사이에 상관관계가 있다고 한다.

0612 대표문제

다음 중 두 변량 x, y 사이에 상관관계가 있는 산점도를 모두 고르면? (정답 2개)

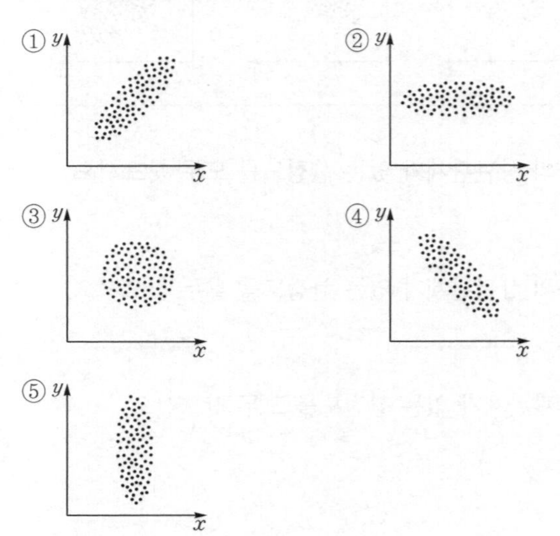

0613 중 하 서술형

다음은 학생 10명의 하루 동안의 컴퓨터 사용 시간과 독서 시간을 조사하여 나타낸 것이다.

컴퓨터(시간)	독서(시간)	컴퓨터(시간)	독서(시간)
0	4	3	1
4	1	3	0
4	0	2	3
2	1	1	3
1	2	5	0

컴퓨터 사용 시간과 독서 시간에 대한 산점도를 오른쪽 좌표평면 위에 그리고 상관관계를 말하시오.

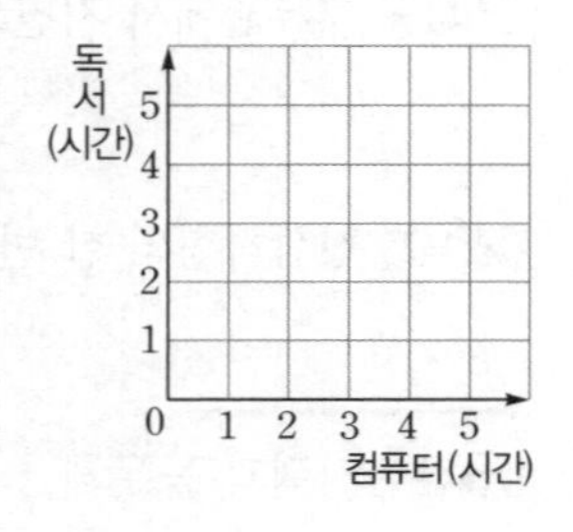

0614 중 하

다음 산점도 중 가장 강한 음의 상관관계를 나타내고 있는 것은?

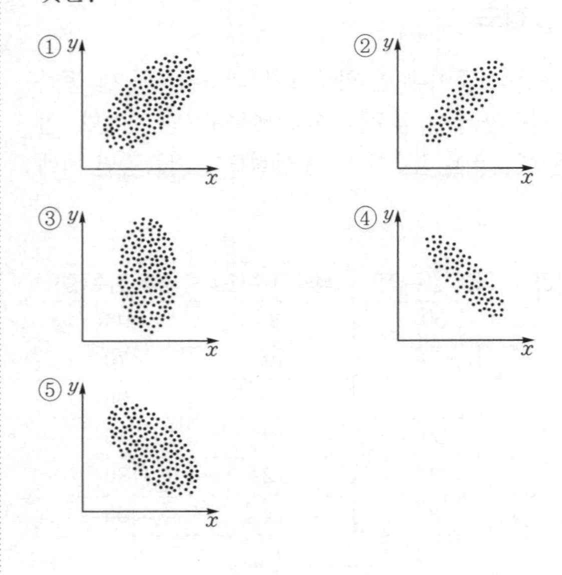

0615 중

다음 중 산점도에 대한 설명으로 옳지 않은 것을 모두 고르면? (정답 2개)

① 두 변량의 순서쌍을 좌표로 하는 점을 좌표평면 위에 나타낸 그래프를 산점도라 한다.

② 점들이 오른쪽 위로 향하는 경향이 있을 때 양의 상관관계가 있다고 한다.

③ 점들이 한 직선에 가까이 분포되어 있을 때 상관관계가 있다고 한다.

④ 점들이 흩어져 있거나 좌표축에 평행하게 분포되어 있을 때 상관관계가 없다고 한다.

⑤ 양 또는 음의 상관관계가 있는 산점도에서 점들이 한 직선에 가까이 분포되어 있을수록 상관관계가 약하다고 한다.

중요

개념원리 중학수학 3-2 139쪽

유형 02 산점도와 상관관계

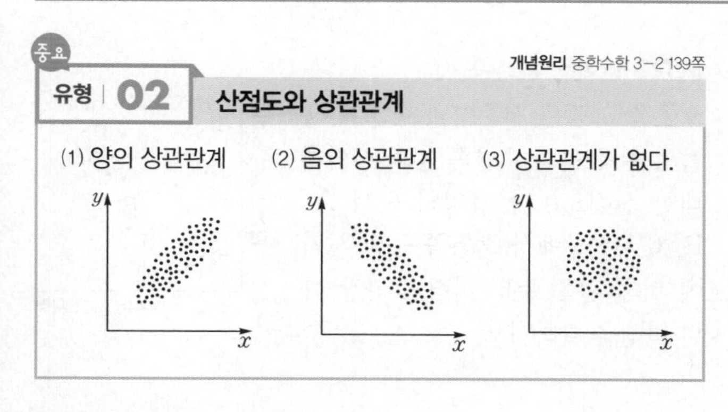

0616 대표문제

다음 중 두 변량에 대한 산점도가 대체로 오른쪽 그림과 같은 모양이 되는 것은?

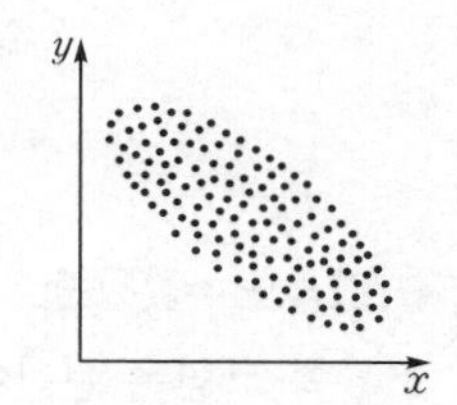

① 키와 성적
② 물건의 공급량과 그 가격
③ 여름철 기온과 에어컨 사용 시간
④ 통화 시간과 전화 요금
⑤ 몸무게와 청력

0617 중하

여름철 기온이 올라갈수록 아이스크림 판매량이 증가한다고 한다. 여름철 기온을 x℃, 아이스크림 판매량을 y개라 할 때, 다음 중 x와 y에 대한 산점도로 알맞은 것은?

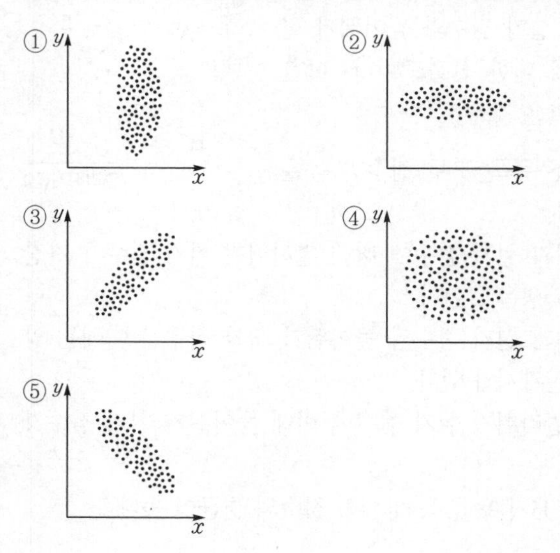

0618 중

다음 **보기** 중 두 변량에 대한 산점도가 대체로 오른쪽 그림과 같은 모양이 되는 것을 모두 고른 것은?

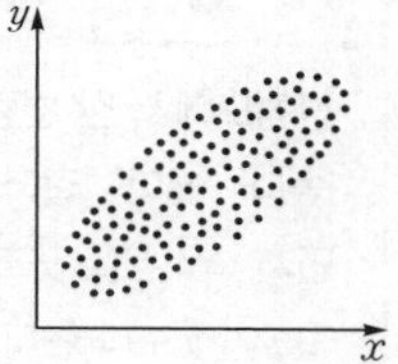

보기

ㄱ. 사용한 전력량과 전기 요금
ㄴ. 어떤 물건의 가격과 판매량
ㄷ. 지능 지수와 몸무게
ㄹ. 통학 거리와 통학 시간
ㅁ. 자동차의 속력과 정지할 때의 움직인 거리

① ㄱ, ㄴ　② ㄱ, ㄷ　③ ㄴ, ㄷ
④ ㄱ, ㄹ, ㅁ　⑤ ㄷ, ㄹ, ㅁ

0619 중

다음 중 하루 중 낮의 길이와 밤의 길이 사이의 상관관계와 가장 유사한 상관관계가 있는 것은?

① 몸무게와 국어 점수
② 예금액과 이자
③ 시력과 눈의 크기
④ 겨울철 기온과 난방비
⑤ 이동 거리와 걸린 시간

0620 중

다음 중 두 변량 사이에 상관관계가 <u>없는</u> 것은?

① 키와 앉은키
② 신발 크기와 가격
③ 도시의 인구수와 교통량
④ 산의 높이와 기온
⑤ 중고 자동차의 사용 기간과 가격

중요

유형 03 산점도의 이해(1)

개념원리 중학수학 3-2 140쪽

산점도에서 한 변량이 다른 변량보다 '높다', '낮다', '같다' 등의 표현이 나오면 먼저 대각선을 긋고 다음을 이용한다.

① y가 x보다 높다. ⇨ 대각선의 위쪽

② y가 x보다 낮다. ⇨ 대각선의 아래쪽

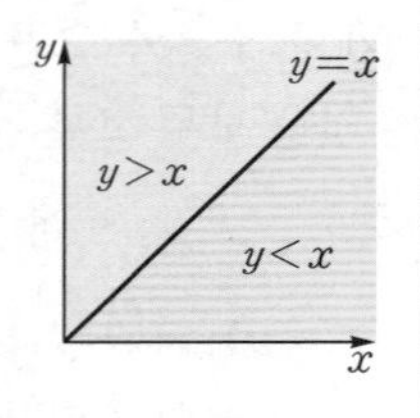

0621 대표문제

오른쪽 그림은 어느 회사 직원들의 소득과 저축액에 대한 산점도이다. 다음 중 옳지 않은 것은?

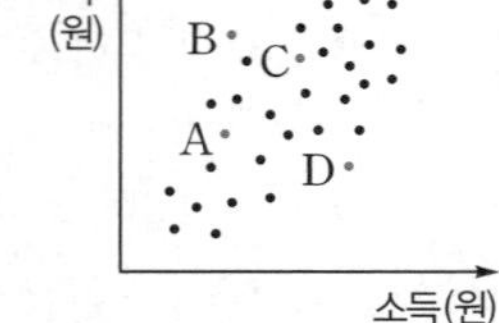

① 소득이 많은 사람은 대체로 저축액이 많다.

② D는 A보다 소득과 저축액이 모두 많다.

③ B는 C보다 저축액이 많다.

④ 소득과 저축액 사이에는 양의 상관관계가 있다.

⑤ A~D 중에서 소득에 비해 저축액이 가장 많은 직원은 B이다.

0622 중 하

아래 그림은 어느 학교 학생들의 몸무게와 키에 대한 산점도이다. 다음 물음에 답하시오.

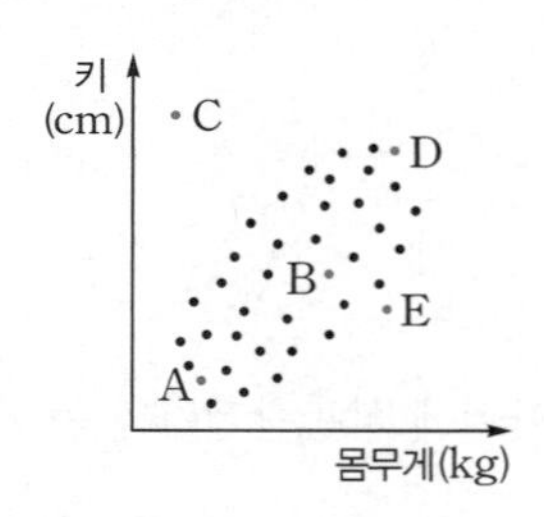

(1) 몸무게와 키 사이의 상관관계를 말하시오.

(2) A~E 중에서 비만일 확률이 가장 높은 학생을 말하시오.

0623 중 하

오른쪽 그림은 서준이네 학교 학생들의 왼쪽 눈과 오른쪽 눈의 시력에 대한 산점도이다. 4명의 학생 A, B, C, D 중에서 오른쪽 눈의 시력에 비해 왼쪽 눈의 시력이 가장 나쁜 학생을 말하시오.

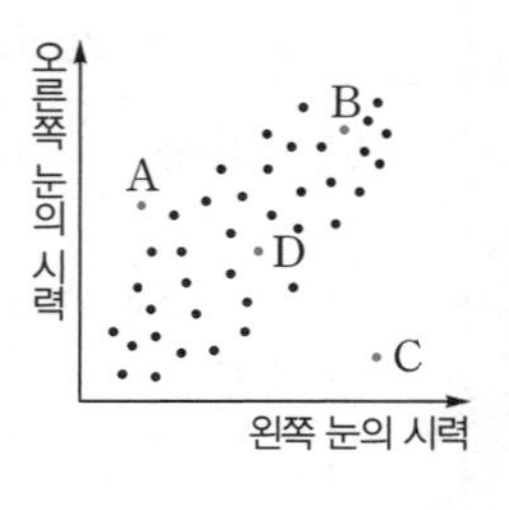

0624 중 서술형

오른쪽 그림은 현진이네 반 학생 20명의 수학 점수와 과학 점수에 대한 산점도이다. 수학 점수가 과학 점수보다 높은 학생은 전체의 몇 %인지 구하시오.

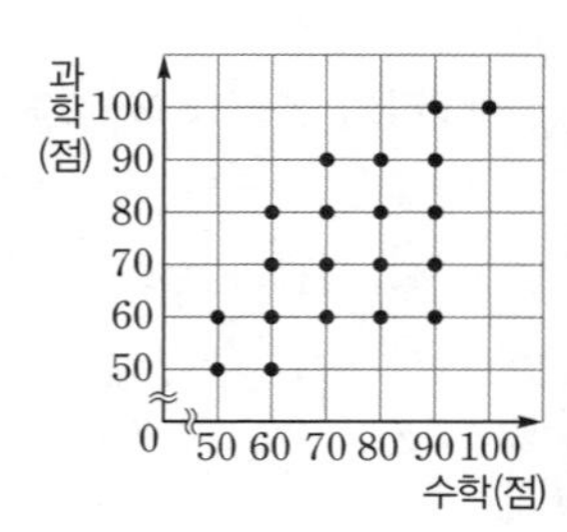

0625 중

오른쪽 그림은 시하네 반 학생들의 멀리뛰기 실기 점수와 높이뛰기 실기 점수에 대한 산점도이다. 다음 중 옳지 않은 것은?

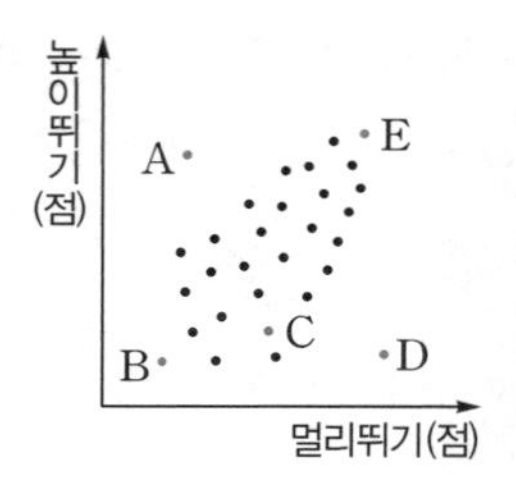

① E는 두 종목 모두 점수가 높은 편이다.

② 높이뛰기 실기 점수에 비해 멀리뛰기 실기 점수가 가장 높은 학생은 D이다.

③ 멀리뛰기 실기 점수와 높이뛰기 실기 점수 사이에는 양의 상관관계가 있다.

④ A는 멀리뛰기 실기 점수에 비해 높이뛰기 실기 점수가 높다.

⑤ C보다 B가 두 종목의 실기 점수의 평균이 높다.

중요

개념원리 중학수학 3-2 140쪽

유형 | 04 산점도의 이해(2)

(1) 이상, 이하의 문제

$x \le a$, $y \ge b$ | $x \ge a$, $y \ge b$ | $x \le a$, $y \le b$ | $x \ge a$, $y \le b$

(2) 차가 a 이상인 문제

$y=x$

⇨ 해당하는 부분에 속한 점의 개수를 센다.

0626 대표문제

오른쪽 그림은 10명의 양궁 선수들이 1차, 2차에 걸쳐 활을 쏘아 얻은 점수에 대한 산점도이다. 다음 중 옳지 않은 것은?

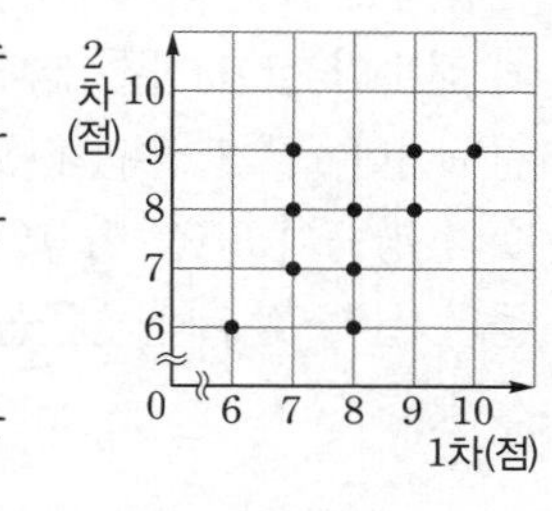

① 1차 점수가 8점 이상인 선수는 6명이다.
② 1차와 2차에서 같은 점수를 얻은 선수는 4명이다.
③ 1차보다 2차에서 높은 점수를 얻은 선수는 전체의 40 %이다.
④ 1차와 2차의 점수 차가 2점 이상인 선수는 2명이다.
⑤ 1차 점수가 높은 선수가 2차 점수도 대체로 높다.

0627 중하

오른쪽 그림은 지훈이네 반 학생 15명의 역사 과목의 중간고사와 기말고사 점수에 대한 산점도이다. 다음 물음에 답하시오.

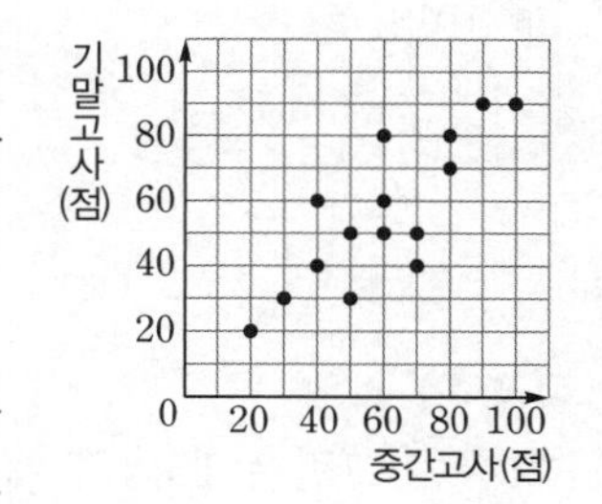

(1) 중간고사와 기말고사 점수가 모두 40점 이하인 학생 수를 구하시오.

(2) 중간고사 점수가 70점 이상인 학생들의 기말고사 점수의 평균을 구하시오.

0628 중

오른쪽 그림은 소율이네 반 학생 12명의 국어 점수와 영어 점수에 대한 산점도이다. 국어 점수와 영어 점수의 차가 10점 이상인 학생은 전체의 몇 %인가?

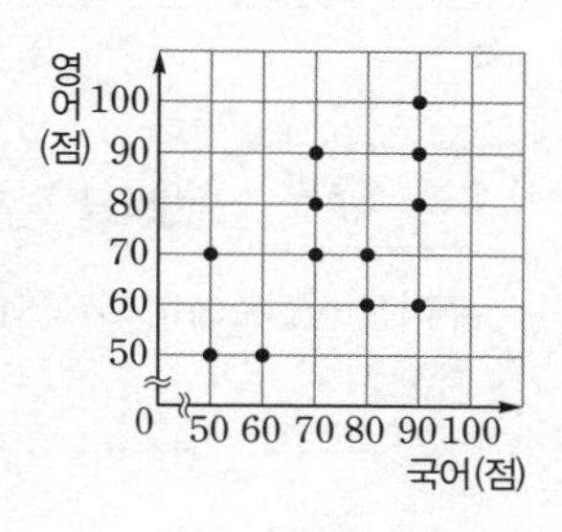

① 60 % ② 65 %
③ 70 % ④ 75 %
⑤ 80 %

0629 중

오른쪽 그림은 한결이네 반 학생 20명의 하루 동안의 TV 시청 시간과 학습 시간에 대한 산점도이다. 다음 물음에 답하시오.

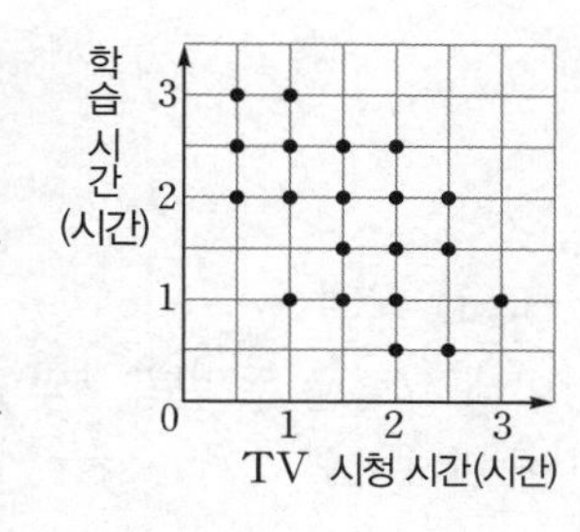

(1) TV 시청 시간과 학습 시간의 차가 2시간 이상인 학생 수를 구하시오.

(2) 다음 중 위의 산점도에 대한 설명으로 옳지 않은 것은?
① TV 시청 시간과 학습 시간이 같은 학생은 3명이다.
② TV 시청 시간이 2시간 이상인 학생 중에서 학습 시간이 2시간 미만인 학생은 8명이다.
③ TV 시청 시간이 1시간 미만인 학생은 전체의 15 %이다.
④ TV 시청 시간과 학습 시간이 모두 2시간 이하인 학생은 10명이다.
⑤ 학습 시간이 1.5시간 이상인 학생은 14명이다.

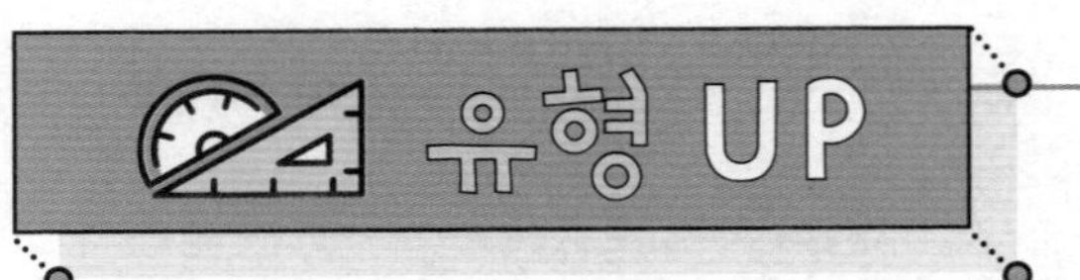

정답과 풀이 p.59

유형 05 변량을 추가(삭제)했을 경우 상관관계 구하기

주어진 산점도에 추가(삭제)한 변량을 표시한 후 상관관계를 판단한다.

0630 대표문제

오른쪽 그림은 두 변량 x와 y에 대한 산점도이다. 얼룩진 부분의 자료가 다음과 같을 때, 두 변량 x와 y 사이의 상관관계를 말하시오.

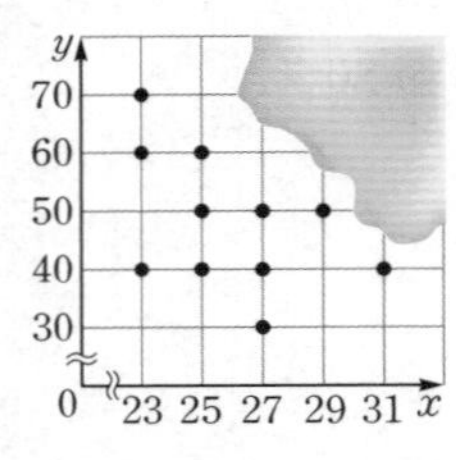

x	27	29	29	31	31
y	70	60	70	60	50

0631 상 중

아래 그림은 두 변량 x와 y에 대한 산점도이다. 다음 물음에 답하시오.

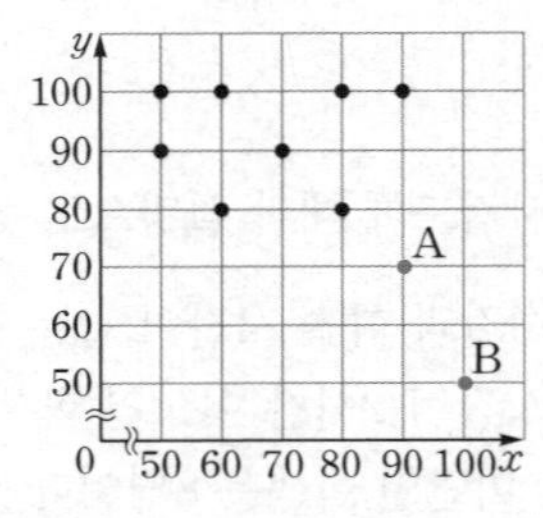

(1) 위의 산점도에서 두 점 A, B를 지웠을 때, 두 변량 x와 y 사이의 상관관계를 말하시오.

(2) 위의 산점도에 다음 6개의 자료를 추가하였을 때, 두 변량 x와 y 사이의 상관관계를 말하시오.

x	60	70	80	80	90	90
y	90	80	70	90	60	80

유형 06 산점도에서의 합 또는 평균

합이 $2a$ 이상 또는 평균이 a 이상인 문제
⇨ 직선 $x+y=2a$를 긋고 해당하는 부분에 속한 점의 개수를 센다.

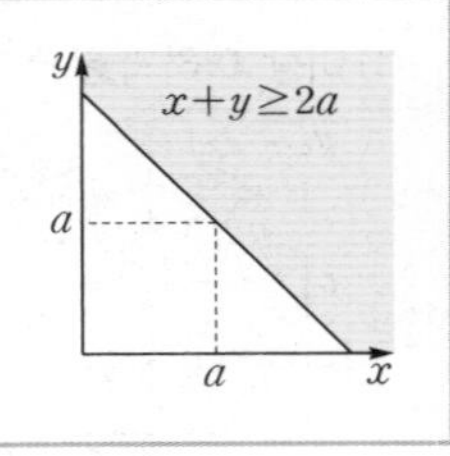

0632 대표문제

오른쪽 그림은 워드프로세서 시험에 응시한 학생 20명의 필기 점수와 실기 점수에 대한 산점도이다. 필기 점수와 실기 점수의 평균이 80점 이상인 학생들의 실기 점수의 평균을 구하시오.

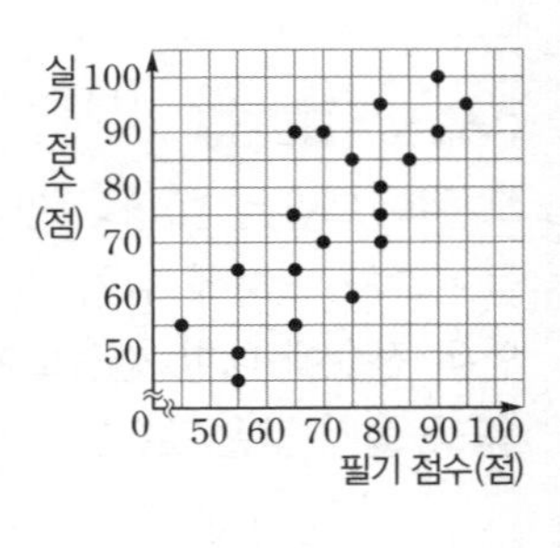

0633 상 중

오른쪽 그림은 가희네 반 학생 20명의 국어 점수와 영어 점수에 대한 산점도이다. A보다 두 과목의 점수의 평균이 낮은 학생 수는?

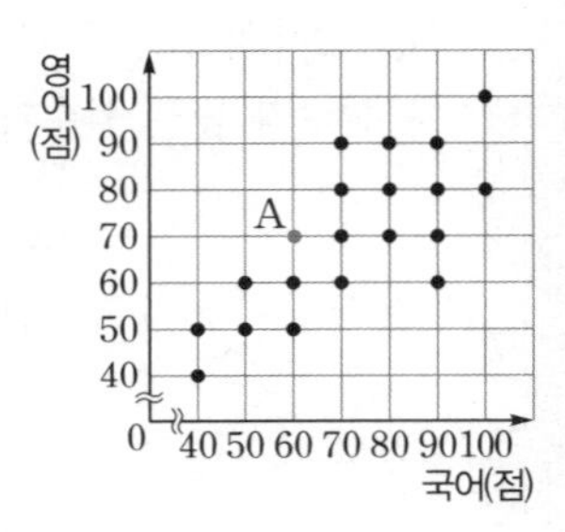

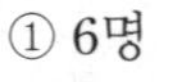
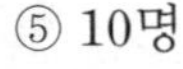

① 6명 ② 7명
③ 8명 ④ 9명
⑤ 10명

0634 상 중

오른쪽 그림은 15명의 체조 선수들이 1차, 2차에 걸쳐 치른 대회에서 얻은 점수에 대한 산점도이다. 1차와 2차 점수의 합으로 상위 6명을 선발할 때, 선발된 선수의 1차와 2차 점수의 평균은 최소 몇 점 이상인지 구하시오.

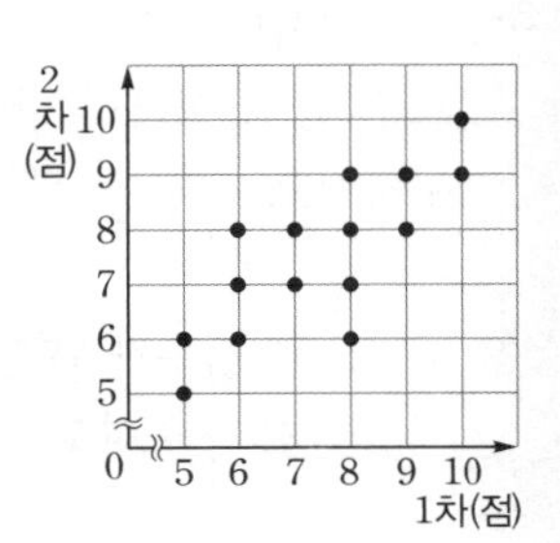

중단원 마무리하기

정답과 풀이 p.60

0635

다음 중 두 변량 사이의 관계를 알아보기 위한 것으로 가장 적당한 것은?

① 도수분포표 ② 히스토그램
③ 산점도 ④ 막대그래프
⑤ 도수분포다각형

0636

다음은 어느 반 학생들의 영어 점수와 다른 과목 점수 사이의 상관관계를 알아보기 위해 그린 산점도이다. 영어 점수와 가장 강한 상관관계가 있는 과목을 고르시오.

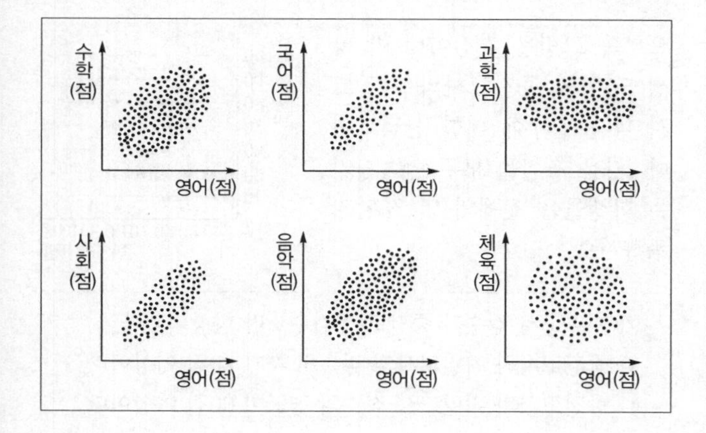

중요
0637

다음 중 두 변량 사이의 상관관계가 나머지 넷과 다른 하나는?

① 운동량과 칼로리 소비량
② 양파 수확량과 판매 가격
③ 학습 시간과 성적
④ 여름철 기온과 전력 소비량
⑤ 키와 몸무게

0638

다음 **보기**의 산점도에 대한 설명 중 옳은 것은?

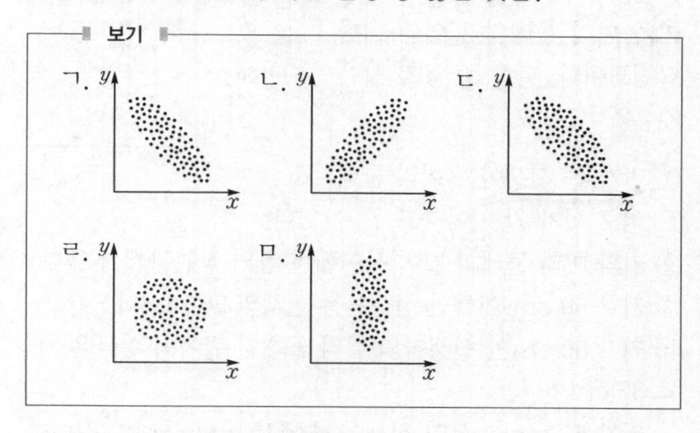

① 두 변량 사이의 상관관계는 ㄱ보다 ㄷ이 더 강하다.
② ㄹ은 ㄱ보다 강한 양의 상관관계를 나타낸다.
③ 걸은 거리와 소모한 열량에 대한 산점도는 ㄴ과 같다.
④ ㄴ은 음의 상관관계를 나타낸다.
⑤ 산의 높이와 공기 중 산소의 양에 대한 산점도는 ㅁ과 같다.

중요
0639

오른쪽 그림은 어느 반 학생들의 키와 발 크기에 대한 산점도이다. 다음 중 옳지 않은 것은?

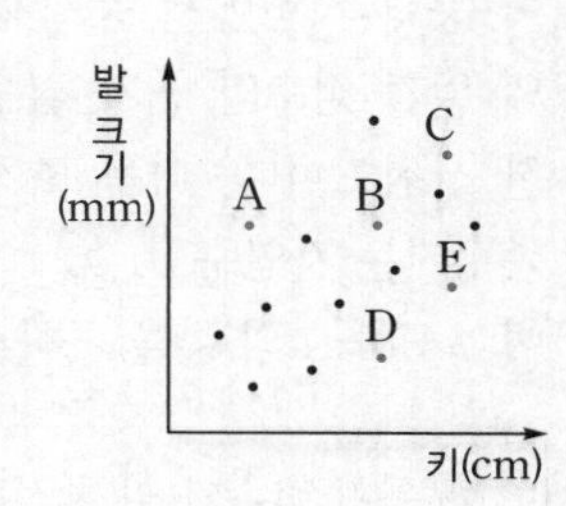

① 키가 큰 학생은 대체로 발도 크다.
② B와 D는 키가 비슷하다.
③ C는 E보다 발이 작다.
④ A는 키에 비해 발이 크다.
⑤ C는 B보다 키도 크고 발도 크다.

0640

오른쪽 그림은 신생아 16명의 키와 머리 둘레의 길이에 대한 산점도이다. 다음 중 옳지 않은 것은?

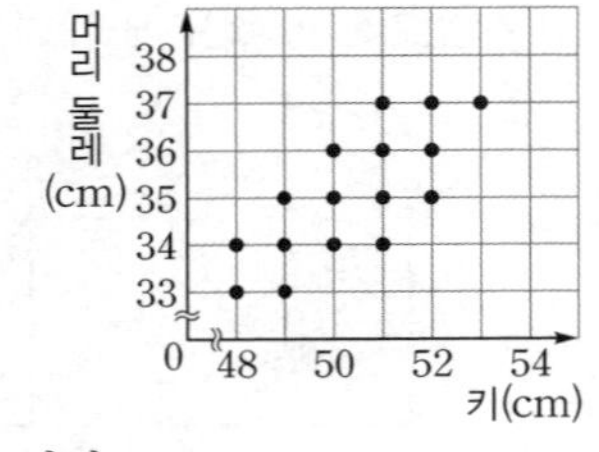

① 키가 큰 신생아는 머리 둘레의 길이가 긴 편이라고 할 수 있다.
② 키와 머리 둘레의 길이 사이에는 양의 상관관계가 있다.
③ 키가 50 cm 이하인 신생아는 전체의 50 %이다.
④ 키가 50 cm인 신생아의 머리 둘레의 길이의 평균은 35 cm이다.
⑤ 키가 51 cm 이상인 신생아 중에서 머리 둘레의 길이가 36 cm 이하인 신생아는 4명이다.

서술형 주관식

0641

오른쪽 그림은 읽기와 듣기를 각각 100점 만점으로 평가하는 영어 능력 시험에서 응시자 20명의 읽기 점수와 듣기 점수에 대한 산점도이다. 다음 조건을 만족시키는 자연수 a, b, c에 대하여 $a+b-c$의 값을 구하시오.

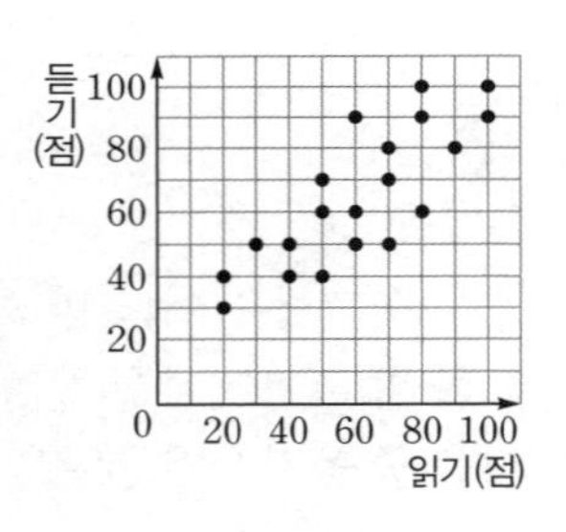

(가) 듣기 점수가 읽기 점수보다 높은 응시자는 a명이다.
(나) 듣기와 읽기 중 적어도 하나의 점수가 60점 미만인 응시자는 b명이다.
(다) 읽기 점수가 70점 이상인 응시자 중에서 듣기 점수가 60점 이상인 응시자는 c명이다.

0642

오른쪽 그림은 수현이네 반 학생 15명이 1차, 2차에 걸쳐 치른 수행평가 점수에 대한 산점도이다. 2차에서 1차보다 점수가 가장 많이 오른 학생의 총점을 a점, 가장 많이 떨어진 학생의 총점을 b점이라 할 때, $a-b$의 값을 구하시오.

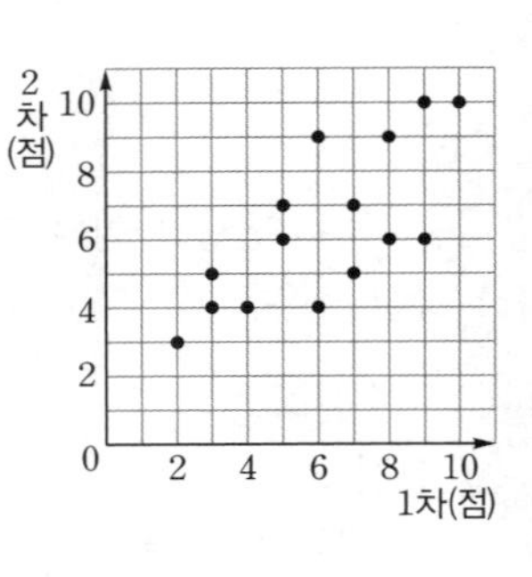

실력 UP

실력 UP 집중 학습은 실력 Up+로!!

0643

오른쪽 그림은 경진이네 반 학생 20명의 중간고사와 기말고사 미술 점수에 대한 산점도이다. 다음 조건을 모두 만족시키는 학생들은 전체의 몇 %인지 구하시오.

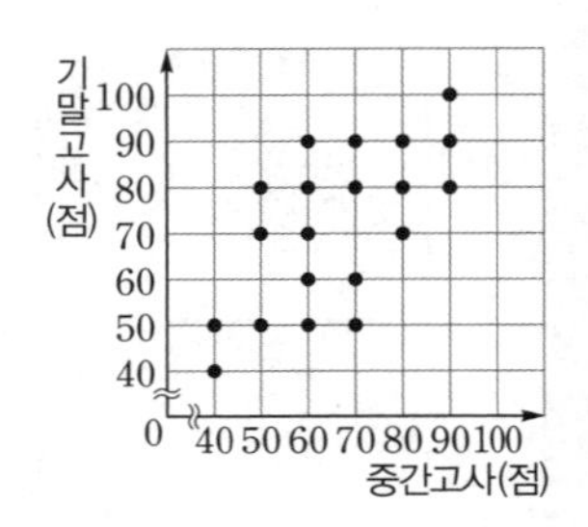

(가) 기말고사 점수가 중간고사 점수보다 향상되었다.
(나) 중간고사와 기말고사의 점수의 차가 20점 이상이다.
(다) 중간고사와 기말고사 점수의 평균이 60점 이상이다.

0644

오른쪽 그림은 어느 반 학생 20명의 수학 점수와 영어 점수에 대한 산점도이다. 두 과목의 점수의 평균이 상위 25 % 이내인 학생들의 수학 점수의 평균을 구하시오.

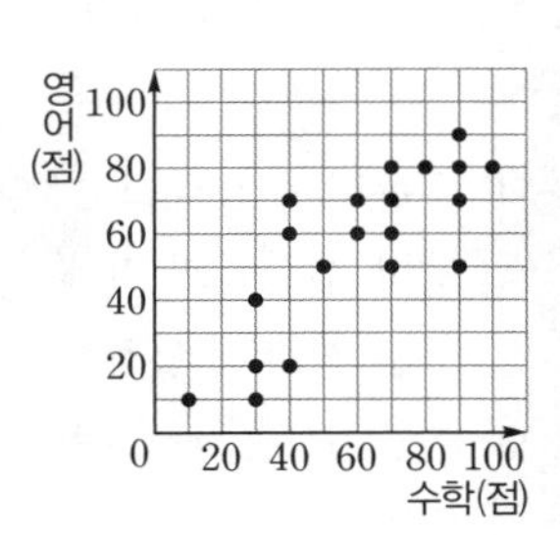

실력
UP+

실력 Up+

01 오른쪽 그림과 같은 $\triangle ABC$에서 $\overline{AD} \perp \overline{BC}$, $\sin x = \frac{4}{5}$일 때, $\cos y$의 값을 구하시오.

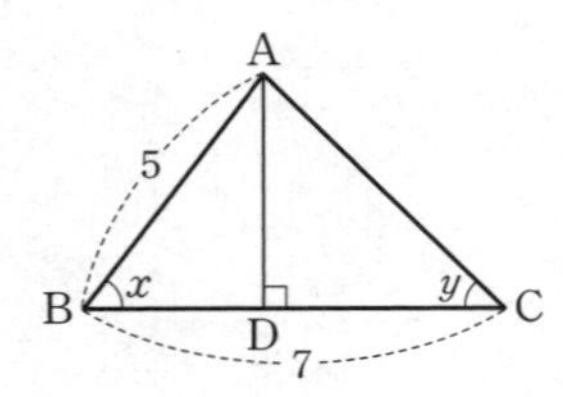

02 $\sin A : \cos A = 12 : 5$일 때, $\tan A$의 값은? (단, $0° < A < 90°$)

① $\frac{5}{13}$ ② $\frac{5}{12}$ ③ $\frac{12}{13}$
④ $\frac{12}{5}$ ⑤ $\frac{13}{5}$

03 오른쪽 그림과 같이 $\angle A = 90°$인 직각삼각형 ABC의 꼭짓점 A에서 $\overline{BC}$에 내린 수선의 발을 M, 점 M에서 $\overline{AB}$에 내린 수선의 발을 N이라 하자. $\angle CAM = x$라 할 때, 다음 중 $\sin x$를 나타내는 것이 아닌 것은?

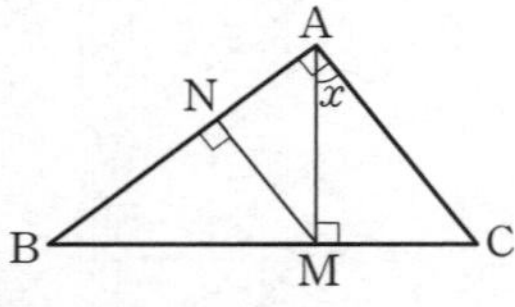

① $\frac{\overline{CM}}{\overline{AC}}$ ② $\frac{\overline{AN}}{\overline{AM}}$ ③ $\frac{\overline{NM}}{\overline{BM}}$
④ $\frac{\overline{AC}}{\overline{AB}}$ ⑤ $\frac{\overline{AM}}{\overline{AB}}$

04 오른쪽 그림과 같이 한 모서리의 길이가 6인 정육면체에서 $\overline{FI} \perp \overline{BH}$이고, $\angle HFI = x$라 할 때, $\sin x$의 값을 구하시오.

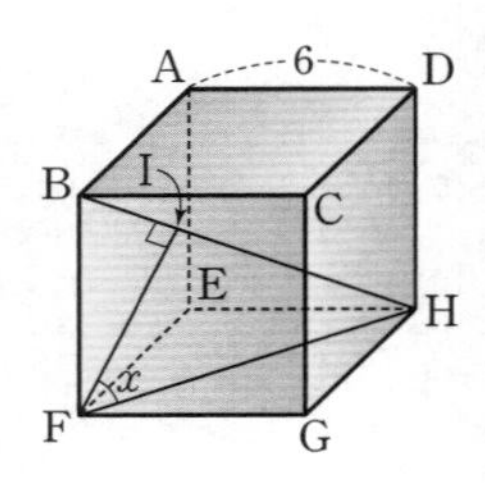

05 세 내각의 크기의 비가 $1:2:3$인 삼각형에서 가장 큰 각의 크기를 A라 할 때,

$$\sin \frac{A}{2} \times \cos \frac{A}{2} \times \tan \frac{A}{2}$$

의 값은?

① $\frac{1}{4}$ ② $\frac{1}{2}$ ③ $\frac{2}{3}$
④ $\frac{3}{4}$ ⑤ 1

06 오른쪽 그림과 같이 $\angle A = 90°$인 직각삼각형 ABC에서 $\overline{BC}$의 중점을 M이라 하자.

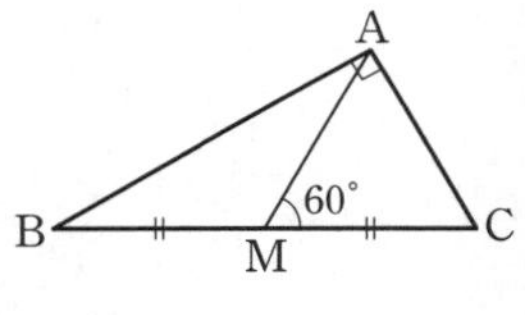

$\angle AMC = 60°$일 때, $\frac{\overline{AB}}{\overline{BC}}$의 값은?

① $\frac{1}{2}$ ② $\frac{\sqrt{2}}{2}$ ③ $\frac{\sqrt{3}}{2}$
④ $\frac{1}{3}$ ⑤ $\frac{\sqrt{3}}{3}$

07 오른쪽 그림의 부채꼴 AOB에서 중심각의 크기는 60°이고 $\widehat{AB}=2\pi$, $\overline{AH}\perp\overline{OB}$이다. 이때 색칠한 부분의 넓이를 구하시오.

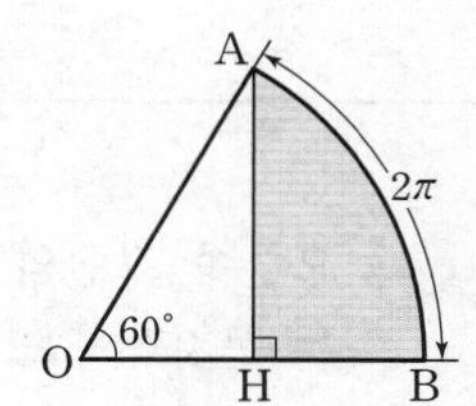

08 오른쪽 그림과 같이 점 $(-4,\ 0)$을 지나는 직선이 x축의 양의 방향과 이루는 각의 크기를 α라 할 때, $\sin\alpha=\frac{\sqrt{3}}{2}$이다. 이 직선의 방정식을 구하시오.

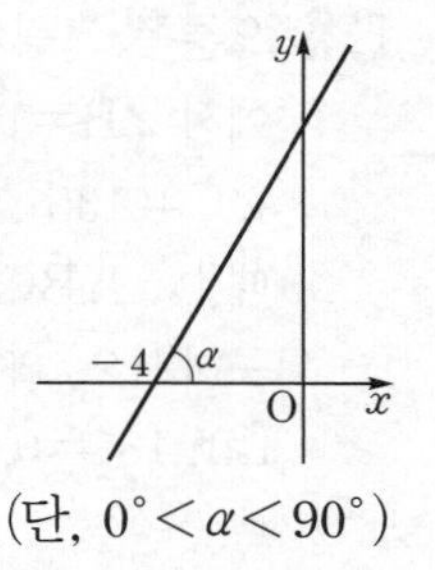

(단, $0°<\alpha<90°$)

09 오른쪽 그림에서 $\overline{CD}$는 반지름의 길이가 1인 원 O의 접선이고 $\overline{AB}/\!/\overline{CD}$이다. $\angle AOD=a$라 할 때, 다음 중 $\overline{BD}$의 길이를 각 a의 삼각비로 나타낸 것은?

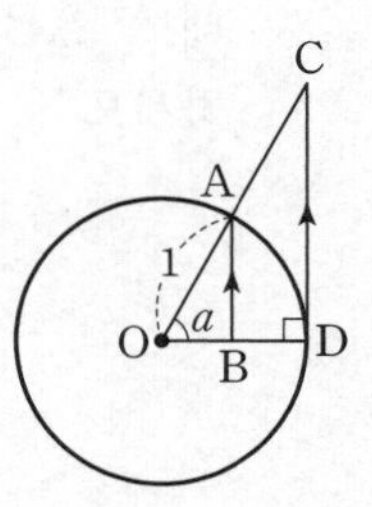

① $1+\sin a$　② $1-\sin a$
③ $1+\cos a$　④ $1-\cos a$
⑤ $1-\tan a$

10 오른쪽 그림의 직각삼각형 ACB에서 $\overline{AD}=\overline{BD}$, $\overline{BC}=\overline{DC}$일 때, $\tan 22.5°$의 값을 구하시오.

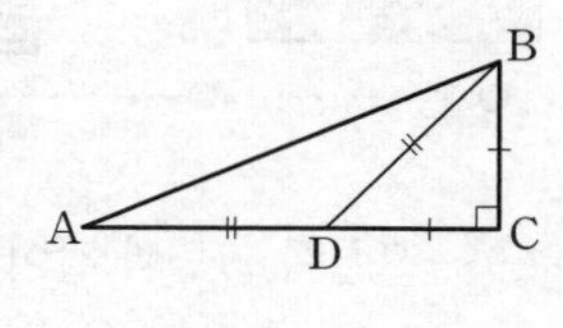

11 $30°<A<45°$일 때, 다음 식의 값을 구하시오.

$$\sqrt{(\sin A+\cos 60°)^2}+\sqrt{(\sin A-\cos 45°)^2}$$

12 오른쪽 그림과 같이 $\angle B=90°$인 직각삼각형 ABC에서 $\overline{AB}=\overline{BD}=\overline{CD}=1$이고 $\angle CAD=x$일 때, $\tan x$의 값을 구하시오.

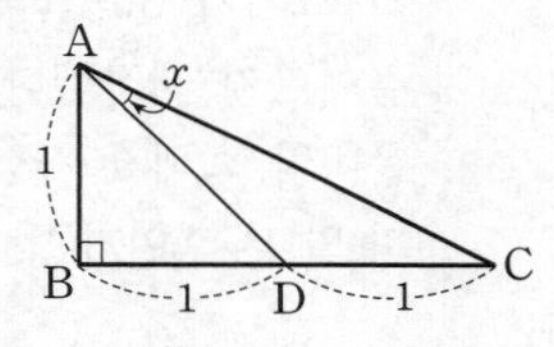

도전

13 $45°<A<90°$일 때,

$$\sqrt{(\sin A+\cos A)^2}-\sqrt{(\cos A-\sin A)^2}=\frac{14}{25}$$

를 만족시키는 각 A에 대하여 $\frac{\tan A}{\sin A}$의 값을 구하시오.

실력 Up+

01 오른쪽 그림과 같이 $\angle B=30°$, $\angle C=90°$, $\overline{AB}=6$인 $\triangle ABC$에서 $\angle BAC$의 이등분선이 변 BC와 만나는 점을 D라 할 때, $\overline{BD}$의 길이를 구하시오.

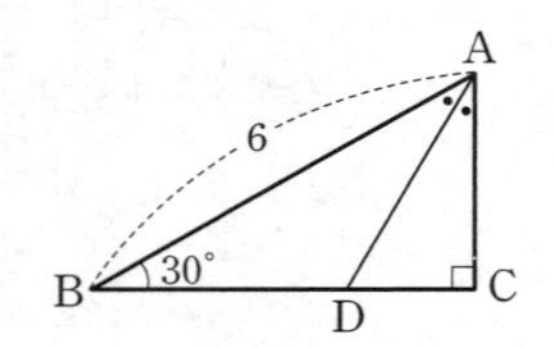

02 오른쪽 그림과 같이 은비는 소혜가 있는 곳에서 동쪽으로 120 m 떨어진 지점에서 소혜가 있는 곳과 이루는 각의 크기가 60°인 방향으로 걸어가기 시작했다. 은비가 분속 30 m로 걷는다면 은비와 소혜가 가장 가까워지는 것은 은비가 출발한 지 몇 분 후인가?

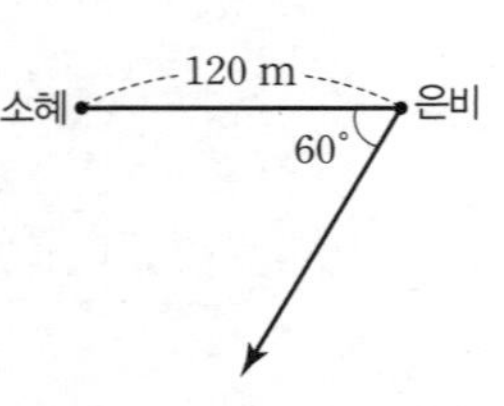

① 1분 ② 2분 ③ 3분
④ 4분 ⑤ 5분

03 오른쪽 그림의 $\triangle ABC$에서 $\overline{AB}=12$, $\overline{BC}=15$, $\cos B=\frac{3}{4}$일 때, $\overline{AC}$의 길이를 구하시오.

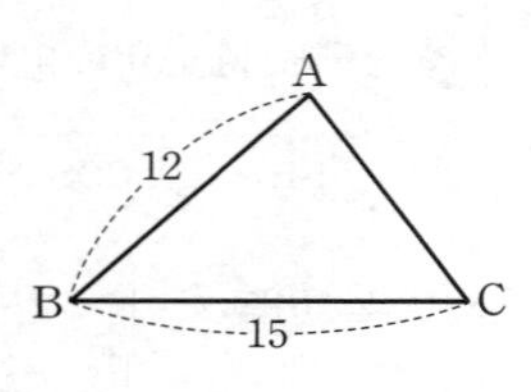

04 오른쪽 그림의 $\triangle ABC$는 꼭지각의 크기가 30°인 이등변삼각형이고, $\overline{AC}=\overline{CD}=\sqrt{6}$ cm일 때, $\overline{BC}$의 길이를 구하시오.

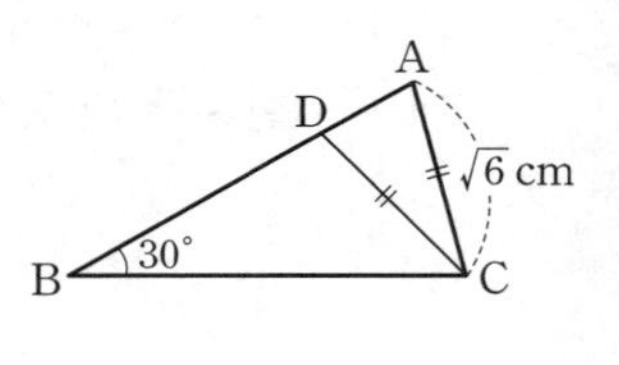

05 오른쪽 그림의 $\triangle ABC$에서 $\angle B=18°$, $\angle C=135°$, $\overline{BC}=7$일 때, $\triangle ABC$의 넓이를 구하시오. (단, $\sin 18°=0.3$, $\cos 18°=0.9$, $\tan 18°=0.3$으로 계산한다.)

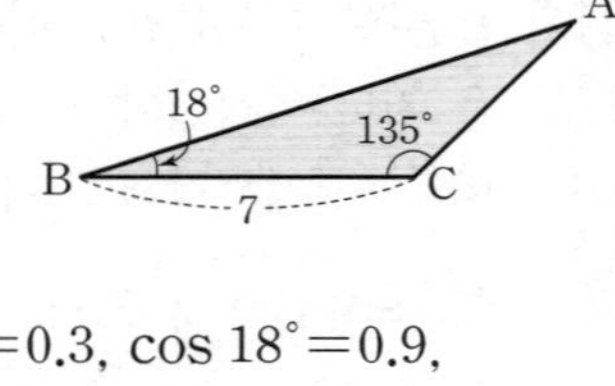

06 오른쪽 그림의 □ABCD에서 $\overline{AB}=10$, $\overline{BC}=12$, $\angle B=45°$이고 $\overline{AE}\,/\!/\,\overline{DC}$일 때, □ABED의 넓이를 구하시오.

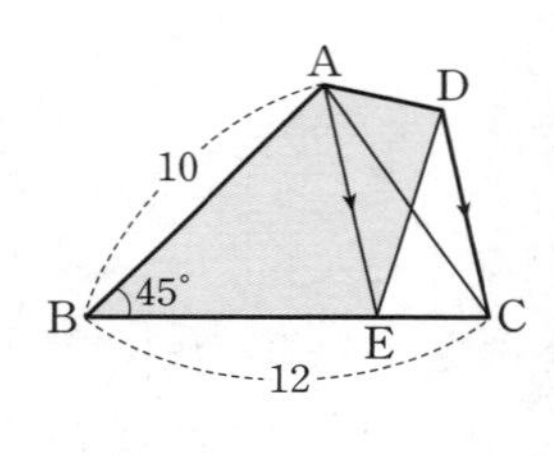

07 오른쪽 그림과 같이 $\angle BAC=60°$인 $\triangle ABC$에서 $\overline{AD}$는 $\angle BAC$의 이등분선일 때, $\overline{AD}$의 길이를 구하시오.

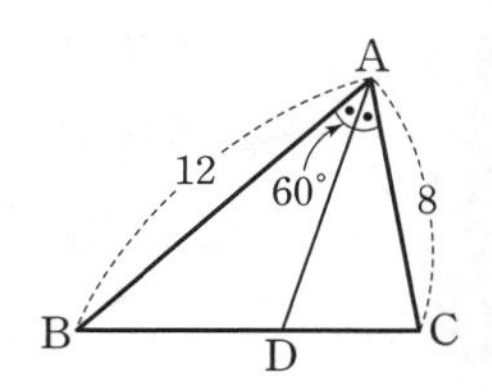

08 다음 그림과 같이 △ABC에서 $\overline{AB}$의 길이를 25 %만큼 늘이고 $\overline{BC}$의 길이를 x %만큼 줄여서 △A′BC′을 만들었더니 △ABC와 △A′BC′의 넓이가 같았다. 이때 x의 값은?

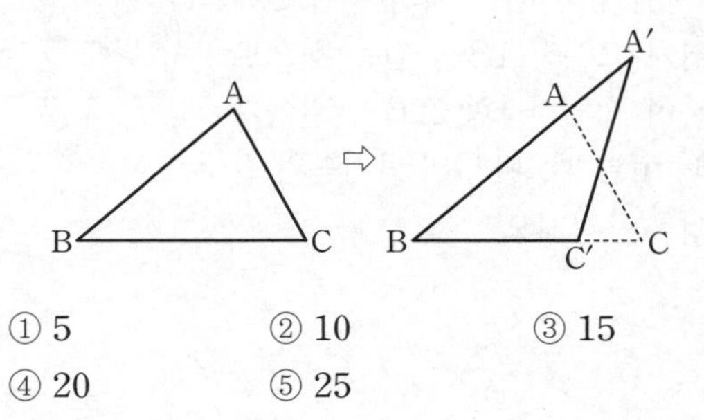

① 5 ② 10 ③ 15
④ 20 ⑤ 25

09 오른쪽 그림과 같이 폭이 2 cm로 일정한 종이띠를 $\overline{AC}$를 접는 선으로 하여 접었다. ∠ABC=30°일 때, △ABC의 넓이를 구하시오.

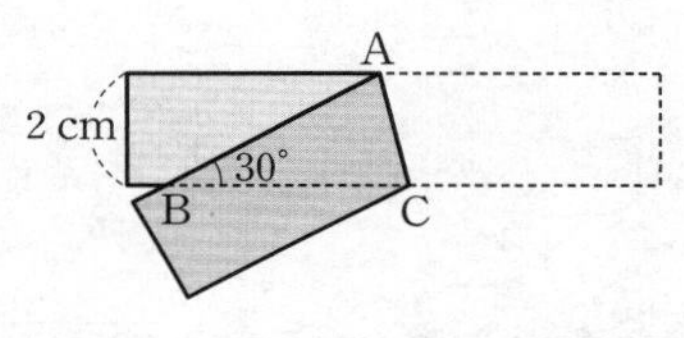

10 오른쪽 그림과 같은 평행사변형 ABCD의 넓이가 $28\sqrt{2}$ cm²이고 $\overline{AB}:\overline{BC}=4:7$일 때, □ABCD의 둘레의 길이를 구하시오.

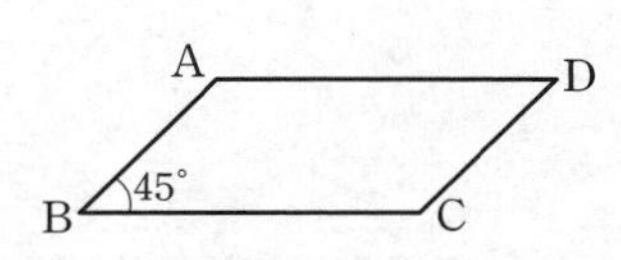

11 오른쪽 그림과 같이 ∠AOB=60°이고 $\overline{AC}:\overline{BD}=2:5$인 사각형 ABCD의 넓이가 $10\sqrt{3}$일 때, $\overline{BD}$의 길이를 구하시오.

12 오른쪽 그림과 같이 반지름의 길이가 4인 원 O에 내접하는 정십이각형의 넓이를 구하시오.

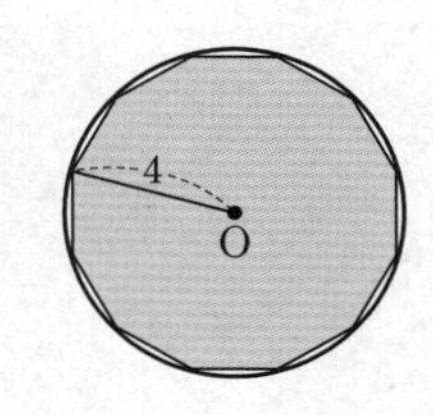

도전
13 오른쪽 그림의 평행사변형 ABCD에서 $\overline{AB}=5$, $\overline{AD}=7$이고 ∠A : ∠B=2 : 1이다. 이때 평행사변형 ABCD의 네 내각의 이등분선이 만드는 사각형 PQRS의 넓이를 구하시오.

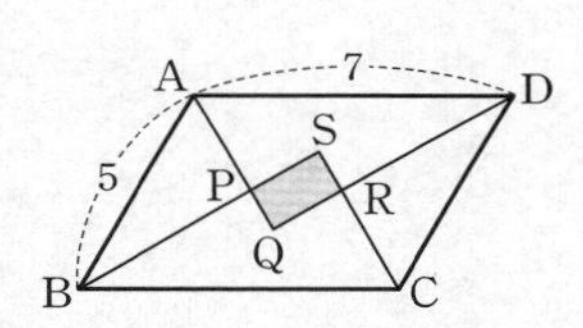

도전
14 오른쪽 그림과 같이 $\overline{AB}=\overline{AC}=2$, ∠BAC=90°인 △ABC의 내접원과 세 변 AB, BC, CA의 접점을 각각 P, Q, R라 할 때, △PQR의 넓이를 구하시오.

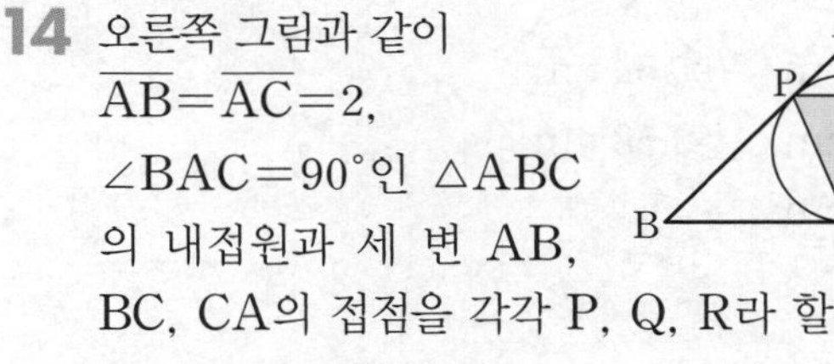

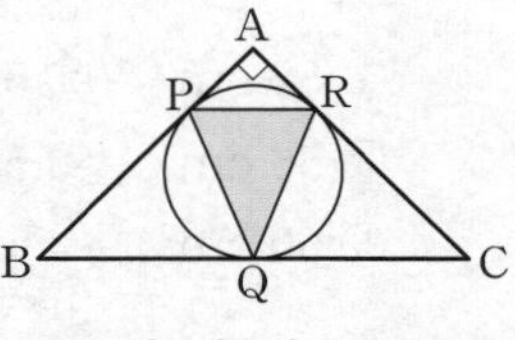

실력 Up+

01 오른쪽 그림과 같이 반지름의 길이가 8 cm인 원 O의 내부에 마름모 AOCB가 있을 때, $\overline{AC}$의 길이를 구하시오.

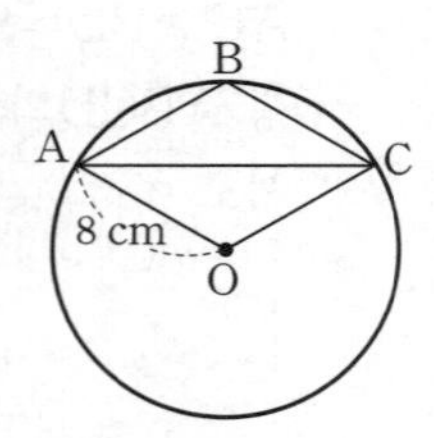

02 오른쪽 그림과 같이 원 O에서 $\overline{AB}\perp\overline{OM}$, $\overline{AC}\perp\overline{ON}$이고 $\overline{BC}=24$ cm일 때, $\overline{MN}$의 길이를 구하시오.

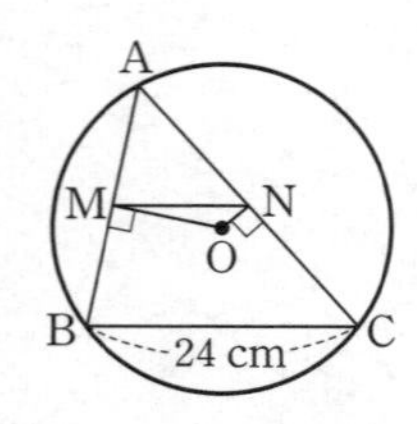

03 오른쪽 그림은 옆에서 바라본 트럭의 모습이다. 바퀴가 원형일 때, 바퀴의 지름의 길이는?

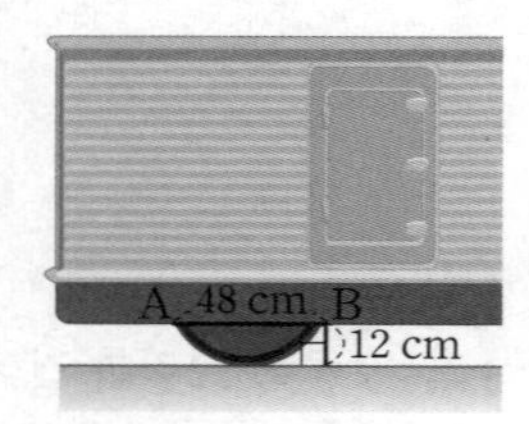

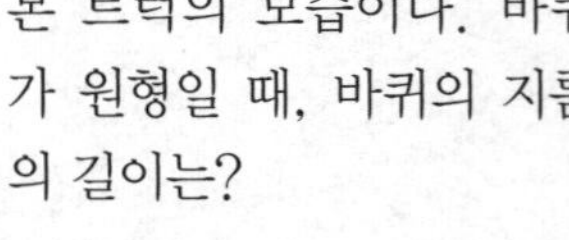

① 52 cm ② 54 cm
③ 56 cm ④ 58 cm
⑤ 60 cm

04 오른쪽 그림과 같이 원 O의 원주 위의 한 점이 원의 중심 O에 겹쳐지도록 $\overline{AB}$를 접는 선으로 하여 접었다. 현 AB의 길이가 6 cm일 때, 원 O의 반지름의 길이를 구하시오.

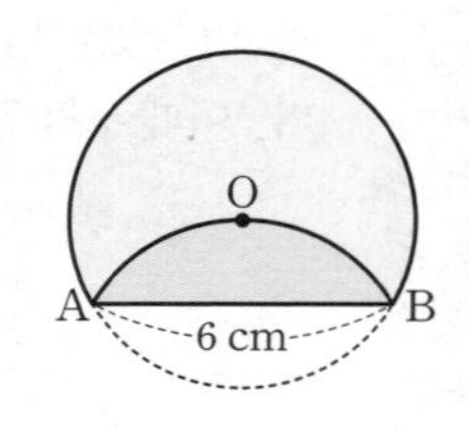

05 오른쪽 그림과 같이 원 O의 중심에서 $\overline{AB}$, $\overline{BC}$, $\overline{CA}$에 내린 수선의 발을 각각 D, E, F라 하자. $\overline{OD}=\overline{OE}=\overline{OF}$이고 $\overline{AC}=18$ cm일 때, 원 O의 둘레의 길이를 구하시오.

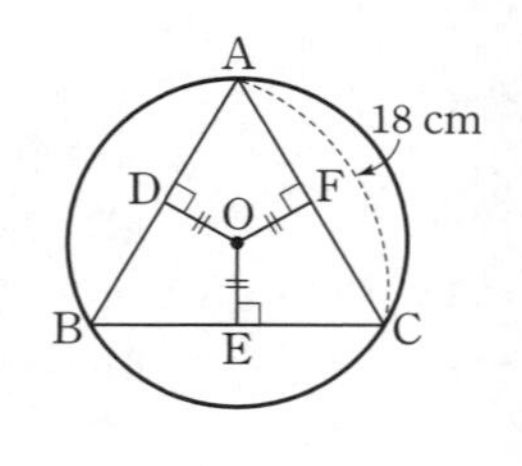

06 오른쪽 그림에서 $\overline{AD}$, $\overline{BC}$, $\overline{AF}$는 원 O의 접선이고, 세 점 D, E, F는 접점이다. $\angle DAF=60^{\circ}$, $\overline{AO}=10$ cm일 때, △ABC의 둘레의 길이는?

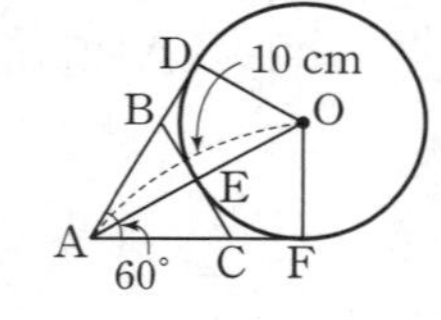

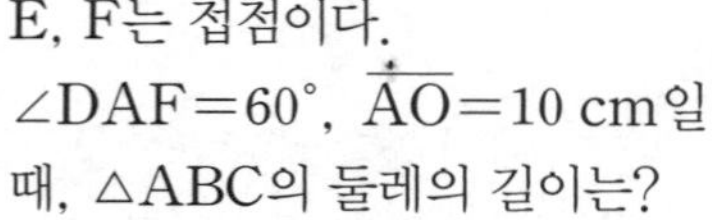

① 10 cm ② $10\sqrt{2}$ cm ③ $10\sqrt{3}$ cm
④ $20\sqrt{2}$ cm ⑤ $20\sqrt{3}$ cm

07 오른쪽 그림과 같이 $\angle A=90^{\circ}$인 직각삼각형 ABC의 외접원의 반지름의 길이는 5 cm이고 내접원의 반지름의 길이는 2 cm이다. 이때 △ABC의 넓이를 구하시오. (단, $\overline{AB}>\overline{AC}$)

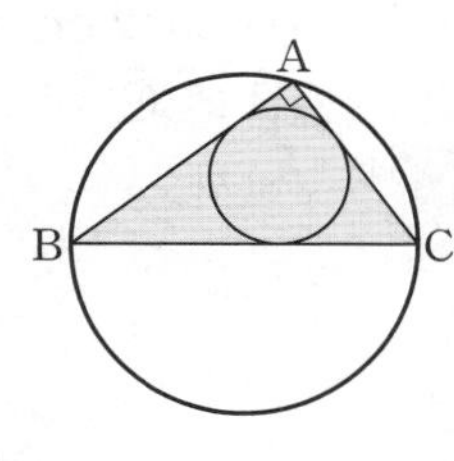

08 오른쪽 그림과 같이 일차방정식 $12x-5y+60=0$의 그래프가 x축, y축과 만나는 점을 각각 A, B라 하자. 원 I가 △AOB의 내접원일 때, 원 I의 반지름의 길이를 구하시오. (단, O는 원점이고 D, E, F는 접점이다.)

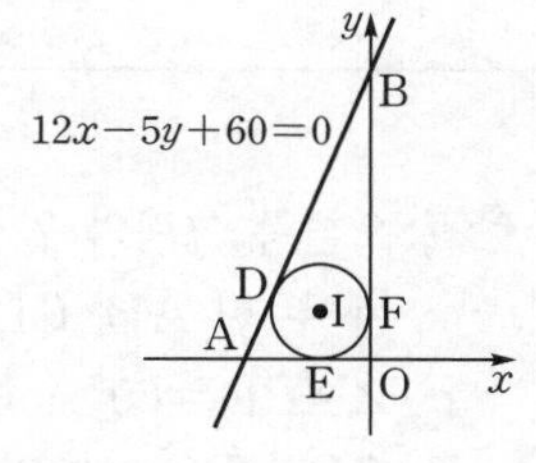

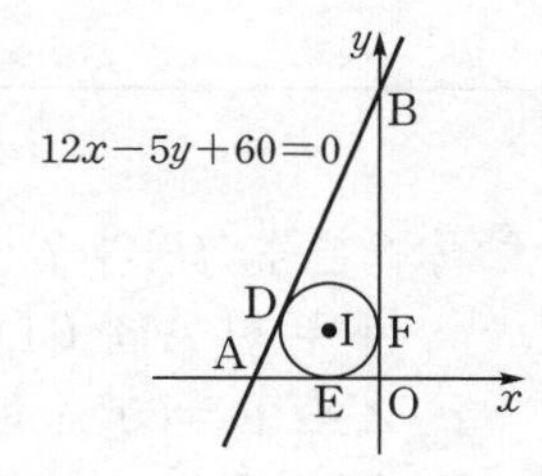

09 오른쪽 그림과 같이 육각형 ABCDEF는 원 O에 외접한다. $\overline{AB}=3$ cm, $\overline{CD}=4$ cm, $\overline{EF}=2$ cm일 때, 육각형 ABCDEF의 둘레의 길이는?

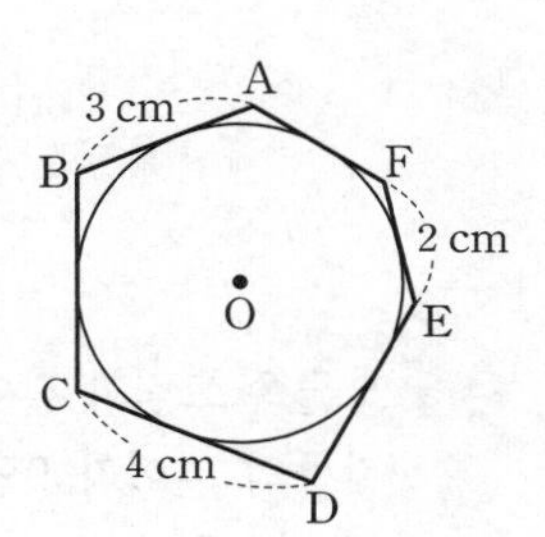

① 16 cm ② 17 cm ③ 18 cm
④ 19 cm ⑤ 20 cm

10 오른쪽 그림과 같이 원 O는 직사각형 ABCD와 세 점 P, Q, R에서 접하고 $\overline{EC}$와 점 S에서 접한다. 원 O의 반지름의 길이는 6 cm이고, $\overline{AE}=9$ cm일 때, $\overline{BC}$의 길이를 구하시오.

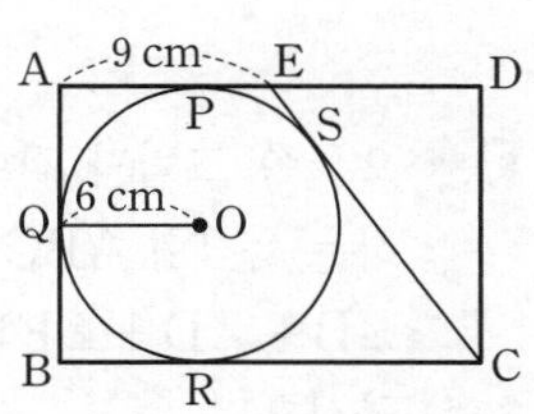

11 오른쪽 그림에서 원 O는 △ABC의 내접원이고 세 점 D, Q, F는 접점이다. $\overline{AE}$, $\overline{AG}$, $\overline{BC}$는 원 O′의 접선이고, $\overline{AB}=9$ cm, $\overline{BC}=7$ cm, $\overline{CA}=6$ cm일 때, $\overline{PQ}$의 길이는?

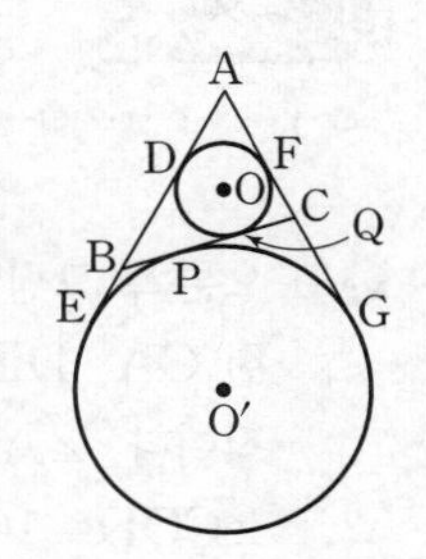

① 1 cm ② $\frac{3}{2}$ cm
③ 2 cm ④ $\frac{5}{2}$ cm
⑤ 3 cm

12 오른쪽 그림과 같이 두 원이 사각형에 각각 내접할 때, $a-b$의 값은?

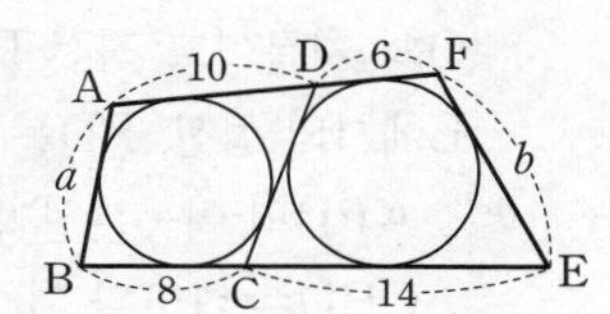

① -3 ② -2
③ -1 ④ 1
⑤ 2

13 오른쪽 그림과 같이 원 O의 두 현 AB, CD가 점 P에서 수직으로 만나고 $\overline{AP}=4$, $\overline{BP}=6$, $\overline{CP}=2$, $\overline{DP}=12$일 때, 원 O의 반지름의 길이를 구하시오.

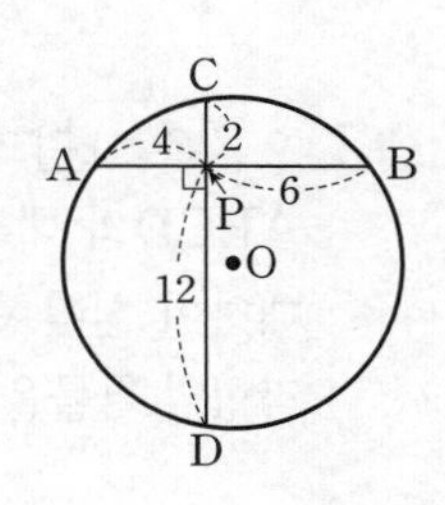

실력 Up+

01 오른쪽 그림에서 점 P는 두 현 CA, DB의 연장선의 교점이다. $\angle AOB=30°$, $\angle COD=100°$일 때, $\angle CPD$의 크기는?

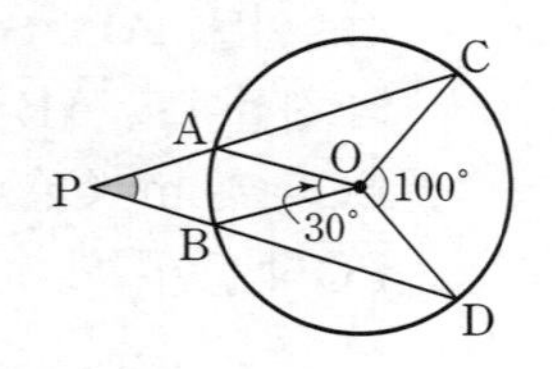

① 32° ② 33° ③ 34° ④ 35° ⑤ 36°

02 오른쪽 그림에서 $\overline{AB}$는 반원 O의 지름이고 직선 BP는 점 B에서의 접선, $\overline{PD}$는 $\angle APB$의 이등분선이다. $\angle CED=115°$일 때, $\angle CAB$의 크기는?

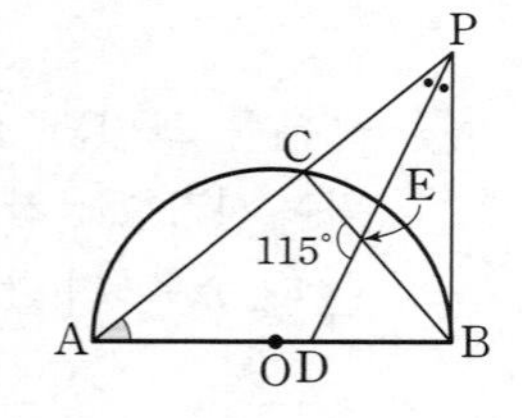

① 35° ② 40° ③ 45° ④ 50° ⑤ 55°

03 오른쪽 그림과 같은 정사각형 ABCD의 내부에 있는 점 P에 대하여 삼각형 PBC가 예각삼각형일 확률을 구하시오.

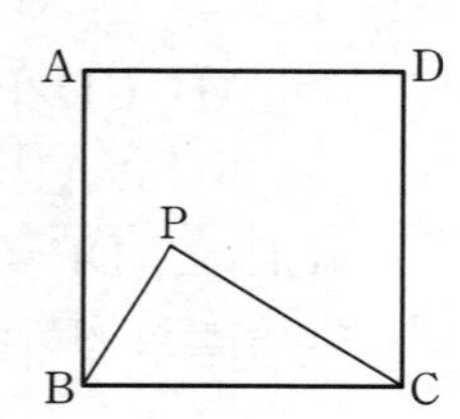

04 오른쪽 그림의 원 O에서 점 P는 두 현 AB, CD의 교점이고 $\angle APD=60°$, $\overset{\frown}{AD}+\overset{\frown}{BC}=2\pi$일 때, 원 O의 둘레의 길이는?

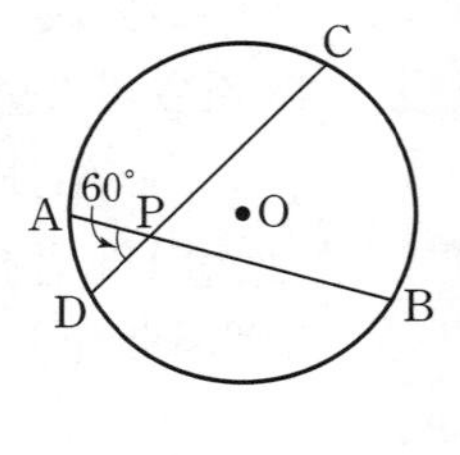

① 4π ② 5π ③ 6π ④ 7π ⑤ 8π

05 오른쪽 그림과 같이 반지름의 길이가 9인 원에서 $\overset{\frown}{AB}=4\pi$, $\overset{\frown}{CD}=6\pi$이고 $\angle APD=20°$일 때, $\overset{\frown}{AD}$의 길이를 구하시오.

06 오른쪽 그림과 같이 원에 내접하는 육각형 ABCDEF에서 $\angle B+\angle D+\angle F$의 크기를 구하시오.

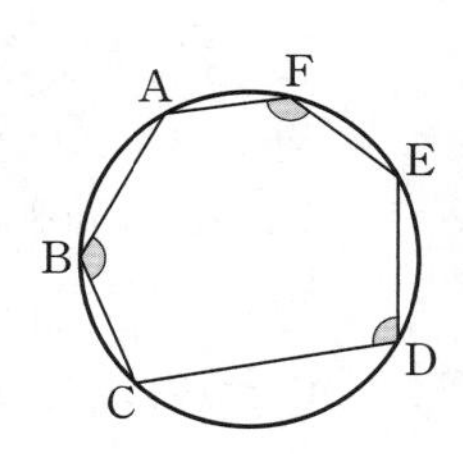

07 다음 그림과 같이 세 원이 만나고 $\angle RDC=89°$, $\angle DCS=92°$일 때, $\angle x$의 크기는?

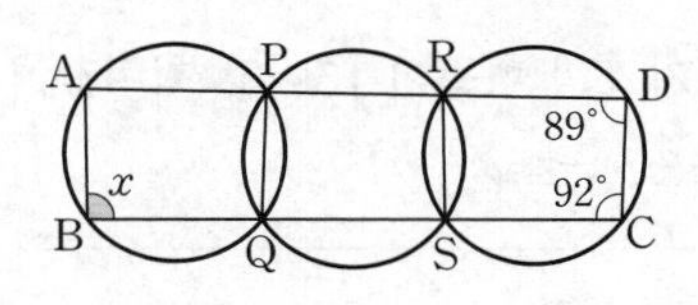

① 88° ② 89° ③ 90°
④ 91° ⑤ 92°

08 오른쪽 그림에서 $\overline{DE}$는 원 O의 접선이고 점 B는 접점이다. $\overline{DE} /\!/ \overline{AC}$이고 $\angle CPF=25°$일 때, $\angle x$의 크기는?

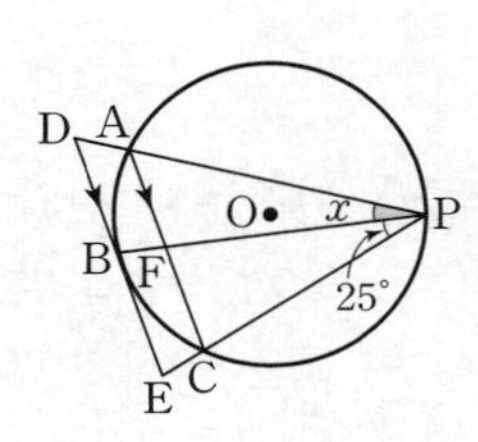

① 20° ② 23°
③ 25° ④ 27°
⑤ 30°

09 오른쪽 그림에서 직선 AT는 원 O의 접선이고 $\angle DAT=75°$, $\angle ADB=60°$일 때, $\angle BCD$의 크기를 구하시오.

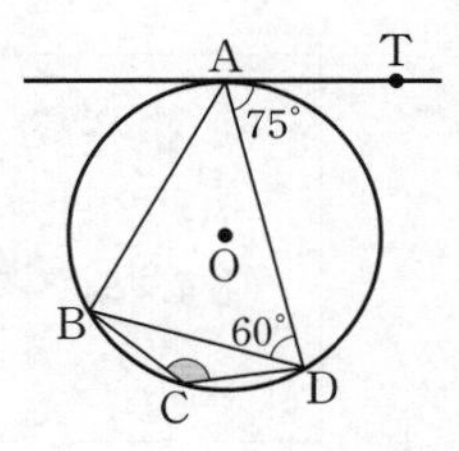

10 오른쪽 그림에서 $\overline{PC}$는 원 O의 접선이고 $\overline{BD}$는 원 O의 지름이다. $\angle CAD=62°$일 때, $\angle x$의 크기는?

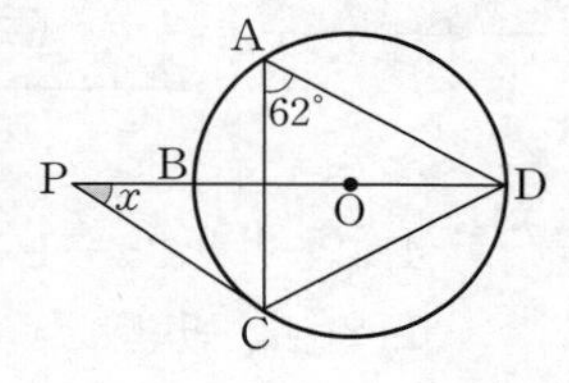

① 28° ② 30°
③ 32° ④ 34°
⑤ 36°

11 오른쪽 그림에서 직선 BT는 원 O의 접선이고 $\overline{AC}$는 원 O의 지름이다. $\overline{AC}$와 $\overline{BD}$의 교점을 P라 하고 $\overline{AD} /\!/ \overline{BT}$, $\angle CBT=32°$일 때, $\angle x$의 크기를 구하시오.

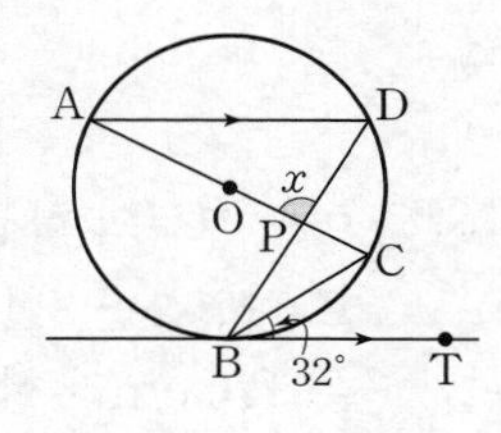

도전

12 오른쪽 그림에서 사각형 ABCD는 원에 내접하고 두 대각선 AC, BD는 점 P에서 만나고 서로 수직이다. 또 점 P에서 $\overline{BC}$에 내린 수선의 발을 E라 하고 $\overline{PE}$의 연장선과 $\overline{AD}$가 만나는 점을 F라 할 때, 다음 중 옳지 않은 것은?

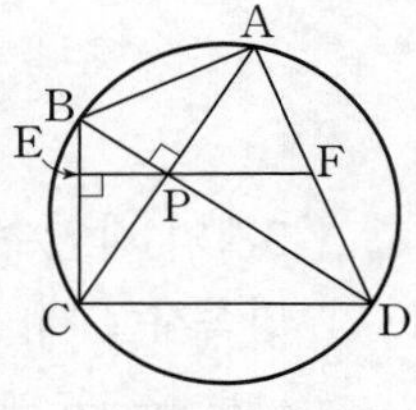

① $\overline{AP}=\overline{AF}$ ② $\overline{AF}=\overline{FD}$
③ $\angle FPD=\angle FDP$ ④ $\angle APF=\angle PAF$
⑤ $\angle CBP=\angle PAD$

실력 Up+

01 4개의 변량 $3a-1$, $3b-4$, $3c-4$, $3d-7$의 평균이 11일 때, 변량 a, b, c, d의 평균은?

① 3 ② 5 ③ 7
④ 9 ⑤ 11

02 어느 모둠의 학생 6명의 키를 작은 값부터 크기순으로 나열하면 3번째 학생의 키는 165 cm이고 중앙값은 170 cm라 한다. 이 모둠에 키가 178 cm인 학생이 들어왔을 때, 학생 7명의 키의 중앙값을 구하시오.

03 5개의 자연수로 이루어진 자료가 다음 조건을 모두 만족시킬 때, 이 자료의 중앙값을 구하시오.

> (가) 가장 작은 수는 8이고 가장 큰 수는 15이다.
> (나) 평균이 11이고 최빈값이 9이다.

04 다음 자료의 평균이 15이고 최빈값이 13일 때, $b-a$의 값은? (단, $a<b$)

> 15, 16, 12, 13, a, 17, b

① 2 ② 3 ③ 4
④ 5 ⑤ 6

05 민주는 네 번의 수학 수행평가에서 각각 80점, 91점, 93점, x점을 받았다. 점수의 중앙값은 92점이지만 평균은 90점 미만이었다고 할 때, 자연수 x의 값을 모두 구하시오.

06 다음 조건을 모두 만족시키는 a의 값의 범위를 구하시오.

> (가) 5개의 자연수 13, 22, 25, 30, a의 중앙값은 25이다.
> (나) 4개의 자연수 30, 40, 53, a의 중앙값은 35이다.

07 세 수 a, b, c의 평균은 10, 중앙값은 11, 분산은 14일 때, a, b, c의 값을 각각 구하시오. (단, $a<b<c$)

08 다음 표는 진희네 모둠 학생 5명의 몸무게에서 진희의 몸무게를 뺀 값을 나타낸 것이다. 이때 5명의 몸무게의 표준편차를 구하시오.

학생	윤희	민건	진희	현석	동주
뺀 값(kg)	-8	-5	0	1	2

09 모든 모서리의 길이의 평균이 5이고, 각 면의 넓이의 평균이 22인 직육면체가 있다. 이 직육면체의 높이가 3일 때, 모든 모서리의 길이의 표준편차는?

① 2 ② $\sqrt{5}$ ③ $\sqrt{6}$
④ $\sqrt{7}$ ⑤ $2\sqrt{2}$

10 50개의 변량 x_1, x_2, x_3, $\cdots$, x_{50}의 합이 200이고 각각의 변량의 제곱의 합이 1600일 때, 변량 x_1, x_2, x_3, $\cdots$, x_{50}의 평균과 표준편차를 각각 구하시오.

11 다음은 축구 선수 5명이 지난 대회에서 넣은 골의 수에 대한 편차이다. 표준편차가 $2\sqrt{2}$골일 때, ab의 값을 구하시오.

(단위: 골)

a, -3, b, 1, -2

12 10개의 변량 x_1, x_2, x_3, $\cdots$, x_{10}이 있다. 이 중에서 변량 x_1, x_2, x_3의 평균은 6, 분산은 4이고, 변량 x_4, x_5, x_6, x_7, x_8, x_9, x_{10}의 평균은 6, 분산은 6일 때, 전체 10개의 변량의 분산은?

① 5.1 ② 5.2 ③ 5.3
④ 5.4 ⑤ 5.5

도전

13 다음은 5명의 학생이 지난 일주일 동안 도서관에서 빌린 책의 권수를 조사하여 나타낸 표인데 일부분이 훼손되었다. 5명이 빌린 책의 권수의 분산이 16.4이고 철호가 빌린 책의 권수가 5명의 평균보다 클 때, 5명이 빌린 책의 권수의 평균을 구하시오.

학생	진우	민수	윤희	동주	철호
책의 권수(권)	2	8	13	9	

실력 Up+

01 아래 표는 학생 10명의 키와 발 크기를 조사하여 나타낸 것이다. 다음 중 키와 발 크기 사이의 상관관계와 유사한 상관관계를 갖는 것을 모두 고르면? (정답 2개)

키(cm)	168	152	165	158	160	175	162	156	152	174
발 크기(mm)	250	235	245	230	245	265	255	235	230	260

① 몸무게와 시력
② 자동차의 속도와 걸리는 시간
③ 통화 시간과 전화 요금
④ 산의 높이와 기온
⑤ 자동차의 크기와 무게

02 다음 중 두 변량 사이의 상관관계가 나머지 넷과 다른 하나는?

① 도시의 인구수와 학교 수
② 몸무게와 키
③ 석유의 생산량과 가격
④ 여름철 기온과 아이스크림 판매량
⑤ 가족 구성원의 수와 식비

03 어느 학급 학생 20명의 하루 평균 스마트폰 사용 시간과 수학 점수를 조사하였더니 스마트폰 사용 시간이 길수록 수학 점수가 낮다고 한다. 다음 중 스마트폰 사용 시간과 수학 점수 사이의 상관관계와 가장 유사한 상관관계를 갖는 것은?

① 키와 앉은키
② 예금액과 이자
③ 도시의 인구수와 교통량
④ 자동차의 이동 거리와 남은 연료의 양
⑤ 수학 성적과 머리둘레

04 오른쪽 그림은 윤희네 학교 선생님들의 키와 몸무게에 대한 산점도이다. 다음 학생들이 말한 내용 중 옳지 않은 것은?

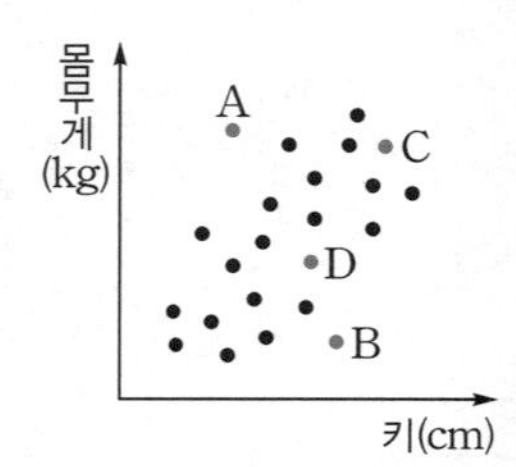

① 윤희: 키와 몸무게 사이에는 양의 상관관계가 있군.
② 동주: A 선생님은 키에 비해 몸무게가 무거운 편이야.
③ 진희: B 선생님은 키에 비해 상대적으로 마르셨어.
④ 다영: C 선생님은 키도 크고 몸무게도 무거워.
⑤ 영선: D 선생님은 B 선생님보다 키가 커.

05 오른쪽 그림은 각 나라의 땅의 넓이와 그 나라의 인구수에 대한 산점도이다. 다음 중 옳지 않은 것은?

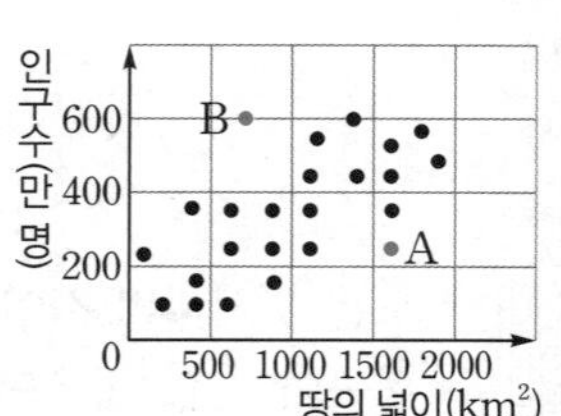

① 땅이 넓으면 인구수가 대체로 많다고 할 수 있다.
② 두 변량 사이에는 양의 상관관계가 있다.
③ A는 땅의 넓이에 비해 인구수가 적은 편이다.
④ B는 인구수에 비해 땅의 넓이가 좁은 편이다.
⑤ B는 A보다 땅의 넓이에 대한 인구 밀도가 낮은 편이다.

06 오른쪽 그림은 피겨스케이팅 선수 20명의 1차 시기 점수와 2차 시기 점수에 대한 산점도이다. 1차 시기 점수가 상위 30 % 이내인 선수 중에서 1, 2차 시기의 합산 점수가 상위 30 % 이내가 아닌 선수는 몇 명인지 구하시오.

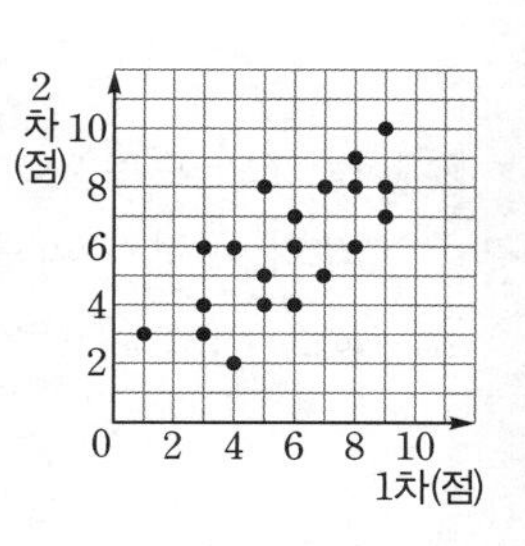

07 오른쪽 그림은 미영이네 반 학생 20명의 수학 점수와 국어 점수에 대한 산점도이다. 수학 점수와 국어 점수의 차가 20점 이상인 학생은 전체의 몇 %인가?

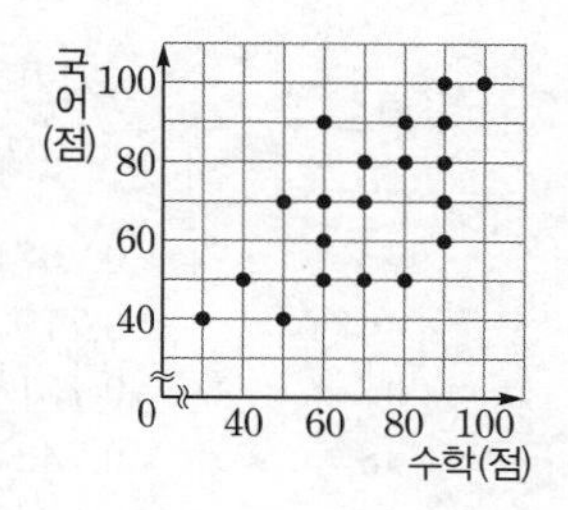

① 15 % ② 20 % ③ 25 %
④ 30 % ⑤ 35 %

08 오른쪽 그림은 두 변량 x와 y에 대한 산점도이다. 얼룩진 부분의 자료가 다음과 같을 때, 두 변량 x와 y 사이의 상관관계를 말하시오.

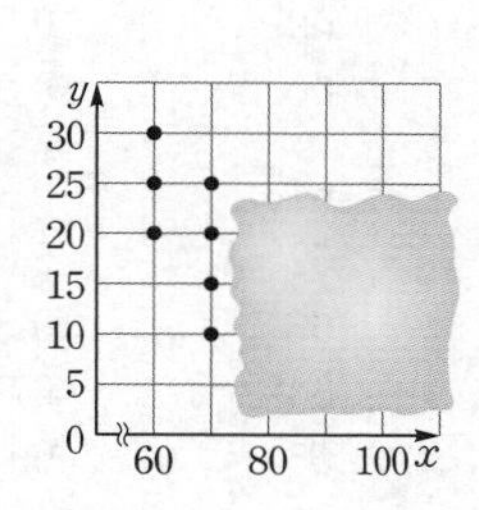

x	100	80	90	80	100	90	90	80
y	5	20	15	15	10	10	5	10

09 오른쪽 그림은 중학교 럭비 선수 15명의 100 m 달리기 기록과 오래 매달리기 기록에 대한 산점도이다. 오래 매달리기 기록이 상위 40 % 이내인 선수들의 100 m 달리기 기록의 평균을 구하시오.

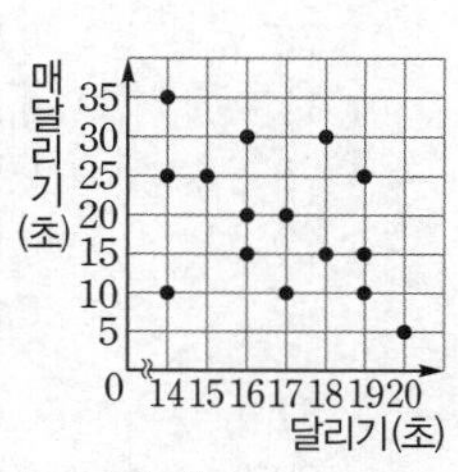

10 오른쪽 그림은 어느 학급 학생 25명의 영어 점수와 수학 점수에 대한 산점도이다. 두 과목의 총점이 상위 20 % 이내인 학생들의 총점의 평균을 구하시오.

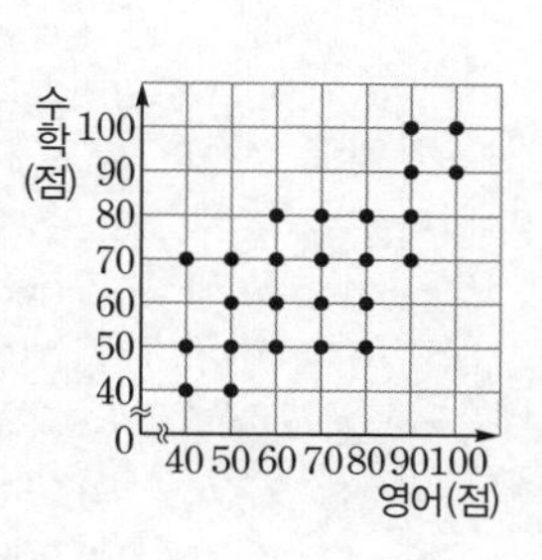

11 오른쪽 그림은 양궁 선수 15명이 1차, 2차에 걸쳐 활을 쏘아 얻은 점수에 대한 산점도이다. 1, 2차 점수의 평균으로 순위를 낼 때, 순위가 2위인 선수의 평균을 a점, 11위인 선수의 평균을 b점이라 하자. 이때 $a-b$의 값을 구하시오.

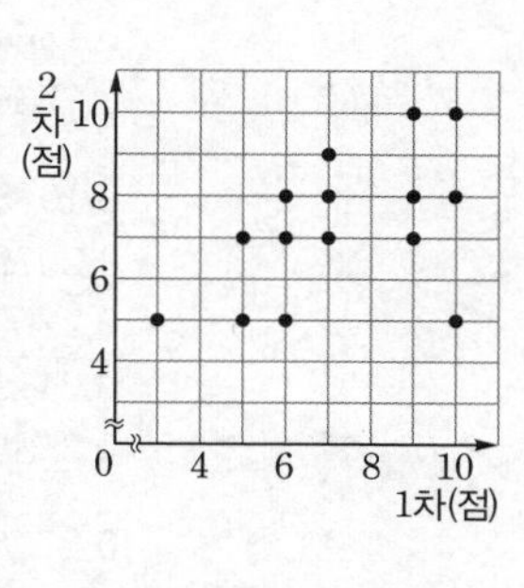

도전

12 오른쪽 그림은 글짓기와 과학 상상화 그리기 대회에 참가한 학생 15명의 점수에 대한 산점도이다. 다음 설명 중 옳지 않은 것은?

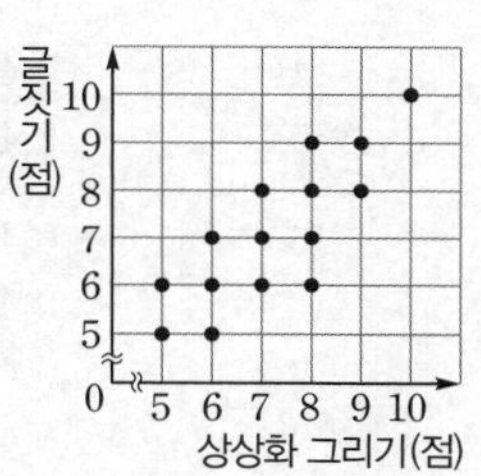

① 과학 상상화 그리기 점수와 글짓기 점수가 같은 학생 수는 6명이다.
② 두 대회에서 점수가 모두 7점 이하인 학생 수는 4명이다.
③ 과학 상상화 그리기 점수가 글짓기 점수보다 높은 학생 수는 5명이다.
④ 두 대회에서 점수가 모두 8점 이상인 학생들의 과학 상상화 그리기 점수의 평균은 8.8점이다.
⑤ 과학 상상화 그리기 점수가 높은 학생들이 글짓기 점수도 대체로 높다.

삼각비의 표

각도	사인 (sin)	코사인 (cos)	탄젠트 (tan)
0°	0.0000	1.0000	0.0000
1°	0.0175	0.9998	0.0175
2°	0.0349	0.9994	0.0349
3°	0.0523	0.9986	0.0524
4°	0.0698	0.9976	0.0699
5°	0.0872	0.9962	0.0875
6°	0.1045	0.9945	0.1051
7°	0.1219	0.9925	0.1228
8°	0.1392	0.9903	0.1405
9°	0.1564	0.9877	0.1584
10°	0.1736	0.9848	0.1763
11°	0.1908	0.9816	0.1944
12°	0.2079	0.9781	0.2126
13°	0.2250	0.9744	0.2309
14°	0.2419	0.9703	0.2493
15°	0.2588	0.9659	0.2679
16°	0.2756	0.9613	0.2867
17°	0.2924	0.9563	0.3057
18°	0.3090	0.9511	0.3249
19°	0.3256	0.9455	0.3443
20°	0.3420	0.9397	0.3640
21°	0.3584	0.9336	0.3839
22°	0.3746	0.9272	0.4040
23°	0.3907	0.9205	0.4245
24°	0.4067	0.9135	0.4452
25°	0.4226	0.9063	0.4663
26°	0.4384	0.8988	0.4877
27°	0.4540	0.8910	0.5095
28°	0.4695	0.8829	0.5317
29°	0.4848	0.8746	0.5543
30°	0.5000	0.8660	0.5774
31°	0.5150	0.8572	0.6009
32°	0.5299	0.8480	0.6249
33°	0.5446	0.8387	0.6494
34°	0.5592	0.8290	0.6745
35°	0.5736	0.8192	0.7002
36°	0.5878	0.8090	0.7265
37°	0.6018	0.7986	0.7536
38°	0.6157	0.7880	0.7813
39°	0.6293	0.7771	0.8098
40°	0.6428	0.7660	0.8391
41°	0.6561	0.7547	0.8693
42°	0.6691	0.7431	0.9004
43°	0.6820	0.7314	0.9325
44°	0.6947	0.7193	0.9657
45°	0.7071	0.7071	1.0000

각도	사인 (sin)	코사인 (cos)	탄젠트 (tan)
45°	0.7071	0.7071	1.0000
46°	0.7193	0.6947	1.0355
47°	0.7314	0.6820	1.0724
48°	0.7431	0.6691	1.1106
49°	0.7547	0.6561	1.1504
50°	0.7660	0.6428	1.1918
51°	0.7771	0.6293	1.2349
52°	0.7880	0.6157	1.2799
53°	0.7986	0.6018	1.3270
54°	0.8090	0.5878	1.3764
55°	0.8192	0.5736	1.4281
56°	0.8290	0.5592	1.4826
57°	0.8387	0.5446	1.5399
58°	0.8480	0.5299	1.6003
59°	0.8572	0.5150	1.6643
60°	0.8660	0.5000	1.7321
61°	0.8746	0.4848	1.8040
62°	0.8829	0.4695	1.8807
63°	0.8910	0.4540	1.9626
64°	0.8988	0.4384	2.0503
65°	0.9063	0.4226	2.1445
66°	0.9135	0.4067	2.2460
67°	0.9205	0.3907	2.3559
68°	0.9272	0.3746	2.4751
69°	0.9336	0.3584	2.6051
70°	0.9397	0.3420	2.7475
71°	0.9455	0.3256	2.9042
72°	0.9511	0.3090	3.0777
73°	0.9563	0.2924	3.2709
74°	0.9613	0.2756	3.4874
75°	0.9659	0.2588	3.7321
76°	0.9703	0.2419	4.0108
77°	0.9744	0.2250	4.3315
78°	0.9781	0.2079	4.7046
79°	0.9816	0.1908	5.1446
80°	0.9848	0.1736	5.6713
81°	0.9877	0.1564	6.3138
82°	0.9903	0.1392	7.1154
83°	0.9925	0.1219	8.1443
84°	0.9945	0.1045	9.5144
85°	0.9962	0.0872	11.4301
86°	0.9976	0.0698	14.3007
87°	0.9986	0.0523	19.0811
88°	0.9994	0.0349	28.6363
89°	0.9998	0.0175	57.2900
90°	1.0000	0.0000	

MEMO

MEMO

개념원리와 만나는 모든 방법

다양한 이벤트, 동기부여 콘텐츠 등
공부 자극에 필요한 모든 콘텐츠를 보고 싶다면?

개념원리 공식 인스타그램
@wonri_with

교재 속 QR코드 문제 풀이 영상 공부법까지
수학 공부에 필요한 모든 것

개념원리 공식 유튜브 채널
youtube.com/개념원리2022

개념원리에서 만들어지는 모든 콘텐츠를
정기적으로 받고 싶다면?

개념원리 공식
카카오뷰 채널

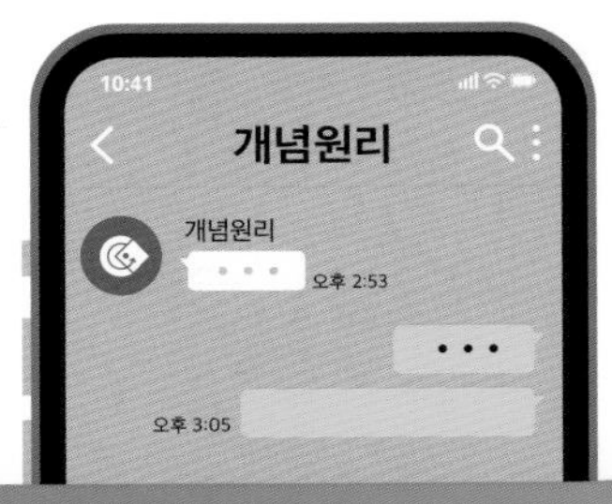

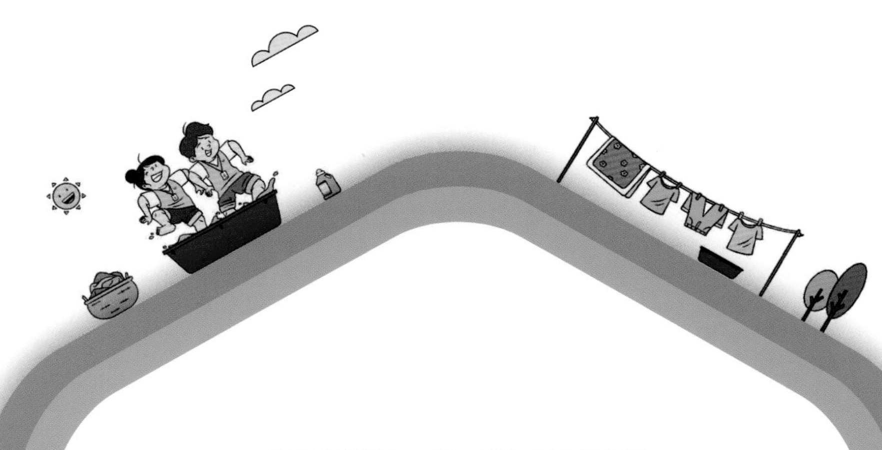

개념원리 RPM

중학 수학 3-2

정답과 풀이

개념원리 수학연구소

개념원리 RPM 중학 수학 3-2

정답과 풀이

친절한 풀이	정확하고 이해하기 쉬운 친절한 풀이
다른 풀이	수학적 사고력을 키우는 다양한 해결 방법 제시
서술형 분석	모범 답안과 단계별 배점 제시로 서술형 문제 완벽 대비

중학 수학 3-2

정답과 풀이

01 삼각비

교과서문제 정복하기

본문 p. 9, 11

0001 $\sin A=\frac{\overline{BC}}{\overline{AC}}=\frac{15}{17}$ 답 $\frac{15}{17}$

0002 $\cos A=\frac{\overline{AB}}{\overline{AC}}=\frac{8}{17}$ 답 $\frac{8}{17}$

0003 $\tan A=\frac{\overline{BC}}{\overline{AB}}=\frac{15}{8}$ 답 $\frac{15}{8}$

0004 $\sin C=\frac{\overline{AB}}{\overline{AC}}=\frac{8}{17}$ 답 $\frac{8}{17}$

0005 $\cos C=\frac{\overline{BC}}{\overline{AC}}=\frac{15}{17}$ 답 $\frac{15}{17}$

0006 $\tan C=\frac{\overline{AB}}{\overline{BC}}=\frac{8}{15}$ 답 $\frac{8}{15}$

0007 $\overline{AC}=\sqrt{4^2-3^2}=\sqrt{7}$ 답 $\sqrt{7}$

0008 $\sin B=\frac{\overline{AC}}{\overline{BC}}=\frac{\sqrt{7}}{4}$, $\cos B=\frac{\overline{AB}}{\overline{BC}}=\frac{3}{4}$

$\tan B=\frac{\overline{AC}}{\overline{AB}}=\frac{\sqrt{7}}{3}$

답 $\sin B=\frac{\sqrt{7}}{4}$, $\cos B=\frac{3}{4}$, $\tan B=\frac{\sqrt{7}}{3}$

0009 $\sin B=\frac{\overline{AC}}{\overline{AB}}$이므로 $\frac{x}{9}=\frac{2}{3}$에서

$x=6$ 답 6

0010 $\cos A=\frac{\overline{AB}}{\overline{AC}}$이므로 $\frac{x}{12}=\frac{\sqrt{3}}{2}$에서

$x=6\sqrt{3}$ 답 $6\sqrt{3}$

0011 $\tan A=\frac{\overline{BC}}{\overline{AC}}$이므로 $\frac{10}{x}=\frac{\sqrt{5}}{5}$에서

$\sqrt{5}x=50$ $\therefore x=10\sqrt{5}$ 답 $10\sqrt{5}$

0012 $\sin 30^\circ+\cos 60^\circ=\frac{1}{2}+\frac{1}{2}=1$ 답 1

0013 $\tan 45^\circ+\sin 45^\circ=1+\frac{\sqrt{2}}{2}=\frac{2+\sqrt{2}}{2}$ 답 $\frac{2+\sqrt{2}}{2}$

0014 $\tan 60^\circ-\sin 60^\circ=\sqrt{3}-\frac{\sqrt{3}}{2}=\frac{\sqrt{3}}{2}$ 답 $\frac{\sqrt{3}}{2}$

0015 $\sin^2 45^\circ+\cos^2 45^\circ=\left(\frac{\sqrt{2}}{2}\right)^2+\left(\frac{\sqrt{2}}{2}\right)^2$

$=\frac{1}{2}+\frac{1}{2}=1$ 답 1

0016 $\tan 30^\circ\times\cos 30^\circ=\frac{\sqrt{3}}{3}\times\frac{\sqrt{3}}{2}=\frac{1}{2}$ 답 $\frac{1}{2}$

0017 $\cos 30^\circ\div\tan 60^\circ=\frac{\sqrt{3}}{2}\div\sqrt{3}$

$=\frac{\sqrt{3}}{2}\times\frac{1}{\sqrt{3}}=\frac{1}{2}$ 답 $\frac{1}{2}$

0018 답 45°

0019 답 30°

0020 답 60°

0021 $\tan 30^\circ=\frac{x}{6}=\frac{\sqrt{3}}{3}$이므로 $x=2\sqrt{3}$

$\cos 30^\circ=\frac{6}{y}=\frac{\sqrt{3}}{2}$이므로 $\sqrt{3}y=12$ $\therefore y=4\sqrt{3}$

답 $x=2\sqrt{3}$, $y=4\sqrt{3}$

다른풀이

$\sin 30^\circ=\frac{2\sqrt{3}}{y}=\frac{1}{2}$이므로 $y=4\sqrt{3}$

0022 $\cos 45^\circ=\frac{4}{x}=\frac{\sqrt{2}}{2}$이므로 $\sqrt{2}x=8$ $\therefore x=4\sqrt{2}$

$\tan 45^\circ=\frac{y}{4}=1$이므로 $y=4$ 답 $x=4\sqrt{2}$, $y=4$

0023 $\cos 60^\circ=\frac{x}{4}=\frac{1}{2}$이므로 $x=2$

$\sin 60^\circ=\frac{y}{4}=\frac{\sqrt{3}}{2}$이므로 $y=2\sqrt{3}$ 답 $x=2$, $y=2\sqrt{3}$

0024 $\sin 30^\circ=\frac{x}{2\sqrt{3}}=\frac{1}{2}$이므로 $x=\sqrt{3}$

$\cos 30^\circ=\frac{y}{2\sqrt{3}}=\frac{\sqrt{3}}{2}$이므로 $y=3$ 답 $x=\sqrt{3}$, $y=3$

0025 $\sin x=\frac{\overline{AB}}{\overline{OA}}=\frac{\overline{AB}}{1}=\overline{AB}$ 답 $\overline{AB}$

0026 $\cos x=\frac{\overline{OB}}{\overline{OA}}=\frac{\overline{OB}}{1}=\overline{OB}$ 답 $\overline{OB}$

0027 $\tan x=\frac{\overline{CD}}{\overline{OD}}=\frac{\overline{CD}}{1}=\overline{CD}$ 답 $\overline{CD}$

0028 $\sin y=\frac{\overline{OB}}{\overline{OA}}=\frac{\overline{OB}}{1}=\overline{OB}$ 답 $\overline{OB}$

0029 $\cos y=\frac{\overline{AB}}{\overline{OA}}=\frac{\overline{AB}}{1}=\overline{AB}$ 답 $\overline{AB}$

0030 $\sin 56°=\frac{0.83}{1}=0.83$ 답 0.83

0031 $\cos 56°=\frac{0.56}{1}=0.56$ 답 0.56

0032 $\tan 56°=\frac{1.48}{1}=1.48$ 답 1.48

0033 $90°-56°=34°$이므로
$\sin 34°=\frac{0.56}{1}=0.56$ 답 0.56

0034 $\cos 34°=\frac{0.83}{1}=0.83$ 답 0.83

0035 $\tan 0°+\sin 0°=0+0=0$ 답 0

0036 $\sin 0°+\cos 0°=0+1=1$ 답 1

0037 $\tan 0°-\cos 90°+\sin 90°=0-0+1=1$ 답 1

0038 $\sin 90°\times\sin 30°=1\times\frac{1}{2}=\frac{1}{2}$ 답 $\frac{1}{2}$

0039 $\cos 90°+\sin 0°\times\sin 90°=0+0\times1=0$ 답 0

0040 $0°\le x\le 90°$인 범위에서 x의 크기가 증가하면 $\cos x$의 값은 감소하므로
$\cos 20°$ [>] $\cos 70°$ 답 >

0041 $0°\le x\le 90°$인 범위에서 x의 크기가 증가하면 $\sin x$의 값도 증가하므로
$\sin 20°$ [<] $\sin 70°$ 답 <

0042 $0°\le x<90°$인 범위에서 x의 크기가 증가하면 $\tan x$의 값은 무한히 증가하므로
$\tan 20°$ [<] $\tan 70°$ 답 <

0043 $0°\le x<45°$일 때, $\sin x<\cos x$이므로
$\sin 25°$ [<] $\cos 25°$ 답 <

0044 답 =

0045 답 0.7431

0046 답 0.6293

0047 답 1.0355

0048 답 0.7547

0049 답 0.6820

0050 답 1.1918

0051 답 50°

0052 답 49°

0053 답 51°

유형 익히기

본문 p.12~20

0054 $\overline{BC}=\sqrt{2^2+4^2}=\sqrt{20}=2\sqrt{5}$이므로
① $\sin B=\frac{4}{2\sqrt{5}}=\frac{2\sqrt{5}}{5}$
② $\cos B=\frac{2}{2\sqrt{5}}=\frac{\sqrt{5}}{5}$
③ $\sin C=\frac{2}{2\sqrt{5}}=\frac{\sqrt{5}}{5}$
④ $\cos C=\frac{4}{2\sqrt{5}}=\frac{2\sqrt{5}}{5}$
⑤ $\tan C=\frac{2}{4}=\frac{1}{2}$
따라서 옳은 것은 ③이다. 답 ③

0055 $\sin A=\frac{a}{b}$, $\cos A=\frac{c}{b}$, $\tan A=\frac{a}{c}$
$\sin C=\frac{c}{b}$, $\cos C=\frac{a}{b}$, $\tan C=\frac{c}{a}$
$\therefore \sin A=\cos C$ 답 ④

0056 $\overline{AC}=\sqrt{10^2-8^2}=\sqrt{36}=6$이므로

$\sin B=\frac{6}{10}=\frac{3}{5}$, $\cos B=\frac{8}{10}=\frac{4}{5}$

$\therefore \sin B+\cos B=\frac{3}{5}+\frac{4}{5}=\frac{7}{5}$ 답 $\frac{7}{5}$

0057 $\overline{AB}:\overline{AC}=2:3$이므로 $\overline{AB}=2k$, $\overline{AC}=3k$ $(k>0)$라 하면

$\overline{BC}=\sqrt{(3k)^2-(2k)^2}=\sqrt{5k^2}=\sqrt{5}k$

$\therefore \tan A=\frac{\overline{BC}}{\overline{AB}}=\frac{\sqrt{5}k}{2k}=\frac{\sqrt{5}}{2}$ 답 ⑤

0058 $\triangle ADC$에서 $\overline{AC}=\sqrt{(\sqrt{34})^2-3^2}=\sqrt{25}=5$

$\triangle ABC$에서 $\overline{BC}=\sqrt{13^2-5^2}=\sqrt{144}=12$

$\therefore \sin x=\frac{\overline{BC}}{\overline{AB}}=\frac{12}{13}$ 답 $\frac{12}{13}$

0059 $\triangle ABC$에서 $\overline{BC}=\sqrt{15^2-12^2}=\sqrt{81}=9$이므로

$\tan x=\frac{\overline{AC}}{\overline{BC}}=\frac{12}{9}=\frac{4}{3}$

$\triangle ADC$에서 $\overline{DC}=\sqrt{13^2-12^2}=\sqrt{25}=5$이므로

$\tan y=\frac{\overline{AC}}{\overline{DC}}=\frac{12}{5}$

$\therefore \tan x\times\tan y=\frac{4}{3}\times\frac{12}{5}=\frac{16}{5}$ 답 ⑤

0060 $\triangle ABC$에서 $\overline{BC}=\sqrt{(\sqrt{21})^2-3^2}=\sqrt{12}=2\sqrt{3}$이므로

$\overline{BD}=\frac{1}{2}\overline{BC}=\frac{1}{2}\times2\sqrt{3}=\sqrt{3}$

$\therefore \tan x=\frac{\overline{BD}}{\overline{AB}}=\frac{\sqrt{3}}{3}$ 답 $\frac{\sqrt{3}}{3}$

0061 $\sin A=\frac{\overline{BC}}{20}=\frac{3}{5}$이므로 $\overline{BC}=12$

$\therefore \overline{AC}=\sqrt{20^2-12^2}=\sqrt{256}=16$ 답 ⑤

0062 $\tan B=\frac{6}{\overline{AB}}=3$이므로 $\overline{AB}=2$

$\overline{BC}=\sqrt{6^2+2^2}=\sqrt{40}=2\sqrt{10}$이므로

$\sin C=\frac{\overline{AB}}{\overline{BC}}=\frac{2}{2\sqrt{10}}=\frac{\sqrt{10}}{10}$ 답 $\frac{\sqrt{10}}{10}$

0063 $\cos A=\frac{\overline{AB}}{12}=\frac{\sqrt{5}}{3}$이므로 $\overline{AB}=4\sqrt{5}$

······ ㉮

$\overline{BC}=\sqrt{12^2-(4\sqrt{5})^2}=\sqrt{64}=8$이므로

······ ㉯

$\triangle ABC=\frac{1}{2}\times4\sqrt{5}\times8=16\sqrt{5}$

······ ㉰

답 $16\sqrt{5}$

단계	채점요소	배점
㉮	$\overline{AB}$의 길이 구하기	40 %
㉯	$\overline{BC}$의 길이 구하기	40 %
㉰	$\triangle ABC$의 넓이 구하기	20 %

0064 $\triangle ABH$에서 $\sin B=\frac{\overline{AH}}{20}=\frac{3}{4}$이므로

$\overline{AH}=15$

$\triangle AHC$에서 $\overline{CH}=\sqrt{17^2-15^2}=\sqrt{64}=8$

$\therefore \cos C=\frac{\overline{CH}}{\overline{AC}}=\frac{8}{17}$ 답 $\frac{8}{17}$

0065 $\sin A=\frac{5}{6}$이므로 이를 만족시키는 직각삼각형 ABC를 그리면 오른쪽 그림과 같다.

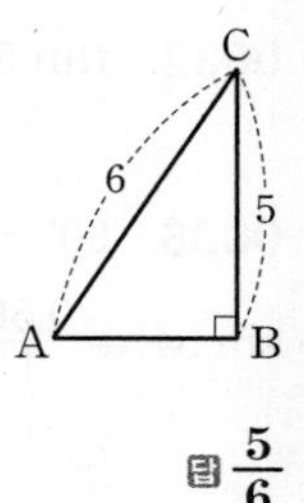

$\overline{AB}=\sqrt{6^2-5^2}=\sqrt{11}$이므로

$\cos A\times\tan A=\frac{\sqrt{11}}{6}\times\frac{5}{\sqrt{11}}=\frac{5}{6}$

답 $\frac{5}{6}$

0066 $\angle B=90°$이고 $\cos A=\frac{6}{7}$인 직각삼각형 ABC를 그리면 오른쪽 그림과 같다.

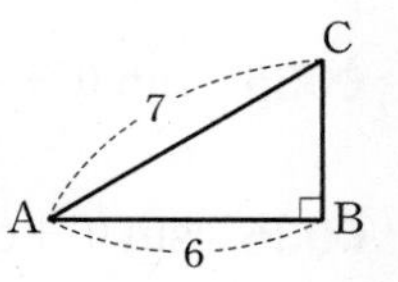

$\overline{BC}=\sqrt{7^2-6^2}=\sqrt{13}$이므로

$\tan C=\frac{6}{\sqrt{13}}=\frac{6\sqrt{13}}{13}$ 답 ⑤

0067 $2\tan A-3=0$에서 $\tan A=\frac{3}{2}$

이를 만족시키는 직각삼각형 ABC를 그리면 오른쪽 그림과 같다.

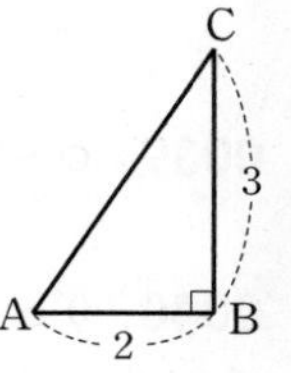

$\overline{AC}=\sqrt{2^2+3^2}=\sqrt{13}$이므로

$\sin A=\frac{3}{\sqrt{13}}=\frac{3\sqrt{13}}{13}$

$\cos A=\frac{2}{\sqrt{13}}=\frac{2\sqrt{13}}{13}$

$\therefore \frac{\sin A+\cos A}{\sin A-\cos A}=\frac{\frac{3\sqrt{13}}{13}+\frac{2\sqrt{13}}{13}}{\frac{3\sqrt{13}}{13}-\frac{2\sqrt{13}}{13}}=5$ 답 ③

0068 $3\cos A-2=0$에서 $\cos A=\frac{2}{3}$

······ ㉮

이를 만족시키는 직각삼각형 ABC를 그리면 오른쪽 그림과 같다.

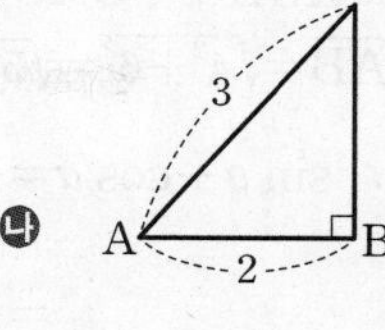

$\overline{BC}=\sqrt{3^2-2^2}=\sqrt{5}$이므로 ········· ㉯

$\sin A=\frac{\sqrt{5}}{3}$, $\tan A=\frac{\sqrt{5}}{2}$ ········· ㉰

$\therefore 30\sin A\times\tan A=30\times\frac{\sqrt{5}}{3}\times\frac{\sqrt{5}}{2}=25$ ········· ㉱

답 **25**

단계	채점요소	배점
㉮	$\cos A$의 값 구하기	20 %
㉯	$\overline{BC}$의 길이 구하기	20 %
㉰	$\sin A$, $\tan A$의 값 구하기	40 %
㉱	$30\sin A\times\tan A$의 값 구하기	20 %

0069 △ABC와 △DBA에서

∠B는 공통,

∠BAC=∠BDA=90°

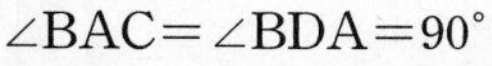

이므로 △ABC∽△DBA (AA 닮음)

$\therefore$ ∠BCA=∠BAD=x

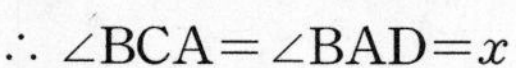

같은 방법으로 △ABC∽△DAC (AA 닮음)이므로

∠ABC=∠DAC=y

△ABC에서 $\overline{BC}=\sqrt{9^2+12^2}=\sqrt{225}=15$이므로

$\sin x=\frac{\overline{AB}}{\overline{BC}}=\frac{9}{15}=\frac{3}{5}$

$\cos y=\frac{\overline{AB}}{\overline{BC}}=\frac{9}{15}=\frac{3}{5}$

$\therefore \sin x+\cos y=\frac{3}{5}+\frac{3}{5}=\frac{6}{5}$

답 $\frac{6}{5}$

0070 △ABC와 △DBA에서

∠B는 공통,

∠BAC=∠BDA=90°

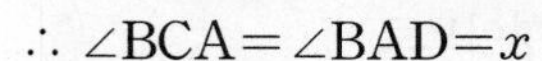

이므로 △ABC∽△DBA (AA 닮음)

$\therefore$ ∠BCA=∠BAD=x

△ABC에서 $\overline{BC}=\sqrt{4^2+2^2}=\sqrt{20}=2\sqrt{5}$이므로

$\cos x=\frac{\overline{AC}}{\overline{BC}}=\frac{2}{2\sqrt{5}}=\frac{\sqrt{5}}{5}$

답 $\frac{\sqrt{5}}{5}$

0071 △ABC와 △CBD에서

∠B는 공통,

∠ACB=∠CDB=90°

이므로 △ABC∽△CBD (AA 닮음)

$\therefore$ ∠BAC=∠BCD

같은 방법으로 △ABC∽△ACD (AA 닮음)이므로

∠ABC=∠ACD

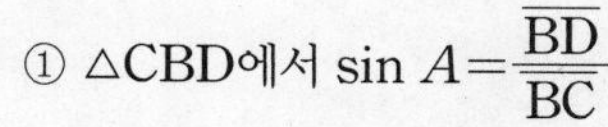

① △CBD에서 $\sin A=\frac{\overline{BD}}{\overline{BC}}$

② △CBD에서 $\cos A=\frac{\overline{CD}}{\overline{BC}}$

③ △CBD에서 $\tan A=\frac{\overline{BD}}{\overline{CD}}$

④ △ACD에서 $\sin B=\frac{\overline{AD}}{\overline{AC}}$

⑤ △ACD에서 $\tan B=\frac{\overline{AD}}{\overline{CD}}$

따라서 옳지 않은 것은 ④이다.

답 ④

0072 △ABD와 △HAD에서

∠D는 공통,

∠BAD=∠AHD=90°

이므로 △ABD∽△HAD (AA 닮음)

$\therefore$ ∠ABD=∠HAD=x

△ABD에서 $\overline{BD}=\sqrt{6^2+8^2}=\sqrt{100}=10$이므로

$\sin x=\frac{\overline{AD}}{\overline{BD}}=\frac{8}{10}=\frac{4}{5}$

$\cos x=\frac{\overline{AB}}{\overline{BD}}=\frac{6}{10}=\frac{3}{5}$

$\therefore \sin x-\cos x=\frac{4}{5}-\frac{3}{5}=\frac{1}{5}$

답 $\frac{1}{5}$

0073 △ABC와 △EDC에서

∠C는 공통,

∠BAC=∠DEC=90°

이므로 △ABC∽△EDC (AA 닮음)

$\therefore$ ∠ABC=∠EDC=x

△ABC에서 $\overline{BC}=\sqrt{8^2+15^2}=\sqrt{289}=17$이므로

$\cos x=\frac{\overline{AB}}{\overline{BC}}=\frac{8}{17}$

답 $\frac{8}{17}$

0074 △ABC와 △EDC에서

∠C는 공통,

∠BAC=∠DEC=90°

이므로 △ABC∽△EDC (AA 닮음)

$\therefore$ ∠ABC=∠EDC=x

△ABC에서 $\overline{AB}=\sqrt{9^2-6^2}=\sqrt{45}=3\sqrt{5}$이므로

$\cos x=\frac{\overline{AB}}{\overline{BC}}=\frac{3\sqrt{5}}{9}=\frac{\sqrt{5}}{3}$

답 $\frac{\sqrt{5}}{3}$

0075 △ABC와 △AED에서

∠A는 공통,

∠ACB=∠ADE=90°

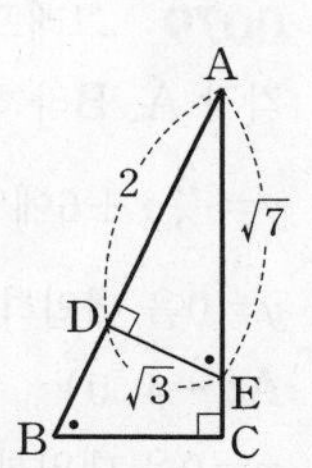

이므로 △ABC∽△AED (AA 닮음)

$\therefore$ ∠ABC=∠AED

△AED에서 $\overline{DE}=\sqrt{(\sqrt{7})^2-2^2}=\sqrt{3}$이므로

$\sin B=\frac{\overline{AD}}{\overline{AE}}=\frac{2}{\sqrt{7}}=\frac{2\sqrt{7}}{7}$

$\cos B=\frac{\overline{DE}}{\overline{AE}}=\frac{\sqrt{3}}{\sqrt{7}}=\frac{\sqrt{21}}{7}$

$\therefore \sin B\times\cos B=\frac{2\sqrt{7}}{7}\times\frac{\sqrt{21}}{7}=\frac{2\sqrt{3}}{7}$ 답 $\frac{2\sqrt{3}}{7}$

0076 △ABC와 △DEC에서 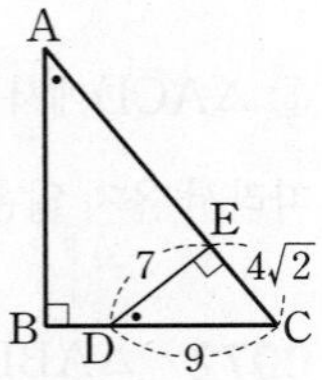
∠C는 공통,
∠ABC=∠DEC=90°
이므로 △ABC∽△DEC (AA 닮음)
∴ ∠BAC=∠EDC
△DEC에서 $\overline{CE}=\sqrt{9^2-7^2}=\sqrt{32}=4\sqrt{2}$이므로

$\sin A=\frac{\overline{CE}}{\overline{DC}}=\frac{4\sqrt{2}}{9}$

$\tan A=\frac{\overline{CE}}{\overline{DE}}=\frac{4\sqrt{2}}{7}$

$\therefore \frac{\sin A}{\tan A}=\frac{4\sqrt{2}}{9}\div\frac{4\sqrt{2}}{7}=\frac{4\sqrt{2}}{9}\times\frac{7}{4\sqrt{2}}=\frac{7}{9}$ 답 $\frac{7}{9}$

0077 그래프가 x축, y축과 만나는 점을 각각 A, B라 하자.
$x-2y+8=0$에
$y=0$을 대입하여 정리하면 $x=-8$이므로 A$(-8, 0)$
$x=0$을 대입하여 정리하면 $y=4$이므로 B$(0, 4)$
△AOB에서 $\overline{OA}=8$, $\overline{OB}=4$이므로
$\overline{AB}=\sqrt{8^2+4^2}=\sqrt{80}=4\sqrt{5}$

$\therefore \sin\alpha\times\tan\alpha=\frac{\overline{OB}}{\overline{AB}}\times\frac{\overline{OB}}{\overline{OA}}$
$=\frac{4}{4\sqrt{5}}\times\frac{4}{8}=\frac{\sqrt{5}}{10}$ 답 $\frac{\sqrt{5}}{10}$

0078 그래프가 x축, y축과 만나는 점을 각각 A, B라 하자.
$4x+3y-6=0$에
$y=0$을 대입하여 정리하면 $x=\frac{3}{2}$이므로 A$\left(\frac{3}{2}, 0\right)$
$x=0$을 대입하여 정리하면 $y=2$이므로 B$(0, 2)$
△ABO에서 $\overline{OA}=\frac{3}{2}$, $\overline{OB}=2$이므로

$\tan\alpha=\frac{\overline{OB}}{\overline{OA}}=\frac{2}{\frac{3}{2}}=\frac{4}{3}$ 답 $\frac{4}{3}$

0079 그래프가 x축, y축과 만나는 점을 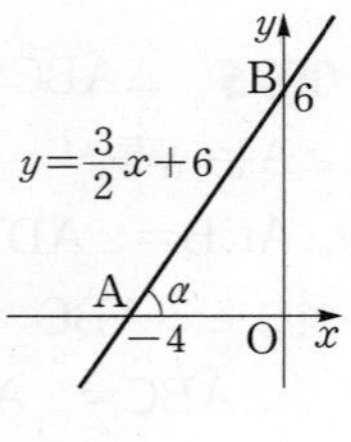
각각 A, B라 하자.
$y=\frac{3}{2}x+6$에
$y=0$을 대입하여 정리하면 $x=-4$이므로
A$(-4, 0)$
$x=0$을 대입하면 $y=6$이므로 B$(0, 6)$
△AOB에서 $\overline{OA}=4$, $\overline{OB}=6$이므로
$\overline{AB}=\sqrt{4^2+6^2}=\sqrt{52}=2\sqrt{13}$

$\therefore \sin\alpha-\cos\alpha=\frac{\overline{OB}}{\overline{AB}}-\frac{\overline{OA}}{\overline{AB}}=\frac{6}{2\sqrt{13}}-\frac{4}{2\sqrt{13}}$
$=\frac{\sqrt{13}}{13}$ 답 $\frac{\sqrt{13}}{13}$

0080 그래프가 x축, y축과 만나는 점을 각각 A, B라 하자.
$y=2x-1$에
$y=0$을 대입하여 정리하면 $x=\frac{1}{2}$이므로
A$\left(\frac{1}{2}, 0\right)$
$x=0$을 대입하면 $y=-1$이므로 B$(0, -1)$
△OBA에서 $\overline{OA}=\frac{1}{2}$, $\overline{OB}=1$이므로

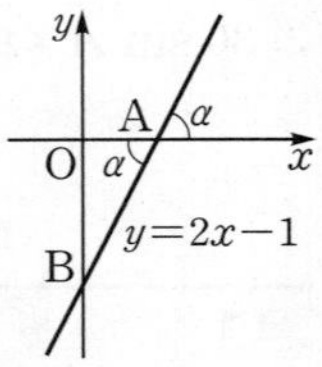

$\overline{AB}=\sqrt{\left(\frac{1}{2}\right)^2+1^2}=\sqrt{\frac{5}{4}}=\frac{\sqrt{5}}{2}$

이때 $\angle OAB=\alpha$ (맞꼭지각)이므로

$\sin\alpha=\frac{\overline{OB}}{\overline{AB}}=\frac{1}{\frac{\sqrt{5}}{2}}=\frac{2\sqrt{5}}{5}$

$\cos\alpha=\frac{\overline{OA}}{\overline{AB}}=\frac{\frac{1}{2}}{\frac{\sqrt{5}}{2}}=\frac{\sqrt{5}}{5}$

$\therefore \sin^2\alpha-\cos^2\alpha=\left(\frac{2\sqrt{5}}{5}\right)^2-\left(\frac{\sqrt{5}}{5}\right)^2=\frac{4}{5}-\frac{1}{5}=\frac{3}{5}$ 답 $\frac{3}{5}$

0081 △EFG에서 $\overline{EG}=\sqrt{3^2+3^2}=\sqrt{18}=3\sqrt{2}$
△CEG는 ∠CGE=90°인 직각삼각형이므로
$\overline{CE}=\sqrt{(3\sqrt{2})^2+3^2}=\sqrt{27}=3\sqrt{3}$

$\therefore \cos x=\frac{\overline{EG}}{\overline{CE}}=\frac{3\sqrt{2}}{3\sqrt{3}}=\frac{\sqrt{6}}{3}$ 답 ④

0082 △FGH에서 $\overline{FH}=\sqrt{8^2+6^2}=\sqrt{100}=10$
△DFH는 ∠DHF=90°인 직각삼각형이므로
$\overline{DF}=\sqrt{10^2+4^2}=\sqrt{116}=2\sqrt{29}$
…… 가

$\therefore \sin x=\frac{\overline{DH}}{\overline{DF}}=\frac{4}{2\sqrt{29}}=\frac{2\sqrt{29}}{29}$

$\cos x=\frac{\overline{FH}}{\overline{DF}}=\frac{10}{2\sqrt{29}}=\frac{5\sqrt{29}}{29}$
…… 나

$\therefore \sin x\times\cos x=\frac{2\sqrt{29}}{29}\times\frac{5\sqrt{29}}{29}=\frac{10}{29}$
…… 다

답 $\frac{10}{29}$

단계	채점요소	배점
㉮	$\overline{\mathrm{FH}}$, $\overline{\mathrm{DF}}$의 길이 구하기	40 %
㉯	$\sin x$, $\cos x$의 값 구하기	40 %
㉰	$\sin x \times \cos x$의 값 구하기	20 %

0083 △ABM은 ∠AMB=90°인 직각삼각형이므로

$\overline{\mathrm{AM}}=\sqrt{6^2-3^2}=\sqrt{27}=3\sqrt{3}$

$\overline{\mathrm{DM}}=\overline{\mathrm{AM}}=3\sqrt{3}$

오른쪽 그림과 같이 꼭짓점 A에서 △BCD에 내린 수선의 발을 H라 하면 점 H는 △BCD의 무게중심이므로

$\overline{\mathrm{MH}}=\frac{1}{3}\overline{\mathrm{DM}}=\frac{1}{3}\times 3\sqrt{3}=\sqrt{3}$

△AMH에서

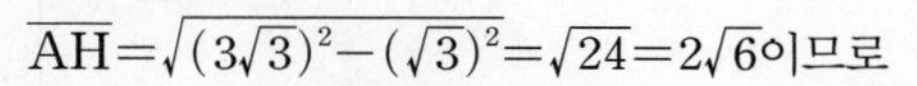

$\overline{\mathrm{AH}}=\sqrt{(3\sqrt{3})^2-(\sqrt{3})^2}=\sqrt{24}=2\sqrt{6}$이므로

$\sin x=\frac{\overline{\mathrm{AH}}}{\overline{\mathrm{AM}}}=\frac{2\sqrt{6}}{3\sqrt{3}}=\frac{2\sqrt{2}}{3}$

$\tan x=\frac{\overline{\mathrm{AH}}}{\overline{\mathrm{MH}}}=\frac{2\sqrt{6}}{\sqrt{3}}=2\sqrt{2}$

$\therefore \frac{\sin x}{\tan x}=\frac{2\sqrt{2}}{3}\div 2\sqrt{2}=\frac{2\sqrt{2}}{3}\times\frac{1}{2\sqrt{2}}=\frac{1}{3}$ 답 ②

다른풀이

$$\frac{\sin x}{\tan x}=\frac{\frac{\overline{\mathrm{AH}}}{\overline{\mathrm{AM}}}}{\frac{\overline{\mathrm{AH}}}{\overline{\mathrm{MH}}}}=\frac{\overline{\mathrm{MH}}}{\overline{\mathrm{AM}}}=\frac{\frac{1}{3}\overline{\mathrm{DM}}}{\overline{\mathrm{AM}}}=\frac{\frac{1}{3}\overline{\mathrm{AM}}}{\overline{\mathrm{AM}}}=\frac{1}{3}$$

참고

정사면체의 꼭짓점에서 밑면에 내린 수선의 발은 밑면인 정삼각형의 무게중심이다.

0084 ① (좌변)$=\frac{1}{2}+\frac{\sqrt{3}}{2}=\frac{1+\sqrt{3}}{2}$

② (좌변)$=\sqrt{3}\times\frac{\sqrt{3}}{2}-\sqrt{2}\times\frac{\sqrt{2}}{2}=\frac{3}{2}-1=\frac{1}{2}$

③ (좌변)$=\sqrt{3}\times\frac{\sqrt{3}}{3}-2\times\frac{1}{2}=1-1=0$

④ (좌변)$=\sqrt{3}\div\frac{\sqrt{3}}{2}-1=2-1=1$

⑤ (좌변)$=\frac{\sqrt{3}}{3}\times\frac{\sqrt{2}}{2}-\frac{1}{2}=\frac{\sqrt{6}}{6}-\frac{1}{2}=\frac{\sqrt{6}-3}{6}$

따라서 옳지 않은 것은 ①, ④이다. 답 ①, ④

0085 (주어진 식)$=\left(1-\frac{\sqrt{2}}{2}-\frac{1}{2}\right)\left(1+\frac{\sqrt{2}}{2}-\frac{1}{2}\right)$

$=\left(\frac{1}{2}-\frac{\sqrt{2}}{2}\right)\left(\frac{1}{2}+\frac{\sqrt{2}}{2}\right)$

$=\frac{1}{4}-\frac{1}{2}=-\frac{1}{4}$ 답 $-\frac{1}{4}$

0086 (주어진 식)$=\sqrt{3}\times\sqrt{3}+\frac{\sqrt{2}\times\frac{\sqrt{2}}{2}-2\times 1}{\sqrt{3}\times\frac{\sqrt{3}}{3}+2\times\frac{1}{2}}$

$=3+\frac{1-2}{1+1}=3-\frac{1}{2}=\frac{5}{2}$ 답 $\frac{5}{2}$

0087 세 내각의 크기의 비가 3 : 4 : 5이고 삼각형의 내각의 크기의 합은 180°이므로

$A=180°\times\frac{3}{3+4+5}=45°$

$\therefore \sin A\times\cos A\times\tan A=\sin 45°\times\cos 45°\times\tan 45°$

$=\frac{\sqrt{2}}{2}\times\frac{\sqrt{2}}{2}\times 1=\frac{1}{2}$ 답 $\frac{1}{2}$

0088 $0°<x<30°$에서 $0°<2x<60°$

$\therefore 30°<2x+30°<90°$

$\cos 60°=\frac{1}{2}$이므로

$2x+30°=60°$ $\therefore x=15°$

$\therefore \tan 3x-\sin 2x=\tan 45°-\sin 30°$

$=1-\frac{1}{2}=\frac{1}{2}$ 답 $\frac{1}{2}$

0089 $10°<x<55°$에서 $20°<2x<110°$

$\therefore 0°<2x-20°<90°$

$\sin 60°=\frac{\sqrt{3}}{2}$이므로

$2x-20°=60°$ $\therefore x=40°$ 답 40°

0090 $0°<x<15°$에서 $-45°<-3x<0°$

$\therefore 15°<60°-3x<60°$

$\tan 45°=1$이므로

$60°-3x=45°$ $\therefore x=5°$

∴ (주어진 식)$=\cos 45°\times\sin 30°$

$=\frac{\sqrt{2}}{2}\times\frac{1}{2}=\frac{\sqrt{2}}{4}$ 답 $\frac{\sqrt{2}}{4}$

0091 $4x^2-4x+1=0$에서 $(2x-1)^2=0$

$\therefore x=\frac{1}{2}$

따라서 $\cos A=\frac{1}{2}$이므로 ∠A=60° 답 60°

0092 △ABD에서 $\sin 45°=\frac{\overline{\mathrm{AD}}}{6\sqrt{2}}=\frac{\sqrt{2}}{2}$

$2\overline{\mathrm{AD}}=12$ $\therefore \overline{\mathrm{AD}}=6$

△ADC에서 $\sin 60°=\frac{6}{\overline{\mathrm{AC}}}=\frac{\sqrt{3}}{2}$

$\sqrt{3}\,\overline{\mathrm{AC}}=12$ $\therefore \overline{\mathrm{AC}}=4\sqrt{3}$ 답 $4\sqrt{3}$

0093 △DBC에서 $\tan 45^\circ=\frac{\overline{BC}}{9}=1$

$\therefore \overline{BC}=9$

△ABC에서 $\sin 60^\circ=\frac{9}{\overline{AC}}=\frac{\sqrt{3}}{2}$

$\sqrt{3}\,\overline{AC}=18$ $\therefore \overline{AC}=6\sqrt{3}$ 답 ⑤

0094 △ABD에서 ∠BAD=60°−30°=30°이므로 △ABD는 $\overline{AD}=\overline{BD}$인 이등변삼각형이다.

△ADC에서 $\overline{AD}=x$이므로

$\cos 60^\circ=\frac{2\sqrt{3}}{x}=\frac{1}{2}$ $\therefore x=4\sqrt{3}$

$\tan 60^\circ=\frac{y}{2\sqrt{3}}=\sqrt{3}$ $\therefore y=6$

$\therefore xy=4\sqrt{3}\times 6=24\sqrt{3}$ 답 $24\sqrt{3}$

참고

삼각형의 외각의 성질

삼각형의 한 외각의 크기는 그와 이웃하지 않는 두 내각의 크기의 합과 같다.

⇨ ∠ACD=∠A+∠B

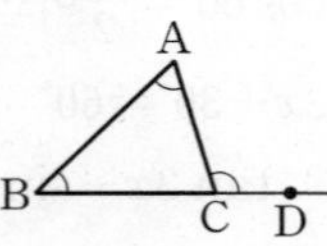

0095 △BCD에서 $\cos 45^\circ=\frac{8}{\overline{BD}}=\frac{\sqrt{2}}{2}$

$\sqrt{2}\,\overline{BD}=16$ $\therefore \overline{BD}=8\sqrt{2}$ ······ ㉮

△ABD에서 $\sin 30^\circ=\frac{\overline{AB}}{8\sqrt{2}}=\frac{1}{2}$

$\therefore \overline{AB}=4\sqrt{2}$ ······ ㉯

답 $4\sqrt{2}$

단계	채점요소	배점
㉮	$\overline{BD}$의 길이 구하기	50%
㉯	$\overline{AB}$의 길이 구하기	50%

0096 △ABC에서 $\sin 30^\circ=\frac{\overline{AC}}{6}=\frac{1}{2}$ $\therefore \overline{AC}=3$

∠BAC=60°이므로 $\angle DAC=\frac{1}{2}\angle A=30^\circ$

△ADC에서

$\tan 30^\circ=\frac{y}{3}=\frac{\sqrt{3}}{3}$ $\therefore y=\sqrt{3}$

$\sin 30^\circ=\frac{\sqrt{3}}{\overline{AD}}=\frac{1}{2}$ $\therefore \overline{AD}=2\sqrt{3}$

∠B=∠BAD=30°이므로 △ABD는 $\overline{AD}=\overline{BD}$인 이등변삼각형이다.

$\therefore x=2\sqrt{3}$

$\therefore x-y=2\sqrt{3}-\sqrt{3}=\sqrt{3}$ 답 $\sqrt{3}$

0097 △ABC에서

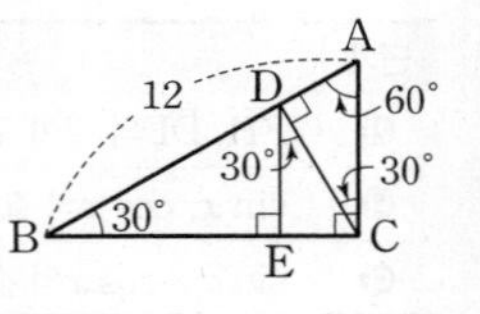

$\sin 30^\circ=\frac{\overline{AC}}{12}=\frac{1}{2}$

$\therefore \overline{AC}=6$

△ADC에서 $\cos 30^\circ=\frac{\overline{CD}}{6}=\frac{\sqrt{3}}{2}$

$\therefore \overline{CD}=3\sqrt{3}$

△DEC에서 $\cos 30^\circ=\frac{\overline{DE}}{3\sqrt{3}}=\frac{\sqrt{3}}{2}$

$\therefore \overline{DE}=\frac{9}{2}$ 답 $\frac{9}{2}$

0098 오른쪽 그림과 같이 두 꼭짓점 A, D에서 $\overline{BC}$에 내린 수선의 발을 각각 H, H′이라 하자.

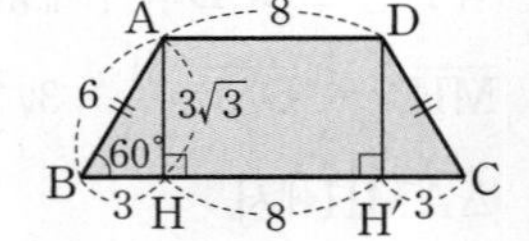

△ABH에서

$\sin 60^\circ=\frac{\overline{AH}}{6}=\frac{\sqrt{3}}{2}$

$\therefore \overline{AH}=3\sqrt{3}$

$\cos 60^\circ=\frac{\overline{BH}}{6}=\frac{1}{2}$ $\therefore \overline{BH}=3$

이때 $\overline{CH'}=\overline{BH}=3$이므로

$\overline{AD}=\overline{HH'}=14-3-3=8$

$\therefore \square ABCD=\frac{1}{2}\times(8+14)\times 3\sqrt{3}$

$=33\sqrt{3}$ 답 $33\sqrt{3}$

0099 구하는 직선의 방정식을 $y=ax+b$라 하면

$a=\tan 45^\circ=1$

직선 $y=x+b$가 점 $(-1, 1)$을 지나므로

$1=-1+b$ $\therefore b=2$

$\therefore y=x+2$ 답 ②

0100 $a=\tan 60^\circ=\sqrt{3}$

직선 $y=\sqrt{3}x+b$가 점 $(-2, 0)$을 지나므로

$0=\sqrt{3}\times(-2)+b$ $\therefore b=2\sqrt{3}$

$\therefore ab=\sqrt{3}\times 2\sqrt{3}=6$ 답 6

0101 $3y-\sqrt{3}x-9=0$에서

$y=\frac{\sqrt{3}}{3}x+3$

그래프가 x축의 양의 방향과 이루는 예각의 크기를 α라 하면

$\tan\alpha=\frac{\sqrt{3}}{3}$

$\tan 30^\circ=\frac{\sqrt{3}}{3}$이므로 $\alpha=30^\circ$ 답 30°

0102 주어진 직선의 방정식을 $y=ax+b$라 하면
$a=\tan 60°=\sqrt{3}$

.... ㉮

직선 $y=\sqrt{3}x+b$가 점 $(\sqrt{3}, 7)$을 지나므로
$7=\sqrt{3}\times\sqrt{3}+b \qquad \therefore b=4$
즉, 직선의 방정식은 $y=\sqrt{3}x+4$

.... ㉯

직선 $y=\sqrt{3}x+4$의 x절편은 $-\frac{4\sqrt{3}}{3}$, y절편은 4이므로 구하는 삼각형의 넓이는

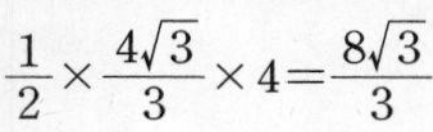

$\frac{1}{2}\times\frac{4\sqrt{3}}{3}\times 4=\frac{8\sqrt{3}}{3}$

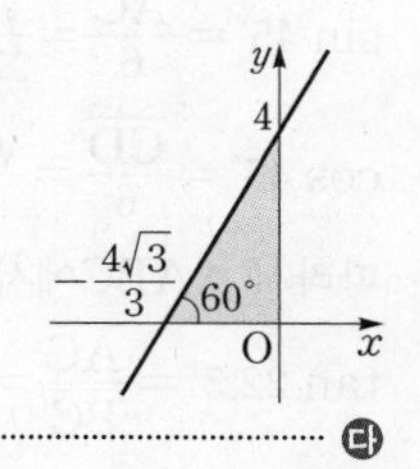

.... ㉰

답 $\frac{8\sqrt{3}}{3}$

단계	채점요소	배점
㉮	직선의 기울기 구하기	30 %
㉯	직선의 방정식 구하기	40 %
㉰	삼각형의 넓이 구하기	30 %

0103 ③ $\sin y=\frac{\overline{OB}}{\overline{OA}}=\frac{\overline{OB}}{1}=\overline{OB}$
④ $\cos y=\frac{\overline{AB}}{\overline{OA}}=\frac{\overline{AB}}{1}=\overline{AB}$
⑤ $\overline{AB}\,/\!/\,\overline{CD}$이므로 $z=y$ (동위각)
$\therefore \sin z=\sin y=\overline{OB}$
따라서 옳지 않은 것은 ⑤이다. 답 ⑤

0104 $\cos 35°=\frac{0.82}{1}=0.82$, $\tan 35°=\frac{0.7}{1}=0.7$
$\therefore \cos 35°+\tan 35°=0.82+0.7=1.52$ 답 **1.52**

0105 $\overline{AB}\,/\!/\,\overline{CD}$이므로 $\angle OAB=y$ (동위각)
따라서 점 A의 좌표는
$(\cos x, \sin x)$, $(\cos x, \cos y)$,
$(\sin y, \sin x)$, $(\sin y, \cos y)$
의 4가지가 될 수 있다. 답 ③

0106 ① $\sin 0°+\tan 0°+\cos 90°=0+0+0=0$
② $\tan 45°-\sin 90°=1-1=0$
③ $\sin 90°+\cos 0°=1+1=2$
④ $\sin 60°=\cos 30°=\frac{\sqrt{3}}{2}$
⑤ $\cos 90°-\sin 90°=0-1=-1$
따라서 옳지 않은 것은 ⑤이다. 답 ⑤

0107 (주어진 식)$=1\times\sqrt{3}-1\times 0+\frac{\sqrt{3}}{2}$
$=\sqrt{3}+\frac{\sqrt{3}}{2}=\frac{3\sqrt{3}}{2}$ 답 $\frac{3\sqrt{3}}{2}$

0108 ① $(\sin 0°+\cos 0°)\times\tan 45°=(0+1)\times 1=1$
② $\frac{\sin 45°}{\cos 45°}\times\sin 90°=\frac{\frac{\sqrt{2}}{2}}{\frac{\sqrt{2}}{2}}\times 1=1$
③ $\frac{\tan 45°}{\cos 0°+\sin 90°}=\frac{1}{1+1}=\frac{1}{2}$
④ $\frac{\cos 90°+\sin 90°}{\cos 0°+\sin 0°}=\frac{0+1}{1+0}=1$
⑤ $\frac{\sin 30°+\cos 60°}{\sin 90°}=\frac{\frac{1}{2}+\frac{1}{2}}{1}=1$
따라서 계산 결과가 다른 하나는 ③이다. 답 ③

0109 ① $0°\le A<45°$일 때, $\sin A<\cos A$이므로
$\sin 23°<\cos 23°$
② $45°<A\le 90°$일 때, $\cos A<\sin A$이므로
$\sin 75°>\cos 75°$
③ $0°\le A\le 90°$인 범위에서 A의 크기가 증가하면 $\cos A$의 값은 감소하므로
$\cos 48°>\cos 50°$
④ $0°\le A<90°$인 범위에서 A의 크기가 증가하면 $\tan A$의 값은 무한히 증가하므로
$\tan 20°<\tan 40°$
⑤ $\tan 45°=1$에서 $\tan 50°>1$이고 $0<\cos 70°<1$이므로
$\tan 50°>\cos 70°$
따라서 옳은 것은 ⑤이다. 답 ⑤

0110 ① $0°<x<45°$일 때, $\sin x<\cos x$
② $\sin 45°=\cos 45°=\frac{\sqrt{2}}{2}$
③ $\cos 45°=\frac{\sqrt{2}}{2}$, $\tan 45°=1$이므로 $\cos 45°<\tan 45°$
따라서 옳지 않은 것은 ①이다. 답 ①

0111 $45°<A<90°$이므로 $\cos A<\sin A<1$
$\tan 45°=1$이고 $0°\le x<90°$인 범위에서 x의 크기가 증가하면 $\tan x$의 값은 무한히 증가하므로 $1<\tan A$
$\therefore \cos A<\sin A<\tan A$ 답 ②

0112 $0°\le x\le 90°$일 때, x의 크기가 증가하면 $\sin x$의 값은 0에서 1까지 증가하고, $\cos x$의 값은 1에서 0까지 감소하므로
$\sin 15°<\sin 45°=\cos 45°<\sin 80°<1$ ······ ㉠
$\cos 0°=1$ ······ ㉡

또한 $\tan 45° = 1$이고 $0° \le x < 90°$인 범위에서 x의 크기가 증가하면 $\tan x$의 값은 무한히 증가하므로

$\tan 45° < \tan 46°$ $\quad \therefore 1 < \tan 46°$ ⋯⋯ ㉢

㉠, ㉡, ㉢에서

$\sin 15° < \cos 45° < \sin 80° < \cos 0° < \tan 46°$

답 **sin 15°, cos 45°, sin 80°, cos 0°, tan 46°**

0113 $\sin 53° = 0.7986$이므로 $x = 53°$

$\cos 51° = 0.6293$이므로 $y = 51°$

$\therefore x + y = 53° + 51° = 104°$ 답 **104°**

0114 $\cos A = \frac{7.547}{10} = 0.7547$이므로

$\angle A = 41°$ 답 **41°**

0115 ④ $\tan 75° - \cos 76° = 3.7321 - 0.2419 = 3.4902$

⑤ $\sin 75° + \cos 78° = 0.9659 + 0.2079 = 1.1738$ 답 ⑤

0116 $\sin 64° = \frac{x}{100} = 0.8988$에서 $x = 89.88$

$\cos 64° = \frac{y}{100} = 0.4384$에서 $y = 43.84$

$\therefore x - y = 89.88 - 43.84 = 46.04$ 답 **46.04**

0117 $\angle A = 180° - (90° + 50°) = 40°$이므로

$\cos 40° = \frac{\overline{AC}}{10} = 0.7660$

$\therefore \overline{AC} = 7.660$ 답 **7.660**

0118 $\angle B = 180° - (90° + 55°) = 35°$이므로

$\sin 35° = \frac{\overline{AC}}{100} = 0.5736$

$\therefore \overline{AC} = 57.36$

⋯⋯ ㉮

$\cos 35° = \frac{\overline{BC}}{100} = 0.8192$

$\therefore \overline{BC} = 81.92$

⋯⋯ ㉯

$\therefore \overline{AC} + \overline{BC} = 57.36 + 81.92 = 139.28$

⋯⋯ ㉰

답 **139.28**

단계	채점요소	배점
㉮	$\overline{AC}$의 길이 구하기	40%
㉯	$\overline{BC}$의 길이 구하기	40%
㉰	$\overline{AC} + \overline{BC}$의 길이 구하기	20%

유형 UP

본문 p.21

0119 $\triangle ABD$에서 $\overline{AD} = \overline{BD} = 6$이므로 $\angle DAB = \angle B = 22.5°$

$\therefore \angle ADC = 22.5° + 22.5° = 45°$

$\triangle ADC$에서

$\sin 45° = \frac{\overline{AC}}{6} = \frac{\sqrt{2}}{2}$이므로 $\overline{AC} = 3\sqrt{2}$

$\cos 45° = \frac{\overline{CD}}{6} = \frac{\sqrt{2}}{2}$이므로 $\overline{CD} = 3\sqrt{2}$

따라서 $\triangle ABC$에서

$\tan 22.5° = \frac{\overline{AC}}{\overline{BC}} = \frac{3\sqrt{2}}{6 + 3\sqrt{2}} = \sqrt{2} - 1$ 답 ②

0120 $\triangle ABD$에서

$\angle BAD = 30° - 15° = 15°$이므로

$\overline{AD} = \overline{BD} = 8$

$\triangle ADC$에서

$\sin 30° = \frac{\overline{AC}}{8} = \frac{1}{2}$이므로 $\overline{AC} = 4$

$\cos 30° = \frac{\overline{CD}}{8} = \frac{\sqrt{3}}{2}$이므로 $\overline{CD} = 4\sqrt{3}$

따라서 $\triangle ABC$에서

$\tan 15° = \frac{\overline{AC}}{\overline{BC}} = \frac{4}{8 + 4\sqrt{3}} = 2 - \sqrt{3}$ 답 ②

0121 $\overline{AD} = \overline{BD}$이고

$\angle BDC = 180° - (90° + 60°) = 30°$이므로

$\angle ABD = \frac{1}{2} \times 30° = 15°$

$\therefore \angle ABC = 15° + 60° = 75°$

$\triangle DBC$에서 $\cos 60° = \frac{2}{\overline{BD}} = \frac{1}{2}$

$\therefore \overline{BD} = \overline{AD} = 4$

$\tan 60° = \frac{\overline{CD}}{2} = \sqrt{3}$ $\quad \therefore \overline{CD} = 2\sqrt{3}$

따라서 $\triangle ABC$에서

$\tan 75° = \frac{\overline{AC}}{\overline{BC}} = \frac{4 + 2\sqrt{3}}{2} = 2 + \sqrt{3}$ 답 **2+√3**

0122 $45° < x < 90°$일 때, $0 < \cos x < \sin x < 1$이므로

$\sin x - \cos x > 0$, $1 - \cos x > 0$

$\therefore$ (주어진 식) $= (\sin x - \cos x) - (1 - \cos x)$

$= \sin x - 1$ 답 **sin x−1**

0123 $0° < A < 90°$일 때, $0 < \sin A < 1$이므로

$\sin A + 1 > 0$, $\sin A - 1 < 0$

∴ (주어진 식)$=(\sin A+1)-(\sin A-1)$

$=2$ 답 ⑤

0124 $45^\circ<x<90^\circ$일 때, $\sin x<\tan x$이므로

$\sin x-\tan x<0$, $\tan x-\sin x>0$

∴ (주어진 식)$=-(\sin x-\tan x)-(\tan x-\sin x)$

$=0$ 답 ③

0125 $0^\circ<x<45^\circ$일 때, $0<\sin x<\cos x$이므로

$\sin x-\cos x<0$, $\sin x+\cos x>0$

$\therefore \sqrt{(\sin x-\cos x)^2}+\sqrt{(\sin x+\cos x)^2}$

$=-(\sin x-\cos x)+(\sin x+\cos x)$

$=2\cos x$

이때 $2\cos x=\sqrt{3}$이므로 $\cos x=\frac{\sqrt{3}}{2}$

$\therefore x=30^\circ$

$\therefore \tan x=\tan 30^\circ=\frac{\sqrt{3}}{3}$ 답 $\frac{\sqrt{3}}{3}$

중단원 마무리하기

본문 p.22~25

0126 $\overline{AB}=\sqrt{(\sqrt{5})^2+2^2}=\sqrt{9}=3$이므로

$\sin A=\frac{\sqrt{5}}{3}$, $\cos A=\frac{2}{3}$

$\therefore \sin A\times\cos A=\frac{\sqrt{5}}{3}\times\frac{2}{3}=\frac{2\sqrt{5}}{9}$ 답 ③

0127 $\sin A=\frac{4}{\overline{AB}}=\frac{\sqrt{3}}{3}$이므로

$\sqrt{3}\,\overline{AB}=12 \qquad \therefore \overline{AB}=4\sqrt{3}$

$\therefore \overline{AC}=\sqrt{(4\sqrt{3})^2-4^2}=\sqrt{32}=4\sqrt{2}$

① $\cos A=\frac{\overline{AC}}{\overline{AB}}=\frac{4\sqrt{2}}{4\sqrt{3}}=\frac{\sqrt{6}}{3}$

② $\tan A=\frac{\overline{BC}}{\overline{AC}}=\frac{4}{4\sqrt{2}}=\frac{\sqrt{2}}{2}$

③ $\sin B=\frac{\overline{AC}}{\overline{AB}}=\frac{4\sqrt{2}}{4\sqrt{3}}=\frac{\sqrt{6}}{3}$

④ $\cos B=\frac{\overline{BC}}{\overline{AB}}=\frac{4}{4\sqrt{3}}=\frac{\sqrt{3}}{3}$

⑤ $\tan B=\frac{\overline{AC}}{\overline{BC}}=\frac{4\sqrt{2}}{4}=\sqrt{2}$

따라서 옳지 않은 것은 ③이다. 답 ③

0128 $\angle C=90^\circ$이고

$\sin(90^\circ-A)=\sin B=\frac{15}{17}$

이를 만족시키는 직각삼각형 ABC를 그리면 오른쪽 그림과 같다.

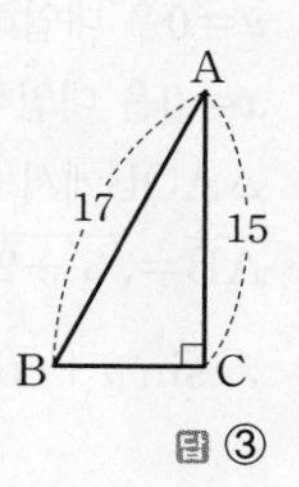

$\overline{BC}=\sqrt{17^2-15^2}=\sqrt{64}=8$이므로

$\tan A=\frac{8}{15}$

답 ③

0129 △ABC∽△DBA∽△DAC (AA 닮음)이므로

$\angle ABC=\angle DAC=y$,

$\angle ACB=\angle DAB=x$

△ABC에서

$\overline{AB}^2=\overline{BD}\times\overline{BC}$이므로 $\overline{AB}^2=8\times10=80$

$\therefore \overline{AB}=4\sqrt{5}$ ($\because \overline{AB}>0$)

$\overline{AC}^2=\overline{CD}\times\overline{CB}$이므로 $\overline{AC}^2=2\times10=20$

$\therefore \overline{AC}=2\sqrt{5}$ ($\because \overline{AC}>0$)

① $\sin x=\frac{\overline{AB}}{\overline{BC}}=\frac{4\sqrt{5}}{10}=\frac{2\sqrt{5}}{5}$

② $\sin y=\frac{\overline{AC}}{\overline{BC}}=\frac{2\sqrt{5}}{10}=\frac{\sqrt{5}}{5}$

③ $\cos x=\frac{\overline{AC}}{\overline{BC}}=\frac{2\sqrt{5}}{10}=\frac{\sqrt{5}}{5}$

④ $\tan x=\frac{\overline{AB}}{\overline{AC}}=\frac{4\sqrt{5}}{2\sqrt{5}}=2$

⑤ $\tan y=\frac{\overline{AC}}{\overline{AB}}=\frac{2\sqrt{5}}{4\sqrt{5}}=\frac{1}{2}$

따라서 옳지 않은 것은 ⑤이다. 답 ⑤

참고

$\angle A=90^\circ$인 직각삼각형 ABC의 꼭짓점 A에서 $\overline{BC}$에 내린 수선의 발을 H라 하면

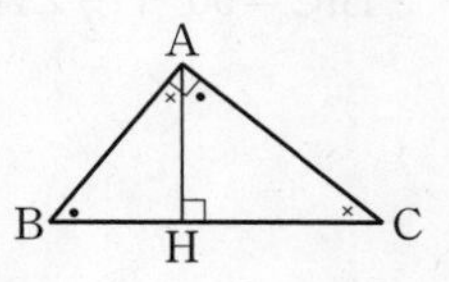

△ABC∽△HBA∽△HAC (AA 닮음)

① $\overline{AB}^2=\overline{BH}\times\overline{BC}$

② $\overline{AC}^2=\overline{CH}\times\overline{CB}$

③ $\overline{AH}^2=\overline{BH}\times\overline{CH}$

0130 △ABC에서

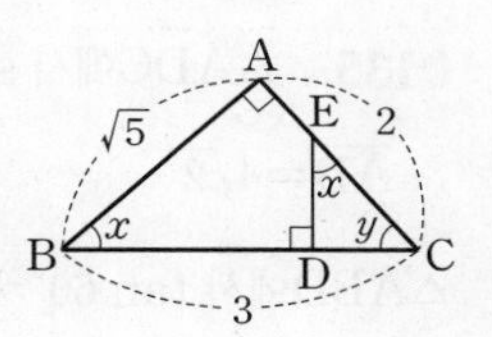

$\overline{AB}=\sqrt{3^2-2^2}=\sqrt{5}$이고

△ABC∽△DEC (AA 닮음)이므로

$\angle ABC=\angle DEC=x$

$\therefore \cos x\times\tan y=\frac{\sqrt{5}}{3}\times\frac{\sqrt{5}}{2}=\frac{5}{6}$ 답 ③

0131 그래프가 x축, y축과 만나는 점을 각각 A, B라 하자.
$2x-3y+6=0$에
$y=0$을 대입하여 정리하면 $x=-3$이므로 $A(-3, 0)$
$x=0$을 대입하여 정리하면 $y=2$이므로 $B(0, 2)$
$\triangle AOB$에서 $\overline{OA}=3$, $\overline{OB}=2$이므로
$\overline{AB}=\sqrt{3^2+2^2}=\sqrt{13}$
$\therefore \sin a+\cos a=\frac{\overline{OB}}{\overline{AB}}+\frac{\overline{OA}}{\overline{AB}}$
$=\frac{2}{\sqrt{13}}+\frac{3}{\sqrt{13}}=\frac{5\sqrt{13}}{13}$ 답 $\frac{5\sqrt{13}}{13}$

0132 $\cos 30°-\cos 60°=\frac{\sqrt{3}}{2}-\frac{1}{2}=\frac{\sqrt{3}-1}{2}$
이차방정식 $2x^2-ax+1=0$에 $x=\frac{\sqrt{3}-1}{2}$을 대입하면
$2\left(\frac{\sqrt{3}-1}{2}\right)^2-a\times\frac{\sqrt{3}-1}{2}+1=0$
$(\sqrt{3}-1)a=6-2\sqrt{3}$
$\therefore a=\frac{6-2\sqrt{3}}{\sqrt{3}-1}=2\sqrt{3}$ 답 ③

0133 점 I가 $\triangle ABC$의 내심이므로
$\angle BIC=90°+\frac{1}{2}\angle A$에서
$105°=90°+\frac{1}{2}\angle A$ $\therefore \angle A=30°$
$\therefore \angle ABC=180°-(90°+30°)=60°$
$\therefore 3\sin A+\cos A\times\tan B=3\sin 30°+\cos 30°\times\tan 60°$
$=3\times\frac{1}{2}+\frac{\sqrt{3}}{2}\times\sqrt{3}=3$
답 3

참고
점 I가 $\triangle ABC$의 내심일 때,
$\angle BIC=90°+\frac{1}{2}\angle A$

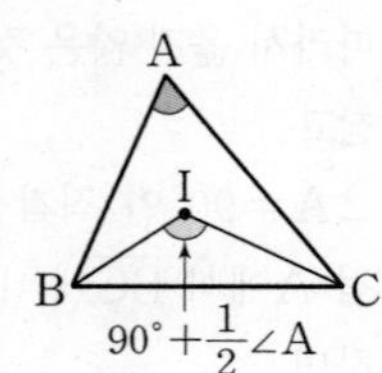

0134 $\sin 45°=\cos 45°=\frac{\sqrt{2}}{2}$이므로 $x=45°$
$\therefore \tan(x+15°)+\tan(75°-x)$
$=\tan 60°+\tan 30°$
$=\sqrt{3}+\frac{\sqrt{3}}{3}=\frac{4\sqrt{3}}{3}$ 답 $\frac{4\sqrt{3}}{3}$

0135 $\triangle ADC$에서 $\sin 45°=\frac{\overline{AD}}{8}=\frac{\sqrt{2}}{2}$
$\therefore \overline{AD}=4\sqrt{2}$
$\triangle ABD$에서 $\tan 60°=\frac{4\sqrt{2}}{\overline{BD}}=\sqrt{3}$
$\sqrt{3}\,\overline{BD}=4\sqrt{2}$ $\therefore \overline{BD}=\frac{4\sqrt{6}}{3}$ 답 ⑤

0136 $\overline{OC}=\overline{OA}=12$이고 $\angle COD=180°-120°=60°$
$\triangle COD$에서 $\sin 60°=\frac{\overline{CD}}{12}=\frac{\sqrt{3}}{2}$
$\therefore \overline{CD}=6\sqrt{3}$ 답 ③

0137 구하는 직선의 방정식을 $y=ax+b$라 하자.
$\sin 30°=\frac{1}{2}$이므로 $\alpha=30°$
$\therefore a=\tan 30°=\frac{\sqrt{3}}{3}$
y절편이 3이므로 $b=3$
따라서 구하는 직선의 방정식은
$y=\frac{\sqrt{3}}{3}x+3$ 답 $y=\frac{\sqrt{3}}{3}x+3$

0138 ② $\cos x=0.75$ 답 ②

0139 ㄱ. $2\tan 45°\times\sin 45°=2\times1\times\frac{\sqrt{2}}{2}=\sqrt{2}$
ㄴ. $\tan 0°\times\cos 0°=0\times1=0$
ㄷ. $\sin 30°+\cos 60°\times\tan 45°=\frac{1}{2}+\frac{1}{2}\times1=1$
ㄹ. $\sin 90°\times\cos 0°+\sin 0°\times\cos 90°=1\times1+0\times0=1$
ㅁ. $\sin 90°\div\sin 30°-\cos 0°\times\tan 45°=1\div\frac{1}{2}-1\times1=1$
따라서 옳은 것은 ㄴ, ㄷ, ㄹ이다. 답 ⑤

0140 $0°\le x<45°$일 때 $\sin x<\cos x$이고 $0°\le x\le 90°$인 범위에서 x의 크기가 증가하면 $\cos x$의 값은 감소하므로
$\sin 25°<\cos 25°<\cos 10°$
또한 $\tan 45°=1$이고 $0°\le x<90°$인 범위에서 x의 크기가 증가하면 $\tan x$의 값은 무한히 증가하므로
$\tan 45°<\tan 75°$
$\therefore \sin 25°<\cos 25°<\cos 10°<\tan 45°<\tan 75°$
따라서 가장 작은 것은 ①이다. 답 ①

0141 ① x의 크기가 증가하면 $\cos x$의 값은 감소한다.
③ $0°\le x<45°$일 때, $\sin x<\cos x$
$x=45°$일 때, $\sin x=\cos x$
$45°<x\le 90°$일 때, $\sin x>\cos x$
④ $\tan 45°=1$이고 $0°\le x<90°$인 범위에서 x의 크기가 증가하면 $\tan x$의 값은 무한히 증가한다.
또한 $45°\le x<90°$일 때, $\sin x<1$이므로
$\sin x<\tan x$
⑤ $x=45°$일 때, $\sin x=\cos x=\frac{\sqrt{2}}{2}$
따라서 옳은 것은 ②, ④이다. 답 ②, ④

0142 $\sin 47^\circ + \cos 50^\circ - \tan 48^\circ$
$=0.7314+0.6428-1.1106$
$=0.2636$

답 ①

0143 $\sin A = \frac{8.192}{10} = 0.8192$이고 $\sin 55^\circ = 0.8192$이므로
$\angle A = 55^\circ$
$\cos 55^\circ = \frac{\overline{AC}}{10} = 0.5736$이므로
$\overline{AC} = 5.736$

답 5.736

0144 $0^\circ < A < 45^\circ$일 때, $0 < \tan A < 1$이므로
$\tan A - 1 < 0$, $\tan A + 1 > 0$
$\therefore$ (주어진 식)$=-(\tan A-1)+(\tan A+1)=2$

답 ⑤

0145 오른쪽 그림과 같이 두 꼭짓점 A, D에서 $\overline{BC}$에 내린 수선의 발을 각각 H, H′이라 하면

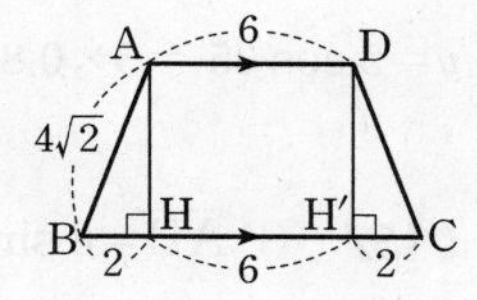

$\overline{HH'} = \overline{AD} = 6$이므로
$\overline{BH} = \overline{CH'} = \frac{1}{2} \times (10-6) = 2$ ······ ㉮
$\triangle ABH$에서 $\overline{AH} = \sqrt{(4\sqrt{2})^2 - 2^2} = \sqrt{28} = 2\sqrt{7}$ ······ ㉯
$\therefore \tan B = \frac{\overline{AH}}{\overline{BH}} = \frac{2\sqrt{7}}{2} = \sqrt{7}$ ······ ㉰

답 $\sqrt{7}$

단계	채점요소	배점
㉮	꼭짓점 A에서 $\overline{BC}$에 내린 수선의 발을 H라 하고, $\overline{BH}$의 길이 구하기	40%
㉯	$\overline{AH}$의 길이 구하기	30%
㉰	$\tan B$의 값 구하기	30%

0146 $\triangle ABC \backsim \triangle DBA \backsim \triangle DAC$ (AA 닮음)이므로

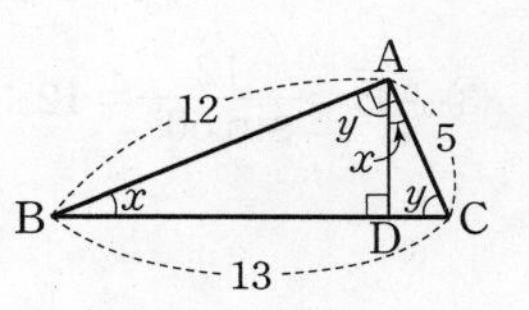

$\angle ABC = \angle DAC = x$
$\angle BCA = \angle BAD = y$ ······ ㉮
$\triangle ABC$에서
$\overline{AB} = \sqrt{13^2 - 5^2} = \sqrt{144} = 12$ ······ ㉯
$\therefore \sin x + \sin y = \frac{\overline{AC}}{\overline{BC}} + \frac{\overline{AB}}{\overline{BC}} = \frac{5}{13} + \frac{12}{13} = \frac{17}{13}$ ······ ㉰

답 $\frac{17}{13}$

단계	채점요소	배점
㉮	$\angle ABC = x$, $\angle BCA = y$임을 알기	40%
㉯	$\overline{AB}$의 길이 구하기	20%
㉰	$\sin x + \sin y$의 값 구하기	40%

0147 $\triangle EFG$에서
$\overline{EG} = \sqrt{4^2 + 4^2} = \sqrt{32} = 4\sqrt{2}$
$\triangle AEG$는 $\angle AEG = 90^\circ$인 직각삼각형이므로
$\overline{AG} = \sqrt{(4\sqrt{2})^2 + 4^2} = \sqrt{48} = 4\sqrt{3}$ ······ ㉮
$\therefore \sin x = \frac{\overline{AE}}{\overline{AG}} = \frac{4}{4\sqrt{3}} = \frac{\sqrt{3}}{3}$
$\tan x = \frac{\overline{AE}}{\overline{EG}} = \frac{4}{4\sqrt{2}} = \frac{\sqrt{2}}{2}$ ······ ㉯
$\therefore \sqrt{3}\sin x + \sqrt{2}\tan x = \sqrt{3} \times \frac{\sqrt{3}}{3} + \sqrt{2} \times \frac{\sqrt{2}}{2}$
$=2$ ······ ㉰

답 2

단계	채점요소	배점
㉮	$\overline{EG}$, $\overline{AG}$의 길이 구하기	40%
㉯	$\sin x$, $\tan x$의 값 구하기	40%
㉰	$\sqrt{3}\sin x + \sqrt{2}\tan x$의 값 구하기	20%

0148 $x^2 - x + \frac{1}{4} = 0$에서 $\left(x - \frac{1}{2}\right)^2 = 0$
$\therefore x = \frac{1}{2}$ ······ ㉮
이때 $\sin A = \frac{1}{2}$이므로 $A = 30^\circ$ ······ ㉯
$\therefore \frac{\tan 2A + 1}{\tan 2A - 1} - 2\sin 3A$
$= \frac{\tan 60^\circ + 1}{\tan 60^\circ - 1} - 2\sin 90^\circ$
$= \frac{\sqrt{3}+1}{\sqrt{3}-1} - 2 \times 1$
$= 2 + \sqrt{3} - 2$
$= \sqrt{3}$ ······ ㉰

답 $\sqrt{3}$

단계	채점요소	배점
㉮	이차방정식의 근 구하기	20%
㉯	A의 크기 구하기	30%
㉰	주어진 식의 값 구하기	50%

0149 오른쪽 그림과 같이 점 F에서 $\overline{AD}$에 내린 수선의 발을 H라 하면
$\angle CEF = \angle AEF$ (접은 각),
$\angle AEF = \angle CFE$ (엇각)
이므로 $\angle CEF = \angle CFE$
즉, $\triangle EFC$는 이등변삼각형이다.
$\overline{FC} = \overline{EC} = \overline{AE} = 6$, $\overline{CG} = \overline{AB} = 4$이므로 $\triangle CFG$에서
$\overline{FG} = \sqrt{6^2 - 4^2} = \sqrt{20} = 2\sqrt{5}$
$\overline{AH} = \overline{BF} = \overline{FG} = 2\sqrt{5}$이므로
$\overline{EH} = \overline{AE} - \overline{AH} = 6 - 2\sqrt{5}$
따라서 $\triangle HFE$에서
$\tan x = \dfrac{\overline{FH}}{\overline{EH}} = \dfrac{4}{6-2\sqrt{5}} = \dfrac{3+\sqrt{5}}{2}$ 답 ③

0150 $\triangle ABC$에서
$\sin 45^\circ = \dfrac{\overline{BC}}{1} = \dfrac{\sqrt{2}}{2}$ $\quad\therefore \overline{CF} = \dfrac{\sqrt{2}}{2}$
$\cos 45^\circ = \dfrac{\overline{AB}}{1} = \dfrac{\sqrt{2}}{2}$ $\quad\therefore \overline{AB} = \dfrac{\sqrt{2}}{2}$
$\triangle ADE$에서
$\tan 45^\circ = \dfrac{\overline{DE}}{1} = 1$ $\quad\therefore \overline{DE} = 1$
$\therefore \square BDEC = \triangle ADE - \triangle ABC$
$= \dfrac{1}{2} \times 1 \times 1 - \dfrac{1}{2} \times \dfrac{\sqrt{2}}{2} \times \dfrac{\sqrt{2}}{2}$
$= \dfrac{1}{4}$ 답 $\dfrac{1}{4}$

0151 $\triangle CFG$에서
$\cos 60^\circ = \dfrac{4}{\overline{CF}} = \dfrac{1}{2}$ $\quad\therefore \overline{CF} = 8$
$\tan 60^\circ = \dfrac{\overline{CG}}{4} = \sqrt{3}$ $\quad\therefore \overline{CG} = 4\sqrt{3}$
$\triangle AEF$에서
$\tan 45^\circ = \dfrac{4\sqrt{3}}{\overline{EF}} = 1$ $\quad\therefore \overline{EF} = 4\sqrt{3}$
$\sin 45^\circ = \dfrac{4\sqrt{3}}{\overline{AF}} = \dfrac{\sqrt{2}}{2}$ $\quad\therefore \overline{AF} = 4\sqrt{6}$
오른쪽 그림과 같이 $\angle ACF$의 이등분선이 $\overline{AF}$와 만나는 점을 M이라 하면 $\triangle CAF$는 $\overline{CA} = \overline{CF}$인 이등변삼각형이므로 $\overline{CM} \perp \overline{AF}$이고
$\overline{MF} = \dfrac{1}{2}\overline{AF} = \dfrac{1}{2} \times 4\sqrt{6} = 2\sqrt{6}$
$\triangle CMF$에서
$\overline{CM} = \sqrt{8^2 - (2\sqrt{6})^2} = \sqrt{40} = 2\sqrt{10}$
$\therefore \cos \dfrac{x}{2} = \cos(\angle MCF) = \dfrac{\overline{CM}}{\overline{CF}} = \dfrac{2\sqrt{10}}{8} = \dfrac{\sqrt{10}}{4}$ 답 ④

02 삼각비의 활용

교과서문제 정복하기

본문 p.27, 29

0152 답 **$6, 4\sqrt{3}, 6, 2\sqrt{3}$**

0153 답 **$4, 2\sqrt{2}, 4, 2\sqrt{2}$**

0154 답 **$9, 6\sqrt{3}, 9, 3\sqrt{3}$**

0155 $x = 10 \sin 50^\circ = 10 \times 0.77 = 7.7$
$y = 10 \cos 50^\circ = 10 \times 0.64 = 6.4$ 답 **$x=7.7$, $y=6.4$**

0156 $\angle C = 180^\circ - (90^\circ + 55^\circ) = 35^\circ$이므로
$x = 5 \sin 35^\circ = 5 \times 0.57 = 2.85$
$y = 5 \cos 35^\circ = 5 \times 0.82 = 4.1$ 답 **$x=2.85$, $y=4.1$**

0157 (1) $\overline{AH} = 8 \sin 30^\circ = 8 \times \dfrac{1}{2} = 4$
(2) $\overline{BH} = 8 \cos 30^\circ = 8 \times \dfrac{\sqrt{3}}{2} = 4\sqrt{3}$
(3) $\overline{CH} = \overline{BC} - \overline{BH} = 6\sqrt{3} - 4\sqrt{3} = 2\sqrt{3}$
(4) $\overline{AC} = \sqrt{\overline{AH}^2 + \overline{CH}^2} = \sqrt{4^2 + (2\sqrt{3})^2} = \sqrt{28} = 2\sqrt{7}$
답 (1) **4** (2) **$4\sqrt{3}$** (3) **$2\sqrt{3}$** (4) **$2\sqrt{7}$**

0158 (1) $\angle C = 180^\circ - (30^\circ + 105^\circ) = 45^\circ$
(2) $\overline{BH} = 4 \sin 30^\circ = 4 \times \dfrac{1}{2} = 2$
(3) $\overline{BC} = \dfrac{2}{\sin 45^\circ} = 2 \div \dfrac{\sqrt{2}}{2} = 2\sqrt{2}$
답 (1) **45°** (2) **2** (3) **$2\sqrt{2}$**

0159 (1) $\angle C = 180^\circ - (60^\circ + 75^\circ) = 45^\circ$
(2) $\overline{AH} = 12\sqrt{2} \sin 45^\circ = 12\sqrt{2} \times \dfrac{\sqrt{2}}{2} = 12$
(3) $\overline{AB} = \dfrac{12}{\sin 60^\circ} = 12 \div \dfrac{\sqrt{3}}{2} = 8\sqrt{3}$
답 (1) **45°** (2) **12** (3) **$8\sqrt{3}$**

0160 (2) $\overline{BH} = h \tan 30^\circ = \dfrac{\sqrt{3}}{3}h$
$\overline{CH} = h \tan 45^\circ = h$
(3) $\overline{BH} + \overline{CH} = 8$이므로 $\dfrac{\sqrt{3}}{3}h + h = 8$
$\dfrac{\sqrt{3}+3}{3}h = 8$ $\quad\therefore h = 4(3-\sqrt{3})$
답 (1) **$\angle BAH = 30^\circ$, $\angle CAH = 45^\circ$**
(2) **$\overline{BH} = \dfrac{\sqrt{3}}{3}h$, $\overline{CH} = h$** (3) **$4(3-\sqrt{3})$**

0161 (2) $\overline{BH}=h\tan 60°=\sqrt{3}h$

$\overline{CH}=h\tan 30°=\frac{\sqrt{3}}{3}h$

(3) $\overline{BH}-\overline{CH}=4$이므로 $\sqrt{3}h-\frac{\sqrt{3}}{3}h=4$

$\frac{2\sqrt{3}}{3}h=4$ $\therefore h=2\sqrt{3}$

답 (1) $\angle BAH=60°$, $\angle CAH=30°$

(2) $\overline{BH}=\sqrt{3}h$, $\overline{CH}=\frac{\sqrt{3}}{3}h$ (3) $2\sqrt{3}$

0162 $\triangle ABC=\frac{1}{2}\times 4\times 6\times \sin 60°$

$=\frac{1}{2}\times 4\times 6\times \frac{\sqrt{3}}{2}=6\sqrt{3}$

답 $6\sqrt{3}$

0163 $\triangle ABC=\frac{1}{2}\times 8\times 3\sqrt{2}\times \sin 45°$

$=\frac{1}{2}\times 8\times 3\sqrt{2}\times \frac{\sqrt{2}}{2}=12$

답 12

0164 $\triangle ABC=\frac{1}{2}\times 6\sqrt{3}\times 6\times \sin(180°-150°)$

$=\frac{1}{2}\times 6\sqrt{3}\times 6\times \sin 30°$

$=\frac{1}{2}\times 6\sqrt{3}\times 6\times \frac{1}{2}=9\sqrt{3}$

답 $9\sqrt{3}$

0165 $\triangle ABC=\frac{1}{2}\times 3\times 10\times \sin(180°-120°)$

$=\frac{1}{2}\times 3\times 10\times \sin 60°$

$=\frac{1}{2}\times 3\times 10\times \frac{\sqrt{3}}{2}=\frac{15\sqrt{3}}{2}$

답 $\frac{15\sqrt{3}}{2}$

0166 $\square ABCD=8\times 6\times \sin 45°$

$=8\times 6\times \frac{\sqrt{2}}{2}=24\sqrt{2}$

답 $24\sqrt{2}$

0167 $\square ABCD=4\times 3\sqrt{3}\times \sin 60°$

$=4\times 3\sqrt{3}\times \frac{\sqrt{3}}{2}=18$

답 18

0168 $\square ABCD=5\times 4\times \sin(180°-120°)$

$=5\times 4\times \sin 60°$

$=5\times 4\times \frac{\sqrt{3}}{2}=10\sqrt{3}$

답 $10\sqrt{3}$

0169 $\square ABCD=6\times 3\times \sin(180°-135°)$

$=6\times 3\times \sin 45°$

$=6\times 3\times \frac{\sqrt{2}}{2}=9\sqrt{2}$

답 $9\sqrt{2}$

0170 $\square ABCD=\frac{1}{2}\times 16\times 14\times \sin 45°$

$=\frac{1}{2}\times 16\times 14\times \frac{\sqrt{2}}{2}$

$=56\sqrt{2}$

답 $56\sqrt{2}$

0171 $\square ABCD=\frac{1}{2}\times 8\times 10\times \sin 60°$

$=\frac{1}{2}\times 8\times 10\times \frac{\sqrt{3}}{2}$

$=20\sqrt{3}$

답 $20\sqrt{3}$

0172 $\square ABCD=\frac{1}{2}\times 8\times 8\times \sin(180°-135°)$

$=\frac{1}{2}\times 8\times 8\times \sin 45°$

$=\frac{1}{2}\times 8\times 8\times \frac{\sqrt{2}}{2}$

$=16\sqrt{2}$

답 $16\sqrt{2}$

0173 $\square ABCD=\frac{1}{2}\times 12\times 10\times \sin(180°-120°)$

$=\frac{1}{2}\times 12\times 10\times \sin 60°$

$=\frac{1}{2}\times 12\times 10\times \frac{\sqrt{3}}{2}$

$=30\sqrt{3}$

답 $30\sqrt{3}$

유형 익히기

본문 p.30~35

0174 $\angle A=90°-34°=56°$

$\cos 34°=\frac{x}{\overline{AB}}$에서 $\overline{AB}=\frac{x}{\cos 34°}$

$\sin 56°=\frac{x}{\overline{AB}}$에서 $\overline{AB}=\frac{x}{\sin 56°}$

따라서 $\overline{AB}$의 길이를 나타내는 것은 ①, ②이다.

답 ①, ②

0175 $\cos 40°=\frac{15}{x}$이므로 $x=\frac{15}{\cos 40°}$

$\tan 40°=\frac{y}{15}$이므로 $y=15\tan 40°$

답 ⑤

참고

$\angle A=90°-40°=50°$이므로 $x=\frac{15}{\sin 50°}$, $y=\frac{15}{\tan 50°}$로 나타낼 수도 있다.

0176 $\overline{AB}=10\cos 43°=10\times 0.73=7.3$

$\overline{AC}=10\sin 43°=10\times 0.68=6.8$

따라서 $\overline{AB}$의 길이와 $\overline{AC}$의 길이의 차는

$7.3-6.8=0.5$ 답 **0.5**

0177 $\overline{EG}=\sqrt{3^2+3^2}=\sqrt{18}=3\sqrt{2}(\text{cm})$

$\triangle CEG$는 $\angle CGE=90°$인 직각삼각형이므로

$\overline{CG}=3\sqrt{2}\tan 60°=3\sqrt{2}\times\sqrt{3}=3\sqrt{6}(\text{cm})$

따라서 직육면체의 부피는

$3\times 3\times 3\sqrt{6}=27\sqrt{6}(\text{cm}^3)$ 답 ⑤

0178 $\overline{GH}=6\cos 30°=6\times\frac{\sqrt{3}}{2}=3\sqrt{3}(\text{cm})$

$\overline{DH}=6\sin 30°=6\times\frac{1}{2}=3(\text{cm})$

따라서 직육면체의 겉넓이는

$2(5\times 3\sqrt{3}+5\times 3+3\sqrt{3}\times 3)=6(8\sqrt{3}+5)(\text{cm}^2)$

답 ③

0179 $\overline{AB}=8\sqrt{2}\cos 45°=8\sqrt{2}\times\frac{\sqrt{2}}{2}=8(\text{cm})$

$\overline{AC}=8\sqrt{2}\sin 45°=8\sqrt{2}\times\frac{\sqrt{2}}{2}=8(\text{cm})$

따라서 삼각기둥의 부피는

$\left(\frac{1}{2}\times 8\times 8\right)\times 6=192(\text{cm}^3)$ 답 **192 cm³**

0180 $\overline{AH}=6\sin 60°=6\times\frac{\sqrt{3}}{2}=3\sqrt{3}(\text{cm})$

$\overline{BH}=6\cos 60°=6\times\frac{1}{2}=3(\text{cm})$

따라서 원뿔의 부피는

$\frac{1}{3}\times\pi\times 3^2\times 3\sqrt{3}=9\sqrt{3}\pi(\text{cm}^3)$ 답 **$9\sqrt{3}\pi$ cm³**

0181 $\overline{BC}=10$ m이므로

$\overline{AC}=10\tan 60°=10\times\sqrt{3}=10\sqrt{3}(\text{m})$

$\therefore \overline{AH}=\overline{AC}+\overline{CH}$

$=10\sqrt{3}+1.5(\text{m})$ 답 **$(10\sqrt{3}+1.5)$ m**

0182 $\overline{AB}=\frac{18}{\cos 30°}=18\div\frac{\sqrt{3}}{2}=12\sqrt{3}(\text{m})$

$\overline{AC}=18\tan 30°=18\times\frac{\sqrt{3}}{3}=6\sqrt{3}(\text{m})$

따라서 부러지기 전 나무의 높이는

$\overline{AB}+\overline{AC}=12\sqrt{3}+6\sqrt{3}=18\sqrt{3}(\text{m})$ 답 **$18\sqrt{3}$ m**

0183 $\overline{DB}=15\tan 60°=15\times\sqrt{3}=15\sqrt{3}(\text{m})$ ······ ㉮

$\overline{CB}=15\tan 45°=15\times 1=15(\text{m})$ ······ ㉯

$\therefore \overline{CD}=\overline{DB}-\overline{CB}=15\sqrt{3}-15(\text{m})$ ······ ㉰

답 **$(15\sqrt{3}-15)$ m**

단계	채점요소	배점
㉮	$\overline{DB}$의 길이 구하기	40 %
㉯	$\overline{CB}$의 길이 구하기	40 %
㉰	$\overline{CD}$의 길이 구하기	20 %

0184 $\overline{HO}=\overline{QR}=30$ m이므로

$\overline{PH}=30\tan 30°=30\times\frac{\sqrt{3}}{3}=10\sqrt{3}(\text{m})$

$\overline{HQ}=30\tan 45°=30\times 1=30(\text{m})$

$\therefore \overline{PQ}=\overline{PH}+\overline{HQ}$

$=10\sqrt{3}+30(\text{m})$ 답 **$(10\sqrt{3}+30)$ m**

0185 꼭짓점 A에서 $\overline{BC}$에 내린 수선의 발을 H라 하면

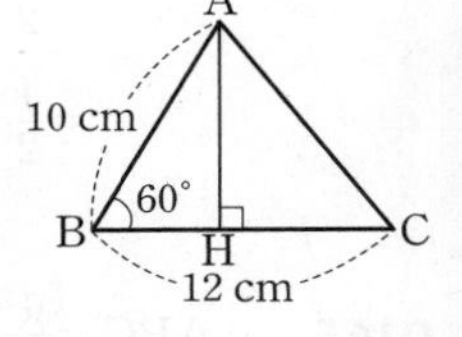

$\overline{AH}=10\sin 60°=10\times\frac{\sqrt{3}}{2}$

$=5\sqrt{3}(\text{cm})$

$\overline{BH}=10\cos 60°=10\times\frac{1}{2}=5(\text{cm})$

$\overline{CH}=\overline{BC}-\overline{BH}=12-5=7(\text{cm})$이므로 $\triangle AHC$에서

$\overline{AC}=\sqrt{(5\sqrt{3})^2+7^2}=\sqrt{124}=2\sqrt{31}(\text{cm})$ 답 **$2\sqrt{31}$ cm**

0186 꼭짓점 A에서 $\overline{BC}$에 내린 수선의 발을 H라 하면

$\overline{AH}=6\sqrt{2}\sin 45°=6\sqrt{2}\times\frac{\sqrt{2}}{2}=6$

$\overline{BH}=6\sqrt{2}\cos 45°=6\sqrt{2}\times\frac{\sqrt{2}}{2}=6$

$\overline{CH}=\overline{BC}-\overline{BH}=14-6=8$이므로 $\triangle AHC$에서

$\overline{AC}=\sqrt{6^2+8^2}=\sqrt{100}=10$ 답 **10**

0187 꼭짓점 A에서 $\overline{BC}$에 내린 수선의 발을 H라 하면

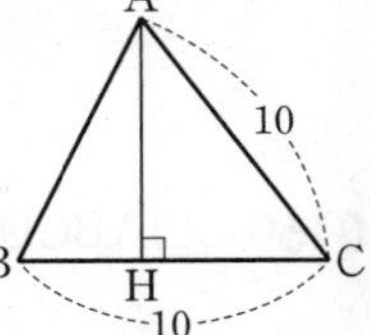

$\overline{CH}=10\cos C=10\times\frac{3}{5}=6$

$\overline{AH}=\sqrt{10^2-6^2}=\sqrt{64}=8$

$\overline{BH}=\overline{BC}-\overline{CH}=10-6=4$이므로 $\triangle ABH$에서

$\overline{AB}=\sqrt{4^2+8^2}=\sqrt{80}=4\sqrt{5}$ 답 **$4\sqrt{5}$**

0188 꼭짓점 A에서 $\overline{BC}$의 연장선에 내린 수선의 발을 H라 하면

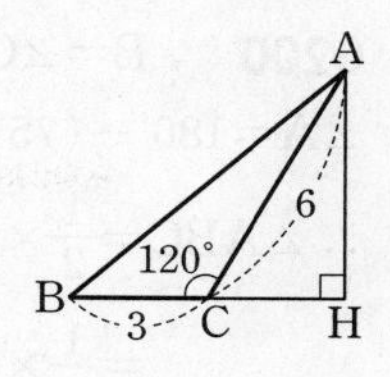

$\angle ACH = 180° - 120° = 60°$이므로 ······ ㉮

$\overline{AH} = 6\sin 60° = 6 \times \frac{\sqrt{3}}{2} = 3\sqrt{3}$

$\overline{CH} = 6\cos 60° = 6 \times \frac{1}{2} = 3$ ······ ㉯

$\overline{BH} = \overline{BC} + \overline{CH} = 3 + 3 = 6$이므로 $\triangle ABH$에서

$\overline{AB} = \sqrt{6^2 + (3\sqrt{3})^2} = \sqrt{63} = 3\sqrt{7}$ ······ ㉰

답 $3\sqrt{7}$

단계	채점요소	배점
㉮	$\angle ACH$의 크기 구하기	20%
㉯	$\overline{AH}$, $\overline{CH}$의 길이 구하기	50%
㉰	$\overline{AB}$의 길이 구하기	30%

0189 꼭짓점 A에서 $\overline{BC}$에 내린 수선의 발을 H라 하면

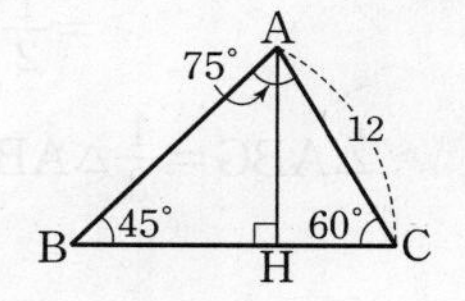

$\overline{AH} = 12\sin 60° = 12 \times \frac{\sqrt{3}}{2}$

$= 6\sqrt{3}$

$\angle B = 180° - (75° + 60°) = 45°$이므로

$\overline{AB} = \frac{6\sqrt{3}}{\sin 45°} = 6\sqrt{3} \div \frac{\sqrt{2}}{2} = 6\sqrt{6}$

답 $6\sqrt{6}$

0190 꼭짓점 B에서 $\overline{AC}$에 내린 수선의 발을 H라 하면

$\overline{BH} = 8\sin 30° = 8 \times \frac{1}{2} = 4$

$\angle A = 180° - (105° + 30°) = 45°$이므로

$\overline{AB} = \frac{4}{\sin 45°} = 4 \div \frac{\sqrt{2}}{2} = 4\sqrt{2}$

답 $4\sqrt{2}$

0191 꼭짓점 A에서 $\overline{BC}$에 내린 수선의 발을 H라 하면

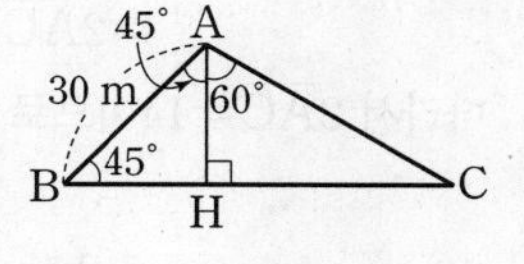

$\angle BAH = 45°$, $\angle CAH = 60°$

이므로

$\overline{AH} = 30\sin 45° = 30 \times \frac{\sqrt{2}}{2} = 15\sqrt{2}(\text{m})$

$\therefore \overline{AC} = \frac{15\sqrt{2}}{\cos 60°} = 15\sqrt{2} \div \frac{1}{2} = 30\sqrt{2}(\text{m})$

답 ④

0192 꼭짓점 A에서 $\overline{BC}$에 내린 수선의 발을 H라 하면

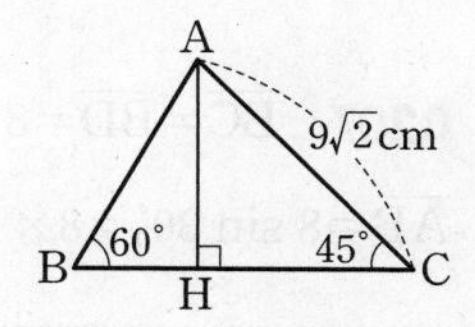

$\overline{CH} = 9\sqrt{2}\cos 45° = 9\sqrt{2} \times \frac{\sqrt{2}}{2}$

$= 9(\text{cm})$

$\overline{AH} = 9\sqrt{2}\sin 45° = 9\sqrt{2} \times \frac{\sqrt{2}}{2} = 9(\text{cm})$

$\triangle ABH$에서

$\overline{BH} = \frac{9}{\tan 60°} = \frac{9}{\sqrt{3}} = 3\sqrt{3}(\text{cm})$

$\therefore \overline{BC} = \overline{BH} + \overline{CH} = 3\sqrt{3} + 9(\text{cm})$

답 $(3\sqrt{3}+9)$ cm

0193 $\overline{AH} = h$라 하면

$\angle BAH = 30°$, $\angle CAH = 45°$이므로

$\overline{BH} = h\tan 30° = \frac{\sqrt{3}}{3}h$

$\overline{CH} = h\tan 45° = h \times 1 = h$

$\overline{BC} = \overline{BH} + \overline{CH}$이므로

$\frac{\sqrt{3}}{3}h + h = 10$, $\frac{\sqrt{3}+3}{3}h = 10$

$\therefore h = \frac{30}{\sqrt{3}+3} = 5(3-\sqrt{3})$

답 $5(3-\sqrt{3})$

0194 $\overline{AH} = h$라 하면

$\angle BAH = 45°$, $\angle CAH = 40°$이므로

$\overline{BH} = h\tan 45° = h \times 1 = h$

$\overline{CH} = h\tan 40°$

$\overline{BC} = \overline{BH} + \overline{CH}$이므로

$h + h\tan 40° = 13$, $(1 + \tan 40°)h = 13$

$\therefore h = \frac{13}{1 + \tan 40°}$

답 ④

0195 꼭짓점 A에서 $\overline{BC}$에 내린 수선의 발을 H라 하자.

$\overline{AH} = h$ m라 하면

$\angle BAH = 45°$, $\angle CAH = 60°$

이므로

$\overline{BH} = h\tan 45° = h \times 1 = h(\text{m})$

$\overline{CH} = h\tan 60° = \sqrt{3}h(\text{m})$

$\overline{BC} = \overline{BH} + \overline{CH}$이므로

$h + \sqrt{3}h = 60$, $(1+\sqrt{3})h = 60$

$\therefore h = \frac{60}{1+\sqrt{3}} = 30(\sqrt{3}-1)$

따라서 송신탑의 높이는 $30(\sqrt{3}-1)$ m이다.

답 $30(\sqrt{3}-1)$ m

0196 꼭짓점 A에서 $\overline{BC}$에 내린 수선의 발을 H라 하자.

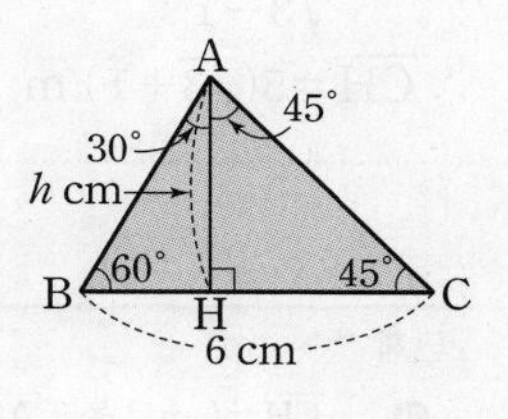

$\overline{AH} = h$ cm라 하면

$\angle BAH = 30°$, $\angle CAH = 45°$이므로

$\overline{BH} = h\tan 30° = \frac{\sqrt{3}}{3}h(\text{cm})$

$\overline{CH} = h\tan 45° = h \times 1 = h(\text{cm})$

$\overline{BC}=\overline{BH}+\overline{CH}$이므로

$\frac{\sqrt{3}}{3}h+h=6$, $\frac{\sqrt{3}+3}{3}h=6$

$\therefore h=\frac{18}{\sqrt{3}+3}=3(3-\sqrt{3})$

$\therefore \triangle ABC=\frac{1}{2}\times 6\times 3(3-\sqrt{3})$

$=9(3-\sqrt{3})(\text{cm}^2)$

답 $\mathbf{9(3-\sqrt{3})\ cm^2}$

0197 $\overline{AH}=h$ m라 하면

$\angle BAH=60^\circ$, $\angle CAH=30^\circ$이므로

$\overline{BH}=h\tan 60^\circ=\sqrt{3}h(\text{m})$

$\overline{CH}=h\tan 30^\circ=\frac{\sqrt{3}}{3}h(\text{m})$

$\overline{BC}=\overline{BH}-\overline{CH}$이므로

$\sqrt{3}h-\frac{\sqrt{3}}{3}h=300$, $\frac{2\sqrt{3}}{3}h=300$

$\therefore h=\frac{900}{2\sqrt{3}}=150\sqrt{3}$

$\therefore \overline{AH}=150\sqrt{3}$ m

답 $\mathbf{150\sqrt{3}\ m}$

0198 $\overline{AH}=h$라 하면

$\angle BAH=58^\circ$, $\angle CAH=34^\circ$이므로

$\overline{BH}=h\tan 58^\circ$

$\overline{CH}=h\tan 34^\circ$

$\overline{BC}=\overline{BH}-\overline{CH}$이므로

$h\tan 58^\circ-h\tan 34^\circ=15$

$(\tan 58^\circ-\tan 34^\circ)h=15$

$\therefore h=\frac{15}{\tan 58^\circ-\tan 34^\circ}$

답 ①

0199 $\overline{CH}=h$ m라 하면

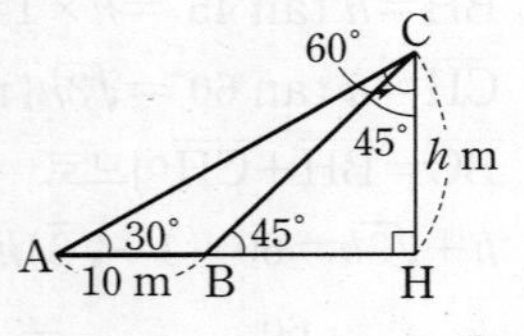

$\angle ACH=60^\circ$, $\angle BCH=45^\circ$이므로

$\overline{AH}=h\tan 60^\circ=\sqrt{3}h(\text{m})$

$\overline{BH}=h\tan 45^\circ=h\times 1=h(\text{m})$

……… ㉮

$\overline{AB}=\overline{AH}-\overline{BH}$이므로

$\sqrt{3}h-h=10$, $(\sqrt{3}-1)h=10$

$\therefore h=\frac{10}{\sqrt{3}-1}=5(\sqrt{3}+1)$

$\therefore \overline{CH}=5(\sqrt{3}+1)$ m

……… ㉯

답 $\mathbf{5(\sqrt{3}+1)\ m}$

단계	채점요소	배점
㉮	$\overline{CH}=h$ m로 놓고 $\overline{AH}$, $\overline{BH}$의 길이를 h를 사용하여 나타내기	50 %
㉯	$\overline{CH}$의 길이 구하기	50 %

0200 $\angle B=\angle C=75^\circ$이므로

$\angle A=180^\circ-(75^\circ+75^\circ)=30^\circ$

$\therefore \triangle ABC=\frac{1}{2}\times 8\times 8\times \sin 30^\circ$

$=\frac{1}{2}\times 8\times 8\times \frac{1}{2}=16$

답 ③

0201 $\triangle ABC=\frac{1}{2}\times 6\times 10\times \sin B=15\sqrt{2}$이므로

$\sin B=\frac{\sqrt{2}}{2}$ $\therefore \angle B=45^\circ$

답 **45°**

0202 $\tan B=\sqrt{3}$이므로 $\angle B=60^\circ$

$\therefore \triangle ABC=\frac{1}{2}\times 9\times 12\times \sin 60^\circ$

$=\frac{1}{2}\times 9\times 12\times \frac{\sqrt{3}}{2}=27\sqrt{3}$

답 $\mathbf{27\sqrt{3}}$

0203 $\triangle ABC=\frac{1}{2}\times 8\times 12\times \sin 45^\circ$

$=\frac{1}{2}\times 8\times 12\times \frac{\sqrt{2}}{2}=24\sqrt{2}$

$\therefore \triangle ABG=\frac{1}{3}\triangle ABC=\frac{1}{3}\times 24\sqrt{2}=8\sqrt{2}$

답 $\mathbf{8\sqrt{2}}$

0204 $\angle A=180^\circ-(32^\circ+28^\circ)=120^\circ$이므로

$\triangle ABC=\frac{1}{2}\times 8\times 10\times \sin(180^\circ-120^\circ)$

$=\frac{1}{2}\times 8\times 10\times \sin 60^\circ$

$=\frac{1}{2}\times 8\times 10\times \frac{\sqrt{3}}{2}=20\sqrt{3}$

답 ④

0205 $\triangle ABC=\frac{1}{2}\times 8\times \overline{AC}\times \sin(180^\circ-150^\circ)$

$=\frac{1}{2}\times 8\times \overline{AC}\times \sin 30^\circ$

$=\frac{1}{2}\times 8\times \overline{AC}\times \frac{1}{2}$

$=2\overline{AC}$

따라서 $2\overline{AC}=14$이므로 $\overline{AC}=7$

답 **7**

0206 $\triangle ABC=\frac{1}{2}\times 6\times 4\times \sin(180^\circ-B)=6\sqrt{2}$이므로

$\sin(180^\circ-B)=\frac{\sqrt{2}}{2}$

따라서 $180^\circ-\angle B=45^\circ$이므로

$\angle B=135^\circ$

답 **135°**

0207 $\overline{BC}=\overline{BD}=8$이므로

$\overline{AB}=8\sin 30^\circ=8\times \frac{1}{2}=4$

……… ㉮

$\angle ABC = 180° - (90° + 30°) = 60°$이므로

$\angle ABD = 60° + 90° = 150°$

.... ㉯

$\therefore \triangle ABD = \frac{1}{2} \times 4 \times 8 \times \sin(180° - 150°)$

$= \frac{1}{2} \times 4 \times 8 \times \sin 30°$

$= \frac{1}{2} \times 4 \times 8 \times \frac{1}{2}$

$= 8$

.... ㉰

답 8

단계	채점요소	배점
㉮	$\overline{AB}$의 길이 구하기	30%
㉯	$\angle ABD$의 크기 구하기	30%
㉰	$\triangle ABD$의 넓이 구하기	40%

0208 대각선 AC를 그으면

$\square ABCD$

$= \triangle ABC + \triangle ACD$

$= \frac{1}{2} \times 5\sqrt{3} \times 5\sqrt{3} \times \sin 60°$

$\quad + \frac{1}{2} \times 5 \times 5 \times \sin(180° - 120°)$

$= \frac{1}{2} \times 5\sqrt{3} \times 5\sqrt{3} \times \frac{\sqrt{3}}{2} + \frac{1}{2} \times 5 \times 5 \times \frac{\sqrt{3}}{2}$

$= \frac{75\sqrt{3}}{4} + \frac{25\sqrt{3}}{4} = 25\sqrt{3}(\text{cm}^2)$ 답 ⑤

0209 $\triangle ABC$에서 $\overline{AC} = \frac{2\sqrt{3}}{\cos 60°} = 2\sqrt{3} \div \frac{1}{2} = 4\sqrt{3}$

$\therefore \square ABCD$

$= \triangle ABC + \triangle ACD$

$= \frac{1}{2} \times 2\sqrt{3} \times 4\sqrt{3} \times \sin 60° + \frac{1}{2} \times 4\sqrt{3} \times 4\sqrt{2} \times \sin 45°$

$= \frac{1}{2} \times 2\sqrt{3} \times 4\sqrt{3} \times \frac{\sqrt{3}}{2} + \frac{1}{2} \times 4\sqrt{3} \times 4\sqrt{2} \times \frac{\sqrt{2}}{2}$

$= 6\sqrt{3} + 8\sqrt{3} = 14\sqrt{3}$ 답 ②

0210 꼭짓점 A에서 $\overline{BC}$에 내린 수선의 발을 H라 하면

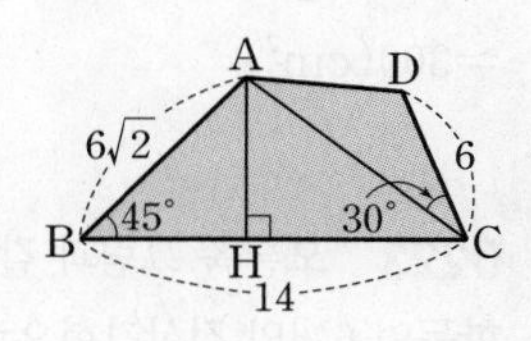

$\overline{BH} = 6\sqrt{2} \cos 45°$

$= 6\sqrt{2} \times \frac{\sqrt{2}}{2} = 6$

$\therefore \overline{AH} = \overline{BH} = 6$

.... ㉮

$\overline{CH} = \overline{BC} - \overline{BH} = 14 - 6 = 8$이므로 $\triangle AHC$에서

$\overline{AC} = \sqrt{6^2 + 8^2} = \sqrt{100} = 10$

.... ㉯

$\therefore \square ABCD$

$= \triangle ABC + \triangle ACD$

$= \frac{1}{2} \times 6\sqrt{2} \times 14 \times \sin 45° + \frac{1}{2} \times 10 \times 6 \times \sin 30°$

$= \frac{1}{2} \times 6\sqrt{2} \times 14 \times \frac{\sqrt{2}}{2} + \frac{1}{2} \times 10 \times 6 \times \frac{1}{2}$

$= 42 + 15 = 57$

.... ㉰

답 57

단계	채점요소	배점
㉮	$\overline{AH}$, $\overline{BH}$의 길이 구하기	30%
㉯	$\overline{AC}$의 길이 구하기	30%
㉰	$\square ABCD$의 넓이 구하기	40%

0211 마름모 ABCD의 한 변의 길이를 x cm라 하면

$\square ABCD = x \times x \times \sin(180° - 135°)$

$= x \times x \times \sin 45°$

$= x \times x \times \frac{\sqrt{2}}{2} = \frac{\sqrt{2}}{2}x^2(\text{cm}^2)$

따라서 $\frac{\sqrt{2}}{2}x^2 = 18\sqrt{2}$이므로

$x^2 = 36 \qquad \therefore x = 6 \ (\because x > 0)$

즉, 마름모의 한 변의 길이는 6 cm이다. 답 ③

0212 $\square ABCD = 18 \times \overline{BC} \times \sin 30°$

$= 18 \times \overline{BC} \times \frac{1}{2} = 9\overline{BC}$

따라서 $9\overline{BC} = 108$이므로 $\overline{BC} = 12$ 답 12

0213 $\angle ABC = \angle ADC = 120°$이므로

$\square ABCD = 5 \times 8 \times \sin(180° - 120°)$

$= 5 \times 8 \times \sin 60°$

$= 5 \times 8 \times \frac{\sqrt{3}}{2}$

$= 20\sqrt{3}(\text{cm}^2)$

$\therefore \triangle ABO = \frac{1}{4}\square ABCD = \frac{1}{4} \times 20\sqrt{3}$

$= 5\sqrt{3}(\text{cm}^2)$ 답 $5\sqrt{3}$ cm²

0214 $\angle BAD + \angle B = 180°$이므로

$\angle B = 180° \times \frac{1}{3+1} = 45°$

$\therefore \square ABCD = 10 \times 12 \times \sin 45°$

$= 10 \times 12 \times \frac{\sqrt{2}}{2} = 60\sqrt{2}$

$\therefore \triangle AMC = \frac{1}{2}\triangle ABC = \frac{1}{2} \times \frac{1}{2}\square ABCD = \frac{1}{4}\square ABCD$

$= \frac{1}{4} \times 60\sqrt{2} = 15\sqrt{2}$ 답 $15\sqrt{2}$

0215 $\square ABCD=\frac{1}{2}\times 6\times \overline{BD}\times \sin(180^\circ-135^\circ)$

$=\frac{1}{2}\times 6\times \overline{BD}\times \sin 45^\circ$

$=\frac{1}{2}\times 6\times \overline{BD}\times \frac{\sqrt{2}}{2}$

$=\frac{3\sqrt{2}}{2}\overline{BD}$

따라서 $\frac{3\sqrt{2}}{2}\overline{BD}=12\sqrt{2}$이므로 $\overline{BD}=8$ 답 8

0216 등변사다리꼴의 두 대각선의 길이는 같으므로

$\overline{BD}=\overline{AC}=8$

$\therefore \square ABCD=\frac{1}{2}\times 8\times 8\times \sin 60^\circ$

$=\frac{1}{2}\times 8\times 8\times \frac{\sqrt{3}}{2}=16\sqrt{3}$ 답 ⑤

0217 두 대각선의 교점을 O라 하면

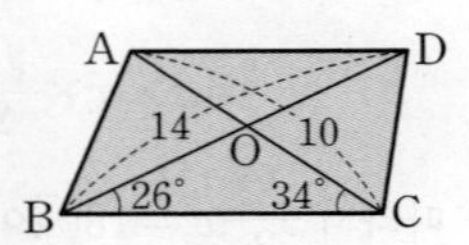

△OBC에서

$\angle BOC=180^\circ-(26^\circ+34^\circ)=120^\circ$

$\therefore \square ABCD=\frac{1}{2}\times 14\times 10\times \sin(180^\circ-120^\circ)$

$=\frac{1}{2}\times 14\times 10\times \sin 60^\circ$

$=\frac{1}{2}\times 14\times 10\times \frac{\sqrt{3}}{2}=35\sqrt{3}$ 답 $35\sqrt{3}$

0218 $\square ABCD=\frac{1}{2}\times 16\times 12\times \sin x$

$=96\sin x$

따라서 $96\sin x=48\sqrt{3}$이므로 $\sin x=\frac{\sqrt{3}}{2}$

$\therefore x=60^\circ$ 답 60°

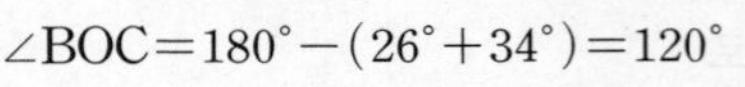

본문 p.36

0219 점 B에서 $\overline{OA}$에 내린 수선의 발을 H라 하면

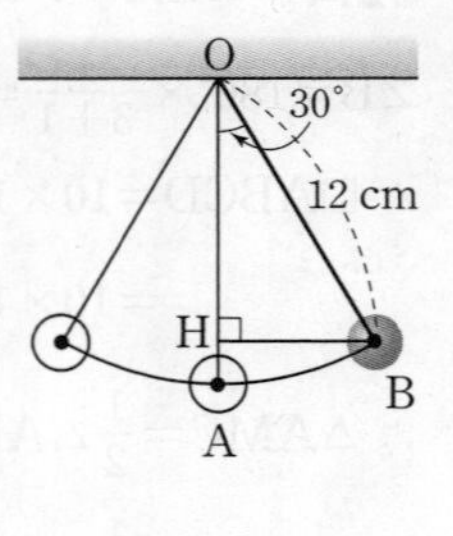

$\overline{OH}=12\cos 30^\circ=12\times\frac{\sqrt{3}}{2}$

$=6\sqrt{3}$(cm)

$\therefore \overline{AH}=\overline{OA}-\overline{OH}=12-6\sqrt{3}$

$=6(2-\sqrt{3})$(cm)

$\therefore x=6(2-\sqrt{3})$ 답 ③

0220 배가 2시간 동안 이동하였으므로

$\overline{OP}=5\times 2=10$(km)

$\overline{OQ}=6\times 2=12$(km)

점 P에서 $\overline{OQ}$에 내린 수선의 발을 H라 하면 △POH에서

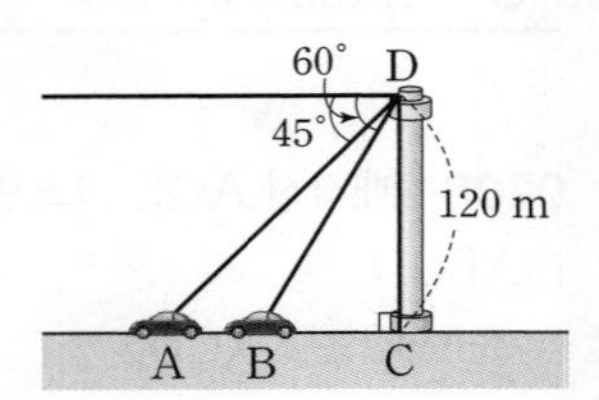

$\overline{OH}=10\cos 60^\circ=10\times\frac{1}{2}=5$(km)

$\overline{PH}=10\sin 60^\circ=10\times\frac{\sqrt{3}}{2}$

$=5\sqrt{3}$(km)

$\therefore \overline{HQ}=\overline{OQ}-\overline{OH}=12-5=7$(km)

△PHQ에서

$\overline{PQ}=\sqrt{(5\sqrt{3})^2+7^2}=\sqrt{124}=2\sqrt{31}$(km)

따라서 두 배 사이의 거리는 $2\sqrt{31}$ km이다. 답 $2\sqrt{31}$ km

0221 $\overline{CD}=120$ m,

$\angle ADC=45^\circ$, $\angle BDC=30^\circ$

이므로 △ACD에서

$\overline{AC}=120\tan 45^\circ$

$=120\times 1=120$(m)

△BCD에서 $\overline{BC}=120\tan 30^\circ=120\times\frac{\sqrt{3}}{3}=40\sqrt{3}$(m)

이때 자동차가 10초 동안 이동한 거리는 $\overline{AB}$이므로

$\overline{AB}=\overline{AC}-\overline{BC}=120-40\sqrt{3}$

$=40(3-\sqrt{3})$(m)

따라서 자동차의 속력은 $\frac{40(3-\sqrt{3})}{10}=4(3-\sqrt{3})$(m/s)

답 $4(3-\sqrt{3})$ m/s

0222 오른쪽 그림과 같이 정십이각형은 꼭지각의 크기가 $\frac{360^\circ}{12}=30^\circ$이고 합동인 12개의 이등변삼각형으로 나누어진다. 따라서 정십이각형의 넓이는

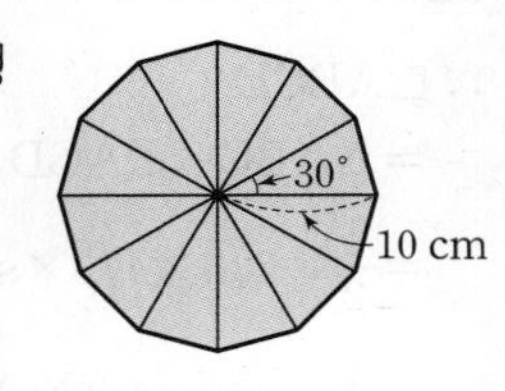

$12\times\left(\frac{1}{2}\times 10\times 10\times \sin 30^\circ\right)$

$=12\times\left(\frac{1}{2}\times 10\times 10\times\frac{1}{2}\right)$

$=300(\text{cm}^2)$ 답 ③

0223 오른쪽 그림과 같이 정육각형은 합동인 6개의 정삼각형으로 나누어진다. 따라서 정육각형의 넓이는

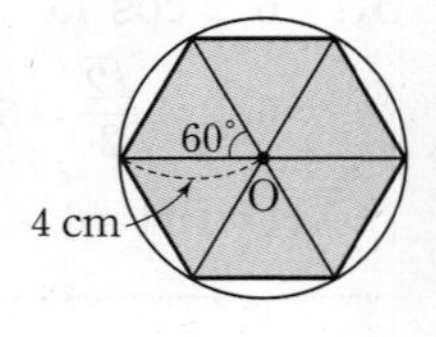

$6\times\left(\frac{1}{2}\times 4\times 4\times \sin 60^\circ\right)$

$=6\times\left(\frac{1}{2}\times 4\times 4\times\frac{\sqrt{3}}{2}\right)$

$=24\sqrt{3}(\text{cm}^2)$ 답 ④

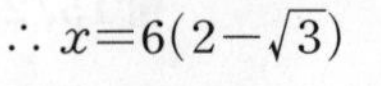

0224 오른쪽 그림과 같이 정팔각형은 꼭지각의 크기가 $\frac{360^\circ}{8}=45^\circ$이고 합동인 8개의 이등변삼각형으로 나누어진다.

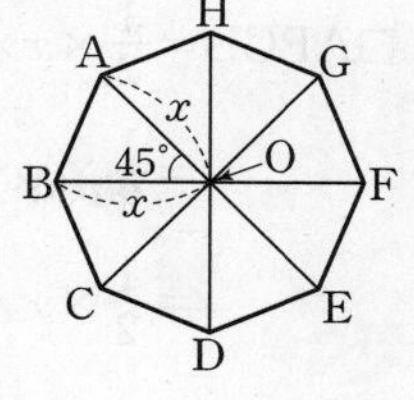

$\overline{AE}$와 $\overline{BF}$의 교점을 O라 하고 △ABO에서 $\overline{AO}=\overline{BO}=x$라 하면

(정팔각형의 넓이)

$=8\times\left(\frac{1}{2}\times x\times x\times\sin 45^\circ\right)$

$=8\times\left(\frac{1}{2}\times x\times x\times\frac{\sqrt{2}}{2}\right)$

$=2\sqrt{2}x^2$

따라서 $2\sqrt{2}x^2=50\sqrt{2}$이므로

$x^2=25$ $\quad\therefore x=5\ (\because x>0)$

$\therefore \overline{AE}=2\overline{AO}=2\times5=10$

답 **10**

중단원 마무리하기

본문 p.37~39

0225 $x=10\sin 37^\circ=10\times0.6=6$

$y=10\cos 37^\circ=10\times0.8=8$

따라서 △ABC의 둘레의 길이는

$10+6+8=24$

답 ②

0226 $\overline{AC}=\sqrt{6^2+6^2}=\sqrt{72}=6\sqrt{2}(\text{cm})$이므로

$\overline{AH}=\frac{1}{2}\overline{AC}=\frac{1}{2}\times6\sqrt{2}=3\sqrt{2}(\text{cm})$

△OAH에서

$\overline{OH}=3\sqrt{2}\tan 60^\circ=3\sqrt{2}\times\sqrt{3}=3\sqrt{6}(\text{cm})$

따라서 사각뿔의 부피는

$\frac{1}{3}\times6^2\times3\sqrt{6}=36\sqrt{6}(\text{cm}^3)$

답 ⑤

0227 $\overline{BH}=20\cos 30^\circ=20\times\frac{\sqrt{3}}{2}=10\sqrt{3}(\text{m})$

$\therefore \overline{CH}=10\sqrt{3}\tan 45^\circ=10\sqrt{3}\times1=10\sqrt{3}(\text{m})$

답 **$10\sqrt{3}$ m**

0228 $\angle ADC=60^\circ$,

$\angle BDC=30^\circ$이므로

$\overline{AC}=40\sqrt{3}\tan 60^\circ$

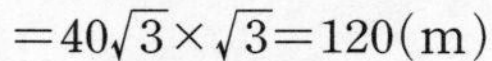

$\quad=40\sqrt{3}\times\sqrt{3}=120(\text{m})$

$\overline{BC}=40\sqrt{3}\tan 30^\circ$

$\quad=40\sqrt{3}\times\frac{\sqrt{3}}{3}=40(\text{m})$

$\therefore \overline{AB}=\overline{AC}-\overline{BC}=120-40=80(\text{m})$

답 ④

0229 드론의 위치를 C라 하고 점 C에서 $\overline{AB}$에 내린 수선의 발을 H라 하면

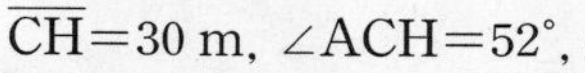

$\overline{CH}=30$ m, $\angle ACH=52^\circ$,

$\angle BCH=48^\circ$이므로

$\overline{AH}=30\tan 52^\circ=30\times1.28=38.4(\text{m})$

$\overline{BH}=30\tan 48^\circ=30\times1.11=33.3(\text{m})$

따라서 두 지점 A, B 사이의 거리는

$38.4+33.3=71.7(\text{m})$

답 **71.7 m**

0230 꼭짓점 D에서 $\overline{BC}$의 연장선에 내린 수선의 발을 H라 하면

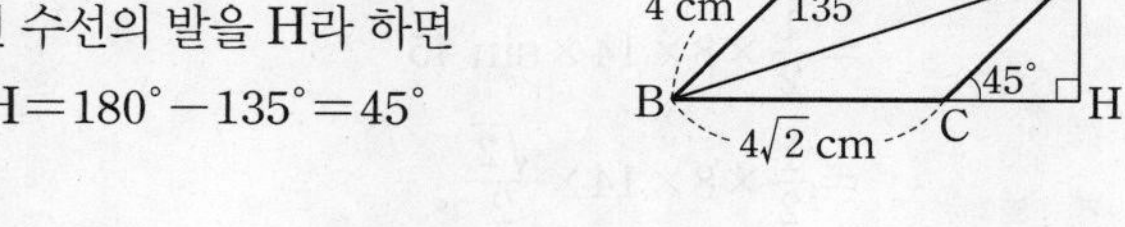

$\angle DCH=180^\circ-135^\circ=45^\circ$

이므로

$\overline{CH}=\overline{CD}\cos 45^\circ=4\times\frac{\sqrt{2}}{2}$

$\quad=2\sqrt{2}(\text{cm})$

$\overline{DH}=\overline{CH}=2\sqrt{2}$ cm

$\overline{BH}=\overline{BC}+\overline{CH}=4\sqrt{2}+2\sqrt{2}=6\sqrt{2}(\text{cm})$

이므로 △BHD에서

$\overline{BD}=\sqrt{(6\sqrt{2})^2+(2\sqrt{2})^2}=\sqrt{80}=4\sqrt{5}(\text{cm})$

답 ③

0231 꼭짓점 B에서 $\overline{AC}$에 내린 수선의 발을 H라 하면

$\angle A=180^\circ-(75^\circ+45^\circ)=60^\circ$

이므로

$\overline{AH}=20\cos 60^\circ=20\times\frac{1}{2}=10(\text{cm})$

$\overline{BH}=20\sin 60^\circ=20\times\frac{\sqrt{3}}{2}=10\sqrt{3}(\text{cm})$

△BCH에서

$\overline{CH}=\overline{BH}=10\sqrt{3}$ cm

$\overline{BC}=\frac{10\sqrt{3}}{\cos 45^\circ}=10\sqrt{3}\div\frac{\sqrt{2}}{2}=10\sqrt{6}(\text{cm})$

$\therefore x=10\sqrt{6}$

$\overline{AC}=\overline{AH}+\overline{CH}=10+10\sqrt{3}(\text{cm})$이므로

$y=10+10\sqrt{3}$

$\therefore x+y=10\sqrt{6}+10+10\sqrt{3}$

$\quad=10(1+\sqrt{3}+\sqrt{6})$

답 ⑤

0232 꼭짓점 A에서 $\overline{BC}$에 내린 수선의 발을 H라 하자.

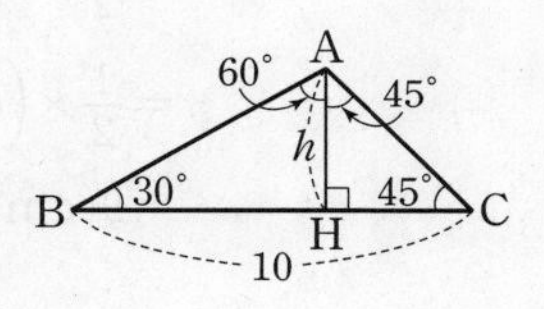

$\overline{AH}=h$라 하면

$\angle BAH=60^\circ$, $\angle CAH=45^\circ$이므로

$\overline{BH}=h\tan 60^\circ=\sqrt{3}h$

$\overline{CH}=h\tan 45^\circ=h$

$\overline{BC}=\overline{BH}+\overline{CH}$이므로

$\sqrt{3}h+h=10,\ (\sqrt{3}+1)h=10$

$\therefore\ h=\dfrac{10}{\sqrt{3}+1}=5(\sqrt{3}-1)$

$\therefore\ \overline{AC}=\dfrac{h}{\cos 45^\circ}=5(\sqrt{3}-1)\div\dfrac{\sqrt{2}}{2}$

$=5(\sqrt{6}-\sqrt{2})$ 답 ②

0233 $\overline{AE}\,/\!/\,\overline{DC}$이므로 $\triangle AED=\triangle AEC$

$\therefore\ \square ABED=\triangle ABE+\triangle AED$

$=\triangle ABE+\triangle AEC$

$=\triangle ABC$

$=\dfrac{1}{2}\times 8\times 14\times\sin 45^\circ$

$=\dfrac{1}{2}\times 8\times 14\times\dfrac{\sqrt{2}}{2}$

$=28\sqrt{2}$ 답 **$28\sqrt{2}$**

0234 $0^\circ<\angle C<90^\circ$이므로 $\cos C=\dfrac{\sqrt{2}}{2}$에서 $\angle C=45^\circ$

$\therefore\ \angle B=180^\circ-(15^\circ+45^\circ)=120^\circ$

$\therefore\ \triangle ABC=\dfrac{1}{2}\times 4\times 2(\sqrt{3}-1)\times\sin(180^\circ-120^\circ)$

$=\dfrac{1}{2}\times 4\times 2(\sqrt{3}-1)\times\sin 60^\circ$

$=\dfrac{1}{2}\times 4\times 2(\sqrt{3}-1)\times\dfrac{\sqrt{3}}{2}$

$=2(3-\sqrt{3})$ 답 **$2(3-\sqrt{3})$**

0235 대각선 BD를 그으면

$\square ABCD$

$=\triangle ABD+\triangle BCD$

$=\dfrac{1}{2}\times 3\times 3\sqrt{3}\times\sin(180^\circ-150^\circ)$

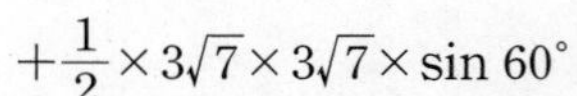

$+\dfrac{1}{2}\times 3\sqrt{7}\times 3\sqrt{7}\times\sin 60^\circ$

$=\dfrac{1}{2}\times 3\times 3\sqrt{3}\times\dfrac{1}{2}+\dfrac{1}{2}\times 3\sqrt{7}\times 3\sqrt{7}\times\dfrac{\sqrt{3}}{2}$

$=\dfrac{9\sqrt{3}}{4}+\dfrac{63\sqrt{3}}{4}=18\sqrt{3}$ 답 ⑤

0236 $\triangle ABE=\dfrac{1}{2}\square ABCD$

$=\dfrac{1}{2}\times(6\times 3\sqrt{2}\times\sin 45^\circ)$

$=\dfrac{1}{2}\times\left(6\times 3\sqrt{2}\times\dfrac{\sqrt{2}}{2}\right)$

$=9(\text{cm}^2)$ 답 **9 cm²**

0237 등변사다리꼴의 두 대각선의 길이는 같으므로

$\overline{AC}=\overline{BD}=x$ cm라 하면

$\square ABCD=\dfrac{1}{2}\times x\times x\times\sin(180^\circ-120^\circ)$

$=\dfrac{1}{2}\times x\times x\times\sin 60^\circ$

$=\dfrac{1}{2}\times x\times x\times\dfrac{\sqrt{3}}{2}=\dfrac{\sqrt{3}}{4}x^2(\text{cm}^2)$

따라서 $\dfrac{\sqrt{3}}{4}x^2=9\sqrt{3}$이므로

$x^2=36\qquad\therefore\ x=6\ (\because\ x>0)$

$\therefore\ \overline{AC}=6$ cm 답 ③

0238 오른쪽 그림과 같이 정육각형은 합동인 6개의 정삼각형으로 나누어진다.

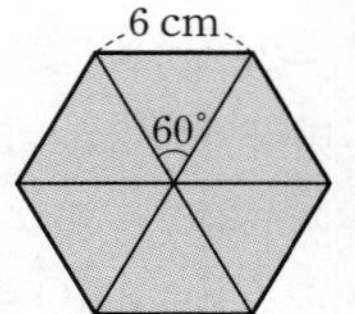

따라서 정육각형의 넓이는

$6\times\left(\dfrac{1}{2}\times 6\times 6\times\sin 60^\circ\right)$

$=6\times\left(\dfrac{1}{2}\times 6\times 6\times\dfrac{\sqrt{3}}{2}\right)$

$=54\sqrt{3}(\text{cm}^2)$ 답 ③

0239 $\triangle ADB$에서 $\angle DAB=60^\circ$이므로

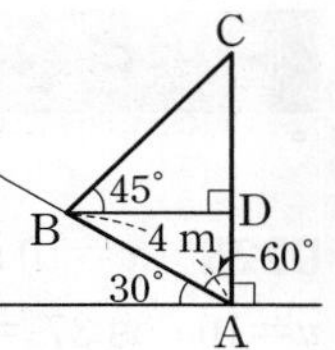

$\overline{AD}=4\cos 60^\circ=4\times\dfrac{1}{2}=2(\text{m})$

$\overline{BD}=4\sin 60^\circ=4\times\dfrac{\sqrt{3}}{2}=2\sqrt{3}(\text{m})$ ······ ㉮

$\triangle BDC$에서

$\overline{CD}=2\sqrt{3}\tan 45^\circ=2\sqrt{3}\times 1=2\sqrt{3}(\text{m})$ ······ ㉯

$\therefore\ \overline{AC}=\overline{AD}+\overline{CD}=2+2\sqrt{3}(\text{m})$ ······ ㉰

답 **$(2+2\sqrt{3})$ m**

단계	채점요소	배점
㉮	$\overline{AD}$, $\overline{BD}$의 길이 구하기	50 %
㉯	$\overline{CD}$의 길이 구하기	30 %
㉰	$\overline{AC}$의 길이 구하기	20 %

0240 꼭짓점 A에서 $\overline{BC}$에 내린 수선의 발을 H라 하자.

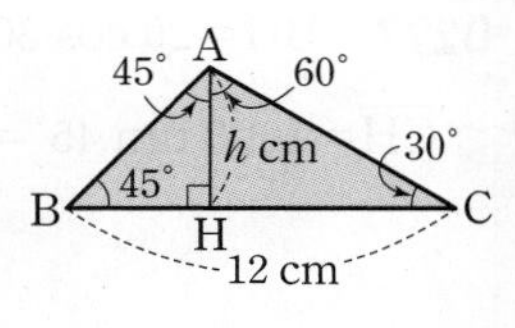

$\overline{AH}=h$ cm라 하면

$\angle BAH=45^\circ$, $\angle CAH=60^\circ$이므로

$\overline{BH}=h\tan 45^\circ=h\times 1=h(\text{cm})$

$\overline{CH}=h\tan 60^\circ=\sqrt{3}h(\text{cm})$ ······ ㉮

$\overline{BC}=\overline{BH}+\overline{CH}$이므로

$h+\sqrt{3}h=12,\ (1+\sqrt{3})h=12$

$\therefore\ h=\dfrac{12}{1+\sqrt{3}}=6(\sqrt{3}-1)$ ······ ㉯

$\therefore\ \triangle ABC=\frac{1}{2}\times 12\times 6(\sqrt{3}-1)=36(\sqrt{3}-1)(cm^2)$

.... ㉰

답 $36(\sqrt{3}-1)$ cm²

단계	채점요소	배점
㉮	$\overline{AH}=h$ cm로 놓고 $\overline{BH}$, $\overline{CH}$의 길이를 h를 사용하여 나타내기	40%
㉯	h의 값 구하기	40%
㉰	△ABC의 넓이 구하기	20%

0241 $\overline{AO}$를 그으면 $\overline{AO}=\overline{BO}$이므로

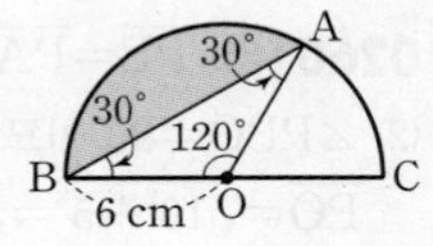

$\angle AOB=180^\circ-(30^\circ+30^\circ)=120^\circ$

이때 부채꼴 AOB의 넓이는

$\pi\times 6^2\times\frac{120}{360}=12\pi(cm^2)$

.... ㉮

$\triangle ABO=\frac{1}{2}\times 6\times 6\times\sin(180^\circ-120^\circ)$

$=\frac{1}{2}\times 6\times 6\times\sin 60^\circ$

$=\frac{1}{2}\times 6\times 6\times\frac{\sqrt{3}}{2}=9\sqrt{3}(cm^2)$

.... ㉯

따라서 색칠한 부분의 넓이는

(부채꼴 AOB의 넓이)$-$(△ABO의 넓이)

$=12\pi-9\sqrt{3}(cm^2)$

.... ㉰

답 $(12\pi-9\sqrt{3})$ cm²

단계	채점요소	배점
㉮	부채꼴 AOB의 넓이 구하기	40%
㉯	△ABO의 넓이 구하기	40%
㉰	색칠한 부분의 넓이 구하기	20%

0242 $\angle A+\angle B=180^\circ$이므로

$\angle B=180^\circ\times\frac{1}{5+1}=30^\circ$

.... ㉮

$\square ABCD=4\times 6\times\sin 30^\circ=4\times 6\times\frac{1}{2}=12$

.... ㉯

$\therefore\ \triangle OBC=\frac{1}{4}\square ABCD=\frac{1}{4}\times 12=3$

.... ㉰

답 3

단계	채점요소	배점
㉮	∠B의 크기 구하기	30%
㉯	□ABCD의 넓이 구하기	40%
㉰	△OBC의 넓이 구하기	30%

0243 오른쪽 그림에서 $\overline{AD}\,/\!/\,\overline{BC}$, $\overline{AB}\,/\!/\,\overline{DC}$이므로 겹쳐진 부분, 즉 □ABCD는 평행사변형이다.

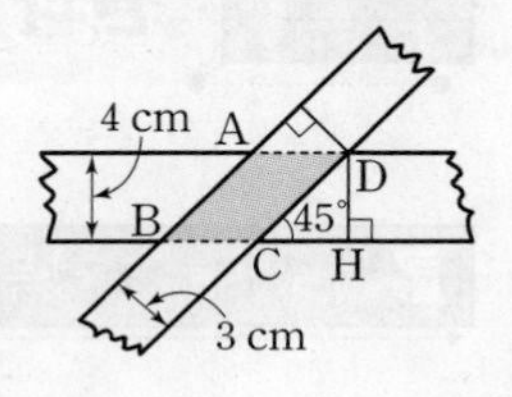

점 D에서 $\overline{BC}$의 연장선에 내린 수선의 발을 H라 하면 $\overline{DH}=4$ cm이므로

$\overline{CD}=\frac{4}{\sin 45^\circ}=4\div\frac{\sqrt{2}}{2}=4\sqrt{2}(cm)$

$\therefore\ \square ABCD=4\sqrt{2}\times 3=12\sqrt{2}(cm^2)$ 답 $12\sqrt{2}$ cm²

0244 $\triangle ABC=\frac{1}{2}\times 12\times 6\times\sin(180^\circ-120^\circ)$

$=\frac{1}{2}\times 12\times 6\times\sin 60^\circ$

$=\frac{1}{2}\times 12\times 6\times\frac{\sqrt{3}}{2}$

$=18\sqrt{3}(cm^2)$

이때 $\overline{AD}=x$ cm라 하면 △ABC=△ABD+△ADC이므로

$18\sqrt{3}=\frac{1}{2}\times 12\times x\times\sin 60^\circ+\frac{1}{2}\times 6\times x\times\sin 60^\circ$

$18\sqrt{3}=\frac{1}{2}\times 12\times x\times\frac{\sqrt{3}}{2}+\frac{1}{2}\times 6\times x\times\frac{\sqrt{3}}{2}$

$18\sqrt{3}=3\sqrt{3}x+\frac{3\sqrt{3}}{2}x$

$\frac{9\sqrt{3}}{2}x=18\sqrt{3}$ $\quad\therefore\ x=4$

$\therefore\ \overline{AD}=4$ cm 답 4 cm

0245 $\overline{MN}$을 그으면

$\triangle AMN=\square ABCD-(\triangle ABM+\triangle MCN+\triangle AND)$

$=4\times 4-\left(\frac{1}{2}\times 2\times 4+\frac{1}{2}\times 2\times 2+\frac{1}{2}\times 4\times 2\right)$

$=16-10=6(cm^2)$ ...... ㉠

한편 $\overline{AM}=\overline{AN}=\sqrt{4^2+2^2}=\sqrt{20}=2\sqrt{5}(cm)$이므로

$\triangle AMN=\frac{1}{2}\times 2\sqrt{5}\times 2\sqrt{5}\times\sin x$

$=10\sin x(cm^2)$ ...... ㉡

㉠, ㉡에서 $10\sin x=6$ $\quad\therefore\ \sin x=\frac{3}{5}$ 답 $\frac{3}{5}$

0246 주어진 세 도형의 넓이를 차례로 구하면

$\frac{1}{2}\times a\times b\times\sin 30^\circ=\frac{1}{2}\times a\times b\times\frac{1}{2}=\frac{1}{4}ab$ ...... ㉠

$b\times c\times\sin 45^\circ=b\times c\times\frac{\sqrt{2}}{2}=\frac{\sqrt{2}}{2}bc$ ...... ㉡

$\frac{1}{2}\times a\times c\times\sin 60^\circ=\frac{1}{2}\times a\times c\times\frac{\sqrt{3}}{2}=\frac{\sqrt{3}}{4}ac$ ...... ㉢

이때 세 도형의 넓이가 모두 같으므로

㉠, ㉡에서 $\frac{1}{4}ab=\frac{\sqrt{2}}{2}bc$ $\quad\therefore\ a=2\sqrt{2}c$

㉠, ㉢에서 $\frac{1}{4}ab=\frac{\sqrt{3}}{4}ac$ $\quad\therefore\ b=\sqrt{3}c$

$\therefore\ a:b:c=2\sqrt{2}c:\sqrt{3}c:c=2\sqrt{2}:\sqrt{3}:1$ 답 ⑤

03 원과 직선

교과서문제 정복하기

본문 p.43, 45

0247 답 (가) $\overline{\text{OB}}$ (나) $\overline{\text{OM}}$ (다) RHS (라) $\overline{\text{BM}}$

0248 $\overline{\text{BM}}=\overline{\text{AM}}=7\text{ cm}$ $\therefore x=7$ 답 7

0249 △OAM에서
$\overline{\text{AM}}=\sqrt{6^2-3^2}=\sqrt{27}=3\sqrt{3}(\text{cm})$
$\overline{\text{AM}}=\overline{\text{BM}}$이므로
$\overline{\text{AB}}=2\overline{\text{AM}}=2\times3\sqrt{3}=6\sqrt{3}(\text{cm})$
$\therefore x=6\sqrt{3}$ 답 $6\sqrt{3}$

0250 $\overline{\text{AM}}=\frac{1}{2}\overline{\text{AB}}=\frac{1}{2}\times8=4(\text{cm})$
△OAM에서
$\overline{\text{OA}}=\sqrt{4^2+2^2}=\sqrt{20}=2\sqrt{5}(\text{cm})$
$\therefore x=2\sqrt{5}$ 답 $2\sqrt{5}$

0251 $\overline{\text{BM}}=\frac{1}{2}\overline{\text{AB}}=\frac{1}{2}\times10=5(\text{cm})$
△OMB에서
$\overline{\text{OM}}=\sqrt{6^2-5^2}=\sqrt{11}(\text{cm})$
$\therefore x=\sqrt{11}$ 답 $\sqrt{11}$

0252 두 현의 길이가 같으므로
$\overline{\text{OM}}=\overline{\text{ON}}=3\text{ cm}$ $\therefore x=3$ 답 3

0253 두 현이 원의 중심으로부터 같은 거리에 있으므로
$\overline{\text{AB}}=\overline{\text{CD}}=9\text{ cm}$ $\therefore x=9$ 답 9

0254 두 현이 원의 중심으로부터 같은 거리에 있으므로
$\overline{\text{CD}}=\overline{\text{AB}}=6\text{ cm}$
$\overline{\text{DN}}=\frac{1}{2}\overline{\text{CD}}=\frac{1}{2}\times6=3(\text{cm})$ $\therefore x=3$ 답 3

0255 두 현이 원의 중심으로부터 같은 거리에 있으므로
$\overline{\text{CD}}=\overline{\text{AB}}=2\overline{\text{AM}}=2\times8=16(\text{cm})$
$\therefore x=16$ 답 16

0256 $2\overline{\text{CN}}=16$이므로 $\overline{\text{CN}}=8(\text{cm})$
△OCN에서 $\overline{\text{ON}}=\sqrt{10^2-8^2}=\sqrt{36}=6(\text{cm})$
두 현의 길이가 같으므로
$\overline{\text{OM}}=\overline{\text{ON}}=6\text{ cm}$ $\therefore x=6$ 답 6

0257 $\overline{\text{OM}}=\overline{\text{ON}}$이므로 $\overline{\text{AB}}=\overline{\text{AC}}$
따라서 △ABC는 이등변삼각형이므로
$\angle x=180°-2\times72°=36°$ 답 36°

0258 $\angle\text{PAO}=\angle\text{PBO}=90°$이므로 □APBO에서
$\angle x=360°-(90°+45°+90°)=135°$ 답 135°

0259 $\angle\text{PAO}=\angle\text{PBO}=90°$이므로 □APBO에서
$\angle x=360°-(90°+130°+90°)=50°$ 답 50°

0260 (1) $\overline{\text{PB}}=\overline{\text{PA}}=10\text{ cm}$
(2) $\angle\text{PBO}=90°$이므로 △OPB에서
$\overline{\text{PO}}=\sqrt{10^2+5^2}=\sqrt{125}=5\sqrt{5}(\text{cm})$
답 (1) 10 cm (2) $5\sqrt{5}$ cm

0261 답 (가) $5-x$ (나) $6-x$ (다) 2

0262 $\overline{\text{AF}}=\overline{\text{AD}}=3$이므로
$\overline{\text{BE}}=\overline{\text{BD}}=9-3=6$, $\overline{\text{CE}}=\overline{\text{CF}}=10-3=7$
$\overline{\text{BC}}=\overline{\text{BE}}+\overline{\text{CE}}$이므로
$x=6+7=13$ 답 13

0263 $\overline{\text{BE}}=\overline{\text{BD}}=x$이므로
$\overline{\text{AF}}=\overline{\text{AD}}=7-x$, $\overline{\text{CF}}=\overline{\text{CE}}=9-x$
$\overline{\text{AC}}=\overline{\text{AF}}+\overline{\text{CF}}$이므로
$8=(7-x)+(9-x)$, $2x=8$ $\therefore x=4$ 답 4

0264 (1) △ABC에서 $\overline{\text{AB}}=\sqrt{12^2+5^2}=\sqrt{169}=13$
(2) $\overline{\text{CF}}=\overline{\text{CE}}=r$이므로
$\overline{\text{AD}}=\overline{\text{AF}}=5-r$, $\overline{\text{BD}}=\overline{\text{BE}}=12-r$
(3) $\overline{\text{AB}}=\overline{\text{AD}}+\overline{\text{BD}}$이므로
$13=(5-r)+(12-r)$, $2r=4$ $\therefore r=2$
답 (1) 13 (2) $\overline{\text{AD}}=5-r$, $\overline{\text{BD}}=12-r$ (3) 2

0265 $x+8=6+9$ $\therefore x=7$ 답 7

0266 $8+11=(2+x)+12$ $\therefore x=5$ 답 5

유형 익히기

본문 p.46~54

0267 $\overline{\text{OM}}\perp\overline{\text{AB}}$이므로
$\overline{\text{AM}}=\frac{1}{2}\overline{\text{AB}}=\frac{1}{2}\times12=6(\text{cm})$

△OAM에서
$\overline{OA}=\sqrt{6^2+3^2}=\sqrt{45}=3\sqrt{5}$(cm) 답 ③

0268 △OMB에서 $\overline{BM}=\sqrt{5^2-4^2}=\sqrt{9}=3$(cm)
$\overline{OM}\perp\overline{AB}$이므로 $\overline{AB}=2\overline{BM}=2\times3=6$(cm) 답 **6 cm**

0269 $\overline{OM}\perp\overline{AC}$이므로 $\overline{AM}=\overline{CM}=15$ cm
$\overline{OA}=\overline{OB}=17$ cm이므로 △AOM에서
$\overline{OM}=\sqrt{17^2-15^2}=\sqrt{64}=8$(cm)
∴ $\triangle AOM=\frac{1}{2}\times15\times8=60$(cm²) 답 **60 cm²**

0270 $\overline{OM}\perp\overline{AB}$이므로
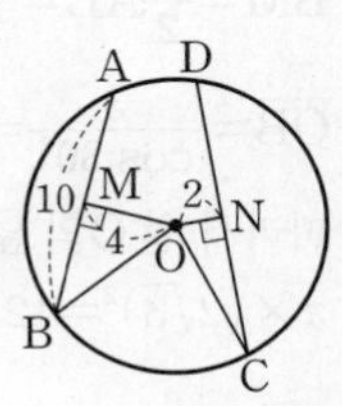

$\overline{BM}=\frac{1}{2}\overline{AB}=\frac{1}{2}\times10=5$
오른쪽 그림과 같이 $\overline{OB}$, $\overline{OC}$를 그으면
△BOM에서
$\overline{OB}=\sqrt{5^2+4^2}=\sqrt{41}$
$\overline{OC}=\overline{OB}=\sqrt{41}$이므로 △CON에서
$\overline{CN}=\sqrt{(\sqrt{41})^2-2^2}=\sqrt{37}$
이때 $\overline{ON}\perp\overline{CD}$이므로
$\overline{CD}=2\overline{CN}=2\sqrt{37}$ 답 **$2\sqrt{37}$**

0271 원 O의 반지름의 길이를 r cm라 하면
$\overline{OA}=r$ cm, $\overline{OM}=(r-5)$ cm
△AOM에서 $r^2=7^2+(r-5)^2$
$10r=74$ ∴ $r=\frac{37}{5}$
따라서 원 O의 반지름의 길이는 $\frac{37}{5}$ cm이다. 답 **$\frac{37}{5}$ cm**

0272 오른쪽 그림과 같이 $\overline{OA}$를 그으면
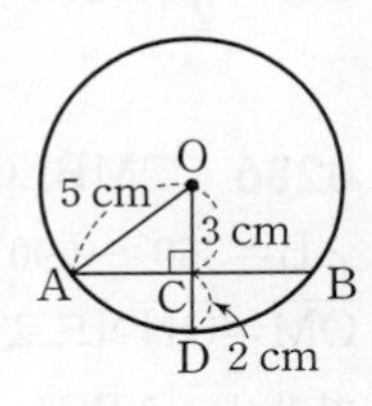

$\overline{OA}=\overline{OD}=3+2=5$(cm)
이므로 △OAC에서
$\overline{AC}=\sqrt{5^2-3^2}=\sqrt{16}=4$(cm)
$\overline{OC}\perp\overline{AB}$이므로
$\overline{AB}=2\overline{AC}=2\times4=8$(cm) 답 ③

0273 △CDB에서
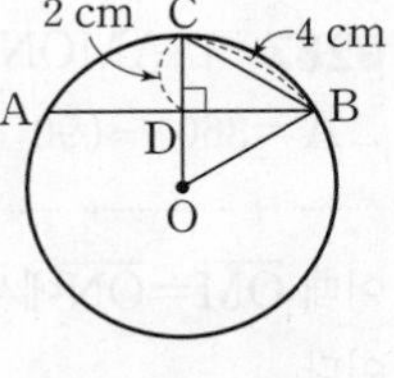

$\overline{BD}=\sqrt{4^2-2^2}=\sqrt{12}=2\sqrt{3}$(cm)
······ ㉮
오른쪽 그림과 같이 $\overline{OB}$를 긋고 원 O의
반지름의 길이를 r cm라 하면
$\overline{OB}=r$ cm, $\overline{OD}=(r-2)$ cm
△OBD에서 $r^2=(r-2)^2+(2\sqrt{3})^2$
$4r=16$ ∴ $r=4$
······ ㉯
따라서 원 O의 지름의 길이는
$2\times4=8$(cm)
······ ㉰
답 **8 cm**

단계	채점요소	배점
㉮	$\overline{BD}$의 길이 구하기	30%
㉯	원 O의 반지름의 길이 구하기	60%
㉰	원 O의 지름의 길이 구하기	10%

0274 $\overline{CD}$의 연장선은 이 원의 중심을
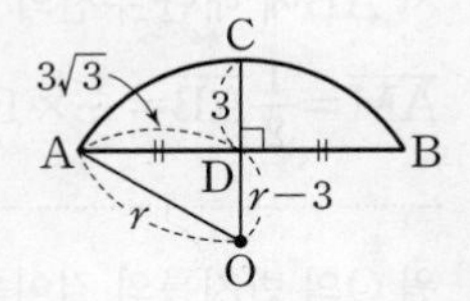

지나므로 오른쪽 그림과 같이 원의 중심
을 O, 반지름의 길이를 r라 하면
$\overline{OA}=r$, $\overline{OD}=r-3$
△AOD에서 $r^2=(r-3)^2+(3\sqrt{3})^2$
$6r=36$ ∴ $r=6$ 답 ③

0275 $\overline{AD}=\frac{1}{2}\overline{AB}=\frac{1}{2}\times24$
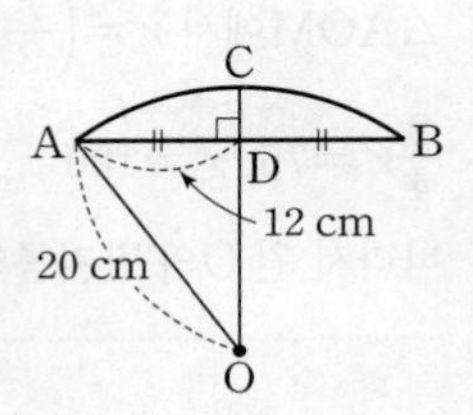

$=12$(cm)
$\overline{CD}$의 연장선은 이 원의 중심을 지나므
로 오른쪽 그림과 같이 원의 중심을 O라
하면 △AOD에서
$\overline{OD}=\sqrt{20^2-12^2}=\sqrt{256}=16$(cm)
∴ $\overline{CD}=\overline{OC}-\overline{OD}=20-16=4$(cm) 답 **4 cm**

0276 $\overline{CD}$의 연장선은 이 원의 중심
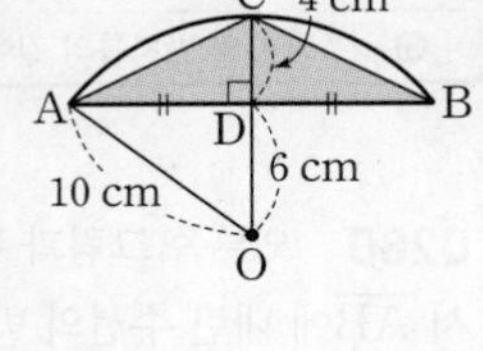

을 지나므로 오른쪽 그림과 같이 원의
중심을 O라 하면
$\overline{OA}=10$ cm
$\overline{OD}=10-4=6$(cm)
△AOD에서
$\overline{AD}=\sqrt{10^2-6^2}=\sqrt{64}=8$(cm)
∴ $\overline{AB}=2\overline{AD}=2\times8=16$(cm)
∴ $\triangle ABC=\frac{1}{2}\times16\times4=32$(cm²) 답 **32 cm²**

0277 $\overline{CD}$의 연장선은 이 접시의 중심
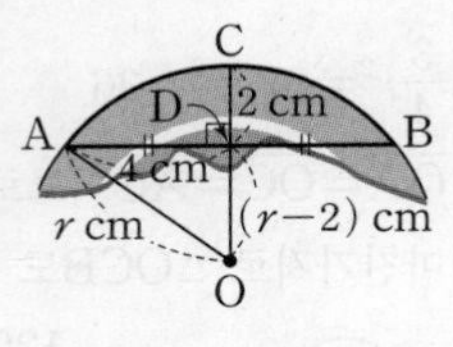

을 지나므로 오른쪽 그림과 같이 접시의
중심을 O, 반지름의 길이를 r cm라 하면
$\overline{AD}=\frac{1}{2}\overline{AB}=\frac{1}{2}\times8=4$(cm)
$\overline{OA}=r$ cm, $\overline{OD}=(r-2)$ cm
△AOD에서 $r^2=(r-2)^2+4^2$
$4r=20$ ∴ $r=5$
따라서 원래 접시의 둘레의 길이는
$2\pi\times5=10\pi$(cm) 답 **10π cm**

0278 오른쪽 그림과 같이 원의 중심 O에서 $\overline{AB}$에 내린 수선의 발을 M이라 하면

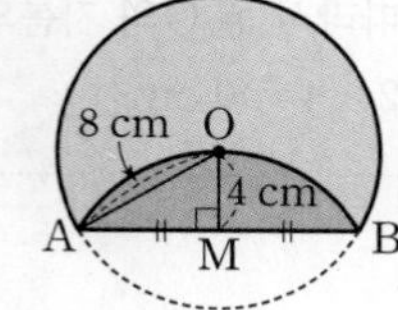

$\overline{OA}=8$ cm

$\overline{OM}=\frac{1}{2}\overline{OA}=\frac{1}{2}\times8=4$(cm)

△OAM에서 $\overline{AM}=\sqrt{8^2-4^2}=\sqrt{48}=4\sqrt{3}$(cm)

$\therefore \overline{AB}=2\overline{AM}=2\times4\sqrt{3}=8\sqrt{3}$(cm)

답 ⑤

0279 오른쪽 그림과 같이 원의 중심 O에서 $\overline{AB}$에 내린 수선의 발을 M이라 하면

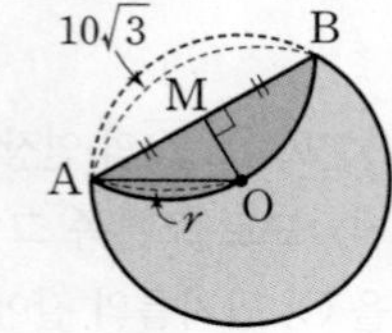

$\overline{AM}=\frac{1}{2}\overline{AB}=\frac{1}{2}\times10\sqrt{3}=5\sqrt{3}$ ······ ㉮

원 O의 반지름의 길이를 r라 하면

$\overline{OA}=r$, $\overline{OM}=\frac{1}{2}\overline{OA}=\frac{r}{2}$ ······ ㉯

△AOM에서 $r^2=\left(\frac{r}{2}\right)^2+(5\sqrt{3})^2$

$\frac{3}{4}r^2=75$, $r^2=100$ $\therefore r=10$ ($\because r>0$)

따라서 원 O의 반지름의 길이는 10이다. ······ ㉰

답 10

단계	채점요소	배점
㉮	$\overline{AM}$의 길이 구하기	20%
㉯	반지름의 길이를 r로 놓고 $\overline{OA}$, $\overline{OM}$의 길이를 r를 사용하여 나타내기	30%
㉰	원 O의 반지름의 길이 구하기	50%

0280 오른쪽 그림과 같이 원의 중심 O에서 $\overline{AB}$에 내린 수선의 발을 H라 하면

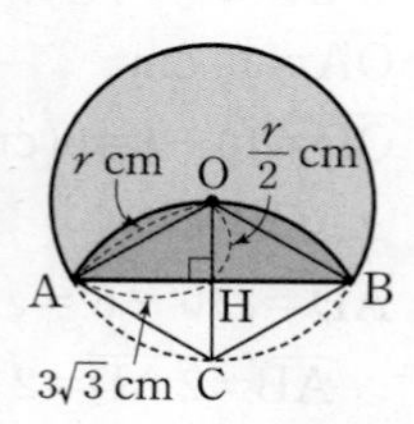

$\overline{AH}=\frac{1}{2}\overline{AB}=\frac{1}{2}\times6\sqrt{3}=3\sqrt{3}$(cm)

원 O의 반지름의 길이를 r cm라 하면

$\overline{OA}=r$ cm, $\overline{OH}=\frac{1}{2}\overline{OA}=\frac{r}{2}$(cm)

△OAH에서 $r^2=\left(\frac{r}{2}\right)^2+(3\sqrt{3})^2$

$\frac{3}{4}r^2=27$, $r^2=36$ $\therefore r=6$ ($\because r>0$)

$\overline{OA}=\overline{OC}=\overline{AC}$이므로 △OAC는 정삼각형이다.

마찬가지로 △OCB도 정삼각형이므로 ∠AOB$=2\times60°=120°$

$\therefore \widehat{AB}=2\pi\times6\times\frac{120}{360}=4\pi$(cm)

답 ②

0281 △OCN에서 $\overline{CN}=\sqrt{(5\sqrt{2})^2-5^2}=\sqrt{25}=5$

$\therefore \overline{CD}=2\overline{CN}=2\times5=10$

이때 $\overline{OM}=\overline{ON}$이므로 $\overline{AB}=\overline{CD}=10$

답 10

0282 오른쪽 그림과 같이 원의 중심 O에서 $\overline{CD}$에 내린 수선의 발을 N이라 하면 $\overline{AB}=\overline{CD}$이므로

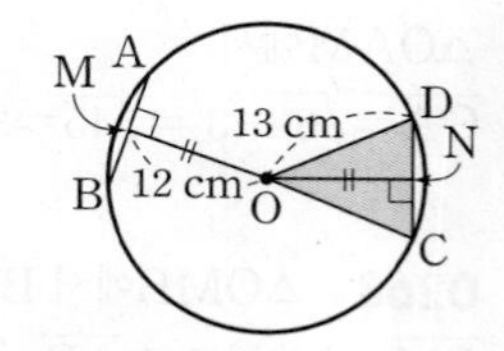

$\overline{ON}=\overline{OM}=12$ cm

△OND에서

$\overline{DN}=\sqrt{13^2-12^2}=\sqrt{25}=5$(cm)

따라서 $\overline{CD}=2\overline{DN}=2\times5=10$(cm)이므로

△OCD$=\frac{1}{2}\times10\times12=60$(cm^2)

답 60 cm²

0283 $\overline{OM}=\overline{ON}$이므로 $\overline{AB}=\overline{CD}=6$ cm

$\overline{BM}=\frac{1}{2}\overline{AB}=\frac{1}{2}\times6=3$(cm)이므로 △MBO에서

$\overline{OB}=\frac{3}{\cos30°}=3\div\frac{\sqrt{3}}{2}=2\sqrt{3}$(cm)

따라서 원 O의 넓이는

$\pi\times(2\sqrt{3})^2=12\pi$(cm^2)

답 ②

0284 오른쪽 그림과 같이 원의 중심 O에서 $\overline{AB}$, $\overline{CD}$에 내린 수선의 발을 각각 M, N이라 하면

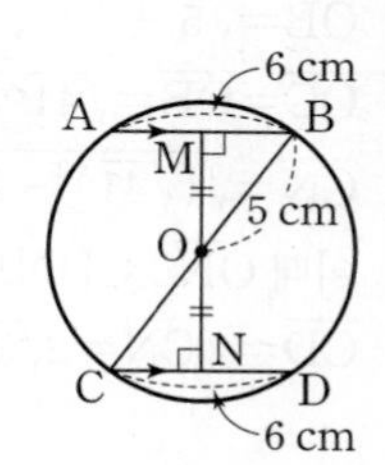

$\overline{AB}=\overline{CD}=6$ cm이므로 $\overline{OM}=\overline{ON}$

$\overline{BM}=\frac{1}{2}\overline{AB}=\frac{1}{2}\times6=3$(cm)

△OBM에서 $\overline{OM}=\sqrt{5^2-3^2}=\sqrt{16}=4$(cm)

따라서 $\overline{AB}$와 $\overline{CD}$ 사이의 거리는

$\overline{MN}=2\overline{OM}=2\times4=8$(cm)

답 8 cm

0285 $\overline{OM}=\overline{ON}$이므로 $\overline{AB}=\overline{AC}$

따라서 △ABC는 이등변삼각형이므로

∠B$=\frac{1}{2}\times(180°-48°)=66°$

답 66°

0286 □MBLO에서

∠B$=360°-(90°+110°+90°)=70°$

$\overline{OM}=\overline{ON}$이므로 $\overline{AB}=\overline{AC}$

따라서 △ABC는 이등변삼각형이므로 ∠C$=$∠B$=70°$

$\therefore$ ∠A$=180°-(70°+70°)=40°$

답 40°

0287 □AMON에서

∠A$=360°-(90°+120°+90°)=60°$ ······ ㉮

이때 $\overline{OM}=\overline{ON}$에서 $\overline{AB}=\overline{AC}$이므로 △ABC는 이등변삼각형이다.

$\therefore$ ∠B$=$∠C$=\frac{1}{2}\times(180°-60°)=60°$

따라서 △ABC는 정삼각형이므로 ······ ㉯

$\overline{BC}=\overline{AB}=2\,\overline{AM}=2\times6=12$ ······························· ㉰

답 **12**

단계	채점요소	배점
㉮	∠A의 크기 구하기	30 %
㉯	△ABC가 정삼각형임을 알기	40 %
㉰	$\overline{BC}$의 길이 구하기	30 %

0288 $\overline{OD}=\overline{OE}=\overline{OF}$이므로

$\overline{AB}=\overline{BC}=\overline{CA}$

즉, △ABC는 정삼각형이므로

$\angle A=\angle B=\angle C=60^\circ$

$\overline{AD}=\frac{1}{2}\overline{AB}=\frac{1}{2}\times8\sqrt{3}=4\sqrt{3}(\text{cm})$이고 위의 그림과 같이

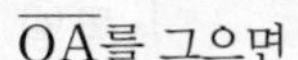

$\overline{OA}$를 그으면

△ADO≡△AFO (RHS 합동)이므로

$\angle DAO=\frac{1}{2}\angle A=\frac{1}{2}\times60^\circ=30^\circ$

△ADO에서 $\overline{OA}=\frac{4\sqrt{3}}{\cos 30^\circ}=4\sqrt{3}\div\frac{\sqrt{3}}{2}=8(\text{cm})$

따라서 원 O의 넓이는 $\pi\times8^2=64\pi(\text{cm}^2)$

답 **64π cm²**

다른풀이

△ABC는 정삼각형이므로

$\overline{BE}=\frac{1}{2}\overline{BC}=\frac{1}{2}\times8\sqrt{3}=4\sqrt{3}(\text{cm})$

△ABE에서 $\overline{AE}=\sqrt{(8\sqrt{3})^2-(4\sqrt{3})^2}=\sqrt{144}=12(\text{cm})$

점 O는 정삼각형 ABC의 무게중심이므로

$\overline{OA}=\frac{2}{3}\overline{AE}=\frac{2}{3}\times12=8(\text{cm})$

따라서 원 O의 넓이는 $\pi\times8^2=64\pi(\text{cm}^2)$

0289 $\angle OAP=90^\circ$이고

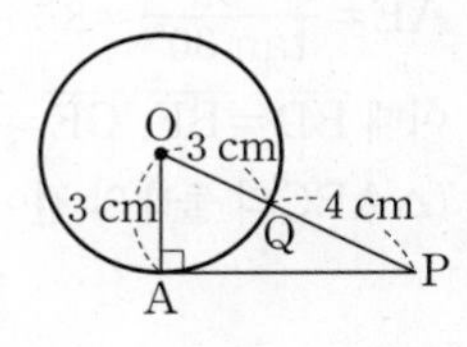

$\overline{OQ}=\overline{OA}=3$ cm이므로

$\overline{OP}=3+4=7(\text{cm})$

△OAP에서

$\overline{AP}=\sqrt{7^2-3^2}=\sqrt{40}=2\sqrt{10}(\text{cm})$

답 ②

0290 원 O의 반지름의 길이를 r cm 라 하면

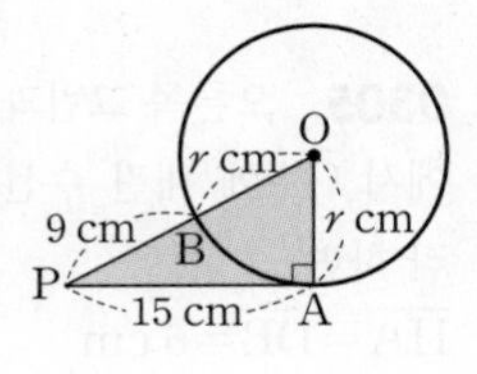

$\overline{OB}=\overline{OA}=r$ cm, $\overline{OP}=(r+9)$ cm

$\angle OAP=90^\circ$이므로 △OPA에서

$(r+9)^2=r^2+15^2$

$18r=144 \qquad \therefore r=8$

$\therefore \triangle OPA=\frac{1}{2}\times15\times8=60(\text{cm}^2)$

답 **60 cm²**

0291 원 O의 반지름의 길이를 r cm라 하면 $\angle PTO=90^\circ$이므로

△TPO에서

$\sin 30^\circ=\frac{\overline{OT}}{\overline{PO}}$, $\frac{1}{2}=\frac{r}{r+5}$

$2r=r+5 \qquad \therefore r=5$

따라서 $\overline{OP}=10$ cm, $\overline{OT}=5$ cm이므로

$\overline{PT}=\sqrt{10^2-5^2}=\sqrt{75}=5\sqrt{3}(\text{cm})$

답 **$5\sqrt{3}$ cm**

0292 $\angle PAC=90^\circ$이므로 $\angle PAB=90^\circ-23^\circ=67^\circ$

$\overline{PA}=\overline{PB}$에서 △APB는 이등변삼각형이므로

$\angle x=180^\circ-2\times67^\circ=46^\circ$

답 **46°**

0293 $\overline{PA}=\overline{PB}$에서 △BAP는 이등변삼각형이므로

$\angle BAP=\frac{1}{2}\times(180^\circ-70^\circ)=55^\circ$

이때 $\angle OAP=90^\circ$이므로

$\angle x=90^\circ-55^\circ=35^\circ$

답 **35°**

0294 $\angle PAO=\angle PBO=90^\circ$이므로

$\angle AOB=360^\circ-(90^\circ+45^\circ+90^\circ)=135^\circ$

이때 색칠한 부채꼴의 중심각의 크기는

$360^\circ-135^\circ=225^\circ$

따라서 색칠한 부분의 넓이는

$\pi\times8^2\times\frac{225}{360}=40\pi(\text{cm}^2)$

답 **40π cm²**

0295 $\overline{PA}=\overline{PB}$에서 △APB는 이등변삼각형이므로

$\angle PAB=\angle PBA=\frac{1}{2}\times(180^\circ-60^\circ)=60^\circ$

따라서 △APB는 정삼각형이므로

$\overline{AB}=\overline{PA}=10$ cm

답 **10 cm**

0296 △PBO에서 $\angle PBO=90^\circ$이고 $\angle OPB=30^\circ$이므로

$\overline{OB}=8\sin 30^\circ=8\times\frac{1}{2}=4(\text{cm})$

$\overline{PB}=8\cos 30^\circ=8\times\frac{\sqrt{3}}{2}=4\sqrt{3}(\text{cm})$

이때 △PAO≡△PBO (RHS 합동)이므로

$\square APBO=2\triangle PBO$

$=2\times\left(\frac{1}{2}\times4\sqrt{3}\times4\right)$

$=16\sqrt{3}(\text{cm}^2)$

답 **$16\sqrt{3}$ cm²**

참고

△PAO와 △PBO에서

$\overline{OA}=\overline{OB}$, $\angle PAO=\angle PBO=90^\circ$, $\overline{PO}$는 공통

이므로 △PAO≡△PBO (RHS 합동)

0297 $\angle OAP=90°$이고 $\overline{OP}=4+2=6(cm)$이므로
$\triangle AOP$에서
$\overline{AP}^2+4^2=6^2$, $\overline{AP}^2=20$
$\therefore \overline{AP}=2\sqrt{5}(cm)$ ($\because \overline{AP}>0$)
이때 $\overline{BP}=\overline{AP}=2\sqrt{5}$ cm이므로 $x=2\sqrt{5}$ 　　　　 답 $\mathbf{2\sqrt{5}}$

0298 ①, ② $\triangle PAO\equiv\triangle PBO$ (RHS 합동)이므로
$\angle APO=\angle BPO=\frac{1}{2}\angle APB=\frac{1}{2}\times 60°=30°$
$\angle PAO=\angle PBO=90°$이므로 $\triangle APO$에서
$\overline{PO}=\frac{2}{\sin 30°}=2\div\frac{1}{2}=4(cm)$
$\overline{PA}=\frac{2}{\tan 30°}=2\div\frac{\sqrt{3}}{3}=2\sqrt{3}(cm)$
$\therefore \overline{PB}=\overline{PA}=2\sqrt{3}$ cm
③ $\overline{PA}=\overline{PB}$이고 $\angle APB=60°$이므로
$\angle PAB=\angle PBA=\frac{1}{2}\times(180°-60°)=60°$
즉, $\triangle APB$는 정삼각형이므로
$\overline{AB}=\overline{PB}=2\sqrt{3}$ cm
④ $\square APBO=2\triangle APO$
$=2\times\left(\frac{1}{2}\times 2\sqrt{3}\times 2\right)$
$=4\sqrt{3}(cm^2)$
⑤ $\angle PAO=90°$이고 $\angle PAB=60°$이므로
$\angle OAB=\angle PAO-\angle PAB=90°-60°=30°$
따라서 옳지 않은 것은 ③이다. 　　　　 답 ③

0299 $\overline{BD}=\overline{BE}$, $\overline{CE}=\overline{CF}$이므로
$\overline{AD}+\overline{AF}=\overline{AB}+\overline{BC}+\overline{CA}$
$=8+5+7=20$
이때 $\overline{AD}=\overline{AF}$이므로
$2\overline{AD}=20$ 　　 $\therefore \overline{AD}=10$ 　　　　 답 ②

0300 $\overline{BE}=\overline{BD}=9-6=3$이므로
$\overline{CF}=\overline{CE}=5-3=2$ 　　　　 답 2

0301 $\overline{BE}=\overline{BD}=12-8=4$
$\overline{AF}=\overline{AD}=12$이므로
$\overline{CE}=\overline{CF}=12-9=3$
$\therefore \overline{BC}=\overline{BE}+\overline{CE}=4+3=7$ 　　　　 답 7
다른풀이
$\overline{AD}+\overline{AF}=\overline{AB}+\overline{BC}+\overline{CA}$이므로
$12+12=8+\overline{BC}+9$ 　　 $\therefore \overline{BC}=7$

0302 ①, ② 원 밖의 한 점에서 그 원에 그은 두 접선의 길이는 같으므로
$\overline{PA}=\overline{PB}$, $\overline{EB}=\overline{EC}$
③ $\triangle OAD\equiv\triangle OCD$ (RHS 합동)이므로
$\angle ODA=\angle ODC$
④ $\overline{OC}\perp\overline{DE}$이므로
$\triangle ODC=\frac{1}{2}\times\overline{CD}\times\overline{OC}$
$\triangle OEC=\frac{1}{2}\times\overline{CE}\times\overline{OC}$
즉, $\overline{CD}=\overline{CE}$인 경우에만 $\triangle ODC=\triangle OEC$이고
$\overline{CD}\neq\overline{CE}$이면 $\triangle ODC\neq\triangle OEC$
⑤ $\overline{PA}=\overline{PB}$, $\overline{EB}=\overline{EC}$, $\overline{DA}=\overline{DC}$이므로
($\triangle PED$의 둘레의 길이)$=\overline{PE}+\overline{ED}+\overline{DP}$
$=\overline{PE}+(\overline{EC}+\overline{DC})+\overline{DP}$
$=(\overline{PE}+\overline{EB})+(\overline{DA}+\overline{DP})$
$=\overline{PB}+\overline{PA}$
$=2\overline{PA}$
따라서 옳지 않은 것은 ④이다. 　　　　 답 ④

0303 $\angle AEO=90°$이므로 $\triangle AOE$에서
$\overline{AE}=\sqrt{8^2-4^2}=\sqrt{48}=4\sqrt{3}(cm)$
이때 $\overline{BD}=\overline{BF}$, $\overline{CE}=\overline{CF}$이므로
($\triangle ABC$의 둘레의 길이)$=\overline{AB}+\overline{BC}+\overline{CA}$
$=\overline{AD}+\overline{AE}=2\overline{AE}$
$=2\times 4\sqrt{3}=8\sqrt{3}(cm)$ 　　　　 답 ③

0304 오른쪽 그림과 같이 $\overline{AO}$를 그으면
$\triangle EAO\equiv\triangle DAO$ (RHS 합동)이므로
$\angle EAO=\frac{1}{2}\angle EAD$
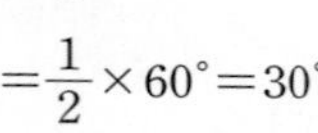
$=\frac{1}{2}\times 60°=30°$
$\triangle EAO$에서
$\overline{AE}=\frac{8}{\tan 30°}=8\div\frac{\sqrt{3}}{3}=8\sqrt{3}(cm)$
이때 $\overline{BD}=\overline{BF}$, $\overline{CE}=\overline{CF}$이므로
($\triangle ABC$의 둘레의 길이)$=\overline{AB}+\overline{BC}+\overline{CA}$
$=\overline{AD}+\overline{AE}=2\overline{AE}$
$=2\times 8\sqrt{3}=16\sqrt{3}(cm)$
답 $\mathbf{16\sqrt{3}}$ **cm**

0305 오른쪽 그림과 같이 점 D에서 $\overline{CA}$에 내린 수선의 발을 H라 하면
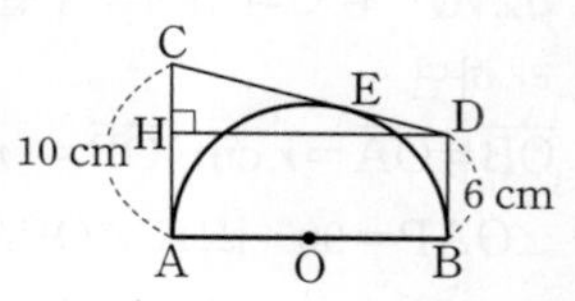

$\overline{HA}=\overline{DB}=6$ cm
$\therefore \overline{CH}=10-6=4(cm)$
$\overline{CE}=\overline{CA}=10$ cm, $\overline{DE}=\overline{DB}=6$ cm이므로
$\overline{CD}=\overline{CE}+\overline{DE}=10+6=16(cm)$

△CHD에서

$\overline{HD}=\sqrt{16^2-4^2}=\sqrt{240}=4\sqrt{15}(\text{cm})$

$\therefore \overline{AB}=\overline{HD}=4\sqrt{15}\text{ cm}$ **답 $4\sqrt{15}$ cm**

0306 $\angle ADC=\angle BCD=90°$이므로 □ABCD는 사다리꼴이다.

$\overline{AD}=\overline{AP}$, $\overline{BC}=\overline{BP}$이므로

$\overline{AD}+\overline{BC}=\overline{AP}+\overline{BP}=\overline{AB}=6\text{ cm}$

$\overline{CD}=2\overline{OC}=2\times2\sqrt{2}=4\sqrt{2}(\text{cm})$

$\therefore \square ABCD=\frac{1}{2}\times(\overline{AD}+\overline{BC})\times\overline{CD}$

$=\frac{1}{2}\times6\times4\sqrt{2}$

$=12\sqrt{2}(\text{cm}^2)$ **답 $12\sqrt{2}$ cm²**

0307 $\overline{DP}=\overline{DA}=8\text{ cm}$,

$\overline{CP}=\overline{CB}=5\text{ cm}$이므로

$\overline{DC}=\overline{DP}+\overline{CP}$

$=8+5=13(\text{cm})$

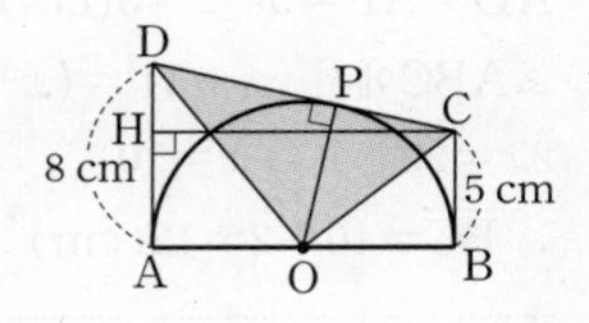

㉮

위의 그림과 같이 점 C에서 $\overline{DA}$에 내린 수선의 발을 H라 하면

$\overline{HA}=\overline{CB}=5\text{ cm}$

$\therefore \overline{DH}=8-5=3(\text{cm})$

△DHC에서

$\overline{HC}=\sqrt{13^2-3^2}=\sqrt{160}=4\sqrt{10}(\text{cm})$

즉, $\overline{AB}=\overline{HC}=4\sqrt{10}\text{ cm}$이므로 반원 O의 반지름의 길이는 $2\sqrt{10}\text{ cm}$이다.

㉯

따라서 $\overline{OP}$를 그으면 $\overline{OP}\perp\overline{DC}$이고 $\overline{OP}=2\sqrt{10}\text{ cm}$이므로

$\triangle DOC=\frac{1}{2}\times\overline{DC}\times\overline{OP}=\frac{1}{2}\times13\times2\sqrt{10}$

$=13\sqrt{10}(\text{cm}^2)$

㉰

답 $13\sqrt{10}$ cm²

단계	채점요소	배점
㉮	$\overline{DC}$의 길이 구하기	30 %
㉯	반원 O의 반지름의 길이 구하기	40 %
㉰	△DOC의 넓이 구하기	30 %

0308 $\overline{EF}=\overline{EB}=x\text{ cm}$라 하면

$\overline{CE}=(20-x)\text{ cm}$

$\overline{DF}=\overline{DA}=20\text{ cm}$이므로

$\overline{DE}=(20+x)\text{ cm}$

△DEC에서

$(20+x)^2=(20-x)^2+20^2$

$80x=400 \qquad \therefore x=5$

$\therefore \overline{EF}=5\text{ cm}$ **답 5 cm**

0309 오른쪽 그림과 같이 $\overline{OA}$를 그으면

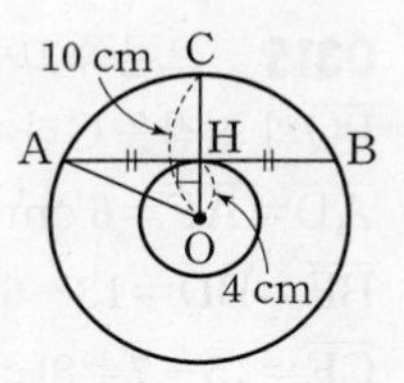

$\overline{OA}=\overline{OC}=10\text{ cm}$

$\overline{AB}\perp\overline{OH}$이므로 △AOH에서

$\overline{AH}=\sqrt{10^2-4^2}=\sqrt{84}=2\sqrt{21}(\text{cm})$

$\therefore \overline{AB}=2\overline{AH}=2\times2\sqrt{21}$

$=4\sqrt{21}(\text{cm})$ **답 ⑤**

0310 오른쪽 그림과 같이 $\overline{AB}$와 작은 원의 접점을 H라 하고 큰 원의 반지름의 길이를 R cm, 작은 원의 반지름의 길이를 r cm라 하자.

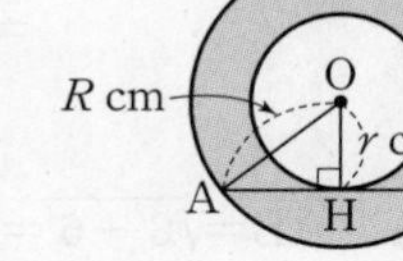

두 원의 넓이의 차가 $64\pi\text{ cm}^2$이므로

$\pi R^2-\pi r^2=64\pi$

$\therefore R^2-r^2=64$

$\overline{AB}\perp\overline{OH}$이므로 △OAH에서

$\overline{AH}=\sqrt{R^2-r^2}=\sqrt{64}=8(\text{cm})$

$\therefore \overline{AB}=2\overline{AH}=2\times8=16(\text{cm})$ **답 16 cm**

0311 $\overline{OC}\perp\overline{AB}$이므로 $\overline{AH}=\overline{BH}=2\sqrt{6}\text{ cm}$

$\overline{OA}=x\text{ cm}$라 하면 $\overline{OH}=(x-2)\text{ cm}$

△OAH에서

$x^2=(2\sqrt{6})^2+(x-2)^2$

$4x=28 \qquad \therefore x=7$

$\therefore \overline{OA}=7\text{ cm}$ **답 7 cm**

0312 $\overline{CE}=\overline{CF}=x\text{ cm}$라 하면

$\overline{AD}=\overline{AF}=(13-x)\text{ cm}$

$\overline{BD}=\overline{BE}=(15-x)\text{ cm}$

$\overline{AB}=\overline{AD}+\overline{BD}$이므로

$14=(13-x)+(15-x)$

$2x=14 \qquad \therefore x=7$

$\therefore \overline{CE}=7\text{ cm}$ **답 7 cm**

0313 $\overline{AD}=\overline{AF}=6\text{ cm}$이므로

$\overline{BE}=\overline{BD}=9-6=3(\text{cm})$

$\overline{CE}=\overline{CF}=10-6=4(\text{cm})$

$\therefore \overline{BC}=\overline{BE}+\overline{CE}=3+4=7(\text{cm})$ **답 7 cm**

0314 $\overline{BD}=\overline{BE}=5\text{ cm}$, $\overline{CE}=\overline{CF}=9\text{ cm}$이므로

$\overline{AD}=\overline{AF}=x\text{ cm}$라 하면

$\overline{AB}+\overline{BC}+\overline{CA}=32\text{ cm}$에서

$(x+5)+(5+9)+(9+x)=32$

$2x=4 \qquad \therefore x=2$

$\therefore \overline{AD}=2\text{ cm}$ **답 2 cm**

0315 오른쪽 그림과 같이 원 O와 $\overline{PQ}$의 접점을 G라 하자.

$\overline{AD}=\overline{AF}=6$ cm이므로

$\overline{BE}=\overline{BD}=13-6=7(\text{cm})$

$\overline{CE}=15-7=8(\text{cm})$

이때 $\overline{PE}=\overline{PG}$, $\overline{QG}=\overline{QF}$이므로

(△QPC의 둘레의 길이)$=\overline{QP}+\overline{PC}+\overline{CQ}$

$=\overline{CE}+\overline{CF}=2\overline{CE}$

$=2\times 8=16(\text{cm})$ 답 **16 cm**

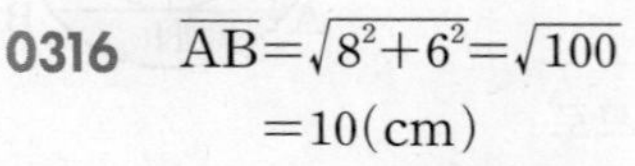

0316 $\overline{AB}=\sqrt{8^2+6^2}=\sqrt{100}$

$=10(\text{cm})$

오른쪽 그림과 같이 $\overline{OE}$, $\overline{OF}$를 그으면 □OECF는 정사각형이므로 원 O의 반지름의 길이를 r cm라 하면

$\overline{EC}=\overline{CF}=r$ cm

$\overline{AD}=\overline{AF}=(6-r)$ cm, $\overline{BD}=\overline{BE}=(8-r)$ cm이므로

$\overline{AB}=\overline{AD}+\overline{BD}$에서 $10=(6-r)+(8-r)$

$2r=4$ $\quad\therefore r=2$

따라서 원 O의 반지름의 길이는 2 cm이다. 답 **2 cm**

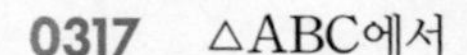

0317 △ABC에서

$\overline{AB}=4\sin 30°=4\times\frac{1}{2}$

$=2(\text{cm})$

$\overline{BC}=4\cos 30°=4\times\frac{\sqrt{3}}{2}$

$=2\sqrt{3}(\text{cm})$

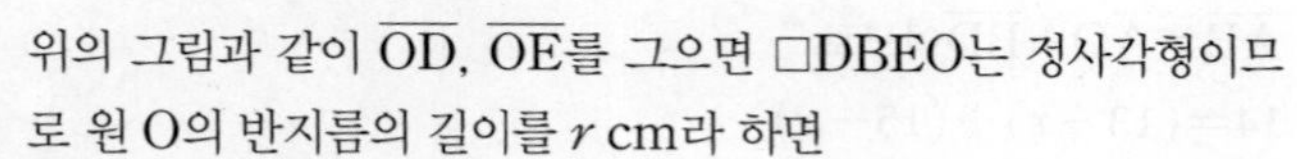

위의 그림과 같이 $\overline{OD}$, $\overline{OE}$를 그으면 □DBEO는 정사각형이므로 원 O의 반지름의 길이를 r cm라 하면

$\overline{BD}=\overline{BE}=r$ cm

$\overline{AF}=\overline{AD}=(2-r)$ cm, $\overline{CF}=\overline{CE}=(2\sqrt{3}-r)$ cm이므로

$\overline{AC}=\overline{AF}+\overline{CF}$에서 $4=(2-r)+(2\sqrt{3}-r)$

$2r=2\sqrt{3}-2$ $\quad\therefore r=\sqrt{3}-1$

따라서 원 O의 반지름의 길이는 $(\sqrt{3}-1)$ cm이다.

답 **$(\sqrt{3}-1)$ cm**

0318 오른쪽 그림과 같이 $\overline{OD}$, $\overline{OF}$를 그으면 □ADOF는 정사각형이므로 원 O의 반지름의 길이를 r cm라 하면

$\overline{AD}=\overline{AF}=r$ cm

$\overline{BD}=\overline{BE}=4$ cm, $\overline{CF}=\overline{CE}=6$ cm이므로

$\overline{AB}=(r+4)$ cm, $\overline{AC}=(r+6)$ cm

△ABC에서

$(4+6)^2=(r+4)^2+(r+6)^2$

$r^2+10r-24=0$, $(r+12)(r-2)=0$

$\therefore r=2$ ($\because r>0$)

따라서 반지름의 길이는 2 cm이므로 원 O의 넓이는

$\pi\times 2^2=4\pi(\text{cm}^2)$ 답 **4π cm²**

0319 오른쪽 그림과 같이 $\overline{OF}$를 그으면 □OECF는 정사각형이므로

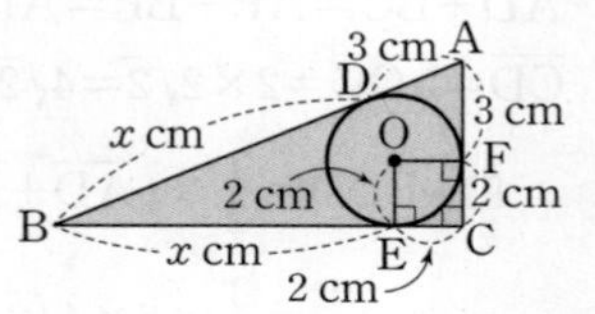

$\overline{CE}=\overline{CF}=2$ cm ㉮

$\overline{BE}=\overline{BD}=x$ cm라 하면

$\overline{AD}=\overline{AF}=5-2=3(\text{cm})$

△ABC에서 $(x+3)^2=(x+2)^2+5^2$

$2x=20$ $\quad\therefore x=10$

$\therefore \overline{BC}=10+2=12(\text{cm})$ ㉯

$\therefore$ △ABC$=\frac{1}{2}\times 12\times 5=30(\text{cm}^2)$ ㉰

답 **30 cm²**

단계	채점요소	배점
㉮	$\overline{CE}$, $\overline{CF}$의 길이 구하기	30 %
㉯	$\overline{BC}$의 길이 구하기	50 %
㉰	△ABC의 넓이 구하기	20 %

0320 $\overline{AB}+\overline{CD}=\overline{AD}+\overline{BC}$이므로

$2x+8=10+(x+5)$ $\quad\therefore x=7$

따라서 $\overline{AB}=14$, $\overline{BC}=12$이므로

(□ABCD의 둘레의 길이)$=\overline{AB}+\overline{BC}+\overline{CD}+\overline{DA}$

$=2(\overline{AD}+\overline{BC})$

$=2(10+12)=44$ 답 ④

0321 $\overline{CG}=x$ cm라 하면

$\overline{AH}=\overline{AE}=4$ cm, $\overline{CF}=\overline{CG}=x$ cm

$\overline{AB}+\overline{CD}=\overline{AD}+\overline{BC}$이고 □ABCD의 둘레의 길이가 40 cm이므로

$\overline{AD}+\overline{BC}=40\times\frac{1}{2}=20(\text{cm})$

즉, $(4+3)+(5+x)=20$이므로 $x=8$

$\therefore \overline{CG}=8$ cm 답 **8 cm**

0322 △BCD에서

$\overline{CD}=\sqrt{15^2-12^2}=\sqrt{81}=9$

$\overline{AB}+\overline{CD}=\overline{AD}+\overline{BC}$이므로

$\overline{AB}+9=8+12$

$\therefore \overline{AB}=11$

답 ②

0323 $\overline{AB}+\overline{CD}=\overline{AD}+\overline{BC}$이므로

$\overline{AB}+\overline{CD}=8+12=20(\text{cm})$

등변사다리꼴 ABCD에서 $\overline{AB}=\overline{CD}$이므로

$\overline{AB}=\frac{1}{2}\times 20=10(\text{cm})$

답 ②

0324 $\overline{AB}+\overline{CD}=\overline{AD}+\overline{BC}$이고 □ABCD의 둘레의 길이가 28 cm이므로

$\overline{AB}+\overline{CD}=\frac{1}{2}\times 28=14(\text{cm})$

$\therefore \overline{DS}+\overline{CQ}=\overline{DR}+\overline{CR}=\overline{CD}$

$=14-8=6(\text{cm})$

답 ③

0325 $\overline{AB}+\overline{CD}=\overline{AD}+\overline{BC}$이므로

$\overline{AB}+\overline{CD}=12+20=32(\text{cm})$

$\therefore \overline{AB}=32\times\frac{3}{3+5}=12(\text{cm})$

답 12 cm

0326 오른쪽 그림과 같이 $\overline{OF}$를 그으면 □OFCG는 정사각형이므로

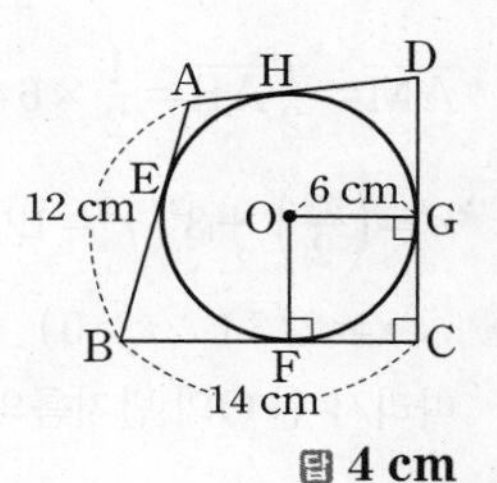

$\overline{CF}=\overline{OG}=6$ cm

$\overline{BE}=\overline{BF}=14-6=8(\text{cm})$이므로

$\overline{AH}=\overline{AE}=12-8=4(\text{cm})$

답 4 cm

0327 $\overline{AB}=2\overline{OE}=2\times 4=8(\text{cm})$ ㉮

$\overline{AB}+\overline{CD}=\overline{AD}+\overline{BC}$이므로

$\overline{AD}+\overline{BC}=8+10=18(\text{cm})$ ㉯

$\therefore □ABCD=\frac{1}{2}\times(\overline{AD}+\overline{BC})\times\overline{AB}$

$=\frac{1}{2}\times 18\times 8$

$=72(\text{cm}^2)$ ㉰

답 72 cm²

단계	채점요소	배점
㉮	$\overline{AB}$의 길이 구하기	20%
㉯	$\overline{AD}+\overline{BC}$의 길이 구하기	50%
㉰	□ABCD의 넓이 구하기	30%

0328 오른쪽 그림에서

$\overline{CF}=\overline{CG}=\frac{1}{2}\overline{CD}$

$=\frac{1}{2}\times 4=2(\text{cm})$

이므로 $\overline{DH}=\overline{DG}=2$ cm

$\therefore \overline{BE}=\overline{BF}=6-2=4(\text{cm})$

$\overline{AE}=\overline{AH}=x$ cm라 하고 점 A에서 $\overline{BC}$에 내린 수선의 발을 I라 하면 $\overline{IF}=\overline{AH}=x$ cm이므로

$\overline{BI}=(4-x)$ cm

△ABI에서 $(x+4)^2=(4-x)^2+4^2$

$16x=16 \quad \therefore x=1$

$\therefore \overline{AB}=1+4=5(\text{cm})$

답 5 cm

유형 UP

본문 p.55

0329 △DIC에서

$\overline{IC}=\sqrt{5^2-4^2}=\sqrt{9}=3(\text{cm})$

$\overline{AD}=x$ cm라 하면 $\overline{BC}=\overline{AD}=x$ cm이므로

$\overline{BI}=(x-3)$ cm

$\overline{AB}+\overline{DI}=\overline{AD}+\overline{BI}$이므로

$4+5=x+(x-3)$

$2x=12 \quad \therefore x=6$

$\therefore \overline{AD}=6$ cm

답 6 cm

0330 오른쪽 그림과 같이 $\overline{EG}$를 그으면

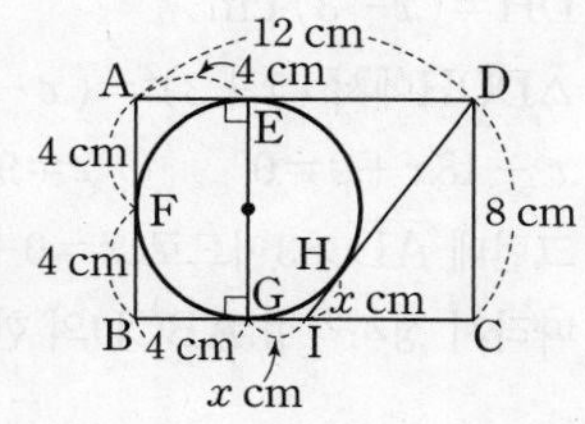

$\overline{AE}=\overline{AF}=\overline{BF}=\overline{BG}$

$=\frac{1}{2}\times 8=4(\text{cm})$

이므로

$\overline{DH}=\overline{DE}=12-4=8(\text{cm})$

$\overline{GI}=\overline{HI}=x$ cm라 하면

$\overline{DI}=(x+8)$ cm, $\overline{CI}=(8-x)$ cm

△DIC에서 $(x+8)^2=(8-x)^2+8^2$

$32x=64 \quad \therefore x=2$

$\therefore \overline{GI}=2$ cm

답 2 cm

0331 오른쪽 그림과 같이 $\overline{EG}$를 그으면

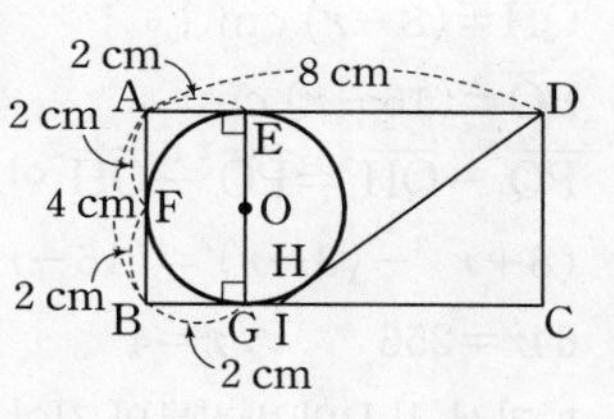

$\overline{AE}=\overline{AF}=\overline{BF}=\overline{BG}$

$=\frac{1}{2}\times 4=2(\text{cm})$

$\overline{DH}=\overline{DE}=8-2=6(\text{cm})$

$\therefore$ (△DIC의 둘레의 길이)

$=\overline{DI}+\overline{IC}+\overline{CD}$

$=(\overline{DH}+\overline{HI})+\overline{IC}+\overline{CD}$ — $\overline{DH}=\overline{DE}$, $\overline{HI}=\overline{GI}$

$=\overline{DE}+(\overline{GI}+\overline{IC})+\overline{CD}$

$=\overline{DE}+\overline{GC}+\overline{CD}$

$=6+6+4$

$=16(\text{cm})$ 답 ③

0332 원 O의 반지름의 길이는 9 cm이고 원 O′의 반지름의 길이를 r cm라 하면

$\overline{OO'}=(9+r)$ cm

$\overline{OH}=(9-r)$ cm

$\overline{HO'}=\overline{EF}=\overline{BC}-(9+r)$

$=25-(9+r)=16-r(\text{cm})$

△OHO′에서 $(9+r)^2=(16-r)^2+(9-r)^2$

$r^2-68r+256=0$, $(r-4)(r-64)=0$

그런데 $0<r<9$이므로 $r=4$

따라서 원 O′의 반지름의 길이는 4 cm이다. 답 **4 cm**

0333 오른쪽 그림과 같이 점 O에서 $\overline{DC}$에 내린 수선의 발을 H라 하고 정사각형 ABCD의 한 변의 길이를 x cm라 하면

$\overline{DO}=(x+3)$ cm

$\overline{OH}=(x-3)$ cm

$\overline{DH}=(x-3)$ cm

△DOH에서 $(x+3)^2=(x-3)^2+(x-3)^2$

$x^2-18x+9=0$ $\therefore x=9\pm6\sqrt{2}$

그런데 $\overline{AD}>3$이므로 $x=9+6\sqrt{2}$

따라서 정사각형 ABCD의 한 변의 길이는 $(9+6\sqrt{2})$ cm이다.

답 **$(9+6\sqrt{2})$ cm**

0334 원 Q의 반지름의 길이는 8 cm이고 원 P의 반지름의 길이를 r cm라 하면

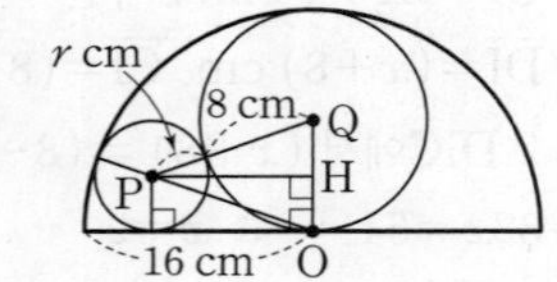

$\overline{PQ}=(8+r)$ cm

$\overline{OH}=r$ cm

$\overline{QH}=(8-r)$ cm

$\overline{PO}=(16-r)$ cm

$\overline{PQ}^2-\overline{QH}^2=\overline{PO}^2-\overline{OH}^2$이므로

$(8+r)^2-(8-r)^2=(16-r)^2-r^2$

$64r=256$ $\therefore r=4$

따라서 원 P의 반지름의 길이는 4 cm이다. 답 **4 cm**

중단원 마무리하기

본문 p.56~59

0335 구하는 거리는 오른쪽 그림에서 $\overline{OH}$의 길이와 같다.

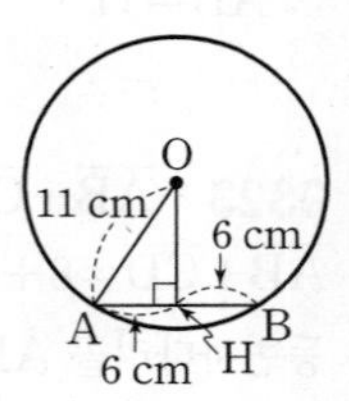

$\overline{AB}\perp\overline{OH}$이므로

$\overline{AH}=\frac{1}{2}\overline{AB}=\frac{1}{2}\times12=6(\text{cm})$

직각삼각형 OAH에서

$\overline{OH}=\sqrt{11^2-6^2}=\sqrt{85}(\text{cm})$ 답 ⑤

0336 $\overline{OC}=\overline{OA}=10$ cm이므로

$\overline{OH}=\frac{1}{2}\overline{OC}=\frac{1}{2}\times10=5(\text{cm})$

△AOH에서 $\overline{AH}=\sqrt{10^2-5^2}=\sqrt{75}=5\sqrt{3}(\text{cm})$

$\therefore \overline{AB}=2\overline{AH}=2\times5\sqrt{3}=10\sqrt{3}(\text{cm})$ 답 ⑤

0337 오른쪽 그림과 같이 원의 중심 O에서 $\overline{AB}$에 수직인 직선을 그어 접기 전의 원 O와 만나는 점을 C, $\overline{AB}$와 만나는 점을 M이라 하면 $\overline{OM}=\overline{MC}$

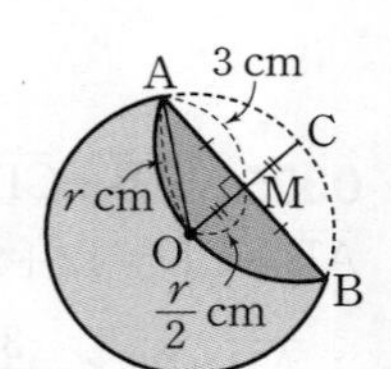

원 O의 반지름의 길이를 r cm라 하면

$\overline{OA}=r$ cm, $\overline{OM}=\frac{r}{2}$ cm

$\overline{AM}=\frac{1}{2}\overline{AB}=\frac{1}{2}\times6=3(\text{cm})$이므로 △AOM에서

$r^2=\left(\frac{r}{2}\right)^2+3^2$, $r^2=12$

$\therefore r=2\sqrt{3}$ ($\because r>0$)

따라서 원 O의 반지름의 길이는 $2\sqrt{3}$ cm이다. 답 **$2\sqrt{3}$ cm**

0338 $\overline{AB}=\overline{CD}$이므로 $\overline{OE}=\overline{OF}=2$ cm

△AEO에서 $\overline{AE}=\sqrt{3^2-2^2}=\sqrt{5}(\text{cm})$이므로

$\overline{AB}=2\overline{AE}=2\sqrt{5}(\text{cm})$

$\therefore$ △ABO$=\frac{1}{2}\times2\sqrt{5}\times2=2\sqrt{5}(\text{cm}^2)$ 답 **$2\sqrt{5}$ cm²**

0339 오른쪽 그림과 같이 원의 중심 O에서 $\overline{AB}$, $\overline{CD}$에 내린 수선의 발을 각각 M, N이라 하면

$\overline{AB}=\overline{CD}=12$ cm이므로

$\overline{OM}=\overline{ON}$

$\overline{ND}=\frac{1}{2}\overline{CD}=\frac{1}{2}\times12=6(\text{cm})$

△OND에서

$\overline{ON}=\sqrt{10^2-6^2}=\sqrt{64}=8(\text{cm})$

따라서 두 현 AB와 CD 사이의 거리는

$\overline{MN}=2\overline{ON}=2\times8=16(\text{cm})$ 답 ③

0340 $\overline{OM}=\overline{ON}$이므로 $\overline{AB}=\overline{AC}$

즉, $\triangle ABC$는 이등변삼각형이므로

$\angle C=\angle B=64°$

$\therefore \angle A=180°-(64°+64°)=52°$

따라서 $\square AMON$에서

$\angle MON=360°-(90°+52°+90°)=128°$ 답 **128°**

0341 $\overline{PT}$가 원 O의 접선이므로

$\angle PTO=90°$

$\triangle POT$에서 $\overline{PT}=6\tan 60°=6\times\sqrt{3}=6\sqrt{3}$(cm)

$\therefore$ (색칠한 부분의 넓이)$=\triangle POT-$(부채꼴 OTQ의 넓이)

$=\frac{1}{2}\times 6\sqrt{3}\times 6-\pi\times 6^2\times\frac{60}{360}$

$=18\sqrt{3}-6\pi(\text{cm}^2)$ 답 ②

0342 $\angle PAO=\angle PBO=90°$이므로

$\angle x=360°-(90°+130°+90°)=50°$

또, $\overline{OA}=\overline{OB}$이므로 $\triangle OAB$는 이등변삼각형이다.

$\therefore \angle y=\frac{1}{2}\times(180°-130°)=25°$

$\therefore \angle x+\angle y=50°+25°=75°$ 답 ④

0343 오른쪽 그림과 같이 $\overline{OA}$, $\overline{OB}$를 그으면 $\angle PAO=90°$이므로

$\angle CAO=90°-27°=63°$

이때 $\overline{AC}=\overline{BC}$이고 $\overline{OA}=\overline{OB}$이므로

$\square ACBO$에서

$\angle CBO=\angle CAO=63°$

$\therefore \angle AOB=360°-(63°+126°+63°)=108°$

$\therefore \angle APB=360°-(90°+108°+90°)=72°$ 답 ③

0344 오른쪽 그림과 같이 $\overline{PO}$를 긋고 $\overline{AB}$와 $\overline{PO}$의 교점을 H라 하면

$\angle AOB=120°$이므로

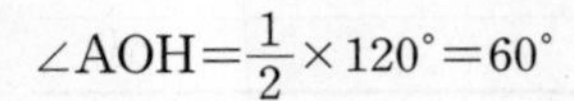

$\angle AOH=\frac{1}{2}\times 120°=60°$

$\triangle AHO$에서

$\overline{AH}=8\sin 60°=8\times\frac{\sqrt{3}}{2}=4\sqrt{3}$

$\therefore \overline{AB}=2\overline{AH}=2\times 4\sqrt{3}=8\sqrt{3}$ 답 ④

0345 $\overline{BD}=\overline{BF}$, $\overline{CE}=\overline{CF}$이므로

($\triangle ABC$의 둘레의 길이)$=\overline{AB}+\overline{BC}+\overline{CA}$

$=\overline{AD}+\overline{AE}=2\overline{AE}$

즉, $5+3+4=2\overline{AE}$이므로 $\overline{AE}=6$(cm)

$\therefore \overline{CF}=\overline{CE}=6-4=2$(cm) 답 ⑤

0346 오른쪽 그림과 같이 점 C에서 $\overline{DA}$에 내린 수선의 발을 H라 하면

$\overline{HA}=\overline{CB}=4$ cm

$\therefore \overline{DH}=9-4=5$(cm)

$\overline{DP}=\overline{DA}=9$ cm,

$\overline{CP}=\overline{CB}=4$ cm이므로

$\overline{DC}=\overline{DP}+\overline{CP}=9+4=13$(cm)

$\triangle DHC$에서

$\overline{HC}=\sqrt{13^2-5^2}=\sqrt{144}=12$(cm)

$\therefore \overline{AB}=\overline{HC}=12$ cm

$\therefore$ ($\square ABCD$의 둘레의 길이)$=\overline{AB}+\overline{BC}+\overline{CD}+\overline{DA}$

$=12+4+13+9$

$=38$(cm) 답 ①

0347 오른쪽 그림과 같이 점 O에서 $\overline{AB}$에 내린 수선의 발을 H라 하면

$\overline{AH}=\overline{BH}=\frac{1}{2}\overline{AB}$

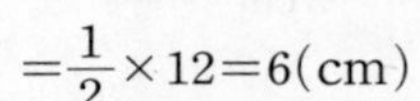

$=\frac{1}{2}\times 12=6$(cm)

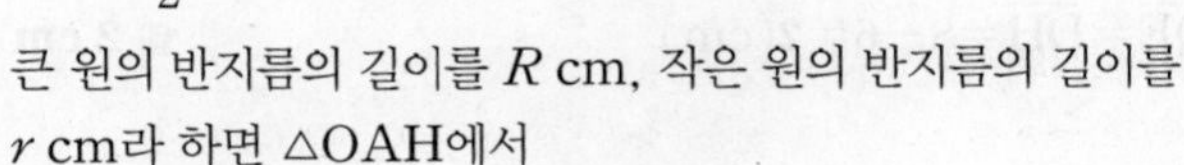

큰 원의 반지름의 길이를 R cm, 작은 원의 반지름의 길이를 r cm라 하면 $\triangle OAH$에서

$R^2-r^2=6^2=36$

$\therefore$ (색칠한 부분의 넓이)$=\pi R^2-\pi r^2=\pi(R^2-r^2)$

$=36\pi(\text{cm}^2)$ 답 ②

0348 $\overline{BD}=\overline{BF}=9$ cm

$\overline{CD}=\overline{CE}=5$ cm

$\overline{AE}=\overline{AF}=x$ cm라 하면

$2(x+9+5)=34$, $x+14=17$ $\therefore x=3$

$\therefore \overline{AE}=3$ cm 답 ④

0349 오른쪽 그림과 같이 $\overline{OD}$, $\overline{OF}$를 그으면 $\square ADOF$는 정사각형이므로 원 O의 반지름의 길이를 r cm라 하면

$\overline{AD}=\overline{AF}=r$ cm

$\overline{BD}=\overline{BE}=6$ cm, $\overline{CF}=\overline{CE}=9$ cm이므로

$\overline{AB}=(r+6)$ cm, $\overline{AC}=(r+9)$ cm

$\triangle ABC$에서

$(6+9)^2=(r+6)^2+(r+9)^2$

$r^2+15r-54=0$, $(r-3)(r+18)=0$

$\therefore r=3\ (\because r>0)$

따라서 원 O의 넓이는

$\pi\times 3^2=9\pi(\text{cm}^2)$ 답 ②

0350 $\overline{AB}+\overline{CD}=\overline{AD}+\overline{BC}=6+10=16(cm)$

그런데 $\overline{AB}=\overline{CD}$이므로

$\overline{AB}=\frac{1}{2}\times 16=8(cm)$

오른쪽 그림과 같이 꼭짓점 A에서 $\overline{BC}$에 내린 수선의 발을 H라 하면

$\overline{BH}=\frac{1}{2}\times(10-6)=2(cm)$

$\triangle ABH$에서

$\overline{AH}=\sqrt{8^2-2^2}=\sqrt{60}=2\sqrt{15}(cm)$

따라서 원 O의 반지름의 길이가 $\sqrt{15}$ cm이므로 원 O의 둘레의 길이는

$2\pi\times\sqrt{15}=2\sqrt{15}\pi(cm)$

답 ③

0351 오른쪽 그림과 같이 원의 중심 O에서 $\overline{AB}$, $\overline{BC}$, $\overline{CD}$에 내린 수선의 발을 각각 F, G, H라 하면 □FBGO는 한 변의 길이가 3 cm인 정사각형이므로

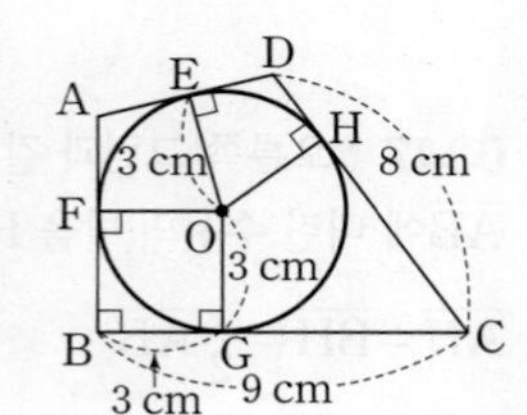

$\overline{CH}=\overline{CG}=9-3=6(cm)$

$\therefore \overline{DE}=\overline{DH}=8-6=2(cm)$

답 **2 cm**

0352 오른쪽 그림과 같이 원의 중심 O에서 $\overline{AE}$, $\overline{AB}$, $\overline{BC}$에 내린 수선의 발을 각각 P, Q, R라 하면

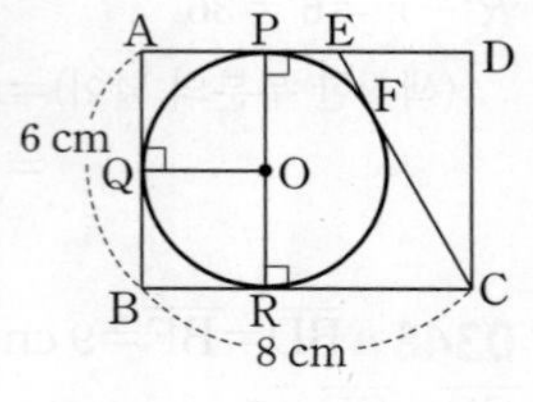

$\overline{BR}=\overline{BQ}=\frac{1}{2}\overline{AB}$

$=\frac{1}{2}\times 6=3(cm)$

$\overline{RC}=8-3=5(cm)$

$\therefore$ ($\triangle DEC$의 둘레의 길이)$=\overline{DE}+\overline{EC}+\overline{CD}$

$=\overline{DE}+(\overline{EF}+\overline{FC})+\overline{CD}$

$=(\overline{DE}+\overline{EP})+\overline{RC}+\overline{CD}$

$=\overline{PD}+\overline{RC}+\overline{CD}$

$=5+5+6$

$=16(cm)$

답 ③

0353 $\overline{PT}=\overline{RT}$, $\overline{QT}=\overline{RT}$이므로

$\overline{PT}=\overline{RT}=\overline{QT}$

즉, $\triangle PTR$, $\triangle RTQ$는 모두 이등변삼각형이다.

$\angle PRT=\angle RPT=43°$이므로

$\angle TRQ=\angle TQR=\angle x$라 하면 $\triangle RPQ$에서

$2\times 43°+2\angle x=180°$

$2\angle x=94°$ $\therefore \angle x=47°$

$\therefore \angle TQR=47°$

답 ③

0354 $\overline{CM}$의 연장선은 이 원의 중심을 지나므로 원의 중심을 O, 반지름의 길이를 r cm라 하면

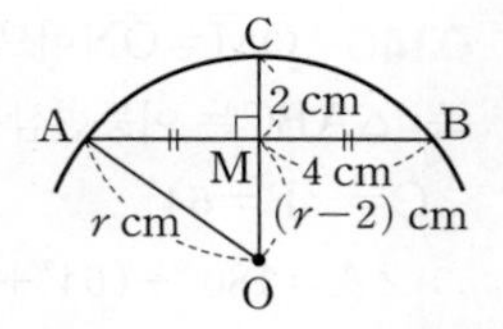

$\overline{OA}=r$ cm, $\overline{OM}=(r-2)$ cm

······ ㉮

$\triangle AOM$에서 $r^2=(r-2)^2+4^2$

$4r=20$ $\therefore r=5$

······ ㉯

따라서 이 원의 넓이는 $\pi\times 5^2=25\pi(cm^2)$

······ ㉰

답 **25π cm²**

단계	채점요소	배점
㉮	원의 반지름의 길이를 r cm로 놓고 $\overline{OA}$, $\overline{OM}$의 길이를 r를 사용하여 나타내기	40 %
㉯	원의 반지름의 길이 구하기	40 %
㉰	원의 넓이 구하기	20 %

0355 오른쪽 그림과 같이 $\overline{PO}$를 그으면 $\triangle PAO\equiv\triangle PBO$ (RHS 합동)

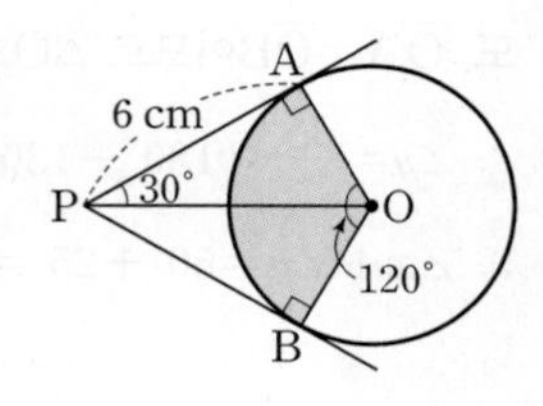

$\angle APO=30°$이므로 $\triangle APO$에서

$\overline{OA}=6\tan 30°=6\times\frac{\sqrt{3}}{3}$

$=2\sqrt{3}(cm)$

······ ㉮

$\angle PAO=\angle PBO=90°$이므로 □APBO에서

$\angle AOB=360°-(90°+60°+90°)=120°$

······ ㉯

$\therefore$ (색칠한 부분의 넓이)$=\pi\times(2\sqrt{3})^2\times\frac{120}{360}$

$=4\pi(cm^2)$

······ ㉰

답 **4π cm²**

단계	채점요소	배점
㉮	$\overline{OA}$의 길이 구하기	40 %
㉯	$\angle AOB$의 크기 구하기	30 %
㉰	색칠한 부분의 넓이 구하기	30 %

0356 오른쪽 그림과 같이 $\overline{OA}$, $\overline{OH}$를 그으면 $\overline{AB}\perp\overline{OH}$이므로

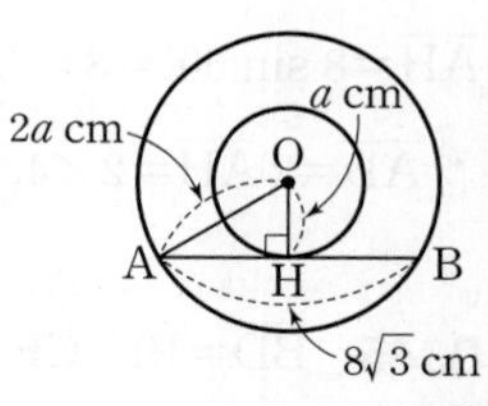

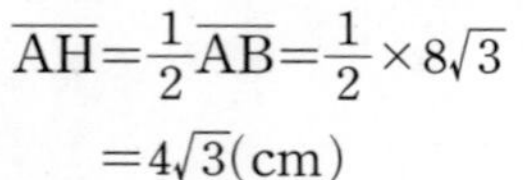

$\overline{AH}=\frac{1}{2}\overline{AB}=\frac{1}{2}\times 8\sqrt{3}$

$=4\sqrt{3}(cm)$

······ ㉮

작은 원과 큰 원의 반지름의 길이의 비가 1 : 2이므로

$\overline{OA}=2a$ cm, $\overline{OH}=a$ cm

라 하자.

$\triangle$OAH에서 $(2a)^2=(4\sqrt{3})^2+a^2$

$a^2=16$ $\quad\therefore a=4\ (\because a>0)$

.... ㉯

따라서 큰 원의 반지름의 길이는

$2a=2\times4=8(\text{cm})$

.... ㉰

답 **8 cm**

단계	채점요소	배점
㉮	$\overline{AH}$의 길이 구하기	40%
㉯	$\overline{OH}=a$ cm로 놓고 a의 값 구하기	40%
㉰	큰 원의 반지름의 길이 구하기	20%

0357 오른쪽 그림과 같이 $\overline{OF}$를 긋고 원 O의 반지름의 길이를 r cm라 하면

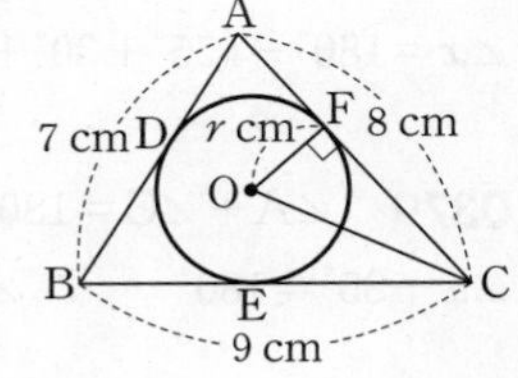

$\frac{1}{2}\times r\times(7+8+9)=12\sqrt{5}$

$12r=12\sqrt{5}$ $\quad\therefore r=\sqrt{5}$

.... ㉮

$\overline{CF}=\overline{CE}=a$ cm라 하면

$\overline{AD}=\overline{AF}=(8-a)$ cm

$\overline{BD}=\overline{BE}=(9-a)$ cm

$\overline{AB}=\overline{AD}+\overline{BD}$이므로 $7=(8-a)+(9-a)$

$2a=10$ $\quad\therefore a=5$

$\therefore \overline{CF}=5$ cm

.... ㉯

따라서 $\triangle$OCF에서

$\overline{OC}=\sqrt{5^2+(\sqrt{5})^2}=\sqrt{30}(\text{cm})$

.... ㉰

답 **$\sqrt{30}$ cm**

단계	채점요소	배점
㉮	원의 반지름의 길이 구하기	40%
㉯	$\overline{CF}$의 길이 구하기	40%
㉰	$\overline{OC}$의 길이 구하기	20%

0358 $\overline{AB}:\overline{AC}=\overline{BD}:\overline{DC}=15:9=5:3$이므로

$\overline{AB}=5a$ cm, $\overline{AC}=3a$ cm라 하면 $\triangle$ABC에서

$(5a)^2=24^2+(3a)^2$

$16a^2=576,\ a^2=36$ $\quad\therefore a=6\ (\because a>0)$

$\therefore \overline{AB}=30(\text{cm}),\ \overline{AC}=18(\text{cm})$

오른쪽 그림과 같이 $\overline{OF}$, $\overline{OG}$를 그으면 □OFCG는 정사각형이므로 내접원 O의 반지름의 길이를 r cm라 하면

$\overline{CF}=\overline{CG}=\overline{OF}=r$ cm

$\overline{AE}=\overline{AG}=(18-r)$ cm

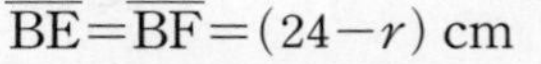

$\overline{BE}=\overline{BF}=(24-r)$ cm

$\overline{AB}=\overline{AE}+\overline{BE}$이므로 $30=(18-r)+(24-r)$

$2r=12$ $\quad\therefore r=6$

따라서 내접원 O의 반지름의 길이는 6 cm이다. 답 **6 cm**

0359 오른쪽 그림과 같이 $\overline{CE}$를 그으면 $\overline{BF}\perp\overline{CE}$이고 $\overline{CE}=8$ cm

$\triangle$BCE에서

$\overline{BE}=\sqrt{10^2-8^2}=\sqrt{36}=6(\text{cm})$

$\overline{DF}=\overline{EF}=x$ cm라 하면

$\overline{AF}=(10-x)$ cm

$\triangle$ABF에서

$(6+x)^2=(10-x)^2+8^2$

$32x=128$ $\quad\therefore x=4$

$\therefore \overline{DF}=4$ cm 답 **4 cm**

0360 오른쪽 그림에서

$\overline{AP}=\overline{AQ}=\overline{AR}=\overline{AS}=\overline{AT}$

$\overline{AP}=x$ cm라 하면

$\overline{BG}=\overline{BP}=(20-x)$ cm

$\overline{CQ}=\overline{CG}=15-(20-x)$

$\quad=x-5(\text{cm})$

$\overline{CH}=\overline{CQ}$이므로

$\overline{DR}=\overline{DH}=11-(x-5)=16-x(\text{cm})$

$\overline{DI}=\overline{DR}$이므로

$\overline{ES}=\overline{EI}=7-(16-x)=x-9(\text{cm})$

$\overline{EJ}=\overline{ES}$이므로

$\overline{FT}=\overline{FJ}=3-(x-9)=12-x(\text{cm})$

$\therefore \overline{AF}=x+(12-x)=12(\text{cm})$ 답 **12 cm**

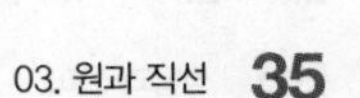

04 원주각

교과서문제 정복하기

본문 p.61, 63

0361 $\angle x=\frac{1}{2}\angle AOB=\frac{1}{2}\times 110^\circ=55^\circ$ 답 55°

0362 $\angle x=2\angle APB=2\times 20^\circ=40^\circ$ 답 40°

0363 $\angle x=\frac{1}{2}\angle AOB=\frac{1}{2}\times 60^\circ=30^\circ$ 답 30°

0364 $\angle x=2\angle APB=2\times 135^\circ=270^\circ$ 답 270°

0365 $\angle x=\angle APB=60^\circ$ 답 60°

0366 $\angle x=\angle PBQ=25^\circ$ 답 25°

0367 반원에 대한 원주각의 크기는 90°이므로
$\angle APB=90^\circ$
$\triangle ABP$에서 $\angle x=180^\circ-(90^\circ+35^\circ)=55^\circ$ 답 55°

0368 $\angle ABQ=90^\circ$, $\angle AQB=\angle APB=70^\circ$이므로
$\triangle ABQ$에서 $\angle x=180^\circ-(90^\circ+70^\circ)=20^\circ$ 답 20°

0369 $\widehat{AB}=\widehat{CD}$이므로 $\angle CQD=\angle APB=20^\circ$
$\therefore x=20$ 답 20

0370 $\widehat{AB}=\widehat{CD}$이므로 $\angle ACB=\angle DBC=40^\circ$
$\therefore x=40$ 답 40

0371 $\angle APB=\angle CQD$이므로 $\widehat{CD}=\widehat{AB}=4$ cm
$\therefore x=4$ 답 4

0372 반원에 대한 원주각의 크기는 90°이므로
$\angle BAD=90^\circ$
$\triangle ABD$에서
$\angle ADB=180^\circ-(90^\circ+60^\circ)=30^\circ$
$\angle ADB=\angle DBC$이므로 $\widehat{AB}=\widehat{CD}=7$ cm
$\therefore x=7$ 답 7

0373 $\angle APB:\angle CQD=50^\circ:20^\circ=5:2$이므로
$\widehat{AB}:\widehat{CD}=5:2$, $x:4=5:2$
$2x=20$ $\therefore x=10$ 답 10

0374 $\widehat{AB}:\widehat{BC}=9:3=3:1$이므로
$\angle APB:\angle BPC=3:1$, $x:25=3:1$
$\therefore x=75$ 답 75

0375 $\angle x=\angle BAC=35^\circ$ 답 35°

0376 $\angle x=\angle ABD=180^\circ-(45^\circ+70^\circ)=65^\circ$ 답 65°

0377 $\angle ACD=\angle ABD=30^\circ$이므로
$\angle x=180^\circ-(80^\circ+30^\circ)=70^\circ$ 답 70°

0378 $\angle ACB=\angle ADB=40^\circ$, $\angle ABD=\angle ACD=55^\circ$이므로 $\triangle ABC$에서
$\angle x=180^\circ-(55^\circ+30^\circ+40^\circ)=55^\circ$ 답 55°

0379 $\angle A+\angle C=180^\circ$이므로
$\angle x+85^\circ=180^\circ$ $\therefore \angle x=95^\circ$ 답 95°

0380 $\angle x=\angle A=80^\circ$ 답 80°

0381 ㄱ. $\angle A+\angle C=180^\circ$이므로 $\square ABCD$는 원에 내접한다.
ㄴ. $\triangle ABC$에서 $\angle B=180^\circ-(45^\circ+60^\circ)=75^\circ$이므로
$\angle B+\angle D=175^\circ\neq 180^\circ$
즉, $\square ABCD$는 원에 내접하지 않는다.
ㄷ. $\overline{AD}\,/\!/\,\overline{BC}$이므로 $\angle A+\angle B=180^\circ$
이때 $\angle B=\angle C$이므로 $\angle A+\angle C=180^\circ$
즉, $\square ABCD$는 원에 내접한다.
ㄹ. $\angle CDE=\angle B$이므로 $\square ABCD$는 원에 내접한다.
따라서 $\square ABCD$가 원에 내접하는 것은 ㄱ, ㄷ, ㄹ이다.
답 ㄱ, ㄷ, ㄹ

0382 $\angle B+\angle D=180^\circ$이므로
$\angle x+105^\circ=180^\circ$ $\therefore \angle x=75^\circ$ 답 75°

0383 $\triangle ABC$에서 $\angle B=180^\circ-(50^\circ+45^\circ)=85^\circ$이므로
$\angle x=\angle B=85^\circ$ 답 85°

0384 $\angle BAD=180^\circ-60^\circ=120^\circ$이므로
$\angle x=\angle BAD=120^\circ$ 답 120°

0385 $\triangle ABC$에서 $\angle B=180^\circ-(90^\circ+25^\circ)=65^\circ$
$\angle B+\angle D=180^\circ$이므로
$65^\circ+\angle x=180^\circ$ $\therefore \angle x=115^\circ$ 답 115°

0386 $\angle x=\angle ACB=40^\circ$ 답 40°

0387 $\angle ACB=\angle ABT=50°$이므로 $\triangle ABC$에서
$\angle x=180°-(50°+60°)=70°$ 답 **70°**

0388 $\angle x=\angle ACB=180°-(80°+30°)=70°$ 답 **70°**

0389 $\angle CAB=\angle CBT'=55°$, $\angle ABC=90°$이므로
$\triangle ABC$에서 $\angle x=180°-(55°+90°)=35°$ 답 **35°**

0390 $\angle ABC=90°$이므로
$\angle x=\angle CAB=180°-(26°+90°)=64°$ 답 **64°**

0391 $\angle CAB=\angle CBT'=70°$이므로
$\angle x=2\angle CAB=2\times 70°=140°$ 답 **140°**

0392 $\angle x=\angle BTQ=\angle DTP=\angle y=55°$
답 $\angle x=55°$, $\angle y=55°$

0393 $\angle ABT=\angle x=\angle y=45°$ 답 $\angle x=45°$, $\angle y=45°$

0394 $\angle x=\angle BAT=65°$
$\angle CDT=\angle x=65°$이므로 $\triangle CTD$에서
$\angle y=180°-(65°+55°)=60°$ 답 $\angle x=65°$, $\angle y=60°$

유형 익히기

본문 p.64~76

0395 $\overset{\frown}{BAD}$에 대한 원주각의 크기가 105°이므로 중심각의 크기는 $2\times 105°=210°$
$\therefore \angle y=360°-210°=150°$
이때 $\angle x=\frac{1}{2}\angle y=\frac{1}{2}\times 150°=75°$이므로
$\angle x+\angle y=75°+150°=225°$ 답 ③

다른풀이
□ABCD가 원에 내접하므로
$\angle x+105°=180°$ $\therefore \angle x=75°$
따라서 $\angle y=2\angle x=2\times 75°=150°$이므로
$\angle x+\angle y=75°+150°=225°$

0396 오른쪽 그림과 같이 $\overline{OB}$를 그으면

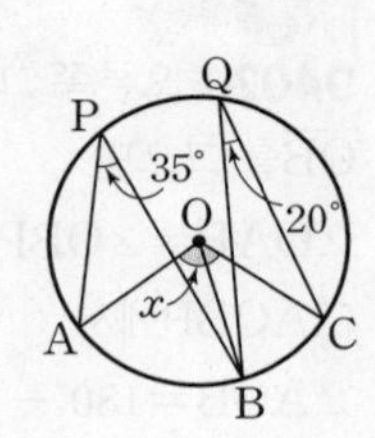

$\angle AOB=2\angle APB=2\times 35°=70°$
$\angle BOC=2\angle BQC=2\times 20°=40°$
$\therefore \angle x=70°+40°=110°$
답 ⑤

0397 오른쪽 그림과 같이 $\overline{OB}$를 그으면

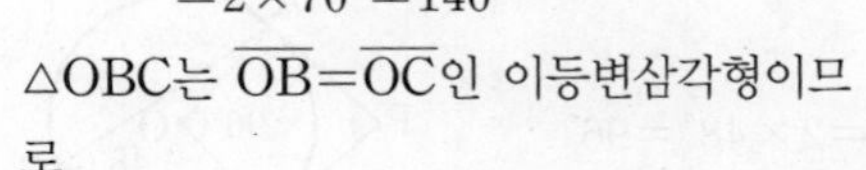

$\angle BOC=2\angle A$
$=2\times 70°=140°$
$\triangle OBC$는 $\overline{OB}=\overline{OC}$인 이등변삼각형이므로
$\angle x=\frac{1}{2}\times(180°-140°)=20°$ 답 ③

0398 $\angle AOB=2\angle APB=2\times 48°=96°$
$\triangle OAB$는 $\overline{OA}=\overline{OB}$인 이등변삼각형이므로
$\angle OAB=\frac{1}{2}\times(180°-96°)=42°$ 답 **42°**

0399 $\angle BOC=2\angle BAC=2\times 60°=120°$이므로
$\overset{\frown}{BC}=2\pi\times 9\times\frac{120}{360}=6\pi(\text{cm})$ 답 ②

참고
반지름의 길이가 r, 중심각의 크기가 $x°$인 부채꼴의 호의 길이는
$2\pi r\times\frac{x}{360}$

0400 오른쪽 그림과 같이 점 D를 잡으면

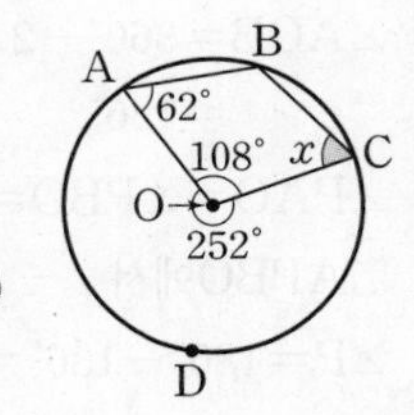

$\overset{\frown}{ADC}$에 대한 중심각의 크기는
$360°-108°=252°$이므로
…… ㉮
$\angle ABC=\frac{1}{2}\times 252°=126°$
…… ㉯
따라서 □AOCB에서
$\angle x=360°-(62°+108°+126°)=64°$
…… ㉰
답 **64°**

단계	채점요소	배점
㉮	$\overset{\frown}{ADC}$에 대한 중심각의 크기 구하기	30%
㉯	$\angle ABC$의 크기 구하기	40%
㉰	$\angle x$의 크기 구하기	30%

0401 $\angle BAD=\frac{1}{2}\angle BOD=\frac{1}{2}\times 140°=70°$
$\triangle APD$에서 $38°+\angle ADC=70°$
$\therefore \angle ADC=32°$ 답 **32°**

0402 오른쪽 그림과 같이 $\overline{OA}$, $\overline{OB}$를 그으면
$\angle OAP=\angle OBP=90°$이므로
□AOBP에서
$\angle AOB=180°-50°=130°$
$\therefore \angle x=\frac{1}{2}\angle AOB=\frac{1}{2}\times 130°=65°$ 답 **65°**

0403 오른쪽 그림과 같이 $\overline{OA}$, $\overline{OB}$를 그으면

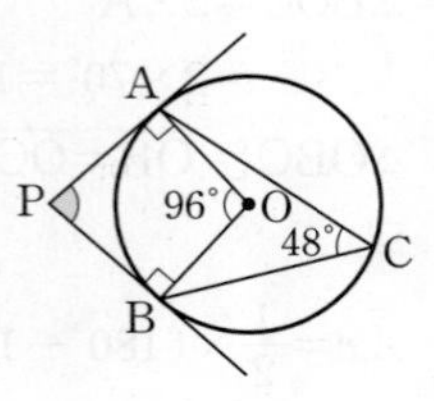

$\angle AOB=2\angle ACB=2\times 48°=96°$
$\angle PAO=\angle PBO=90°$이므로 □APBO에서
$\angle P=180°-96°=84°$ 답 **84°**

0404 오른쪽 그림과 같이 $\overline{OA}$, $\overline{OB}$를 긋고 점 D를 잡으면
$\angle OAP=\angle OBP=90°$이므로
□AOBP에서
$\angle AOB=180°-52°=128°$
이때 $\angle ACB$는 $\overset{\frown}{ADB}$에 대한 원주각이므로
$\angle ACB=\frac{1}{2}\times(360°-128°)=116°$ 답 **116°**

0405 오른쪽 그림과 같이 $\overline{OA}$, $\overline{OB}$를 그으면

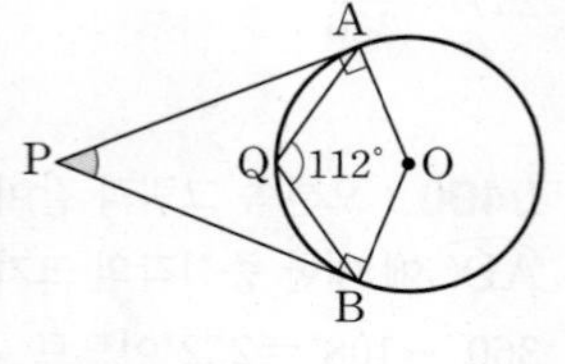

$\angle AOB=360°-2\times 112°$
$=136°$
$\angle PAO=\angle PBO=90°$이므로
□APBO에서
$\angle P=180°-136°=44°$ 답 ②

0406 오른쪽 그림과 같이 $\overline{QB}$를 그으면

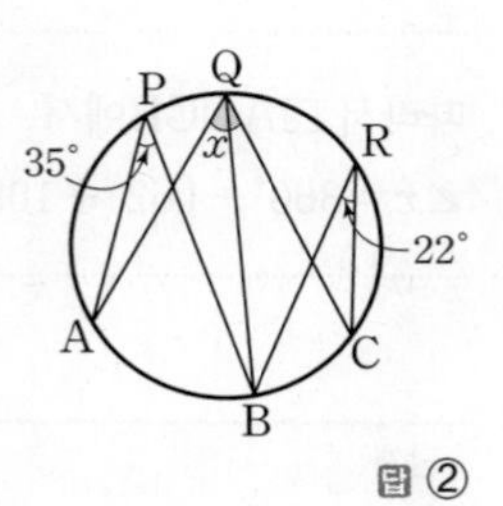

$\angle AQB=\angle APB=35°$
$\angle BQC=\angle BRC=22°$
$\therefore \angle x=35°+22°=57°$ 답 ②

0407 $\angle x=\angle APB=35°$
$\angle y=2\angle APB=2\times 35°=70°$
$\therefore \angle x+\angle y=35°+70°=105°$ 답 **105°**

0408 $\triangle PAB$에서 $\angle APB=180°-(87°+40°)=53°$
$\therefore \angle x=\angle APB=53°$ 답 ④

0409 $\angle x=\angle DAC=20°$이고 $\triangle PBC$에서
$20°+\angle y=64°$ $\quad\therefore \angle y=44°$
$\therefore \angle y-\angle x=44°-20°=24°$ 답 ①

0410 $\angle DBC=\angle DAC=50°$
$\angle BAC=\angle BDC=35°$
따라서 $\triangle ABC$에서
$\angle x=180°-(35°+50°+70°)=25°$ 답 **25°**

0411 $\angle BDC=\angle BAC=65°$
$\angle ACB=\angle ADB=33°$
따라서 $\triangle DBC$에서
$\angle x=180°-(65°+33°+25°)=57°$ 답 ③

0412 $\angle ACB=\angle ADB=20°$ ······ ㉮
$\triangle DPB$에서 $\angle DBC=20°+25°=45°$ ······ ㉯
$\therefore \angle x=45°+20°=65°$ ······ ㉰
답 **65°**

단계	채점요소	배점
㉮	$\angle ACB$의 크기 구하기	40 %
㉯	$\angle DBC$의 크기 구하기	30 %
㉰	$\angle x$의 크기 구하기	30 %

0413 오른쪽 그림과 같이 $\overline{DB}$를 그으면 $\overline{AB}$가 원 O의 지름이므로

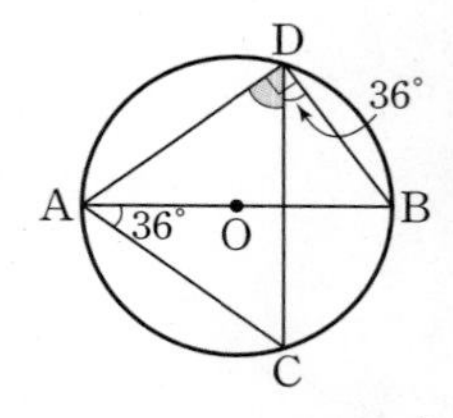

$\angle ADB=90°$
$\angle CDB=\angle CAB=36°$이므로
$\angle ADC=90°-36°=54°$ 답 **54°**

0414 오른쪽 그림과 같이 $\overline{AD}$를 그으면 $\overline{AC}$가 원 O의 지름이므로

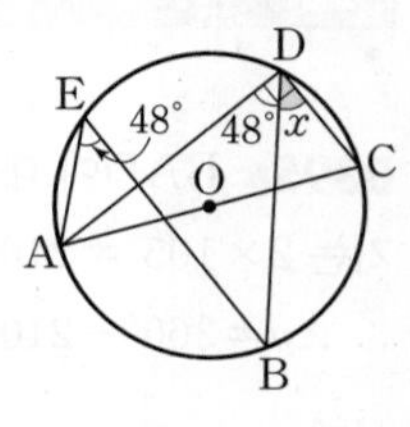

$\angle ADC=90°$
$\angle ADB=\angle AEB=48°$이므로
$\angle x=90°-48°=42°$ 답 ②

0415 오른쪽 그림과 같이 $\overline{AC}$를 그으면 $\overline{AB}$가 반원 O의 지름이므로

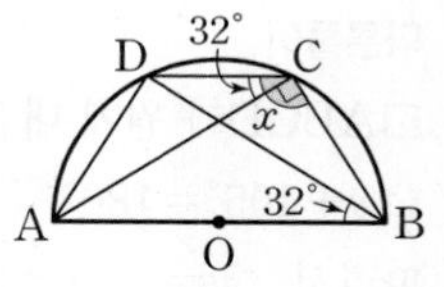

$\angle ACB=90°$
$\angle ACD=\angle ABD=32°$이므로
$\angle x=32°+90°=122°$ 답 ③

0416 $\angle ACD=\angle ABD=60^\circ$이므로 $\triangle DPC$에서
$\angle CDP=180^\circ-(70^\circ+60^\circ)=50^\circ$
$\overline{AC}$가 원 O의 지름이므로 $\angle ADC=90^\circ$
$\therefore \angle x=90^\circ-50^\circ=40^\circ$ 답 **40°**

0417 $\overline{AB}$가 원 O의 지름이므로 $\angle ACB=90^\circ$
$\therefore \angle DCB=90^\circ-45^\circ=45^\circ$
$\angle DAB=\angle DCB=45^\circ$이므로 $\triangle PAD$에서
$\angle APD=180^\circ-(45^\circ+25^\circ)=110^\circ$ 답 **110°**

0418 오른쪽 그림과 같이 $\overline{AD}$를 그으면 $\overline{AB}$가 원 O의 지름이므로
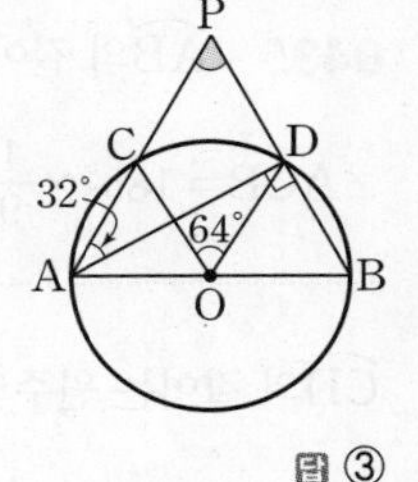

$\angle ADB=90^\circ$
$\angle CAD=\frac{1}{2}\angle COD=\frac{1}{2}\times 64^\circ=32^\circ$
$\triangle PAD$에서
$\angle P=180^\circ-(90^\circ+32^\circ)=58^\circ$ 답 ③

0419 $\angle ACD=\frac{1}{2}\angle AOD=\frac{1}{2}\times 58^\circ=29^\circ$
$\overline{AB}$가 원 O의 지름이므로 $\angle ACB=90^\circ$이고 $\overline{CE}$가 $\angle ACB$의 이등분선이므로
$\angle ACE=\frac{1}{2}\angle ACB=\frac{1}{2}\times 90^\circ=45^\circ$
$\therefore \angle x=45^\circ-29^\circ=16^\circ$ 답 **16°**

0420 오른쪽 그림과 같이 원의 중심 O를 지나는 선분 A′B를 그으면
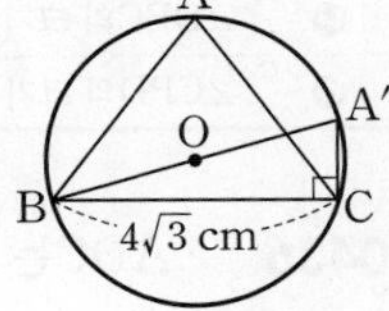
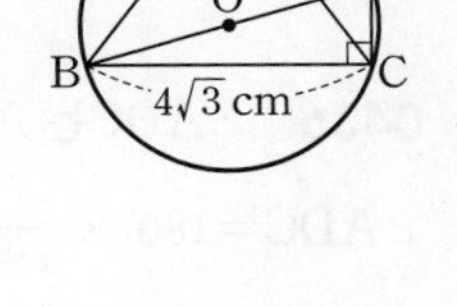

$\angle A'CB=90^\circ$
$\angle A=\angle A'$이므로
$\tan A=\tan A'=\frac{4\sqrt{3}}{\overline{A'C}}=2\sqrt{3}$
$2\sqrt{3}\,\overline{A'C}=4\sqrt{3}$ $\therefore \overline{A'C}=2(\text{cm})$
$\triangle A'BC$에서 $\overline{A'B}=\sqrt{(4\sqrt{3})^2+2^2}=\sqrt{52}=2\sqrt{13}(\text{cm})$
따라서 원 O의 지름의 길이는 $2\sqrt{13}$ cm이다. 답 **$2\sqrt{13}$ cm**

0421 $\overline{AB}$가 원 O의 지름이므로 $\angle ACB=90^\circ$
$\sin 30^\circ=\frac{\overline{BC}}{8}=\frac{1}{2}$ $\therefore \overline{BC}=4(\text{cm})$
$\cos 30^\circ=\frac{\overline{AC}}{8}=\frac{\sqrt{3}}{2}$ $\therefore \overline{AC}=4\sqrt{3}(\text{cm})$
따라서 $\triangle ABC$의 둘레의 길이는
$8+4+4\sqrt{3}=12+4\sqrt{3}(\text{cm})$ 답 ①

0422 $\overline{AB}$가 원 O의 지름이므로
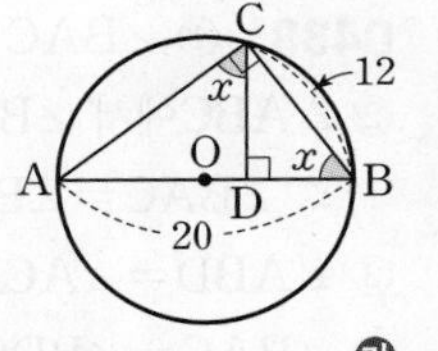

$\angle ACB=90^\circ$
$\triangle ABC\backsim\triangle ACD$ (AA 닮음)이므로
$\angle ABC=\angle ACD=x$ ㉮

$\triangle ABC$에서 $\overline{AC}=\sqrt{20^2-12^2}=\sqrt{256}=16$이므로
$\sin x=\frac{\overline{AC}}{\overline{AB}}=\frac{16}{20}=\frac{4}{5}$, $\cos x=\frac{\overline{BC}}{\overline{AB}}=\frac{12}{20}=\frac{3}{5}$ ㉯

$\therefore \sin x\times\cos x=\frac{4}{5}\times\frac{3}{5}=\frac{12}{25}$ ㉰

답 **$\frac{12}{25}$**

단계	채점요소	배점
㉮	$\angle ABC=\angle ACD=x$임을 알기	50%
㉯	$\sin x$, $\cos x$의 값 구하기	40%
㉰	$\sin x\times\cos x$의 값 구하기	10%

0423 $\widehat{AC}=\widehat{BD}$이므로 $\angle DCB=\angle ABC=28^\circ$
$\triangle PCB$에서 $\angle DPB=28^\circ+28^\circ=56^\circ$ 답 **56°**

0424 오른쪽 그림과 같이 $\overline{AC}$를 그으면 $\widehat{BD}=\widehat{CD}$이므로
$\angle CAD=\angle DAB=32^\circ$
이때 $\overline{AB}$가 원 O의 지름이므로
$\angle ACB=90^\circ$
따라서 $\triangle ABC$에서
$\angle ABC=180^\circ-(90^\circ+32^\circ+32^\circ)=26^\circ$ 답 ②

0425 $\widehat{AB}=\widehat{BC}$이므로 $\angle ADB=\angle BDC=40^\circ$
$\angle BAC=\angle BDC=40^\circ$이므로 $\triangle ABD$에서
$\angle CAD=180^\circ-(40^\circ+40^\circ+45^\circ)=55^\circ$ 답 ④

0426 $\widehat{AD}=\widehat{DC}$이므로 $\angle DBC=\angle ABD=30^\circ$
$\angle BAC=\angle BDC=56^\circ$이므로 $\triangle ABC$에서
$\angle ACB=180^\circ-(56^\circ+30^\circ+30^\circ)=64^\circ$ 답 **64°**

0427 오른쪽 그림과 같이 $\overline{PA}$, $\overline{PB}$를 그으면 $\overline{AB}$가 원 O의 지름이므로
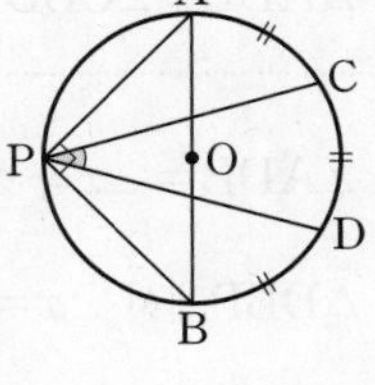

$\angle APB=90^\circ$
$\widehat{AC}=\widehat{CD}=\widehat{DB}$이므로
$\angle CPD=\angle APC=\angle DPB$
$=\frac{1}{3}\angle APB=\frac{1}{3}\times 90^\circ=30^\circ$ 답 ③

0428 오른쪽 그림과 같이 $\overline{BD}$를 그으면 $\widehat{AB}=\widehat{BC}$이므로
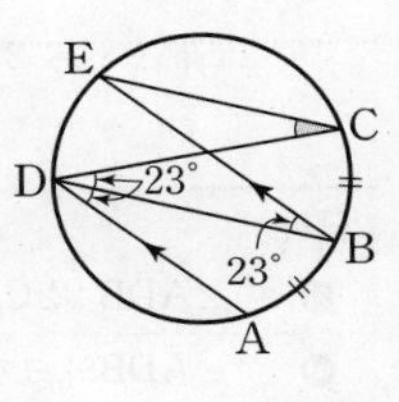

$\angle ADB=\angle BDC=\frac{1}{2}\angle ADC$
$=\frac{1}{2}\times 46^\circ=23^\circ$

$\overline{AD} /\!/ \overline{BE}$이므로

$\angle DBE = \angle ADB = 23°$ (엇각)

$\therefore \angle DCE = \angle DBE = 23°$ 답 $23°$

0429 오른쪽 그림과 같이 $\overline{BD}$를 그으면

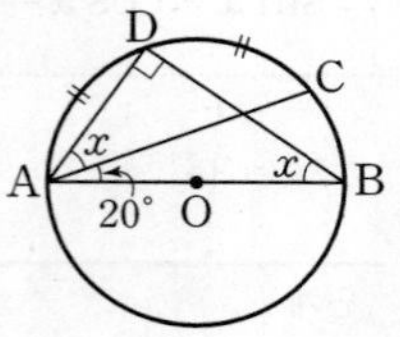

$\overline{AB}$가 원 O의 지름이므로

$\angle ADB = 90°$

$\widehat{AD} = \widehat{DC}$이므로

$\angle ABD = \angle DAC = \angle x$

$\triangle ABD$에서

$90° + (\angle x + 20°) + \angle x = 180°$

$2\angle x = 70°$ $\therefore \angle x = 35°$ 답 $35°$

0430 $\widehat{AD} = 2\widehat{BC}$이므로

$\angle ABD = 2\angle BAC = 2 \times 20° = 40°$

$\therefore \angle CPD = \angle APB = 180° - (20° + 40°)$

$= 120°$ (맞꼭지각) 답 $120°$

0431 $\angle APB = \frac{1}{2} \times 240° = 120°$

$\widehat{PB} = \frac{1}{2}\widehat{PA}$에서 $\angle PAB = \frac{1}{2}\angle PBA$이므로

$\angle PBA = 2\angle PAB = 2\angle x$

$\triangle PAB$에서 $120° + \angle x + 2\angle x = 180°$이므로

$3\angle x = 60°$ $\therefore \angle x = 20°$ 답 $20°$

0432 $\triangle ACP$에서 $\angle CAP = 70° - 25° = 45°$

원의 둘레의 길이를 l cm라 하면

$45 : 180 = 6\pi : l$

$45l = 1080\pi$ $\therefore l = 24\pi$

따라서 원의 둘레의 길이는 24π cm이다. 답 24π cm

0433 $\widehat{AB} : \widehat{CD} = 3 : 2$이므로

$\angle ADB : \angle CBD = 3 : 2$

········· ㉮

$\angle ADB = \angle x$라 하면 $\angle CBD = \frac{2}{3}\angle x$

$\triangle DBP$에서 $\angle x = \frac{2}{3}\angle x + 25°$

$\frac{1}{3}\angle x = 25°$ $\therefore \angle x = 75°$

$\therefore \angle ADB = 75°$

········· ㉯

답 $75°$

단계	채점요소	배점
㉮	$\angle ADB : \angle CBD = 3 : 2$임을 알기	40%
㉯	$\angle ADB$의 크기 구하기	60%

0434 $\widehat{AB} : \widehat{BC} : \widehat{CA} = 2 : 3 : 4$이므로

$\angle z : \angle x : \angle y = 2 : 3 : 4$

이때 $\angle x + \angle y + \angle z = 180°$이므로

$\angle x = 180° \times \frac{3}{2+3+4} = 60°$

$\angle y = 180° \times \frac{4}{2+3+4} = 80°$

$\angle z = 180° \times \frac{2}{2+3+4} = 40°$

답 $\angle x = 60°$, $\angle y = 80°$, $\angle z = 40°$

0435 $\widehat{AB}$의 길이는 원주의 $\frac{1}{9}$이므로

$\angle ACB = 180° \times \frac{1}{9} = 20°$

········· ㉮

$\widehat{CD}$의 길이는 원주의 $\frac{1}{5}$이므로

$\angle DBC = 180° \times \frac{1}{5} = 36°$

········· ㉯

따라서 $\triangle PBC$에서

$\angle CPD = 20° + 36° = 56°$

········· ㉰

답 $56°$

단계	채점요소	배점
㉮	$\angle ACB$의 크기 구하기	40%
㉯	$\angle DBC$의 크기 구하기	40%
㉰	$\angle CPD$의 크기 구하기	20%

0436 $\angle ADC$는 $\widehat{ABC}$에 대한 원주각이므로

$\angle ADC = 180° \times \frac{1+2}{1+2+3+3} = 60°$ 답 $60°$

0437 오른쪽 그림과 같이 $\overline{BC}$를 그으면

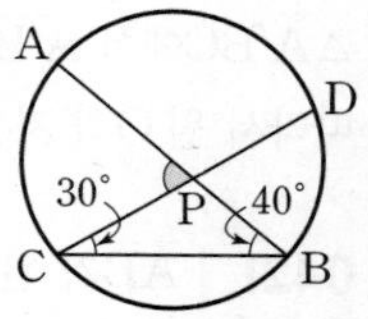

$\widehat{BD}$의 길이는 원주의 $\frac{1}{6}$이므로

$\angle BCD = 180° \times \frac{1}{6} = 30°$

이때 $\widehat{AC} : \widehat{BD} = 4 : 3$이므로

$\angle ABC : \angle BCD = 4 : 3$

$\angle ABC : 30° = 4 : 3$ $\therefore \angle ABC = 40°$

따라서 $\triangle PCB$에서

$\angle APC = 30° + 40° = 70°$ 답 $70°$

0438 ① $\angle BAC \neq \angle BDC$

② $\triangle ABC$에서 $\angle BAC = 180° - (40° + 60° + 40°) = 40°$

$\therefore \angle BAC = \angle BDC = 40°$

③ $\angle ABD = \angle ACD = 55°$

④ $\angle BAC = \angle BDC = 90°$

⑤ $\angle BDC = 110° - 80° = 30°$

$\therefore \angle BAC = \angle BDC = 30°$

따라서 네 점 A, B, C, D가 한 원 위에 있지 않은 것은 ①이다.

답 ①

0439 네 점 A, B, C, D가 한 원 위에 있으므로

$\angle ACB = \angle ADB = 32°$

따라서 $\triangle PBC$에서 $\angle x = 54° + 32° = 86°$ 답 **86°**

0440 네 점 A, B, C, D가 한 원 위에 있으므로

$\angle ADB = \angle ACB = 22°$

$\triangle APC$에서 $\angle DAC = 35° + 22° = 57°$

$\therefore \angle x = 22° + 57° = 79°$ 답 **79°**

0441 네 점 A, B, C, D가 한 원 위에 있으므로

$\angle ACD = \angle x$라 하면 $\angle ABD = \angle x$

$\triangle APC$에서

$\angle x = 50° + \angle PAC \qquad \therefore \angle PAC = \angle x - 50°$

$\triangle ABQ$에서 $\angle x + (\angle x - 50°) = 100°$

$2\angle x = 150° \qquad \therefore \angle x = 75°$ 답 **75°**

0442 오른쪽 그림과 같이 $\overline{OB}$를 그으면

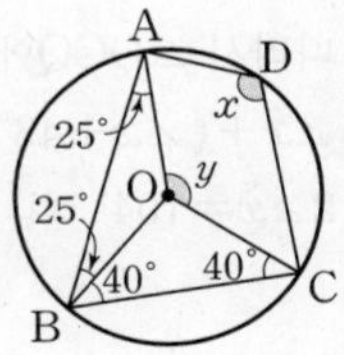

$\triangle OAB$는 $\overline{OA} = \overline{OB}$인 이등변삼각형이므로

$\angle OBA = \angle OAB = 25°$

$\triangle OBC$는 $\overline{OB} = \overline{OC}$인 이등변삼각형이므로

$\angle OBC = \angle OCB = 40°$

$\therefore \angle ABC = 25° + 40° = 65°$

$\square ABCD$가 원에 내접하므로

$\angle x = 180° - 65° = 115°$

$\angle y = 2\angle ABC = 2 \times 65° = 130°$

$\therefore \angle y - \angle x = 130° - 115° = 15°$ 답 ①

0443 $\square ABCD$가 원에 내접하므로

$\angle ADC = 180° - 70° = 110°$

따라서 $\triangle ACD$에서

$\angle x = 180° - (110° + 40°) = 30°$ 답 ②

0444 $\triangle ABD$는 $\overline{AD} = \overline{BD}$인 이등변삼각형이므로

$\angle DAB = \angle DBA = \frac{1}{2} \times (180° - 40°) = 70°$

$\square ABCD$가 원에 내접하므로

$\angle x = 180° - 70° = 110°$ 답 ③

0445 $\overline{AB}$는 원 O의 지름이므로 $\angle ADB = 90°$

$\triangle DAB$에서

$\angle DAB = 180° - (90° + 30°) = 60°$

$\square ABCD$가 원에 내접하므로

$\angle x = 180° - 60° = 120°$ 답 **120°**

0446 $\angle BCE = \angle BDE = 62°$이므로 $\triangle BCF$에서

$\angle x = 20° + 62° = 82°$

$\square ABDE$가 원에 내접하므로

$\angle y = 180° - 62° = 118°$

$\therefore \angle x + \angle y = 82° + 118° = 200°$ 답 **200°**

0447 $\angle BOD = 2\angle BAD = 2 \times 50° = 100°$

$\square ABCD$가 원에 내접하므로

$\angle BCD = 180° - 50° = 130°$

$\square OBCD$에서 $100° + \angle x + 130° + \angle y = 360°$

$\therefore \angle x + \angle y = 130°$ 답 **130°**

0448 $\overline{BC} = \overline{CD}$에서 $\widehat{BC} = \widehat{CD}$이므로

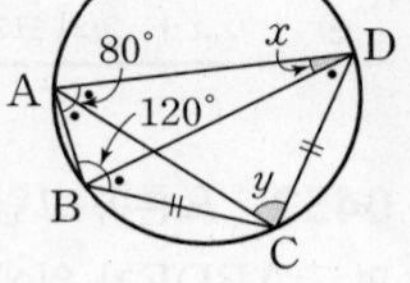

$\angle BAC = \angle BDC = \angle CAD = \angle CBD$

$\angle BAC + \angle CAD = 80°$이므로

$\angle BAC = \frac{1}{2} \times 80° = 40°$

$\square ABCD$가 원에 내접하므로

$120° + \angle x + 40° = 180° \qquad \therefore \angle x = 20°$

$\triangle ACD$에서 $\angle y = 180° - (40° + 40° + 20°) = 80°$

$\therefore \angle y - \angle x = 80° - 20° = 60°$ 답 **60°**

다른풀이

$\angle x = \angle ACB = 180° - (40° + 120°) = 20°$

$\angle y = \angle ABD = 120° - 40° = 80°$

$\therefore \angle y - \angle x = 80° - 20° = 60°$

0449 $\square ABCD$가 원에 내접하므로

$\angle x = \angle BAD = 100°$

이때 $\angle BCD = 180° - 100° = 80°$이므로

$\angle y = 2\angle BCD = 2 \times 80° = 160°$

$\therefore \angle x + \angle y = 100° + 160° = 260°$ 답 **260°**

0450 $\triangle DCE$에서 $\angle DCE = 100° - 35° = 65°$

$\square ABCD$가 원에 내접하므로

$\angle BAD = \angle DCE = 65°$ 답 **65°**

0451 $\angle BDC = \angle BAC = 55°$이므로

$\angle ADC = 45° + 55° = 100°$

$\square ABCD$가 원에 내접하므로

$\angle ABE = \angle ADC = 100°$ 답 **100°**

0452 $\widehat{ADC}$의 길이는 원주의 $\frac{2}{3}$이므로

$\angle ABC = 180° \times \frac{2}{3} = 120°$

□ABCD가 원에 내접하므로

$\angle x=180^\circ-120^\circ=60^\circ$

.... ㉮

$\overset{\frown}{BCD}$의 길이는 원주의 $\frac{3}{5}$이므로

$\angle BAD=180^\circ\times\frac{3}{5}=108^\circ$

□ABCD가 원에 내접하므로

$\angle y=\angle BAD=108^\circ$

.... ㉯

$\therefore\ \angle x+\angle y=60^\circ+108^\circ=168^\circ$

.... ㉰

답 168°

단계	채점요소	배점
㉮	$\angle x$의 크기 구하기	40 %
㉯	$\angle y$의 크기 구하기	40 %
㉰	$\angle x+\angle y$의 크기 구하기	20 %

0453 오른쪽 그림과 같이 $\overline{BD}$를 그으면 □ABDE가 원에 내접하므로

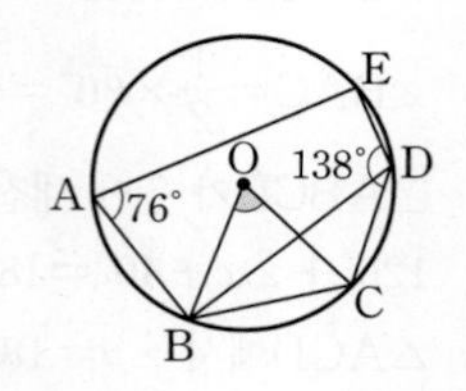

$\angle BDE=180^\circ-76^\circ=104^\circ$

$\therefore\ \angle BDC=138^\circ-104^\circ=34^\circ$

$\therefore\ \angle BOC=2\angle BDC=2\times34^\circ=68^\circ$

답 68°

0454 오른쪽 그림과 같이 $\overline{BD}$를 그으면 □ABDE가 원에 내접하므로

$\angle ABD=180^\circ-102^\circ=78^\circ$

$\angle CBD=\frac{1}{2}\angle COD$

$=\frac{1}{2}\times98^\circ=49^\circ$

$\therefore\ \angle ABC=78^\circ+49^\circ=127^\circ$ 답 127°

0455 오른쪽 그림과 같이 $\overline{AD}$를 그으면 □ABCD가 원에 내접하므로

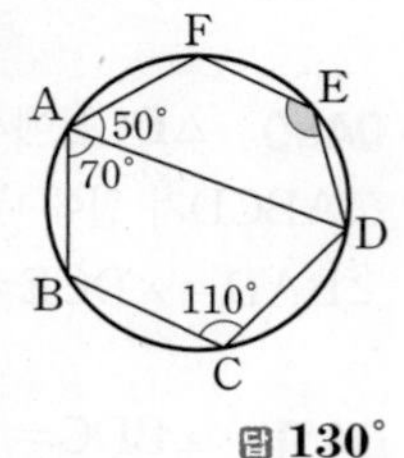

$\angle BAD=180^\circ-110^\circ=70^\circ$

$\angle FAD=120^\circ-70^\circ=50^\circ$

□ADEF가 원에 내접하므로

$\angle FED=180^\circ-50^\circ=130^\circ$

답 130°

0456 오른쪽 그림과 같이 $\overline{BE}$를 그으면 □ABEF가 원에 내접하므로

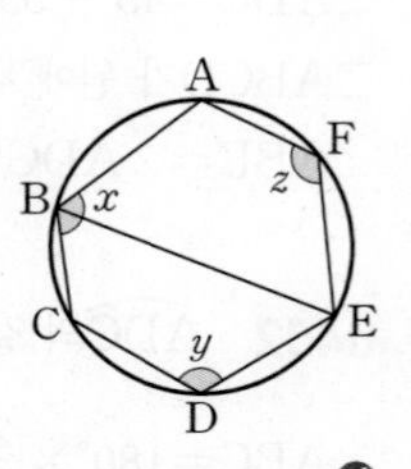

$\angle ABE+\angle z=180^\circ$

□BCDE가 원에 내접하므로

$\angle CBE+\angle y=180^\circ$

.... ㉮

$\therefore\ \angle x+\angle y+\angle z$

$=(\angle ABE+\angle CBE)+\angle y+\angle z$

$=(\angle ABE+\angle z)+(\angle CBE+\angle y)$

$=180^\circ+180^\circ$

$=360^\circ$

.... ㉯

답 360°

단계	채점요소	배점
㉮	원에 내접하는 사각형의 한 쌍의 대각의 크기의 합이 180°임을 이용하기	50 %
㉯	$\angle x+\angle y+\angle z$의 크기 구하기	50 %

0457 □ABCD가 원에 내접하므로

$\angle CDQ=\angle ABC=56^\circ$

△PBC에서 $\angle DCQ=56^\circ+24^\circ=80^\circ$

따라서 △DCQ에서

$\angle x=180^\circ-(56^\circ+80^\circ)=44^\circ$ 답 44°

0458 □ABCD가 원에 내접하므로

$\angle QDC=\angle ABC=\angle x$

△PBC에서 $\angle DCQ=\angle x+43^\circ$

따라서 △DCQ에서

$\angle x+(\angle x+43^\circ)+33^\circ=180^\circ$

$2\angle x=104^\circ\quad\therefore\ \angle x=52^\circ$ 답 ④

0459 $\angle ADP=\angle QDC=\angle a$라 하면 △PAD에서

$\angle DAB=\angle a+42^\circ$

△DCQ에서 $\angle x=\angle a+40^\circ$

□ABCD가 원에 내접하므로

$(\angle a+42^\circ)+(\angle a+40^\circ)=180^\circ$

$2\angle a=98^\circ\qquad\therefore\ \angle a=49^\circ$

$\therefore\ \angle x=49^\circ+40^\circ=89^\circ$ 답 89°

다른풀이

$\angle DCQ=180^\circ-\angle x$

□ABCD가 원에 내접하므로 $\angle DAP=\angle BCD=\angle x$

△ADP와 △DCQ에서

$\angle x+42^\circ=(180^\circ-\angle x)+40^\circ,\ 2\angle x=178^\circ$

$\therefore\ \angle x=89^\circ$

0460 오른쪽 그림과 같이 $\overline{PQ}$를 그으면 □ABQP가 원에 내접하므로

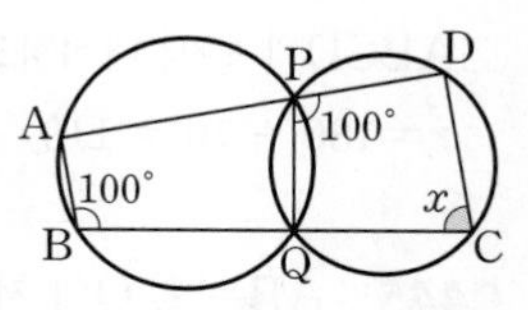

$\angle DPQ=\angle ABQ=100^\circ$

□PQCD가 원에 내접하므로

$\angle x=180^\circ-100^\circ=80^\circ$ 답 80°

0461 $\angle PAB=\frac{1}{2}\angle POB=\frac{1}{2}\times150^\circ=75^\circ$

오른쪽 그림과 같이 $\overline{PQ}$를 그으면

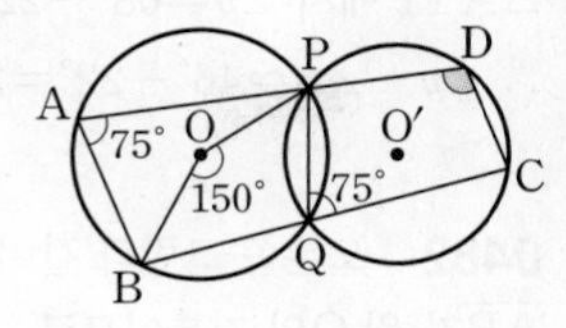

□ABQP가 원에 내접하므로

$\angle PQC=\angle PAB=75^\circ$

□PQCD가 원에 내접하므로

$\angle PDC=180^\circ-75^\circ=105^\circ$

답 105°

0462 □DBQP가 원에 내접하므로

$\angle BQP=\angle ADP=85^\circ$ ····· ㉮

□PQCE가 원에 내접하므로

$\angle PEC=\angle BQP=85^\circ$ ····· ㉯

답 85°

단계	채점요소	배점
㉮	∠BQP의 크기 구하기	50%
㉯	∠PEC의 크기 구하기	50%

0463 □ABCH가 원에 내접하므로

$\angle HCD=\angle HAB=95^\circ$

□HCDG가 원에 내접하므로

$\angle FGD=\angle HCD=95^\circ$

□GDEF가 원에 내접하므로

$\angle DEF=180^\circ-95^\circ=85^\circ$

답 85°

0464 ① △ACD에서 $\angle ADC=180^\circ-(45^\circ+15^\circ)=120^\circ$

$\therefore \angle ABC+\angle ADC=180^\circ$

② $\angle DCE\neq\angle BAD$

③ $\angle BAC\neq\angle BDC$

④ $\angle ADC=\angle ABE=100^\circ$

⑤ $\angle A+\angle C=180^\circ$

따라서 □ABCD가 원에 내접하지 않는 것은 ②, ③이다.

답 ②, ③

0465 답 ①

0466 $\angle BAC=\angle BDC=54^\circ$이므로 □ABCD가 원에 내접한다.

$\therefore \angle x=180^\circ-(36^\circ+54^\circ)=90^\circ$

답 ②

0467 □ABCD가 원에 내접하려면

$\angle ABC=180^\circ-130^\circ=50^\circ$

△ABF에서 $\angle DAE=50^\circ+35^\circ=85^\circ$

따라서 △ADE에서 $\angle x=130^\circ-85^\circ=45^\circ$

답 45°

0468 ㄴ. 등변사다리꼴의 아랫변, 윗변의 양 끝 각의 크기가 각각 서로 같으므로 대각의 크기의 합이 180°이다.

ㄹ, ㅂ. 직사각형, 정사각형의 네 내각의 크기는 모두 90°이므로 대각의 크기의 합이 180°이다.

따라서 항상 원에 내접하는 사각형은 ㄴ, ㄹ, ㅂ이다.

답 ㄴ, ㄹ, ㅂ

0469 $\angle AFB=\angle AEB=90^\circ$이므로 □ABEF는 원에 내접한다. 마찬가지로 □ADEC, □BCFD도 원에 내접한다.

또 $\angle ADG+\angle AFG=180^\circ$이므로 □ADGF는 원에 내접한다. 마찬가지로 □BEGD, □GECF도 원에 내접한다.

따라서 원에 내접하는 사각형의 개수는 6개이다.

답 6개

0470 $\angle ACB=\angle ABT=58^\circ$이므로

$\angle AOB=2\times58^\circ=116^\circ$

이때 △OAB는 $\overline{OA}=\overline{OB}$인 이등변삼각형이므로

$\angle OAB=\frac{1}{2}\times(180^\circ-116^\circ)=32^\circ$

답 ⑤

0471 $\angle BAT'=180^\circ-(45^\circ+55^\circ)=80^\circ$

$\therefore \angle x=\angle BAT'=80^\circ$

답 80°

0472 △BTP에서 $\angle BTP=70^\circ-32^\circ=38^\circ$

$\therefore \angle BAT=\angle BTP=38^\circ$

답 38°

0473 $\angle ACB=\angle ABT=80^\circ$

$\widehat{AB}=2\widehat{BC}$이므로

$\angle ACB:\angle CAB=2:1$

$80^\circ:\angle CAB=2:1$, $2\angle CAB=80^\circ$

$\therefore \angle CAB=40^\circ$

답 40°

0474 $\angle CAB=\frac{1}{2}\times150^\circ=75^\circ$

$\angle BCA=\angle BAT'=74^\circ$

따라서 △BCA에서

$\angle ABC=180^\circ-(74^\circ+75^\circ)=31^\circ$

답 ②

0475 $\widehat{AB}:\widehat{BC}:\widehat{CA}=5:3:4$이므로

$\angle BCA:\angle CAB:\angle CBA=5:3:4$ ····· ㉮

따라서 $\angle BCA=180^\circ\times\frac{5}{5+3+4}=75^\circ$이므로 ····· ㉯

$\angle BAT=\angle BCA=75^\circ$ ····· ㉰

답 75°

단계	채점요소	배점
㉮	$\angle BCA : \angle CAB : \angle CBA$ 구하기	40%
㉯	$\angle BCA$의 크기 구하기	40%
㉰	$\angle BAT$의 크기 구하기	20%

0476 $\triangle APT$는 $\overline{AP}=\overline{AT}$인 이등변삼각형이므로

$\angle ATP=\angle APT=36^\circ$

$\therefore \angle ABT=\angle ATP=36^\circ$

따라서 $\triangle BPT$에서

$\angle x=180^\circ-(36^\circ+36^\circ+36^\circ)=72^\circ$ 답 ③

0477 $\triangle ABD$에서

$\angle BAD=180^\circ-(34^\circ+58^\circ)=88^\circ$

$\square ABCD$가 원에 내접하므로

$\angle y=180^\circ-88^\circ=92^\circ$

$\angle DBC=\angle DCT=46^\circ$이므로 $\triangle BCD$에서

$\angle x=180^\circ-(46^\circ+92^\circ)=42^\circ$

$\therefore \angle y-\angle x=92^\circ-42^\circ=50^\circ$ 답 **50°**

0478 $\angle ADB=\angle ACB=32^\circ$

$\therefore \angle CDA=46^\circ+32^\circ=78^\circ$

$\square ABCD$가 원에 내접하므로

$\angle CBA=180^\circ-78^\circ=102^\circ$

$\therefore \angle CAT=\angle CBA=102^\circ$ 답 **102°**

다른풀이

$\angle CAB=\angle CDB=46^\circ$이므로 $\triangle ABC$에서

$\angle CBA=180^\circ-(32^\circ+46^\circ)=102^\circ$

$\therefore \angle CAT=\angle CBA=102^\circ$

0479 $\angle DCT=\angle CAD=35^\circ$

$\square ABCD$가 원에 내접하므로

$\angle CDT=\angle ABC=100^\circ$

따라서 $\triangle DCT$에서

$\angle DTC=180^\circ-(35^\circ+100^\circ)=45^\circ$ 답 **45°**

0480 $\square ABCD$가 원에 내접하므로

$\angle ADC=180^\circ-110^\circ=70^\circ$

$\triangle DCP$에서 $\angle DCP=70^\circ-46^\circ=24^\circ$

$\therefore \angle CAD=\angle DCP=24^\circ$ 답 **24°**

0481 오른쪽 그림과 같이 $\overline{BT}$를 그으면

$\overline{AB}$가 원 O의 지름이므로

$\angle ATB=90^\circ$

$\angle ABT=\angle ATC=68^\circ$이므로 $\triangle ATB$에서

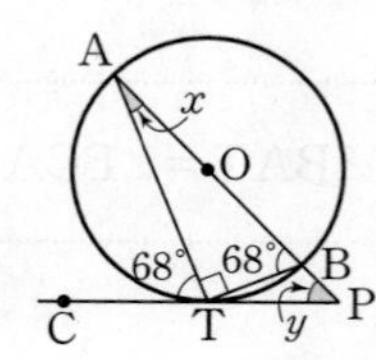

$\angle x=180^\circ-(90^\circ+68^\circ)=22^\circ$

$\triangle ATP$에서 $\angle y=68^\circ-22^\circ=46^\circ$

$\therefore \angle y-\angle x=46^\circ-22^\circ=24^\circ$ 답 **24°**

0482 오른쪽 그림과 같이 $\overline{AT}$를 그으면

$\overline{AB}$가 원 O의 지름이므로

$\angle ATB=90^\circ$

$\triangle ATB$에서

$\angle BAT=180^\circ-(90^\circ+25^\circ)=65^\circ$

$\angle ATP=\angle ABT=25^\circ$이므로 $\triangle APT$에서

$\angle APT=65^\circ-25^\circ=40^\circ$ 답 **40°**

0483 오른쪽 그림과 같이

$\overline{BT}$를 그으면 $\overline{BC}$가 원 O의

지름이므로

$\angle BTC=90^\circ$

$\angle TBC=\angle TAC=55^\circ$이므로

$\triangle BTC$에서

$\angle BCT=180^\circ-(55^\circ+90^\circ)=35^\circ$

$\angle BTP=\angle BCT=35^\circ$이므로 $\triangle BPT$에서

$\angle x=55^\circ-35^\circ=20^\circ$ 답 **20°**

0484 오른쪽 그림과 같이 $\overline{AT}$를 긋

고 $\angle PBT=\angle x$라 하면 $\triangle PTB$는

$\overline{PT}=\overline{BT}$인 이등변삼각형이므로

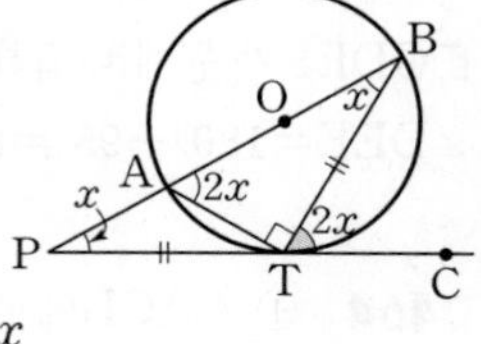

$\angle BPT=\angle PBT=\angle x$

$\triangle BPT$에서 $\angle BTC=\angle x+\angle x=2\angle x$

$\therefore \angle BAT=\angle BTC=2\angle x$ ……… ㉮

이때 $\overline{AB}$가 원 O의 지름이므로 $\angle ATB=90^\circ$

따라서 $\triangle ATB$에서

$2\angle x+\angle x+90^\circ=180^\circ$, $3\angle x=90^\circ$ $\therefore \angle x=30^\circ$

$\therefore \angle BTC=2\angle x=2\times 30^\circ=60^\circ$ ……… ㉯

답 **60°**

단계	채점요소	배점
㉮	$\angle PBT=\angle x$로 놓고 $\angle BAT$의 크기를 $\angle x$로 나타내기	50%
㉯	$\angle BTC$의 크기 구하기	50%

0485 $\triangle BED$는 $\overline{BD}=\overline{BE}$인 이등변삼각형이므로

$\angle BED=\frac{1}{2}\times(180^\circ-50^\circ)=65^\circ$

$\therefore \angle DFE=\angle BED=65^\circ$

따라서 $\triangle DEF$에서

$\angle EDF=180^\circ-(65^\circ+48^\circ)=67^\circ$ 답 **67°**

0486 △PBA는 $\overline{PA}=\overline{PB}$인 이등변삼각형이므로

$\angle PBA=\frac{1}{2}\times(180°-52°)=64°$

$\angle ABC=\angle CAD=75°$이므로

$\angle CBE=180°-(64°+75°)=41°$ 답 **41°**

0487 △BED는 $\overline{BD}=\overline{BE}$인 이등변삼각형이므로

$\angle BED=\frac{1}{2}\times(180°-54°)=63°$

$\therefore \angle x=\angle BED=63°$

$\angle CEF=\angle EDF=62°$이고 △CFE는 $\overline{CE}=\overline{CF}$인 이등변삼각형이므로

$\angle CFE=\angle CEF=62°$

$\therefore \angle y=180°-(62°+62°)=56°$

$\therefore \angle x+\angle y=63°+56°=119°$ 답 **119°**

0488 △PCD에서

$\angle DCQ=36°+24°=60°$

△CQD는 $\overline{QC}=\overline{QD}$인 이등변삼각형이므로

$\angle CDQ=\angle DCQ=60°$

$\therefore \angle x=180°-(60°+60°)=60°$

위의 그림과 같이 $\overline{BC}$를 그으면 $\angle BCP=\angle BDC=24°$이므로

$\angle BCD=180°-(24°+60°)=96°$

이때 □ABCD가 원에 내접하므로

$\angle y=180°-96°=84°$ 답 **$\angle x=60°$, $\angle y=84°$**

유형 UP 본문 p.77

0489 오른쪽 그림과 같이 두 원에 공통인 접선 PT를 그으면

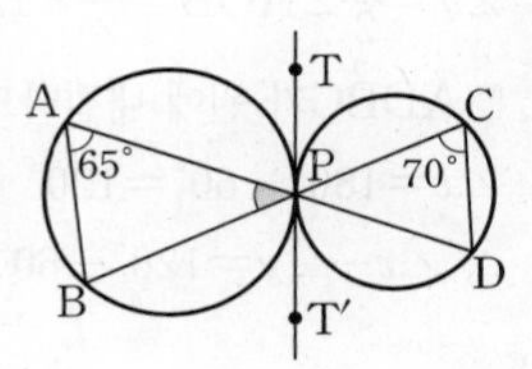

$\angle ABP=\angle APT=\angle DPT'$

$=\angle DCP=70°$

따라서 △ABP에서

$\angle APB=180°-(65°+70°)=45°$ 답 **45°**

0490 $\angle x=\angle QTB=\angle PTA=\angle ADT=65°$

△TCB에서

$\angle y=180°-(40°+65°)=75°$ 답 **$\angle x=65°$, $\angle y=75°$**

0491 직선 PQ가 두 원의 공통인 접선이므로

$\angle y=\angle ABT=70°$

$\angle x=\angle y=70°$

$\therefore \angle x+\angle y=70°+70°=140°$ 답 **140°**

0492 ①, ③ $\angle TAB=\angle QTD=\angle ACD$ (동위각)이므로

$\overline{AB}/\!/\overline{CD}$

④, ⑤ △TAB와 △TCD에서

$\angle TAB=\angle TCD$, $\angle ATB$는 공통이므로

△TAB∽△TCD (AA 닮음)

$\therefore \overline{TA}:\overline{TC}=\overline{AB}:\overline{CD}$

따라서 옳지 않은 것은 ⑤이다. 답 ⑤

0493 ① $\angle PAB=\angle PQD$

$=\angle PCE$

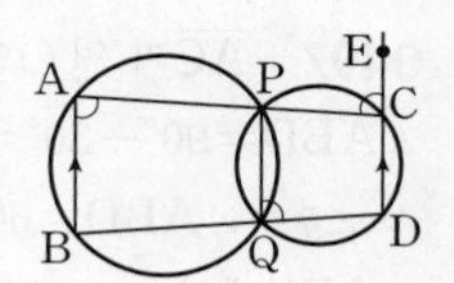

따라서 엇각의 크기가 같으므로

$\overline{AB}/\!/\overline{CD}$이다.

② $\angle BAT=\angle BTQ=\angle CTP$

$=\angle CDT$

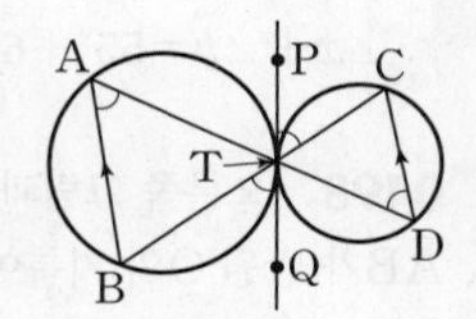

따라서 엇각의 크기가 같으므로

$\overline{AB}/\!/\overline{CD}$이다.

③ $\angle BAQ=\angle BPQ=\angle QDC$

따라서 엇각의 크기가 같으므로

$\overline{AB}/\!/\overline{CD}$이다.

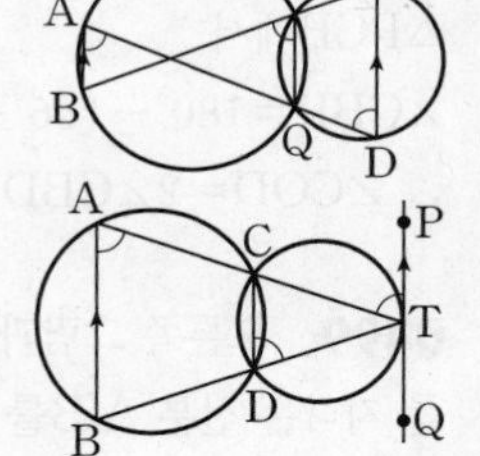

④ $\angle BAC=\angle CDT=\angle CTP$

따라서 엇각의 크기가 같으므로

$\overline{AB}/\!/\overline{PQ}$이지만 $\overline{AB}$와 $\overline{CD}$가 평행한지 알 수 없다.

⑤ $\angle BAT=\angle BTQ=\angle DCT$

따라서 동위각의 크기가 같으므로

$\overline{AB}/\!/\overline{CD}$이다.

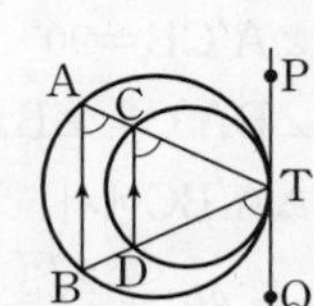

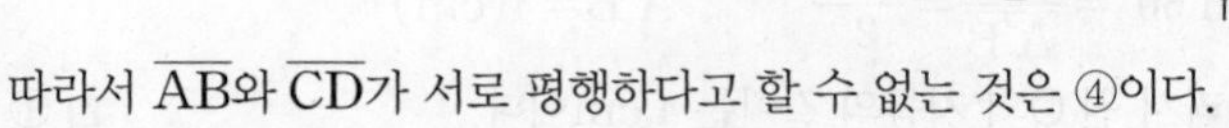

따라서 $\overline{AB}$와 $\overline{CD}$가 서로 평행하다고 할 수 없는 것은 ④이다.

답 ④

0494 오른쪽 그림과 같이 $\overline{BC}$를 그으면

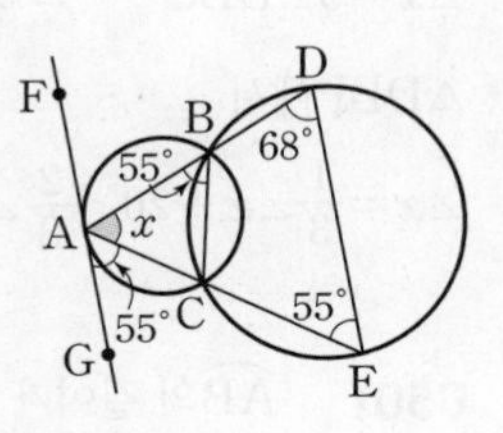

$\angle ABC=\angle GAC=55°$

이때 □BCED가 큰 원에 내접하므로

$\angle CED=\angle ABC=55°$

따라서 △AED에서

$\angle x=180°-(68°+55°)=57°$ 답 **57°**

중단원 마무리하기

본문 p.78~81

0495 오른쪽 그림과 같이 $\overline{OC}$를 그으면

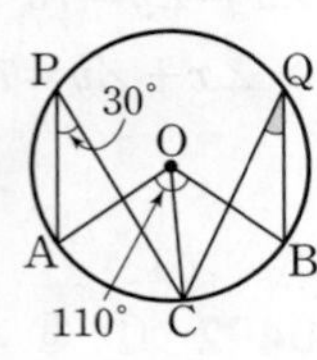

$\angle AOC=2\angle APC=2\times 30°=60°$

$\therefore \angle COB=110°-60°=50°$

$\therefore \angle CQB=\frac{1}{2}\angle COB=\frac{1}{2}\times 50°$
$=25°$ 답 ③

0496 $\angle y=2\angle ABC=2\times 70°=140°$

$\widehat{ABC}$에 대한 중심각의 크기는

$360°-\angle y=360°-140°=220°$이므로

$\angle x=\frac{1}{2}\times 220°=110°$

$\therefore \angle y-\angle x=140°-110°=30°$ 답 ④

0497 $\overline{AC}$가 원 O의 지름이므로 $\angle ABC=90°$

$\angle ABD=90°-30°=60°$

$\therefore \angle y=\angle ABD=60°$

$\triangle ABC$에서 $\angle x=180°-(90°+35°)=55°$

$\therefore \angle x+\angle y=55°+60°=115°$ 답 ③

0498 오른쪽 그림과 같이 $\overline{BC}$를 그으면

$\overline{AB}$가 반원 O의 지름이므로

$\angle ACB=90°$

$\triangle PCB$에서

$\angle CBP=180°-(66°+90°)=24°$

$\therefore \angle COD=2\angle CBD=2\times 24°=48°$ 답 ②

0499 오른쪽 그림과 같이 원의 중심 O를 지나는 선분 A′B를 그으면

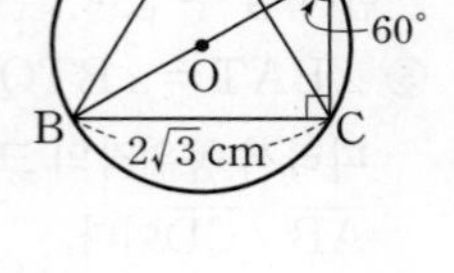

$\angle A'CB=90°$

$\angle BA'C=\angle BAC=60°$이므로

$\triangle A'BC$에서

$\sin 60°=\frac{2\sqrt{3}}{\overline{A'B}}=\frac{\sqrt{3}}{2}$ $\therefore \overline{A'B}=4(\text{cm})$

따라서 원 O의 지름의 길이는 4 cm이다. 답 ①

0500 $\widehat{AB}=3\widehat{CD}$이므로

$\angle x=3\angle DBC$ $\therefore \angle DBC=\frac{1}{3}\angle x$

$\triangle DBP$에서

$\angle x=\frac{1}{3}\angle x+20°$, $\frac{2}{3}\angle x=20°$ $\therefore \angle x=30°$ 답 ④

0501 $\widehat{AB}$의 길이가 원주의 $\frac{1}{6}$이므로

$\angle ACB=180°\times\frac{1}{6}=30°$

$\widehat{AB}=\widehat{CD}$이므로 $\angle DBC=\angle ACB=30°$

$\therefore \angle x=30°+30°=60°$ 답 **60°**

0502 $\widehat{AB}:\widehat{BC}:\widehat{CA}=1:2:3$이므로

$\angle ACB:\angle CAB:\angle ABC=1:2:3$

① $\angle CAB=180°\times\frac{2}{1+2+3}=60°$

② $\angle ABC=180°\times\frac{3}{1+2+3}=90°$

③ $\angle ACB=180°\times\frac{1}{1+2+3}=30°$

④ $\triangle ABC$는 $\angle ABC=90°$인 직각삼각형이다.

⑤ $\widehat{BC}:\widehat{CA}=2:3$이므로 $6\pi:\widehat{CA}=2:3$
$2\widehat{CA}=18\pi$ $\therefore \widehat{CA}=9\pi(\text{cm})$

따라서 옳지 않은 것은 ⑤이다. 답 ⑤

0503 ① $\angle ADB=\angle ACB=20°$

② $\angle ABD\neq\angle ACD$

③ $\angle BAC=\angle BDC=50°$

④ $\angle ADB=\angle ACB=60°$

⑤ $\angle BDC=120°-80°=40°$이므로 $\angle BAC=\angle BDC$

따라서 네 점 A, B, C, D가 한 원 위에 있지 않은 것은 ②이다. 답 ②

0504 $\triangle DAE$에서 $\angle DAE=80°-15°=65°$

네 점 A, B, C, D가 한 원 위에 있으므로

$\angle ACB=\angle ADB=15°$

$\triangle APC$에서 $\angle x=65°-15°=50°$ 답 **50°**

0505 오른쪽 그림과 같이 $\overline{OA}$, $\overline{OB}$를 그으면 $\angle PAO=\angle PBO=90°$이므로

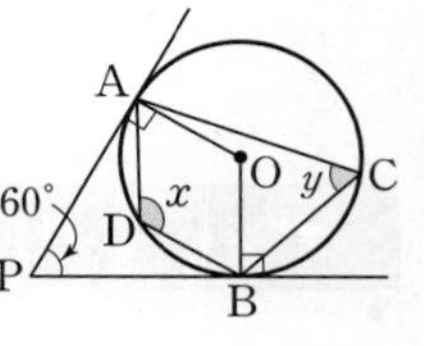

□APBO에서

$\angle AOB=180°-60°=120°$

$\angle y=\frac{1}{2}\angle AOB=\frac{1}{2}\times 120°=60°$

□ADBC가 원에 내접하므로

$\angle x=180°-60°=120°$

$\therefore \angle x-\angle y=120°-60°=60°$ 답 ②

0506 □ABCD가 원에 내접하므로

$\angle BCD=\angle EAD=65°$

$\therefore \angle x=65°-30°=35°$

$\triangle ABC$에서 $\angle ABC=180°-(90°+35°)=55°$

□ABCD가 원에 내접하므로

$\angle y=180°-55°=125°$ 답 $\angle x=35°$, $\angle y=125°$

0507 오른쪽 그림과 같이 $\overline{AC}$를 그으면

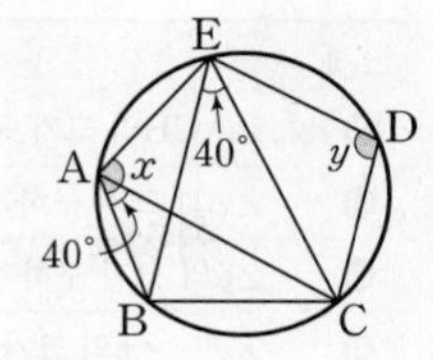

□ACDE가 원에 내접하므로

$\angle EAC + \angle CDE = 180°$

또 $\angle BAC = \angle BEC = 40°$이므로

$\angle x + \angle y = \angle BAC + \angle EAC + \angle CDE$

$= 40° + 180° = 220°$

답 **220°**

0508 □ABCD가 원에 내접하므로

$\angle QDC = \angle x$

△PBC에서 $\angle DCQ = \angle x + 22°$

△DCQ에서

$\angle x + (\angle x + 22°) + 52° = 180°$

$2\angle x = 106°$ $\therefore \angle x = 53°$

답 ④

0509 □ABQP와 □PQCD가 원에 내접하므로

① $\angle PQC = \angle PAB = 100°$

② $\angle ABQ$의 크기는 알 수 없다.

③ $\angle CDP + \angle PQC = 180°$이므로

$\angle CDP + 100° = 180°$ $\therefore \angle CDP = 80°$

④ $\angle PAB + \angle CDP = 100° + 80° = 180°$이므로

$\overline{AB} /\!/ \overline{DC}$

⑤ $\angle ABQ = \angle DPQ$이므로 $\angle DPQ + \angle DCQ = 180°$에서

$\angle ABQ + \angle DCQ = 180°$

따라서 옳지 않은 것은 ②이다.

답 ②

0510 $\widehat{AB} = \widehat{BC}$이므로

$\angle ACB = \angle BAC = \frac{1}{2} \times (180° - 106°) = 37°$

이때 $\overline{AD} /\!/ \overline{BC}$이므로

$\angle CAD = \angle ACB = 37°$ (엇각)

$\therefore \angle DCT = \angle CAD = 37°$

답 **37°**

0511 $\overline{AB}$가 원 O의 지름이므로 $\angle ATB = 90°$

$\angle ABT = \angle ATP = 30°$, $\overline{AB} = 8$ cm이므로 △ATB에서

$\overline{AT} = 8 \sin 30° = 8 \times \frac{1}{2} = 4(\text{cm})$

$\overline{BT} = 8 \cos 30° = 8 \times \frac{\sqrt{3}}{2} = 4\sqrt{3}(\text{cm})$

$\therefore \triangle ATB = \frac{1}{2} \times 4 \times 4\sqrt{3} = 8\sqrt{3}(\text{cm}^2)$

답 $8\sqrt{3}$ **cm²**

0512 △PAC는 $\overline{PA} = \overline{PC}$인 이등변삼각형이므로

$\angle ACP = \frac{1}{2} \times (180° - 54°) = 63°$

$\therefore \angle ABC = \angle ACP = 63°$

또 $\widehat{AB} : \widehat{BC} = 2 : 1$이므로

$\angle x : \angle BAC = 2 : 1$, $2\angle BAC = \angle x$

$\therefore \angle BAC = \frac{1}{2}\angle x$

△ABC에서 $63° + \frac{1}{2}\angle x + \angle x = 180°$

$\frac{3}{2}\angle x = 117°$ $\therefore \angle x = 78°$

답 **78°**

0513 △ABC에서

$\angle DBE = 180° - (65° + 55°) = 60°$

△BED는 $\overline{BD} = \overline{BE}$인 이등변삼각형이므로

$\angle BED = \frac{1}{2} \times (180° - 60°) = 60°$

$\therefore \angle DFE = \angle BED = 60°$

답 ③

다른풀이

△ADF는 $\overline{AD} = \overline{AF}$인 이등변삼각형이므로

$\angle AFD = \frac{1}{2} \times (180° - 65°) = 57.5°$

△CFE는 $\overline{CF} = \overline{CE}$인 이등변삼각형이므로

$\angle CFE = \frac{1}{2} \times (180° - 55°) = 62.5°$

$\therefore \angle DFE = 180° - (57.5° + 62.5°) = 60°$

0514 오른쪽 그림과 같이 $\overline{AB}$를 그으면 □ABCD가 원 O′에 내접하므로

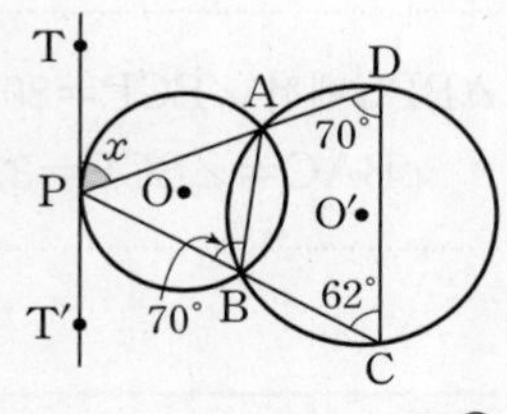

$\angle ABP = \angle ADC = 70°$

$\therefore \angle x = \angle ABP = 70°$

답 ③

0515 오른쪽 그림과 같이 $\overline{OP}$를 그으면

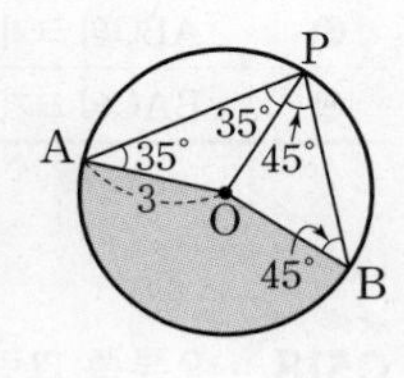

△AOP는 $\overline{OA} = \overline{OP}$인 이등변삼각형이므로 $\angle APO = \angle PAO = 35°$

△POB는 $\overline{OB} = \overline{OP}$인 이등변삼각형이므로

$\angle BPO = \angle PBO = 45°$

$\therefore \angle APB = 35° + 45° = 80°$ ······ ㉮

$\angle AOB = 2\angle APB = 2 \times 80° = 160°$ ······ ㉯

$\therefore$ (색칠한 부분의 넓이)$= \pi \times 3^2 \times \frac{160}{360} = 4\pi$ ······ ㉰

답 4π

단계	채점요소	배점
㉮	∠APB의 크기 구하기	40 %
㉯	∠AOB의 크기 구하기	40 %
㉰	색칠한 부분의 넓이 구하기	20 %

0516 $\angle BCD=\angle BAD=\angle x$

$\triangle BPC$에서 $\angle PBC=\angle x-35°$ ······ ㉮

따라서 $\triangle AQB$에서

$\angle x+(\angle x-35°)=75°$

$2\angle x=110°$ $\quad\therefore\ \angle x=55°$ ······ ㉯

답 **55°**

단계	채점요소	배점
㉮	$\angle PBC$의 크기를 $\angle x$를 사용하여 나타내기	50 %
㉯	$\angle x$의 크기 구하기	50 %

0517 오른쪽 그림과 같이 $\overline{BC}$를 그으면 $\widehat{AD}=\widehat{DC}$이므로

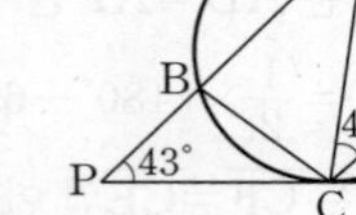

$\angle CAD=\angle ACD=40°$

$\triangle ACD$에서

$\angle ADC=180°-(40°+40°)=100°$ ······ ㉮

□ABCD가 원에 내접하므로

$\angle ABC=180°-100°=80°$ ······ ㉯

$\triangle BPC$에서 $\angle BCP=80°-43°=37°$

$\therefore\ \angle BAC=\angle BCP=37°$ ······ ㉰

답 **37°**

단계	채점요소	배점
㉮	$\angle ADC$의 크기 구하기	40 %
㉯	$\angle ABC$의 크기 구하기	30 %
㉰	$\angle BAC$의 크기 구하기	30 %

0518 오른쪽 그림과 같이 $\overline{BC}$를 그으면 $\overline{AC}$가 원 O의 지름이므로

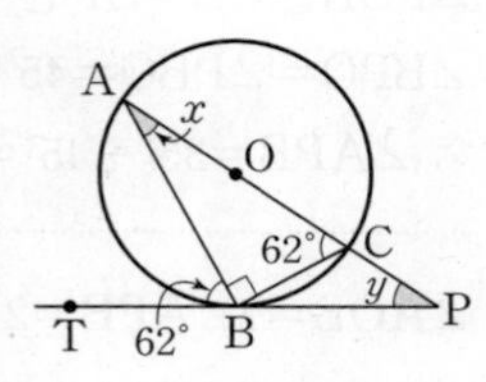

$\angle ABC=90°$

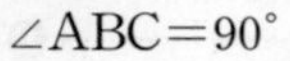

$\angle ACB=\angle ABT=62°$ ······ ㉮

$\triangle ABC$에서

$\angle x=180°-(90°+62°)=28°$ ······ ㉯

$\triangle ABP$에서 $\angle y=62°-28°=34°$ ······ ㉰

$\therefore\ \angle y-\angle x=34°-28°=6°$ ······ ㉱

답 **6°**

단계	채점요소	배점
㉮	$\angle ACB$의 크기 구하기	30 %
㉯	$\angle x$의 크기 구하기	30 %
㉰	$\angle y$의 크기 구하기	30 %
㉱	$\angle y-\angle x$의 크기 구하기	10 %

0519 $\angle DBC=\angle DAC=\angle x$이므로 $\triangle DBE$에서

$\angle ADB=\angle x+40°$

$\widehat{BC}=\widehat{CD}$이므로

$\angle BDC=\angle DBC=\angle x$

$\overline{AC}$가 원 O의 지름이므로 $\angle ADC=90°$에서

$(\angle x+40°)+\angle x=90°$

$2\angle x=50°$ $\quad\therefore\ \angle x=25°$

따라서 $\angle ADF=90°-25°=65°$이므로 $\triangle AFD$에서

$\angle y=25°+65°=90°$

답 $\boldsymbol{\angle x=25°,\ \angle y=90°}$

0520 오른쪽 그림과 같이 $\overline{TB}$를 그으면 $\triangle ATB$와 $\triangle THB$에서

$\angle ATB=\angle THB=90°$,

$\angle TAB=\angle HTB$

$\therefore\ \triangle ATB\backsim\triangle THB$ (AA 닮음)

이때 $\overline{AB}:\overline{TB}=\overline{TB}:\overline{HB}$이므로

$15:\overline{TB}=\overline{TB}:6$, $\overline{TB}^2=90$

$\therefore\ \overline{TB}=3\sqrt{10}$(cm) ($\because\ \overline{TB}>0$)

따라서 $\triangle THB$에서

$\overline{TH}=\sqrt{(3\sqrt{10})^2-6^2}=\sqrt{54}=3\sqrt{6}$(cm)

답 **$3\sqrt{6}$ cm**

0521 오른쪽 그림과 같이 $\overline{PQ}$의 연장선과 $\overline{AB}$가 만나는 점을 C라 하자.

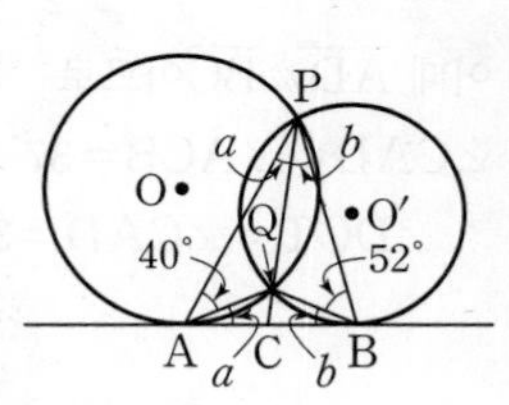

$\angle QAC=\angle APC=\angle a$,

$\angle QBC=\angle BPC=\angle b$라 하면

$\triangle PAB$에서

$(\angle a+\angle b)+(40°+\angle a)+(\angle b+52°)=180°$

$2(\angle a+\angle b)=88°$ $\quad\therefore\ \angle a+\angle b=44°$

$\therefore\ \angle APB=\angle a+\angle b=44°$

답 ⑤

05 대푯값과 산포도

교과서문제 정복하기

본문 p.85

0522 $(\text{평균})=\frac{8+5+4+10+7+2}{6}$

$=\frac{36}{6}=6$ 답 **6**

0523 $(\text{평균})=\frac{80+85+95+93+77+86}{6}$

$=\frac{516}{6}=86$ 답 **86**

0524 $(\text{평균})=\frac{18+20+21+22+24+26+24+21}{8}$

$=\frac{176}{8}=22$ 답 **22**

0525 변량을 작은 값부터 크기순으로 나열하면
80, 80, 90, 100, 130
이므로 중앙값은 3번째 값인 90이다. 답 **90**

0526 변량을 작은 값부터 크기순으로 나열하면
3, 4, 5, 7, 8, 9
이므로 중앙값은 3번째와 4번째 값의 평균인
$\frac{5+7}{2}=6$ 답 **6**

0527 변량을 작은 값부터 크기순으로 나열하면
1, 3, 4, 5, 6, 7, 9, 10
이므로 중앙값은 4번째와 5번째 값의 평균인
$\frac{5+6}{2}=5.5$ 답 **5.5**

0528 변량을 작은 값부터 크기순으로 나열하면
68, 69, 76, 83, 87, 95, 97
이므로 중앙값은 4번째 값인 83이다. 답 **83**

0529 가장 많이 나타나는 값이 3이므로 최빈값은 3이다.
답 **3**

0530 가장 많이 나타나는 값이 2이므로 최빈값은 2이다.
답 **2**

0531 가장 많이 나타나는 값이 9, 10이므로 최빈값은 9, 10이다. 답 **9, 10**

0532 가장 많이 나타나는 것은 빨강이므로 최빈값은 빨강이다.
답 **빨강**

0533 주어진 변량은 작은 값부터 크기순으로 나열되어 있으므로 중앙값은 7번째 값인 19시간이다.
또 가장 많이 나타나는 값이 22이므로 최빈값은 22시간이다.
답 **중앙값 : 19시간, 최빈값 : 22시간**

0534 편차의 합은 항상 0이므로
$-2+x+0+1+2=0,\ x+1=0$
$\therefore x=-1$ 답 **−1**

0535 편차의 합은 항상 0이므로
$-4+2+x+(-1)+0=0,\ x-3=0$
$\therefore x=3$ 답 **3**

0536 편차의 합은 항상 0이므로
$-7+(-3)+8+x+5+(-4)=0,\ x-1=0$
$\therefore x=1$ 답 **1**

0537 (1) 편차의 합은 항상 0이므로
$0+(-8)+x+(-13)+12=0,\ x-9=0$
$\therefore x=9$
(2) $85-8=77$(점)
답 (1) **9** (2) **77점**

0538 (1) $(\text{평균})=\frac{2+4+6+8+10}{5}=\frac{30}{5}=6$
(2) $(\text{편차의 합})=(-4)+(-2)+0+2+4=0$
(3) $\{(\text{편차})^2\text{의 총합}\}=(-4)^2+(-2)^2+0^2+2^2+4^2=40$
(4) $(\text{분산})=\frac{\{(\text{편차})^2\text{의 총합}\}}{(\text{변량의 개수})}=\frac{40}{5}=8$
(5) $(\text{표준편차})=\sqrt{(\text{분산})}=\sqrt{8}=2\sqrt{2}$
답 (1) **6** (2) **0** (3) **40** (4) **8** (5) $\mathbf{2\sqrt{2}}$

유형 익히기

본문 p.86~91

0539 4개의 변량 a, b, c, d의 평균이 8이므로
$\frac{a+b+c+d}{4}=8 \quad \therefore a+b+c+d=32$
따라서 5개의 변량 a, b, c, d, 9의 평균은
$\frac{a+b+c+d+9}{5}=\frac{32+9}{5}=\frac{41}{5}=8.2$ 답 ②

0540 $\frac{2+6+6+3+5}{5}=\frac{22}{5}=4.4$(개) 답 **4.4개**

0541 3개의 변량 a, b, c의 평균이 10이므로
$\frac{a+b+c}{3}=10$ $\therefore a+b+c=30$
따라서 4개의 변량 $3a-3$, $3b+1$, $3c$, 8의 평균은
$$\frac{(3a-3)+(3b+1)+3c+8}{4}=\frac{3(a+b+c)+6}{4}$$
$$=\frac{3\times 30+6}{4}$$
$$=\frac{96}{4}=24$$
답 ②

0542 A조의 변량을 작은 값부터 크기순으로 나열하면
10, 23, 25, 32, 47
중앙값은 3번째 값이므로
$a=25$
B조의 변량을 작은 값부터 크기순으로 나열하면
8, 9, 11, 15, 20, 24
중앙값은 3번째와 4번째 값의 평균이므로
$b=\frac{11+15}{2}=13$
$\therefore a+b=25+13=38$ 답 **38**

0543 변량을 작은 값부터 크기순으로 나열하면
1, 1, 3, 4, 4, 5, 5, 6, 7, 8, 8, 8
$\therefore a=\frac{1+1+3+4+4+5+5+6+7+8+8+8}{12}$
$=\frac{60}{12}=5$
중앙값은 6번째와 7번째 값의 평균이므로
$b=\frac{5+5}{2}=5$
$\therefore ab=5\times 5=25$ 답 **25**

0544 $p\leq q\leq r$라 할 때, 중앙값이 가장 큰 경우 9개의 정수를 작은 값부터 크기순으로 나열하면
2, 4, 4, 7, 8, 9, p, q, r
따라서 중앙값이 될 수 있는 가장 큰 수는 5번째 수인 8이다.
답 **8**

0545 볼링공에 적힌 수를 작은 값부터 크기순으로 나열하면
7, 8, 8, 9, 10, 11, 11, 11, 12, 13
이므로
$m=\frac{7+8+8+9+10+11+11+11+12+13}{10}$
$=\frac{100}{10}=10$
중앙값은 5번째와 6번째의 값의 평균이므로
$a=\frac{10+11}{2}=10.5$
가장 많이 나타나는 값이 11이므로
$b=11$
$\therefore m+a+b=10+10.5+11=31.5$ 답 **31.5**

0546 바둑 급수를 작은 값부터 크기순으로 나열하면
3, 4, 7, 7, 8, 8, 8, 9, 9
가장 많이 나타나는 값은 8이므로 최빈값은 8급이다.
따라서 바둑 급수가 최빈값인 학생은 창훈, 진수, 태연이다.
답 **창훈, 진수, 태연**

0547 변량을 작은 값부터 크기순으로 나열하면
5, 5, 7, 8, 9, 10, 12, 13
중앙값은 4번째와 5번째 값의 평균이므로
$\frac{8+9}{2}=8.5$(kg)
.... ㉮
가장 많이 나타나는 값은 5이므로 최빈값은 5 kg이다.
.... ㉯
따라서 중앙값과 최빈값의 합은
$8.5+5=13.5$(kg)
.... ㉰
답 **13.5 kg**

단계	채점요소	배점
㉮	중앙값 구하기	40%
㉯	최빈값 구하기	40%
㉰	중앙값과 최빈값의 합 구하기	20%

0548 윗몸일으키기 횟수는 작은 값부터 크기순으로 나열되어 있으므로 중앙값은 6번째와 7번째 값의 평균이다.
$\therefore a=\frac{13+15}{2}=14$
가장 많이 나타나는 값은 15이므로
$b=15$
$\therefore a+b=14+15=29$ 답 **29**

0549 $a=\frac{5+7+10+11+16+16+20+23+25+34}{10}$
$=\frac{167}{10}=16.7$
던지기 기록은 작은 값부터 크기순으로 나열되어 있으므로 중앙값은 5번째와 6번째 값의 평균이다.

$\therefore b=\dfrac{16+16}{2}=16$

가장 많이 나타나는 값이 16이므로

$c=16$

$\therefore a+b+c=16.7+16+16=48.7$ 답 **48.7**

0550 $a=\dfrac{1\times2+2\times4+3\times5+4\times3+5\times1}{15}$

$=\dfrac{42}{15}=2.8$

중앙값은 변량을 작은 값부터 크기순으로 나열할 때 8번째 값이므로

$b=3$

가장 많이 나타나는 값은 3이므로

$c=3$

$\therefore a+b-c=2.8+3-3=2.8$ 답 ②

0551 a를 제외한 변량을 작은 값부터 크기순으로 나열하면

9, 13, 27

이때 중앙값이 14이므로 $13<a<27$

4개의 변량을 작은 값부터 크기순으로 나열하면

9, 13, a, 27

중앙값은 2번째와 3번째 값의 평균이므로

$\dfrac{13+a}{2}=14,\ 13+a=28 \qquad \therefore a=15$

$\therefore (\text{평균})=\dfrac{27+9+13+15}{4}=\dfrac{64}{4}=16$ 답 **16**

0552 평균이 24회이므로

$\dfrac{24+28+40+12+8+x}{6}=24$

$112+x=144 \qquad \therefore x=32$

변량을 작은 값부터 크기순으로 나열하면

8, 12, 24, 28, 32, 40

따라서 중앙값은 3번째와 4번째 값의 평균이므로

$\dfrac{24+28}{2}=26$(회) 답 ③

0553 처음 과학 동아리의 학생 8명의 과학 점수를 작은 값부터 크기순으로 나열할 때, 5번째 값을 x점이라 하면 중앙값은 4번째와 5번째 값의 평균이므로

$\dfrac{78+x}{2}=80,\ 78+x=160 \qquad \therefore x=82$

이 동아리에 과학 점수가 83점인 학생이 들어왔을 때, 9명의 과학 점수를 작은 값부터 크기순으로 나열하면 중앙값은 5번째 값인 82점이다. 답 **82점**

0554 최빈값이 28이므로 $b=28$ ······ ㉮

중앙값은 6번째와 7번째 값의 평균이므로

$\dfrac{a+28}{2}=26,\ a+28=52 \qquad \therefore a=24$ ······ ㉯

$\therefore b-a=28-24=4$ ······ ㉰

답 **4**

단계	채점요소	배점
㉮	b의 값 구하기	40%
㉯	a의 값 구하기	40%
㉰	$b-a$의 값 구하기	20%

0555 a, b를 제외한 변량을 작은 값부터 크기순으로 나열하면

3, 4, 8, 13, 22

이때 $a<b$이고 중앙값은 4번째 값이므로

$a=9$

평균이 11분이므로

$\dfrac{4+8+22+13+3+9+b}{7}=11$

$59+b=77 \qquad \therefore b=18$

$\therefore \dfrac{b}{a}=\dfrac{18}{9}=2$ 답 ③

0556 세 자연수를 작은 값부터 크기순으로 나열하면 중앙값이 12이므로

a, 12, b

평균이 10이므로

$\dfrac{a+12+b}{3}=10,\ a+b+12=30$

$\therefore a+b=18$ ······ ㉠

이를 만족시키려면 $1\le a<12,\ 12<b<18$ ······ ㉡

이어야 하므로 ㉠, ㉡을 모두 만족시키는 a, b의 순서쌍 (a, b)는

(1, 17), (2, 16), (3, 15), (4, 14), (5, 13)

의 5개이다. 답 **5개**

0557 최빈값이 5이므로 나머지 4개의 변량 중 5가 3개 이상이어야 한다.

5가 4개일 때, 평균은

$\dfrac{2+4+4+5+5+5+5}{7}=\dfrac{30}{7}\neq5$

이므로 5는 3개이다.

나머지 1개의 변량을 a $(a\neq5)$라 하면

$\dfrac{2+4+4+5+5+5+a}{7}=5$

$25+a=35 \qquad \therefore a=10$

따라서 7개의 변량 중 가장 큰 값은 10이다. 답 **10**

0558 편차의 합은 항상 0이므로
$(-3)+(-4)+3+6+x=0 \quad \therefore x=-2$
따라서 E의 수학 점수는
$76-2=74$(점)

답 ③

0559 ① $3+(-2)+4+x+(-3)=0 \quad \therefore x=-2$
② 민정이의 봉사활동 시간은 $20-2=18$(시간)
③ 편차가 클수록 변량이 크므로 편차가 가장 큰 재석이가 봉사활동을 가장 많이 했다.
④ 평균보다 봉사활동 시간이 더 많은 학생은 연우, 재석의 2명이다.
⑤ 연우가 선영이보다 6시간 더 봉사활동을 했다.
따라서 옳은 것은 ③이다.

답 ③

0560 편차의 합은 항상 0이므로
$2+(-4)+x+(-2)+(1-2x)=0$
$-3-x=0 \quad \therefore x=-3$
이때 C와 E의 점수는 각각
$72+x=72-3=69$(점),
$72+(1-2x)=72+7=79$(점)
따라서 C와 E의 점수의 평균은
$\frac{69+79}{2}=\frac{148}{2}=74$(점)

답 ④

0561 $(\text{분산})=\frac{2^2+1^2+(-1)^2+0^2+(-2)^2}{5}$
$=\frac{10}{5}=2$
$\therefore (\text{표준편차})=\sqrt{2}$(점)

답 ②

0562 ⑤ 편차의 절댓값이 작을수록 변량은 평균에 가깝다.

답 ⑤

0563 편차의 합은 항상 0이므로
$(-2)+(-5)+x+2+1=0 \quad \therefore x=4$
$\therefore (\text{분산})=\frac{(-2)^2+(-5)^2+4^2+2^2+1^2}{5}=\frac{50}{5}=10$

답 10

0564 ㄱ. 현수와 연재의 점수의 차는 편차의 차와 같으므로
$2-(-1)=3$(점)
ㄴ. 예성이의 점수의 편차가 0점이므로 예성이의 점수는 평균과 같다.
ㄷ. $(\text{분산})=\frac{(-2)^2+(-1)^2+2^2+0^2+1^2}{5}=\frac{10}{5}=2$
$\therefore (\text{표준편차})=\sqrt{2}$(점)
ㄹ. 점수가 가장 낮은 학생은 편차가 가장 작은 영진이다.
따라서 옳은 것은 ㄴ, ㄷ, ㄹ이다.

답 ⑤

0565 평균이 8이므로
$\frac{5+7+x+(x+1)+(x+3)}{5}=8$
$3x+16=40,\ 3x=24 \quad \therefore x=8$
······ ㉮
따라서 주어진 변량은 5, 7, 8, 9, 11이므로
$(\text{분산})=\frac{(-3)^2+(-1)^2+0^2+1^2+3^2}{5}=\frac{20}{5}=4$
······ ㉯
$\therefore (\text{표준편차})=\sqrt{4}=2$
······ ㉰

답 2

단계	채점요소	배점
㉮	x의 값 구하기	30%
㉯	분산 구하기	40%
㉰	표준편차 구하기	30%

0566 $a\le b\le c$라 하면 중앙값과 최빈값이 모두 5이므로
$a=5,\ b=5$
평균이 4이므로
$\frac{1+3+5+5+c}{5}=4$
$14+c=20 \quad \therefore c=6$
따라서 주어진 변량은 1, 3, 5, 5, 6이므로
$(\text{분산})=\frac{(-3)^2+(-1)^2+1^2+1^2+2^2}{5}$
$=\frac{16}{5}=3.2$

답 ④

0567 평균이 5이므로
$\frac{7+6+5+x+y}{5}=5$
$18+x+y=25 \quad \therefore x+y=7$ ······ ㉠
분산이 2이므로
$\frac{2^2+1^2+0^2+(x-5)^2+(y-5)^2}{5}=2$
$5+(x-5)^2+(y-5)^2=10$
$x^2+y^2-10(x+y)+55=10$
위의 식에 ㉠을 대입하면
$x^2+y^2-10\times7+55=10$
$\therefore x^2+y^2=25$ ······ ㉡
따라서 $(x+y)^2=x^2+y^2+2xy$에 ㉠, ㉡을 대입하면
$7^2=25+2xy,\ 2xy=24 \quad \therefore xy=12$

답 ④

0568 평균이 6이고 표준편차가 5, 즉 분산이 25이므로
$\frac{(a-6)^2+(b-6)^2+(c-6)^2+(d-6)^2}{4}=25$
$\therefore (a-6)^2+(b-6)^2+(c-6)^2+(d-6)^2=100$

답 ③

0569 평균이 2이므로

$\frac{x+y}{2}=2$ $\quad \therefore x+y=4$ ...... ㉠

분산이 2이므로

$\frac{(x-2)^2+(y-2)^2}{2}=2$

$x^2+y^2-4(x+y)+8=4$

위의 식에 ㉠을 대입하면

$x^2+y^2-4\times4+8=4$

$\therefore x^2+y^2=12$ 답 ②

0570 편차의 합은 항상 0이므로

$a+(-2)+b+4+(-1)=0$

$\therefore a+b=-1$ ...... ㉠

.... ㉮

분산이 6.8이므로

$\frac{a^2+(-2)^2+b^2+4^2+(-1)^2}{5}=6.8$

$a^2+b^2+21=34$ $\quad \therefore a^2+b^2=13$ ...... ㉡

.... ㉯

따라서 $(a+b)^2=a^2+b^2+2ab$에 ㉠, ㉡을 대입하면

$(-1)^2=13+2ab$, $2ab=-12$ $\quad \therefore ab=-6$

.... ㉰

답 -6

단계	채점요소	배점
㉮	$a+b$의 값 구하기	30 %
㉯	a^2+b^2의 값 구하기	30 %
㉰	ab의 값 구하기	40 %

0571 ①, ② 평균이 같으므로 어느 과목의 점수가 더 우수하다고 할 수 없다.

③, ④, ⑤ $2\sqrt{3}<4$이므로 음악 점수의 표준편차가 더 작다.
즉, 음악 점수가 미술 점수보다 고르다. 답 ③

0572 평균을 중심으로 점수가 가장 밀집되어 있는 반은 분산이 가장 작은 1반이다. 답 1반

0573 ①~⑤의 평균은 모두 4이고 표준편차는 자료가 평균을 중심으로 흩어진 정도를 나타내므로 주어진 자료들 중에서 표준편차가 가장 큰 것은 ①이다. 답 ①

다른풀이

주어진 자료의 표준편차를 구하면 다음과 같다.

① 2 ④ $\sqrt{2}$ ③ 1 ④ $\frac{\sqrt{2}}{2}$ ⑤ 0

따라서 표준편차가 가장 큰 것은 ①이다.

0574 ㄱ. A, B 두 팀의 평균이 모두 10개이므로

$\frac{13+13+8+a+10}{5}=10$에서

$44+a=50$ $\quad \therefore a=6$

$\frac{9+5+b+18+12}{5}=10$에서

$44+b=50$ $\quad \therefore b=6$

ㄴ. A팀의 분산은

$\frac{3^2+3^2+(-2)^2+(-4)^2+0^2}{5}=\frac{38}{5}=7.6$

이므로 A팀의 표준편차는 $\sqrt{7.6}$개이다.

B팀의 분산은

$\frac{(-1)^2+(-5)^2+(-4)^2+8^2+2^2}{5}=\frac{110}{5}=22$

이므로 B팀의 표준편차는 $\sqrt{22}$개이다.

즉, A팀과 B팀의 표준편차는 같지 않다.

ㄷ. B팀의 표준편차가 A팀의 표준편차보다 크므로 B팀의 타격력이 A팀의 타격력보다 기복이 심하다.

따라서 옳은 것은 ㄱ, ㄷ이다. 답 ④

0575 세 학생의 평균은 7점으로 모두 같지만 영철, 유준, 주완의 순으로 변량이 평균 주위에 밀집되어 있다.

이때 변량이 평균 주위에 밀집될수록 표준편차가 작으므로 s_1, s_2, s_3의 대소 관계는

$s_1<s_3<s_2$ 답 ②

유형 UP

본문 p.92

0576 전체 학생 250명의 평균이 76점이므로

(전체 학생의 총점)$=250\times76=19000$(점)

남학생의 평균이 72점이므로

(남학생의 총점)$=150\times72=10800$(점)

따라서 여학생의 총점은 $19000-10800=8200$(점)이므로

(여학생의 평균)$=\frac{8200}{100}=82$(점) 답 ③

0577 B조의 평균이 80점이므로

$\frac{70+85+x+90+95+65}{6}=80$

$405+x=480$ $\quad \therefore x=75$

A, B 두 조 전체의 평균이 78점이므로

$\frac{80+70+85+70+65+y+80\times6}{6+6}=78$

$850+y=936$ $\quad \therefore y=86$

$\therefore y-x=86-75=11$ 답 11

0578 남학생과 여학생의 평균이 같고 분산이 각각 $5^2=25$, $7^2=49$이므로 (편차)^{2}의 총합은 각각

$25\times20=500$, $49\times20=980$

따라서 전체 학생 40명의 (편차)^{2}의 총합은

$500+980=1480$이므로

$(분산)=\frac{1480}{40}=37$

$\therefore$ (표준편차)$=\sqrt{37}$(점)

답 $\sqrt{37}$점

0579 변량 x, y, z의 평균이 8이므로

$\frac{x+y+z}{3}=8 \quad \therefore x+y+z=24$

변량 x, y, z의 분산이 4이므로

$\frac{(x-8)^2+(y-8)^2+(z-8)^2}{3}=4$

$\therefore (x-8)^2+(y-8)^2+(z-8)^2=12$

따라서 변량 $x+4$, $y+4$, $z+4$, 12에 대하여

$$(평균)=\frac{(x+4)+(y+4)+(z+4)+12}{4}$$

$$=\frac{x+y+z+24}{4}=\frac{24+24}{4}=12$$

$$\therefore (분산)=\frac{1}{4}\{(x+4-12)^2+(y+4-12)^2+(z+4-12)^2+(12-12)^2\}$$

$$=\frac{1}{4}\{(x-8)^2+(y-8)^2+(z-8)^2\}$$

$$=\frac{1}{4}\times12=3$$

답 ③

0580 변량 a, b, c, d, e의 평균이 5이므로

$\frac{a+b+c+d+e}{5}=5 \quad \therefore a+b+c+d+e=25$

변량 a, b, c, d, e의 표준편차가 2, 즉 분산이 4이므로

$\frac{(a-5)^2+(b-5)^2+(c-5)^2+(d-5)^2+(e-5)^2}{5}=4$

$\therefore (a-5)^2+(b-5)^2+(c-5)^2+(d-5)^2+(e-5)^2=20$

따라서 변량 $3a$, $3b$, $3c$, $3d$, $3e$에 대하여

$$(평균)=\frac{3a+3b+3c+3d+3e}{5}$$

$$=\frac{3(a+b+c+d+e)}{5}$$

$$=\frac{3\times25}{5}=15$$

$$(분산)=\frac{1}{5}\{(3a-15)^2+(3b-15)^2+(3c-15)^2+(3d-15)^2+(3e-15)^2\}$$

$$=\frac{9}{5}\{(a-5)^2+(b-5)^2+(c-5)^2+(d-5)^2+(e-5)^2\}$$

$$=\frac{9}{5}\times20=36$$

$\therefore$ (표준편차)$=\sqrt{36}=6$

답 ④

다른풀이

변량 $3a$, $3b$, $3c$, $3d$, $3e$의

(평균)$=3\times5=15$, (표준편차)$=|3|\times2=6$

0581 변량 a, b, c, d의 평균이 10이므로

$\frac{a+b+c+d}{4}=10 \quad \therefore a+b+c+d=40$

변량 a, b, c, d의 분산이 3이므로

$\frac{(a-10)^2+(b-10)^2+(c-10)^2+(d-10)^2}{4}=3$

$\therefore (a-10)^2+(b-10)^2+(c-10)^2+(d-10)^2=12$

따라서 변량 $2a-3$, $2b-3$, $2c-3$, $2d-3$에 대하여

$$(평균)=\frac{(2a-3)+(2b-3)+(2c-3)+(2d-3)}{4}$$

$$=\frac{2(a+b+c+d)-12}{4}$$

$$=\frac{2\times40-12}{4}=\frac{68}{4}=17$$

$$(분산)=\frac{1}{4}[\{(2a-3)-17\}^2+\{(2b-3)-17\}^2+\{(2c-3)-17\}^2+\{(2d-3)-17\}^2]$$

$$=(a-10)^2+(b-10)^2+(c-10)^2+(d-10)^2$$

$$=12$$

$\therefore$ (표준편차)$=\sqrt{12}=2\sqrt{3}$

답 ②

중단원 마무리하기

본문 p.93~95

0582 ⑤ 평균은 모든 자료의 값을 포함하여 계산한다.

답 ⑤

0583 변량을 작은 값부터 크기순으로 나열한 후 중앙값과 최빈값을 구하면 다음과 같다.

① 2, 3, 4, 5, 6, 6 ⇨ (중앙값)$=\frac{4+5}{2}=4.5$, 최빈값은 6

② 4, 4, 4, 6, 6, 7 ⇨ (중앙값)$=\frac{4+6}{2}=5$, 최빈값은 4

③ 0, 1, 3, 5, 5, 6 ⇨ (중앙값)$=\frac{3+5}{2}=4$, 최빈값은 5

④ 2, 2, 3, 5, 5, 5, 8 ⇨ 중앙값은 5, 최빈값은 5

⑤ 2, 3, 5, 6, 8, 8, 10 ⇨ 중앙값은 6, 최빈값은 8

따라서 중앙값과 최빈값이 서로 같은 것은 ④이다.

답 ④

0584 평균이 25회이므로

$\frac{12+14+21+(20+a)+(20+a)+29+30+31+31+32}{10}=25$

$240+2a=250$, $2a=10$

$\therefore a=5$

경기 출전 횟수는 작은 값부터 크기순으로 나열되어 있으므로 중앙값은 5번째와 6번째 값의 평균이다.

따라서 중앙값은 $\frac{25+29}{2}=27$(회) 답 ④

0585 자료 A의 중앙값이 40이므로 자료 A의 변량을 작은 값부터 크기순으로 나열했을 때, 3번째 값이 40이다.

$\therefore a=40$

자료 B의 중앙값이 50이므로 자료 B의 변량을 작은 값부터 크기순으로 나열했을 때, 3번째와 4번째 값의 평균이 50이다.

이때 $a=40$이므로 $\frac{40+b}{2}=50$

$40+b=100 \qquad \therefore b=60$

$\therefore b-a=60-40=20$ 답 **20**

0586 a를 제외한 변량을 작은 값부터 크기순으로 나열하면

14, 17, 26

이때 중앙값이 20이므로 $17<a<26$

4개의 변량을 작은 값부터 크기순으로 나열하면

14, 17, a, 26

중앙값은 2번째와 3번째 값의 평균이므로

$\frac{17+a}{2}=20,\ 17+a=40 \qquad \therefore a=23$

$\therefore m=\frac{14+17+23+26}{4}=\frac{80}{4}=20$

$\therefore a-m=23-20=3$ 답 ⑤

0587 편차의 합은 항상 0이므로

$(-3)+x+2+0+y=0 \qquad \therefore x+y=1$ 답 **1**

0588 산포도는 변량이 대푯값을 중심으로 흩어져 있는 정도를 하나의 수로 나타낸 값이다.

따라서 두 학급의 성적의 산포도를 비교하면 성적이 더 고르게 분포한 학급을 알 수 있다. 답 ⑤

0589 (평균)$=\frac{20+16+22+19+23}{5}=\frac{100}{5}=20$(cm)

(분산)$=\frac{0^2+(-4)^2+2^2+(-1)^2+3^2}{5}$

$=\frac{30}{5}=6$

$\therefore$ (표준편차)$=\sqrt{6}$(cm) 답 $\sqrt{6}$ **cm**

0590 D의 편차를 x회라 하면 편차의 합은 항상 0이므로

$2+4+0+x+(-2)=0 \qquad \therefore x=-4$

$\therefore$ (분산)$=\frac{2^2+4^2+0^2+(-4)^2+(-2)^2}{5}$

$=\frac{40}{5}=8$ 답 **8**

0591 6점이 1개, 7점이 2개, 8점이 4개, 9점이 2개, 10점이 1개이므로

(평균)$=\frac{6\times1+7\times2+8\times4+9\times2+10\times1}{10}=\frac{80}{10}=8$(점)

$\therefore$ (분산)$=\frac{(-2)^2\times1+(-1)^2\times2+0^2\times4+1^2\times2+2^2\times1}{10}$

$=\frac{12}{10}=1.2$ 답 **1.2**

0592 평균이 10이므로

$\frac{5+x+7+y+9}{5}=10$

$x+y+21=50 \qquad \therefore x+y=29$ …… ㉠

표준편차가 $2\sqrt{5}$, 즉 분산이 20이므로

$\frac{(-5)^2+(x-10)^2+(-3)^2+(y-10)^2+(-1)^2}{5}=20$

$x^2+y^2-20(x+y)+235=100$

위의 식에 ㉠을 대입하면

$x^2+y^2-20\times29+235=100$

$\therefore x^2+y^2=445$ …… ㉡

따라서 $(x+y)^2=x^2+y^2+2xy$에 ㉠, ㉡을 대입하면

$29^2=445+2xy \qquad \therefore 2xy=396$ 답 ②

0593 (국어 점수의 평균)$=\frac{70+80+70+85+70}{5}$

$=\frac{375}{5}=75$(점)

(영어 점수의 평균)$=\frac{60+60+65+100+90}{5}=\frac{375}{5}=75$(점)

(수학 점수의 평균)$=\frac{70+75+75+75+80}{5}=\frac{375}{5}=75$(점)

(국어 점수의 분산)$=\frac{(-5)^2+5^2+(-5)^2+10^2+(-5)^2}{5}$

$=\frac{200}{5}=40$

(영어 점수의 분산)$=\frac{(-15)^2+(-15)^2+(-10)^2+25^2+15^2}{5}$

$=\frac{1400}{5}=280$

(수학 점수의 분산)$=\frac{(-5)^2+0^2+0^2+0^2+5^2}{5}=\frac{50}{5}=10$

④ 영어 점수의 분산이 가장 크므로 표준편차가 가장 큰 과목은 영어이다.

⑤ 수학 점수의 분산이 가장 작으므로 수학 점수가 평균 주위에 가장 밀집되어 있다.

따라서 옳지 않은 것은 ④이다. 답 ④

0594 남학생과 여학생의 평균이 같고 분산이 각각 15, 8이므로 (편차)^{2}의 총합은 각각

$15\times20=300,\ 8\times15=120$

따라서 전체 학생 35명의 (편차)^{2}의 총합은

$300+120=420$이므로 (분산)$=\frac{420}{35}=12$

$\therefore$ (표준편차)$=\sqrt{12}=2\sqrt{3}$(점)

답 $2\sqrt{3}$점

0595 변량 a, b, c, d, e, f의 평균이 8이므로

$\frac{a+b+c+d+e+f}{6}=8$

$\therefore a+b+c+d+e+f=48$

표준편차가 2, 즉 분산이 4이므로

$\frac{(a-8)^2+(b-8)^2+(c-8)^2+(d-8)^2+(e-8)^2+(f-8)^2}{6}=4$

$\therefore (a-8)^2+(b-8)^2+(c-8)^2+(d-8)^2+(e-8)^2+(f-8)^2=24$

따라서 변량 $2a+3$, $2b+3$, $2c+3$, $2d+3$, $2e+3$, $2f+3$에 대하여

(평균)

$=\frac{(2a+3)+(2b+3)+(2c+3)+(2d+3)+(2e+3)+(2f+3)}{6}$

$=\frac{2(a+b+c+d+e+f)+18}{6}$

$=\frac{2\times48+18}{6}=\frac{114}{6}=19$

(분산)

$=\frac{1}{6}[\{(2a+3)-19\}^2+\{(2b+3)-19\}^2+\{(2c+3)-19\}^2$
$+\{(2d+3)-19\}^2+\{(2e+3)-19\}^2+\{(2f+3)-19\}^2]$

$=\frac{1}{6}\{(2a-16)^2+(2b-16)^2+(2c-16)^2+(2d-16)^2$
$+(2e-16)^2+(2f-16)^2\}$

$=\frac{2}{3}\{(a-8)^2+(b-8)^2+(c-8)^2+(d-8)^2$
$+(e-8)^2+(f-8)^2\}$

$=\frac{2}{3}\times24=16$

$\therefore$ (표준편차)$=\sqrt{16}=4$

따라서 평균과 표준편차의 합은

$19+4=23$

답 23

0596 변량을 작은 값부터 크기순으로 나열하면

15, 15, 18, 20, 21, 28, 28, 199

(평균)$=\frac{15+15+18+20+21+28+28+199}{8}$

$=\frac{344}{8}=43$

······ ㉮

중앙값은 4번째와 5번째 값의 평균이므로

$\frac{20+21}{2}=20.5$

······ ㉯

가장 많이 나타나는 값은 15, 28이므로 최빈값은 15, 28이다.

······ ㉰

주어진 자료에서 199와 같이 극단적인 값이 있고, 최빈값은 2개이므로 자료의 대푯값으로 가장 적절한 것은 중앙값이다.

······ ㉱

답 풀이 참조

단계	채점요소	배점
㉮	평균 구하기	25%
㉯	중앙값 구하기	25%
㉰	최빈값 구하기	25%
㉱	대푯값으로 가장 적절한 것과 이유 말하기	25%

0597 편차의 합은 항상 0이므로

$x+1+0+(-1)+2=0$ $\therefore x=-2$

······ ㉮

A가 관람한 영화가 10편이므로

(평균)$=10-(-2)=12$(편)

······ ㉯

(분산)$=\frac{(-2)^2+1^2+0^2+(-1)^2+2^2}{5}=\frac{10}{5}=2$이므로

(표준편차)$=\sqrt{2}$(편)

······ ㉰

답 평균 : 12편, 표준편차 : $\sqrt{2}$편

단계	채점요소	배점
㉮	x의 값 구하기	30%
㉯	평균 구하기	30%
㉰	표준편차 구하기	40%

0598 추가한 두 변량을 각각 x, y라 하면 변량 8, 10, 12, x, y의 평균이 9이므로

$\frac{8+10+12+x+y}{5}=9$

$30+x+y=45$ $\therefore x+y=15$ ······ ㉠

······ ㉮

변량 8, 10, 12, x, y의 분산이 4이므로

$\frac{(-1)^2+1^2+3^2+(x-9)^2+(y-9)^2}{5}=4$

$11+(x-9)^2+(y-9)^2=20$

$x^2+y^2-18(x+y)+173=20$

위의 식에 ㉠을 대입하면

$x^2+y^2-18\times15+173=20$

$\therefore x^2+y^2=117$ ······ ㉡

······ ㉯

$(x+y)^2=x^2+y^2+2xy$에 ㉠, ㉡을 대입하면

$15^2=117+2xy$, $2xy=108$ $\therefore xy=54$

따라서 추가한 2개의 변량의 곱은 54이다.

······ ㉰

답 54

단계	채점요소	배점
㉮	추가한 두 변량을 각각 x, y라 할 때, $x+y$의 값 구하기	30%
㉯	x^2+y^2의 값 구하기	40%
㉰	추가한 2개의 변량의 곱 구하기	30%

0599 반지름의 길이의 평균이 4이므로

$\frac{a+b+c}{3}=4 \quad \therefore a+b+c=12$ …… ㉠

…… ㉮

반지름의 길이의 표준편차가 $\sqrt{3}$, 즉 분산이 3이므로

$\frac{(a-4)^2+(b-4)^2+(c-4)^2}{3}=3$

$(a-4)^2+(b-4)^2+(c-4)^2=9$

$a^2+b^2+c^2-8(a+b+c)+48=9$

위의 식에 ㉠을 대입하면

$a^2+b^2+c^2-8\times12+48=9$

$\therefore a^2+b^2+c^2=57$

…… ㉯

이때 세 원의 넓이는 각각 $a^2\pi$, $b^2\pi$, $c^2\pi$이므로 세 원의 넓이의 평균은

$\frac{a^2\pi+b^2\pi+c^2\pi}{3}=\frac{(a^2+b^2+c^2)\pi}{3}=\frac{57\pi}{3}=19\pi$

…… ㉰

답 19π

단계	채점요소	배점
㉮	$a+b+c$의 값 구하기	30%
㉯	$a^2+b^2+c^2$의 값 구하기	40%
㉰	세 원의 넓이의 평균 구하기	30%

0600 변량 a, b, c를 제외한 자료에서 5의 도수가 2로 가장 크고 10의 도수가 1이므로 최빈값이 10점이 되려면 a, b, c 중 적어도 2개는 10이어야 한다.

$a=10$, $b=10$이라 하면

4, 5, 5, 7, 10, 10, 10, c

이때 중앙값이 8점이므로 위의 변량을 작은 값부터 크기순으로 나열하면 4번째와 5번째 값의 평균이 8이다.

따라서 $7<c<10$이어야 하므로

$\frac{7+c}{2}=8$, $7+c=16 \quad \therefore c=9$

$\therefore a+b+c=10+10+9=29$

답 29

0601 실제 몸무게가 45 kg, 50 kg인 두 학생의 몸무게가 각각 47 kg, 48 kg으로 +2 kg, −2 kg만큼 잘못 기록되었으므로 학생 10명의 몸무게의 총합에는 변화가 없다.

즉, 실제 몸무게의 평균은 50 kg이다.

이때 잘못 기록된 두 학생을 제외한 8명의 몸무게의 (편차)^{2}의 총합을 A라 하면

(분산)$=\frac{(47-50)^2+(48-50)^2+A}{10}=4^2$

$13+A=160 \quad \therefore A=147$

따라서 실제 몸무게의 분산은

$\frac{(45-50)^2+(50-50)^2+147}{10}=\frac{172}{10}=17.2$

답 17.2

다른풀이

학생 10명 중 몸무게가 잘못 기록된 2명의 학생을 제외한 나머지 8명의 몸무게를 각각 x_1 kg, x_2 kg, …, x_8 kg이라 하자.

처음 조사한 몸무게의 평균이 50 kg이므로

$\frac{x_1+x_2+\cdots+x_8+47+48}{10}=50$

$\therefore x_1+x_2+\cdots+x_8=405$

또 표준편차가 4 kg, 즉 분산이 16이므로

$\frac{(x_1-50)^2+(x_2-50)^2+\cdots+(x_8-50)^2+(-3)^2+(-2)^2}{10}=16$

$\therefore (x_1-50)^2+(x_2-50)^2+\cdots+(x_8-50)^2=147$

따라서 실제 몸무게의 평균은

$\frac{x_1+x_2+\cdots+x_8+45+50}{10}=\frac{405+45+50}{10}$

$=\frac{500}{10}=50(\text{kg})$

이므로 실제 몸무게의 분산은

$\frac{(x_1-50)^2+(x_2-50)^2+\cdots+(x_8-50)^2+(-5)^2+0^2}{10}$

$=\frac{147+25}{10}=\frac{172}{10}=17.2$

0602 A 학교의 남학생 수와 여학생 수를 각각 a명, b명이라 하고 B 학교의 남학생 수와 여학생 수를 각각 c명, d명이라 하자.

A 학교의 전체 평균이 74점이므로

$\frac{71a+76b}{a+b}=74$

$71a+76b=74a+74b \quad \therefore a=\frac{2}{3}b$

B 학교의 전체 평균이 84점이므로

$\frac{81c+90d}{c+d}=84$

$81c+90d=84c+84d \quad \therefore c=2d$ …… ㉠

또 A, B 두 학교의 여학생 전체의 평균이 84점이므로

$\frac{76b+90d}{b+d}=84$

$76b+90d=84b+84d \quad \therefore d=\frac{4}{3}b$ …… ㉡

㉡을 ㉠에 대입하면 $c=2\times\frac{4}{3}b=\frac{8}{3}b$

따라서 A, B 두 학교의 남학생 전체의 평균은

$\frac{71a+81c}{a+c}=\frac{71\times\frac{2}{3}b+81\times\frac{8}{3}b}{\frac{2}{3}b+\frac{8}{3}b}$

$=79$(점)

답 79점

06 상관관계

교과서문제 정복하기

본문 p. 97

0603 답

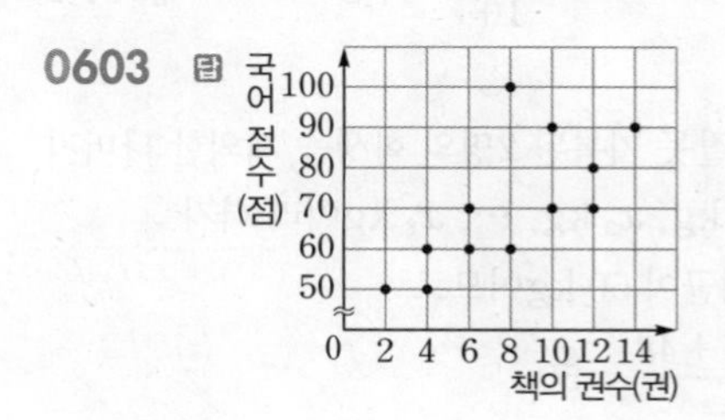

0604 (1) 수학 점수와 과학 점수가 같은 학생 수는 대각선 위에 있는 점의 개수와 같으므로 2명이다.

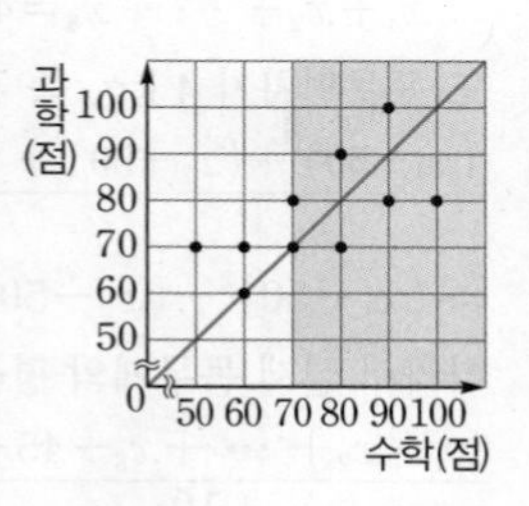

(2) 수학 점수가 70점 이상인 학생 수는 어두운 부분(경계선 포함)의 점의 개수와 같으므로 7명이다.

(3) 과학 점수가 수학 점수보다 높은 학생 수는 대각선의 위쪽의 점의 개수와 같으므로 5명이다.

답 (1) **2명** (2) **7명** (3) **5명**

0605 ㄱ, ㅁ. 산점도에서 점들이 오른쪽 위로 향하는 경향이 있으므로 양의 상관관계가 있다. 답 **ㄱ, ㅁ**

0606 ㄴ, ㅂ. 산점도에서 점들이 오른쪽 아래로 향하는 경향이 있으므로 음의 상관관계가 있다. 답 **ㄴ, ㅂ**

0607 ㄷ, ㄹ. 산점도에서 점들이 오른쪽 위로 향하거나 오른쪽 아래로 향하는 경향이 있지 않으므로 상관관계가 없다.

답 **ㄷ, ㄹ**

0608 인구수가 증가할수록 중학교 수도 대체로 증가하므로 인구수와 중학교 수 사이에는 양의 상관관계가 있다.

답 **양의 상관관계**

0609 대류권에서 지면으로부터 높이 올라갈수록 기온은 낮아지므로 대류권에서 지면으로부터의 높이와 기온 사이에는 음의 상관관계가 있다. 답 **음의 상관관계**

0610 정삼각형의 한 변의 길이가 길수록 넓이는 커지므로 정삼각형의 한 변의 길이와 넓이 사이에는 양의 상관관계가 있다.

답 **양의 상관관계**

0611 답 **상관관계가 없다.**

유형 익히기

본문 p.98~101

0612 ① 양의 상관관계
②, ③, ⑤ 상관관계가 없다.
④ 음의 상관관계
따라서 두 변량 x, y 사이에 상관관계가 있는 산점도는 ①, ④이다. 답 **①, ④**

0613 컴퓨터 사용 시간과 독서 시간에 대한 산점도를 그리면 오른쪽 그림과 같다. ㉮

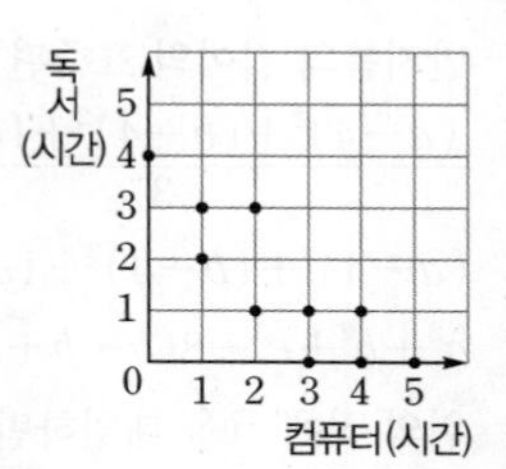

컴퓨터 사용 시간이 길어질수록 독서 시간은 대체로 짧아지므로 컴퓨터 사용 시간과 독서 시간 사이에는 음의 상관관계가 있다. ㉯

답 **풀이 참조**

단계	채점요소	배점
㉮	산점도 그리기	50 %
㉯	상관관계 말하기	50 %

0614 음의 상관관계를 나타내는 것은 ④, ⑤이고, 이 중 ④가 ⑤보다 점들이 한 직선에 가까이 분포되어 있으므로 가장 강한 음의 상관관계를 나타내는 것은 ④이다. 답 **④**

0615 ③ 두 변량에 대하여 한 변량의 값이 증가함에 따라 다른 변량의 값이 증가하거나 감소하는 경향이 있을 때 상관관계가 있다고 한다.
⑤ 양 또는 음의 상관관계가 있는 산점도에서 점들이 한 직선에 가까이 분포되어 있을수록 상관관계가 강하다고 한다.

답 **③, ⑤**

0616 주어진 산점도는 음의 상관관계를 나타낸다.
①, ⑤ 상관관계가 없다.
② 음의 상관관계
③, ④ 양의 상관관계 답 **②**

0617 x와 y 사이에는 양의 상관관계가 있다.
따라서 x와 y에 대한 산점도로 알맞은 것은 ③이다. 답 **③**

0618 주어진 산점도는 양의 상관관계를 나타낸다.
ㄱ, ㄹ, ㅁ. 양의 상관관계
ㄴ. 음의 상관관계
ㄷ. 상관관계가 없다. 답 **④**

0619 하루 중 낮의 길이가 길어질수록 밤의 길이는 짧아지므로 낮의 길이와 밤의 길이 사이에는 음의 상관관계가 있다.

①, ③ 상관관계가 없다.

②, ⑤ 양의 상관관계

④ 음의 상관관계 답 ④

0620 ①, ③ 양의 상관관계

② 상관관계가 없다.

④, ⑤ 음의 상관관계 답 ②

0621 ② D는 A보다 소득은 많지만 저축액은 적다. 답 ②

0622 (1) 몸무게가 많이 나갈수록 키가 대체로 크므로 몸무게와 키 사이에는 양의 상관관계가 있다.

(2) 비만일 확률이 높은 학생은 키에 비해 몸무게가 많이 나가는 학생이므로 비만일 확률이 가장 높은 학생은 E이다.

답 (1) **양의 상관관계** (2) **E**

0623 오른쪽 눈의 시력에 비해 왼쪽 눈의 시력이 가장 나쁜 학생은 A이다. 답 **A**

0624 수학 점수가 과학 점수보다 높은 학생 수는 대각선의 아래쪽의 점의 개수와 같으므로 7명이다. ······ ㉮

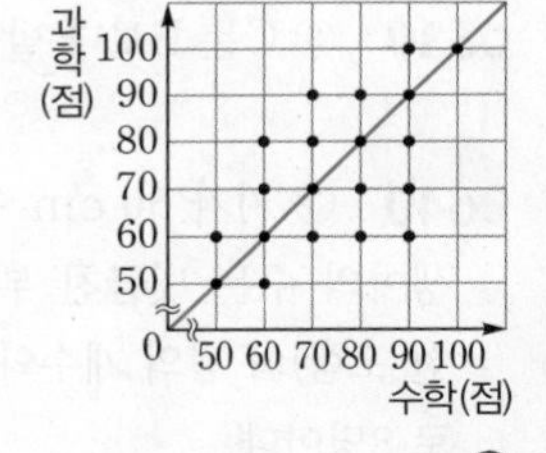

$\therefore \frac{7}{20}\times 100=35(\%)$ ······ ㉯

답 **35 %**

단계	채점요소	배점
㉮	수학 점수가 과학 점수보다 높은 학생 수 구하기	70 %
㉯	답 구하기	30 %

0625 ⑤ B보다 C가 두 종목의 실기 점수의 평균이 높다. 답 ⑤

0626 ① 1차 점수가 8점 이상인 선수의 수는 어두운 부분(경계선 포함)의 점의 개수와 같으므로 6명이다.

② 1차와 2차에서 같은 점수를 얻은 선수의 수는 대각선 위에 있는 점의 개수와 같으므로 4명이다.

③ 1차보다 2차에서 높은 점수를 얻은 선수의 수는 대각선의 위쪽의 점의 개수와 같으므로 2명이다.

$\therefore \frac{2}{10}\times 100=20(\%)$

④ 1차와 2차의 점수 차가 2점 이상인 선수의 수는 빗금친 부분(경계선 포함)의 점의 개수와 같으므로 2명이다.

따라서 옳지 않은 것은 ③이다. 답 ③

0627 (1) 중간고사와 기말고사 점수가 모두 40점 이하인 학생 수는 빗금친 부분(경계선 포함)의 점의 개수와 같으므로 3명이다.

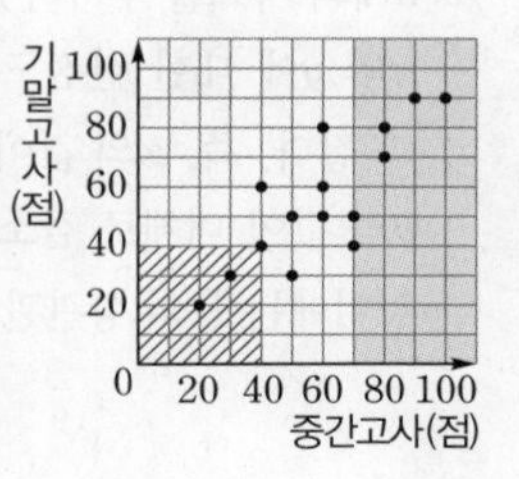

(2) 중간고사 점수가 70점 이상인 학생 수는 어두운 부분(경계선 포함)의 점의 개수와 같으므로 6명이다.

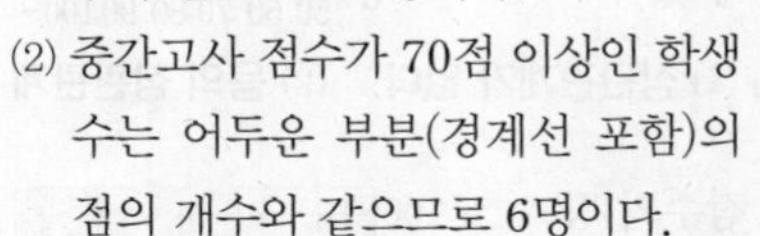

$\therefore (\text{평균})=\frac{40+50+70+80+90+90}{6}=\frac{420}{6}=70(\text{점})$

답 (1) **3명** (2) **70점**

0628 국어 점수와 영어 점수의 차가 10점 이상인 학생 수는 어두운 부분(경계선 포함)의 점의 개수와 같으므로 9명이다.

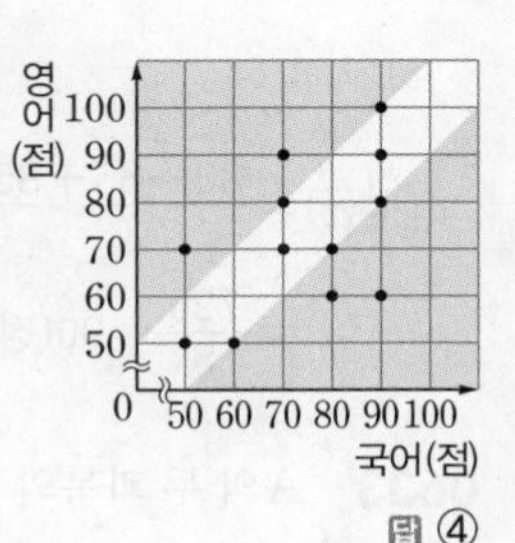

$\therefore \frac{9}{12}\times 100=75(\%)$

답 ④

0629 (1) TV 시청 시간과 학습 시간의 차가 2시간 이상인 학생 수는 어두운 부분(경계선 포함)의 점의 개수와 같으므로 5명이다.

(2) ② TV 시청 시간이 2시간 이상인 학생 중에서 학습 시간이 2시간 미만인 학생 수는 빗금친 부분(경계선 포함)의 점의 개수와 같으므로 6명이다.

③ TV 시청 시간이 1시간 미만인 학생 수는 3명이므로

$\frac{3}{20}\times 100=15(\%)$

답 (1) **5명** (2) ②

유형 UP

본문 p.102

0630 두 변량 x와 y에 대한 산점도는 오른쪽 그림과 같다. 즉, x의 값이 증가함에 따라 y의 값이 대체로 증가하거나 감소하는 경향이 있지 않으므로 두 변량 사이에는 상관관계가 없다.

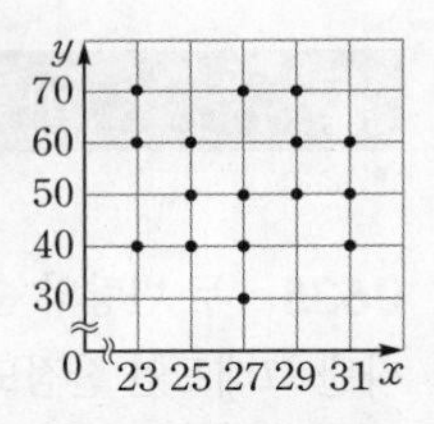

답 **상관관계가 없다.**

0631 (1) x의 값이 증가함에 따라 y의 값이 대체로 증가하거나 감소하는 경향이 있지 않으므로 두 변량 사이에는 상관관계가 없다.

(2) 6개의 자료를 추가하였을 때, 두 변량 x와 y에 대한 산점도는 오른쪽 그림과 같다. 즉, x의 값이 증가함에 따라 y의 값이 대체로 감소하므로 두 변량 사이에는 음의 상관관계가 있다.

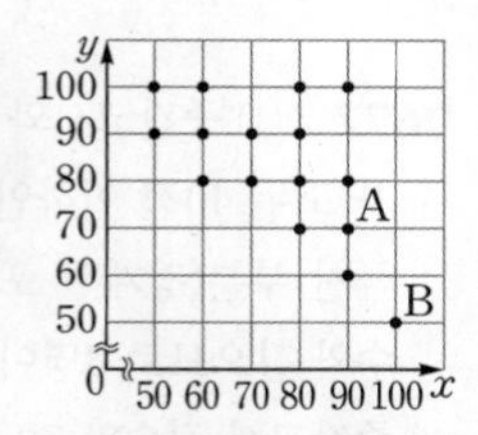

답 (1) **상관관계가 없다.** (2) **음의 상관관계**

0632 필기 점수와 실기 점수의 평균이 80점 이상인 학생 수는 어두운 부분(경계선 포함)의 점의 개수와 같으므로 8명이다.

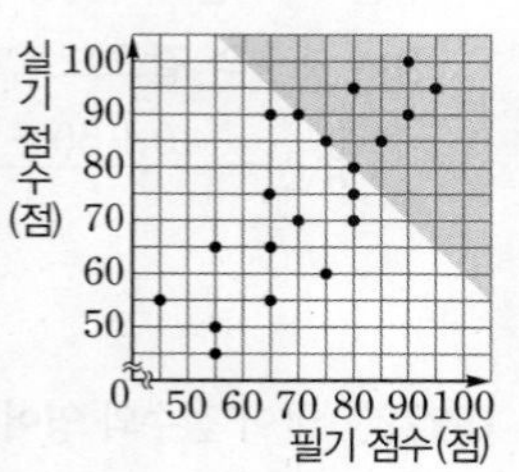

$\therefore$ (평균)$=\dfrac{80+85+85+90+90+95+95+100}{8}$

$=\dfrac{720}{8}=90$(점)

답 **90점**

0633 A의 두 과목의 점수의 평균은 $\dfrac{60+70}{2}=65$(점)

따라서 A보다 두 과목의 점수의 평균이 낮은 학생 수는 직선 아래쪽의 점의 개수와 같으므로 6명이다.

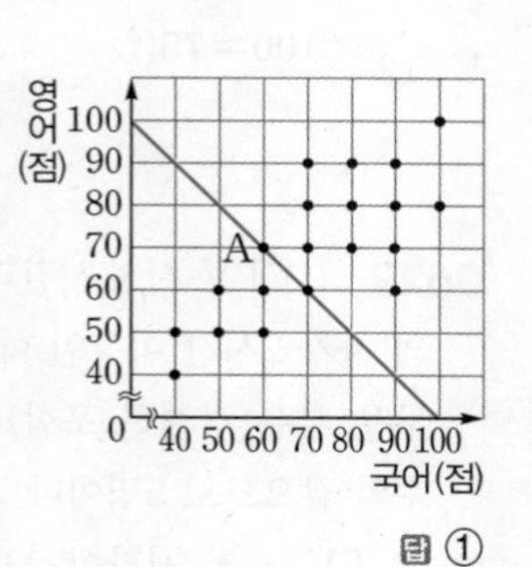

답 ①

0634 ① 합이 20점인 선수의 수는 1명

② 합이 19점인 선수의 수는 1명

③ 합이 18점인 선수의 수는 1명

④ 합이 17점인 선수의 수는 2명

⑤ 합이 16점인 선수의 수는 1명

따라서 합이 16점 이상인 선수의 수는

$1+1+1+2+1=6$(명)

이므로 평균은 최소 $\dfrac{16}{2}=8$(점) 이상이다.

답 **8점**

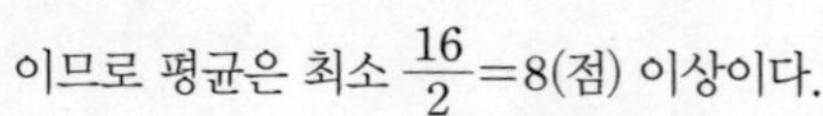

본문 p.103~104

0635 두 변량의 순서쌍을 좌표로 하는 점을 좌표평면 위에 나타낸 그래프인 산점도가 두 변량 사이의 관계를 알아보기에 가장 적당하다.

답 ③

0636 수학, 국어, 사회, 음악 점수와 영어 점수에 대한 산점도에서 영어 점수가 높아질수록 수학, 국어, 사회, 음악 점수도 대체로 높아진다. 즉, 수학, 국어, 사회, 음악 점수와 영어 점수 사이에는 양의 상관관계가 있다.

이 중 국어 점수와 영어 점수에 대한 산점도의 점들이 한 직선에 가장 가까이 분포되어 있으므로 영어 점수와 가장 강한 상관관계가 있는 것은 국어 점수이다.

답 **국어**

참고

과학, 체육 점수와 영어 점수 사이에는 상관관계가 없다.

0637 ①, ③, ④, ⑤ 양의 상관관계

② 음의 상관관계

답 ②

0638 ① 두 변량 사이의 상관관계는 ㄷ보다 ㄱ이 더 강하다.

② ㄹ은 상관관계가 없다.

③ 걸은 거리와 소모한 열량 사이에는 양의 상관관계가 있다.

④ ㄴ은 양의 상관관계를 나타낸다.

⑤ ㅁ은 상관관계가 없고, 산의 높이와 공기 중 산소의 양 사이에는 음의 상관관계가 있다.

따라서 옳은 것은 ③이다.

답 ③

0639 ③ C는 E보다 발이 크다.

답 ③

0640 ③ 키가 50 cm 이하인 신생아의 수는 빗금친 부분(경계선 포함)의 점의 개수와 같으므로 8명이다.

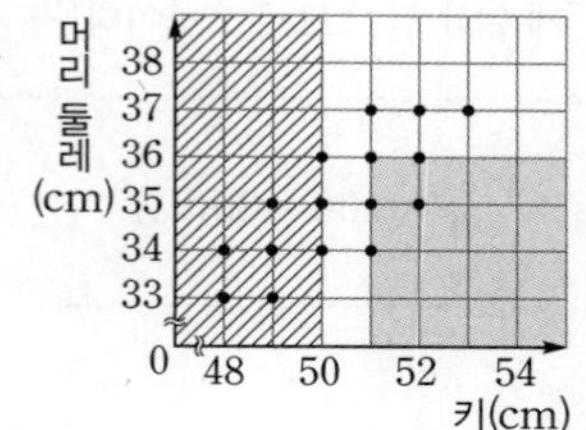

$\therefore \dfrac{8}{16}\times 100=50(\%)$

④ (평균)$=\dfrac{34+35+36}{3}=35$(cm)

⑤ 키가 51 cm 이상인 신생아 중에서 머리 둘레의 길이가 36 cm 이하인 신생아의 수는 어두운 부분(경계선 포함)의 점의 개수와 같으므로 5명이다.

따라서 옳지 않은 것은 ⑤이다.

답 ⑤

0641 ㈎에서 듣기 점수가 읽기 점수보다 높은 응시자 수는 대각선의 위쪽의 점의 개수와 같으므로 10명이다.

$\therefore a=10$

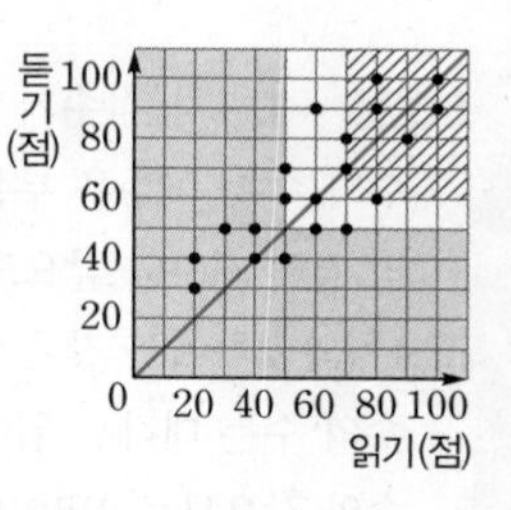

······························· ㉮

㈏에서 듣기와 읽기 중 적어도 하나의 점수가 60점 미만인 응시자 수는 어두운 부분(경계선 포함)의 점의 개수와 같으므로 10명이다.

$\therefore b=10$

······························· ㉯

㈐에서 읽기 점수가 70점 이상인 응시자 중 듣기 점수가 60점 이상인 응시자 수는 빗금친 부분(경계선 포함)의 점의 개수와 같으므로 8명이다.

$\therefore c=8$

··· ㉰

$\therefore a+b-c=10+10-8=12$

··· ㉱

답 12

단계	채점요소	배점
㉮	a의 값 구하기	30 %
㉯	b의 값 구하기	30 %
㉰	c의 값 구하기	30 %
㉱	$a+b-c$의 값 구하기	10 %

0642 점수가 오른 학생을 나타내는 점은 대각선 위쪽의 점이다.

이 중 점 A(6, 9)가 대각선에서 가장 멀리 떨어져 있으므로 점수가 가장 많이 오른 학생의 총점은

$6+9=15$(점) $\therefore a=15$

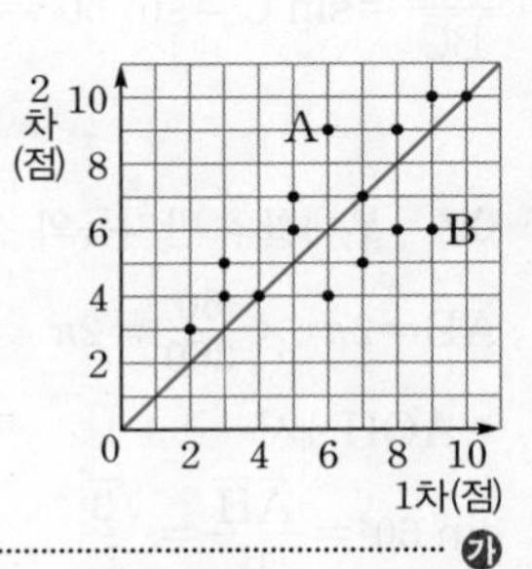

··· ㉮

점수가 떨어진 학생을 나타내는 점은 대각선 아래쪽의 점이다.

이 중 점 B(9, 6)이 대각선에서 가장 멀리 떨어져 있으므로 점수가 가장 많이 떨어진 학생의 총점은

$9+6=15$(점) $\therefore b=15$

··· ㉯

$\therefore a-b=15-15=0$

··· ㉰

답 0

단계	채점요소	배점
㉮	a의 값 구하기	40 %
㉯	b의 값 구하기	40 %
㉰	$a-b$의 값 구하기	20 %

0643 ㈎에서 기말고사 점수가 중간고사 점수보다 향상된 학생을 나타내는 점은 직선 ①의 위쪽의 점이다.

㈏에서 중간고사와 기말고사의 점수의 차가 20점 이상인 학생을 나타내는 점은 직선 ②의 위쪽(경계선 포함) 또는 직선 ③의 아래쪽(경계선 포함)의 점이다.

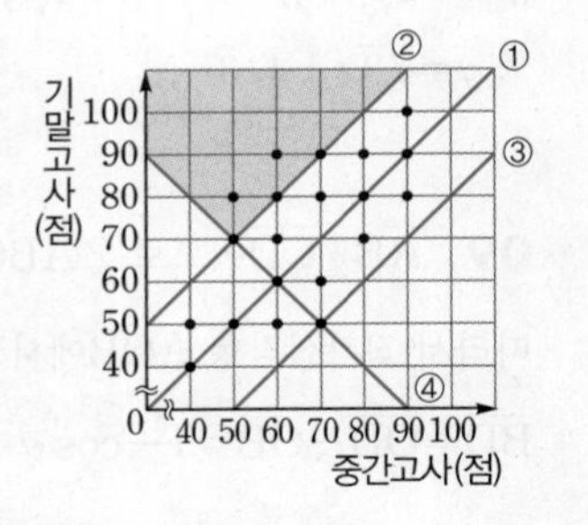

㈐에서 중간고사와 기말고사 점수의 평균이 60점 이상인 학생을 나타내는 점은 직선 ④의 위쪽(경계선 포함)의 점이다.

따라서 주어진 조건을 모두 만족시키는 학생 수는 어두운 부분(경계선 포함)의 점의 개수와 같으므로 5명이다.

$\therefore \frac{5}{20}\times100=25(\%)$

답 25 %

0644 상위 25 % 이내인 학생 수는

$\frac{25}{100}\times20=5$(명)

이 5명의 학생을 나타내는 점은 직선 위에 있는 점이므로

$(평균)=\frac{80+90+90+90+100}{5}$

$=\frac{450}{5}=90$(점)

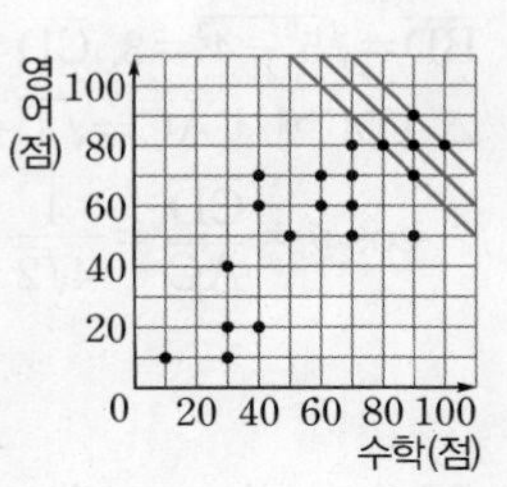

답 90점

실력 Up+

01 삼각비

본문 106~107쪽

01 $\triangle$ABD에서

$\sin x=\frac{\overline{AD}}{5}=\frac{4}{5}$이므로 $\overline{AD}=4$

$\overline{BD}=\sqrt{5^2-4^2}=3$, $\overline{CD}=7-3=4$

$\triangle$ADC에서 $\overline{AC}=\sqrt{4^2+4^2}=4\sqrt{2}$

$\therefore \cos y=\frac{\overline{CD}}{\overline{AC}}=\frac{4}{4\sqrt{2}}=\frac{\sqrt{2}}{2}$ 답 $\frac{\sqrt{2}}{2}$

02 $\sin A : \cos A=\frac{\overline{BC}}{\overline{AC}} : \frac{\overline{AB}}{\overline{AC}}$

$=\overline{BC} : \overline{AB}=12 : 5$

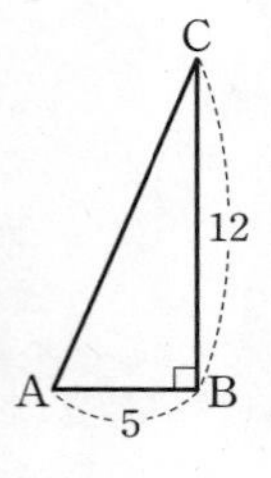

이므로 오른쪽 그림과 같이 $\angle$B$=90°$, $\overline{AB}=5$, $\overline{BC}=12$인 직각삼각형 ABC를 생각할 수 있다.

$\therefore \tan A=\frac{\overline{BC}}{\overline{AB}}=\frac{12}{5}$

답 ④

03 $\angle$CAM$=\angle$AMN$=\angle$MBN$=x$

① $\triangle$AMC에서 $\sin x=\frac{\overline{CM}}{\overline{AC}}$

② $\triangle$ANM에서 $\sin x=\frac{\overline{AN}}{\overline{AM}}$

③ $\triangle$BMN에서 $\sin x=\frac{\overline{NM}}{\overline{BM}}$

④ $\triangle$ABC에서 $\sin x=\frac{\overline{AC}}{\overline{BC}}$

⑤ $\triangle$ABM에서 $\sin x=\frac{\overline{AM}}{\overline{AB}}$ 답 ④

04 $\overline{FH}=\sqrt{6^2+6^2}=6\sqrt{2}$,

$\overline{BH}=\sqrt{(6\sqrt{2})^2+6^2}=6\sqrt{3}$

오른쪽 그림에서

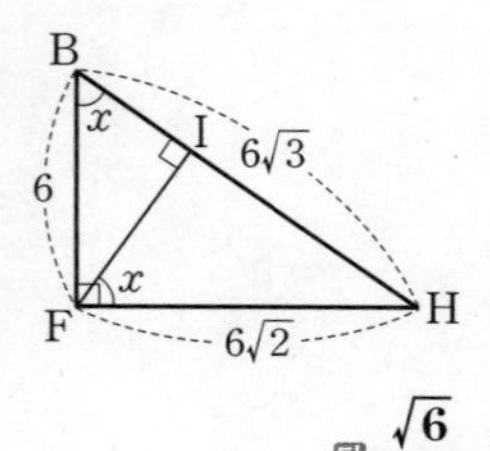

$\triangle$BFH$\backsim\triangle$FIH (AA 닮음)이므로

$\angle$FBH$=\angle$IFH$=x$

$\therefore \sin x=\frac{\overline{FH}}{\overline{BH}}=\frac{6\sqrt{2}}{6\sqrt{3}}=\frac{\sqrt{6}}{3}$

답 $\frac{\sqrt{6}}{3}$

05 삼각형의 세 내각의 크기를 각각 a, $2a$, $3a$ $(a>0)$라 하면 세 내각의 크기의 합은 $180°$이므로

$a+2a+3a=180°$, $6a=180°$ $\therefore a=30°$

따라서 $A=90°$이므로

$\sin\frac{A}{2}=\sin 45°=\frac{\sqrt{2}}{2}$, $\cos\frac{A}{2}=\cos 45°=\frac{\sqrt{2}}{2}$,

$\tan\frac{A}{2}=\tan 45°=1$

$\therefore \sin\frac{A}{2}\times\cos\frac{A}{2}\times\tan\frac{A}{2}=\frac{\sqrt{2}}{2}\times\frac{\sqrt{2}}{2}\times 1=\frac{1}{2}$ 답 ②

06 점 M은 직각삼각형의 빗변의 중점이므로 $\triangle$ABC의 외심이다.

$\therefore \overline{AM}=\overline{BM}=\overline{CM}$

$\triangle$AMC에서 $\overline{AM}=\overline{CM}$이고, $\angle$AMC$=60°$이므로 $\triangle$AMC는 정삼각형이다.

따라서 $\angle$C$=60°$이므로

$\frac{\overline{AB}}{\overline{BC}}=\sin C=\sin 60°=\frac{\sqrt{3}}{2}$ 답 ③

07 부채꼴의 반지름의 길이를 r라 하면

$\widehat{AB}=2\pi r\times\frac{60}{360}=2\pi$ $\therefore r=6$

$\triangle$AOH에서

$\sin 60°=\frac{\overline{AH}}{6}=\frac{\sqrt{3}}{2}$ $\therefore \overline{AH}=3\sqrt{3}$

$\cos 60°=\frac{\overline{OH}}{6}=\frac{1}{2}$ $\therefore \overline{OH}=3$

$\therefore$ (색칠한 부분의 넓이)

$=$(부채꼴 AOB의 넓이)$-$($\triangle$AOH의 넓이)

$=\pi\times 6^2\times\frac{60}{360}-\frac{1}{2}\times 3\times 3\sqrt{3}$

$=6\pi-\frac{9\sqrt{3}}{2}$ 답 $6\pi-\frac{9\sqrt{3}}{2}$

08 $0°<\alpha<90°$에서 $\sin\alpha=\frac{\sqrt{3}}{2}$이므로 $\alpha=60°$

구하는 직선의 방정식을 $y=ax+b$라 하면

$a=\tan\alpha=\tan 60°=\sqrt{3}$

직선 $y=\sqrt{3}x+b$가 점 $(-4, 0)$을 지나므로

$0=-4\sqrt{3}+b$ $\therefore b=4\sqrt{3}$

$\therefore y=\sqrt{3}x+4\sqrt{3}$ 답 $y=\sqrt{3}x+4\sqrt{3}$

09 $\overline{AB}/\!/\overline{CD}$이므로 $\angle$ABO$=\angle$CDO$=90°$

따라서 직각삼각형 AOB에서 $\cos a=\frac{\overline{OB}}{\overline{OA}}=\overline{OB}$이므로

$\overline{BD}=\overline{OD}-\overline{OB}=1-\cos a$ 답 ④

10 $\triangle$BDC는 직각이등변삼각형이므로

$\angle$CBD$=\angle$CDB$=45°$

$\triangle$ADB에서

$\angle ABD + \angle BAD = \angle CDB = 45^\circ$

이때 $\overline{AD} = \overline{BD}$이므로

$\angle ABD = \angle BAD = \frac{1}{2}\angle CDB = \frac{1}{2} \times 45^\circ = 22.5^\circ$

$\triangle$BDC에서 $\overline{BC} = a$라 하면

$\overline{CD} = a$, $\overline{BD} = \sqrt{a^2 + a^2} = \sqrt{2}a$

$\overline{AD} = \overline{BD} = \sqrt{2}a$

$\therefore \tan 22.5^\circ = \tan(\angle BAD) = \frac{\overline{BC}}{\overline{AC}}$

$= \frac{a}{\sqrt{2}a + a} = \frac{1}{\sqrt{2}+1} = \sqrt{2} - 1$ 답 $\sqrt{2}-1$

11 $\cos 60^\circ = \frac{1}{2}$, $\cos 45^\circ = \frac{\sqrt{2}}{2}$이고

$30^\circ < A < 45^\circ$일 때, $\frac{1}{2} < \sin A < \frac{\sqrt{2}}{2}$이므로

$\sin A + \cos 60^\circ > 0$, $\sin A - \cos 45^\circ < 0$

$\therefore \sqrt{(\sin A + \cos 60^\circ)^2} + \sqrt{(\sin A - \cos 45^\circ)^2}$

$= \sin A + \cos 60^\circ + \{-(\sin A - \cos 45^\circ)\}$

$= \sin A + \frac{1}{2} - \sin A + \frac{\sqrt{2}}{2}$

$= \frac{1+\sqrt{2}}{2}$ 답 $\frac{1+\sqrt{2}}{2}$

12 오른쪽 그림과 같이 꼭짓점 C에서 $\overline{AD}$의 연장선에 내린 수선의 발을 H라 하자.

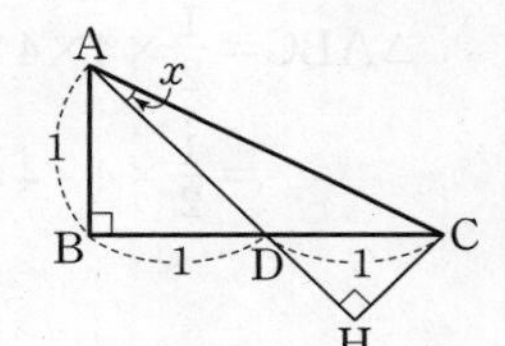

$\angle CDH = \angle ADB = 45^\circ$이므로

$\triangle$CDH는 직각이등변삼각형이다.

$\overline{CH} = \overline{DH} = a$라 하면

$a^2 + a^2 = 1^2$, $a^2 = \frac{1}{2}$

$\therefore a = \frac{1}{\sqrt{2}} = \frac{\sqrt{2}}{2}$ ($\because a > 0$)

또 $\triangle$ABD에서 $\overline{AD} = \sqrt{1^2 + 1^2} = \sqrt{2}$

$\therefore \overline{AH} = \overline{AD} + \overline{DH} = \sqrt{2} + \frac{\sqrt{2}}{2} = \frac{3\sqrt{2}}{2}$

$\triangle$AHC에서

$\tan x = \frac{\overline{CH}}{\overline{AH}} = \frac{\sqrt{2}}{2} \div \frac{3\sqrt{2}}{2} = \frac{1}{3}$ 답 $\frac{1}{3}$

13 $45^\circ < A < 90^\circ$일 때, $0 < \cos A < \sin A$이므로

$\sin A + \cos A > 0$, $\cos A - \sin A < 0$

$\therefore \sqrt{(\sin A + \cos A)^2} - \sqrt{(\cos A - \sin A)^2}$

$= (\sin A + \cos A) - \{-(\cos A - \sin A)\}$

$= \sin A + \cos A + \cos A - \sin A$

$= 2\cos A$

즉, $2\cos A = \frac{14}{25}$이므로 $\cos A = \frac{7}{25}$

$\cos A = \frac{7}{25}$을 만족시키는 직각삼각형 ABC를 그리면 오른쪽 그림과 같다.

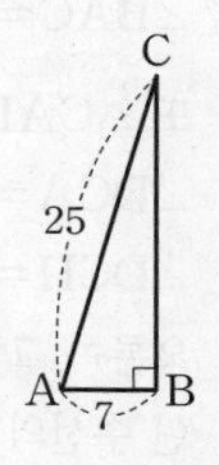

이때 $\overline{BC} = \sqrt{25^2 - 7^2} = 24$이므로

$\tan A = \frac{24}{7}$, $\sin A = \frac{24}{25}$

$\therefore \frac{\tan A}{\sin A} = \frac{24}{7} \div \frac{24}{25} = \frac{25}{7}$

답 $\frac{25}{7}$

02 삼각비의 활용

본문 108~109쪽

01 $\triangle$ABC에서

$\overline{AC} = 6\sin 30^\circ = 6 \times \frac{1}{2} = 3$

$\overline{BC} = 6\cos 30^\circ = 6 \times \frac{\sqrt{3}}{2} = 3\sqrt{3}$

$\angle BAC = 180^\circ - (90^\circ + 30^\circ) = 60^\circ$이므로

$\angle DAC = \frac{1}{2}\angle BAC = \frac{1}{2} \times 60^\circ = 30^\circ$

$\triangle$ADC에서

$\overline{DC} = 3\tan 30^\circ = 3 \times \frac{\sqrt{3}}{3} = \sqrt{3}$

$\therefore \overline{BD} = \overline{BC} - \overline{DC} = 3\sqrt{3} - \sqrt{3} = 2\sqrt{3}$ 답 $2\sqrt{3}$

02 오른쪽 그림의 점 A에서 $\overline{BC}$에 내린 수선의 발을 H라 하면 점 A에서 $\overline{BC}$까지의 최단 거리는 $\overline{AH}$의 길이와 같다.

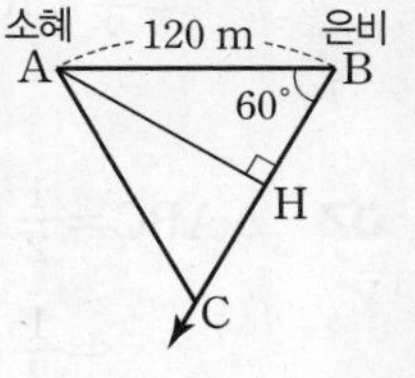

$\overline{BH} = \overline{AB} \times \cos 60^\circ$

$= 120 \times \frac{1}{2} = 60$(m)

따라서 $60 \div 30 = 2$(분) 후 가장 가까워진다. 답 ②

03 꼭짓점 A에서 $\overline{BC}$에 내린 수선의 발을 H라 하면

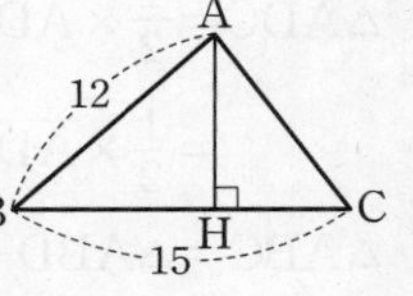

$\overline{BH} = 12\cos B = 12 \times \frac{3}{4} = 9$

$\overline{AH} = \sqrt{12^2 - 9^2} = \sqrt{63} = 3\sqrt{7}$

$\overline{CH} = \overline{BC} - \overline{BH} = 15 - 9 = 6$이므로 $\triangle$ACH에서

$\overline{AC} = \sqrt{(3\sqrt{7})^2 + 6^2} = \sqrt{99} = 3\sqrt{11}$ 답 $3\sqrt{11}$

04 $\triangle$ABC에서 $\overline{BA}=\overline{BC}$이므로

$\angle BAC=\angle BCA=\frac{1}{2}\times(180^\circ-30^\circ)=75^\circ$

또 $\triangle$CAD에서 $\overline{AC}=\overline{CD}$이므로 $\angle CDA=\angle BAC=75^\circ$

$\angle DCA=180^\circ-(75^\circ+75^\circ)=30^\circ$

$\angle DCH=75^\circ-30^\circ=45^\circ$

오른쪽 그림과 같이 점 D에서 $\overline{BC}$에 내린 수선의 발을 H라 하면 $\triangle$DHC에서

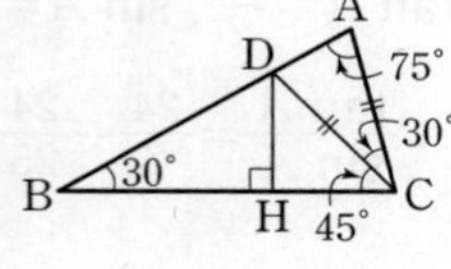

$\overline{CH}=\sqrt{6}\cos 45^\circ=\sqrt{6}\times\frac{\sqrt{2}}{2}$

$=\sqrt{3}$(cm)

$\overline{DH}=\sqrt{6}\sin 45^\circ=\sqrt{6}\times\frac{\sqrt{2}}{2}=\sqrt{3}$(cm)

$\triangle$DBH에서 $\overline{BH}=\frac{\sqrt{3}}{\tan 30^\circ}=3$(cm)

$\therefore \overline{BC}=\overline{BH}+\overline{CH}=3+\sqrt{3}$(cm)

답 **$(3+\sqrt{3})$ cm**

05 오른쪽 그림과 같이 점 A에서 $\overline{BC}$의 연장선에 내린 수선의 발을 H라 하고 $\overline{AH}=h$라 하면

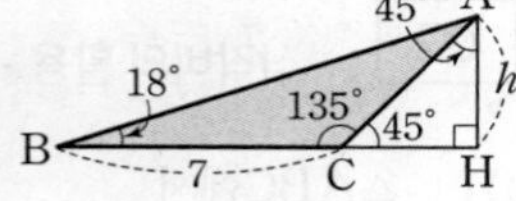

$\angle ACH=180^\circ-135^\circ=45^\circ$

$\angle CAH=180^\circ-(90^\circ+45^\circ)=45^\circ$

$\overline{CH}=h\tan 45^\circ=h$

$\triangle$ABH에서 $\overline{BH}=\frac{h}{\tan 18^\circ}=\frac{h}{0.3}=\frac{10}{3}h$

$\overline{BC}=\overline{BH}-\overline{CH}$이므로 $\frac{10}{3}h-h=7$ $\quad\therefore h=3$

$\therefore \triangle ABC=\frac{1}{2}\times7\times3=\frac{21}{2}$

답 **$\frac{21}{2}$**

06 $\overline{AE}\,/\!/\,\overline{DC}$이므로 $\triangle AED=\triangle AEC$

$\square ABED=\triangle ABE+\triangle AED=\triangle ABE+\triangle AEC=\triangle ABC$

$=\frac{1}{2}\times10\times12\times\sin 45^\circ=30\sqrt{2}$

답 **$30\sqrt{2}$**

07 $\triangle ABC=\frac{1}{2}\times12\times8\times\sin 60^\circ$

$=\frac{1}{2}\times12\times8\times\frac{\sqrt{3}}{2}=24\sqrt{3}$

$\triangle ABD=\frac{1}{2}\times12\times\overline{AD}\times\sin 30^\circ$

$=\frac{1}{2}\times12\times\overline{AD}\times\frac{1}{2}=3\overline{AD}$

$\triangle ADC=\frac{1}{2}\times\overline{AD}\times8\times\sin 30^\circ$

$=\frac{1}{2}\times\overline{AD}\times8\times\frac{1}{2}=2\overline{AD}$

$\triangle ABC=\triangle ABD+\triangle ADC$이므로

$24\sqrt{3}=3\overline{AD}+2\overline{AD}$, $5\overline{AD}=24\sqrt{3}$

$\therefore \overline{AD}=\frac{24\sqrt{3}}{5}$

답 **$\frac{24\sqrt{3}}{5}$**

08 $\triangle ABC=\frac{1}{2}\times\overline{AB}\times\overline{BC}\times\sin B$

$\triangle A'BC'=\frac{1}{2}\times\overline{A'B}\times\overline{BC'}\times\sin B$

$=\frac{1}{2}\times\frac{125}{100}\overline{AB}\times\left(1-\frac{x}{100}\right)\overline{BC}\times\sin B$

$=\frac{5}{4}\times\left(1-\frac{x}{100}\right)\times\left(\frac{1}{2}\times\overline{AB}\times\overline{BC}\times\sin B\right)$

$=\frac{5}{4}\times\left(1-\frac{x}{100}\right)\times\triangle ABC$

이때 $\triangle ABC=\triangle A'BC'$이므로

$\frac{5}{4}\times\left(1-\frac{x}{100}\right)=1$, $1-\frac{x}{100}=\frac{4}{5}$

$\therefore x=20$

답 ④

09 오른쪽 그림에서

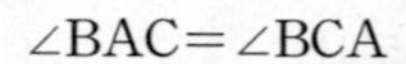

$\angle DAC=\angle BAC$ (접은 각),

$\angle DAC=\angle BCA$ (엇각)

이므로

$\angle BAC=\angle BCA$

즉, $\triangle$ABC는 $\overline{AB}=\overline{BC}$인 이등변삼각형이다.

점 A에서 $\overline{BC}$에 내린 수선의 발을 H라 하면 $\overline{AH}=2$ cm이므로 $\triangle$ABH에서

$\overline{AB}=\frac{2}{\sin 30^\circ}=2\div\frac{1}{2}=4$(cm)

$\therefore \triangle ABC=\frac{1}{2}\times4\times4\times\sin 30^\circ$

$=\frac{1}{2}\times4\times4\times\frac{1}{2}=4(\text{cm}^2)$

답 **4 cm²**

10 $\overline{AB}:\overline{BC}=4:7$이므로

$\overline{AB}=4a$ cm, $\overline{BC}=7a$ cm $(a>0)$라 하면

$\square ABCD=4a\times7a\times\sin 45^\circ$

$=4a\times7a\times\frac{\sqrt{2}}{2}=14\sqrt{2}a^2(\text{cm}^2)$

평행사변형 ABCD의 넓이가 $28\sqrt{2}$ cm²이므로

$14\sqrt{2}a^2=28\sqrt{2}$

$a^2=2$ $\qquad\therefore a=\sqrt{2}$ ($\because a>0$)

따라서 $\square$ABCD의 둘레의 길이는

$2(4a+7a)=22a=22\sqrt{2}$(cm)

답 **$22\sqrt{2}$ cm**

11 $\overline{AC}=2a$, $\overline{BD}=5a$ $(a>0)$라 하면

$\square ABCD=\frac{1}{2}\times2a\times5a\times\sin 60^\circ$

$=\frac{1}{2}\times2a\times5a\times\frac{\sqrt{3}}{2}$

$=\frac{5\sqrt{3}}{2}a^2$

이때 □ABCD의 넓이가 $10\sqrt{3}$이므로

$\frac{5\sqrt{3}}{2}a^2=10\sqrt{3},\ a^2=4 \qquad \therefore a=2\ (\because a>0)$

$\therefore \overline{BD}=5a=5\times2=10$ 답 **10**

12 오른쪽 그림과 같이 정십이각형은 꼭지각의 크기가 $\frac{360^\circ}{12}=30^\circ$이고 합동인 12개의 이등변삼각형으로 나누어진다.

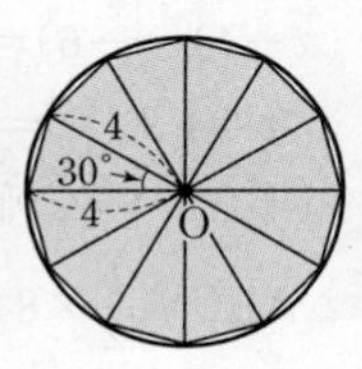

따라서 정십이각형의 넓이는

$12\times\left(\frac{1}{2}\times4\times4\times\sin30^\circ\right)=12\times\left(\frac{1}{2}\times4\times4\times\frac{1}{2}\right)$

$=48$ 답 **48**

13 $\angle A+\angle B=180^\circ$이므로

$\angle A=180^\circ\times\frac{2}{3}=120^\circ,\ \angle B=180^\circ\times\frac{1}{3}=60^\circ$

$\therefore \angle BAP=\angle DAP=60^\circ,\ \angle ABP=\angle CBP=30^\circ$

$\therefore \angle APB=\angle AQD=\angle CRD=\angle BSC$

$=180^\circ-(30^\circ+60^\circ)=90^\circ$

△AQD에서

$\overline{QD}=\overline{AD}\sin60^\circ=7\times\frac{\sqrt{3}}{2}=\frac{7\sqrt{3}}{2}$

$\overline{AQ}=\overline{AD}\cos60^\circ=7\times\frac{1}{2}=\frac{7}{2}$

△ABP에서

$\overline{AP}=\overline{AB}\sin30^\circ=5\times\frac{1}{2}=\frac{5}{2}$

$\overline{BP}=\overline{AB}\cos30^\circ=5\times\frac{\sqrt{3}}{2}=\frac{5\sqrt{3}}{2}$

마찬가지로

$\overline{BS}=\frac{7\sqrt{3}}{2},\ \overline{RD}=\frac{5\sqrt{3}}{2},\ \overline{CS}=\frac{7}{2},\ \overline{RC}=\frac{5}{2}$이므로

$\overline{PQ}=\overline{AQ}-\overline{AP}=\frac{7}{2}-\frac{5}{2}=1$

$\overline{PS}=\overline{BS}-\overline{BP}=\frac{7\sqrt{3}}{2}-\frac{5\sqrt{3}}{2}=\sqrt{3}$

이때 □PQRS는 직사각형이므로

$□PQRS=1\times\sqrt{3}=\sqrt{3}$ 답 $\sqrt{3}$

14 △ABC에서

$\overline{BC}=\sqrt{2^2+2^2}=2\sqrt{2}$

내접원의 반지름의 길이를 r라 하면

$\overline{PA}=\overline{RA}=r$이므로

$\overline{BQ}=\overline{BP}=2-r,\ \overline{CQ}=\overline{CR}=2-r$

$\overline{BC}=\overline{BQ}+\overline{CQ}$이므로

$2\sqrt{2}=(2-r)+(2-r)$

$\therefore r=2-\sqrt{2}$

내접원의 중심을 O라 하면 $\angle POR=90^\circ$이므로

$\angle POQ=\angle ROQ=\frac{1}{2}\times(360^\circ-90^\circ)=135^\circ$

$\triangle PQR=\triangle PQO+\triangle QRO+\triangle POR$

$=\frac{1}{2}\times(2-\sqrt{2})^2\times\sin(180^\circ-135^\circ)\times2+\frac{1}{2}\times(2-\sqrt{2})^2$

$=\frac{\sqrt{2}}{2}\times(6-4\sqrt{2})+\frac{1}{2}\times(6-4\sqrt{2})$

$=3\sqrt{2}-4+3-2\sqrt{2}=\sqrt{2}-1$ 답 $\sqrt{2}-1$

Ⅱ. 원의 성질

03 원과 직선

본문 110~111쪽

01 오른쪽 그림과 같이 마름모의 두 대각선의 교점을 M이라 하면 마름모의 대각선은 서로 다른 것을 수직이등분하므로

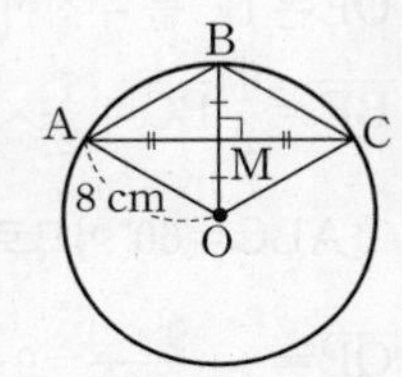

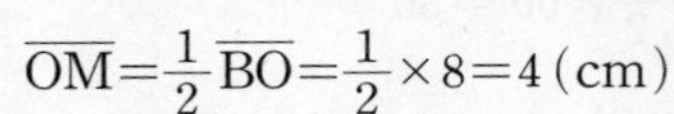

$\overline{OM}=\frac{1}{2}\overline{BO}=\frac{1}{2}\times8=4\,(\text{cm})$

△AOM에서

$\overline{AM}=\sqrt{8^2-4^2}=\sqrt{48}=4\sqrt{3}\,(\text{cm})$

$\therefore \overline{AC}=2\overline{AM}=8\sqrt{3}\,(\text{cm})$ 답 $8\sqrt{3}$ **cm**

02 $\overline{AB}\perp\overline{OM}$이므로 $\overline{AM}=\overline{BM}$

$\overline{AC}\perp\overline{ON}$이므로 $\overline{AN}=\overline{CN}$

따라서 삼각형의 두 변의 중점을 연결한 선분의 성질에 의하여

$\overline{MN}:\overline{BC}=\overline{AM}:\overline{AB}=1:2$

$\therefore \overline{MN}=\frac{1}{2}\overline{BC}=\frac{1}{2}\times24=12\,(\text{cm})$ 답 **12 cm**

03 오른쪽 그림과 같이 바퀴의 중심을 O라 하고 바퀴의 반지름의 길이를 r cm라 하면

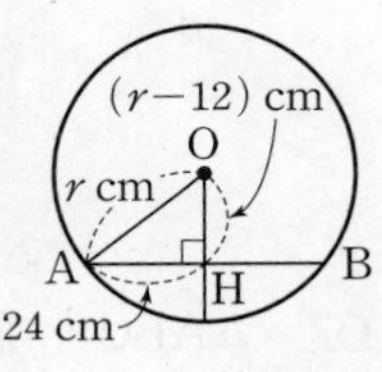

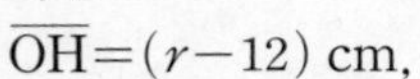

$\overline{OH}=(r-12)$ cm,

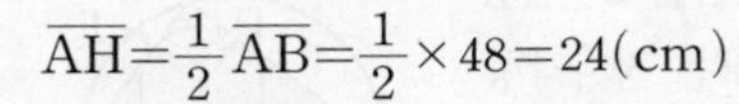

$\overline{AH}=\frac{1}{2}\overline{AB}=\frac{1}{2}\times48=24\,(\text{cm})$

이때 △OAH는 직각삼각형이므로

$r^2=24^2+(r-12)^2$

$r^2=576+r^2-24r+144,\ 24r=720$

$\therefore r=30$

따라서 바퀴의 지름의 길이는 60 cm이다. 답 ⑤

04 오른쪽 그림과 같이 원의 중심 O에서 $\overline{AB}$에 내린 수선의 발을 M이라 하면

$\overline{AM}=\frac{1}{2}\overline{AB}=\frac{1}{2}\times 6=3(\text{cm})$

원 O의 반지름의 길이를 r cm라 하면

$\overline{OA}=r$ cm, $\overline{OM}=\frac{1}{2}\overline{OA}=\frac{1}{2}r(\text{cm})$

$\triangle$OAM에서 $r^2=3^2+\left(\frac{r}{2}\right)^2$

$r^2=9+\frac{r^2}{4}$, $r^2=12$

$\therefore r=2\sqrt{3}(\because r>0)$

따라서 원 O의 반지름의 길이는 $2\sqrt{3}$ cm이다. 답 **$2\sqrt{3}$ cm**

05 $\overline{OD}=\overline{OE}=\overline{OF}$이므로

$\overline{AB}=\overline{BC}=\overline{CA}=18$ cm

즉, $\triangle$ABC는 정삼각형이다.

$\overline{OE}$는 $\overline{BC}$를 수직이등분하므로

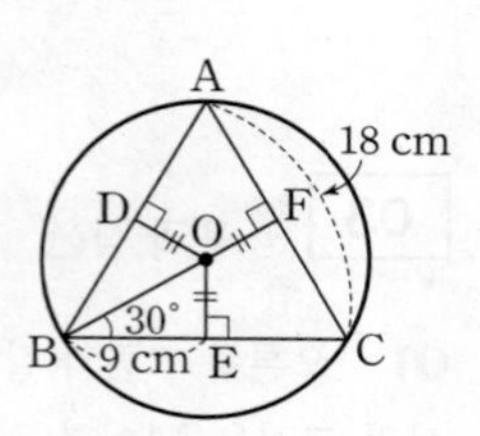

$\overline{BE}=\frac{1}{2}\overline{BC}=\frac{1}{2}\times 18=9(\text{cm})$

$\angle ABC=60^\circ$이므로 $\angle OBE=\frac{1}{2}\times 60^\circ=30^\circ$

$\overline{OB}=\frac{9}{\cos 30^\circ}=9\div\frac{\sqrt{3}}{2}=6\sqrt{3}(\text{cm})$

따라서 원 O의 둘레의 길이는

$2\pi\times 6\sqrt{3}=12\sqrt{3}\pi(\text{cm})$ 답 **$12\sqrt{3}\pi$ cm**

06 $\triangle OAD\equiv\triangle OAF$ (RHS 합동)이므로

$\angle OAD=\frac{1}{2}\angle DAF=\frac{1}{2}\times 60^\circ=30^\circ$

직각삼각형 OAD에서

$\overline{AD}=10\cos 30^\circ=10\times\frac{\sqrt{3}}{2}=5\sqrt{3}(\text{cm})$

이때 $\overline{BE}=\overline{BD}$, $\overline{CE}=\overline{CF}$이므로

($\triangle$ABC의 둘레의 길이)$=\overline{AB}+\overline{BC}+\overline{CA}$

$=\overline{AD}+\overline{AF}=2\overline{AD}$

$=2\times 5\sqrt{3}=10\sqrt{3}(\text{cm})$ 답 ③

07 $\triangle$ABC의 내접원의 중심을 O, 접점을 D, E, F라 하면 □ADOF는 정사각형이므로 $\overline{AD}=\overline{AF}=\overline{OD}=2$ cm

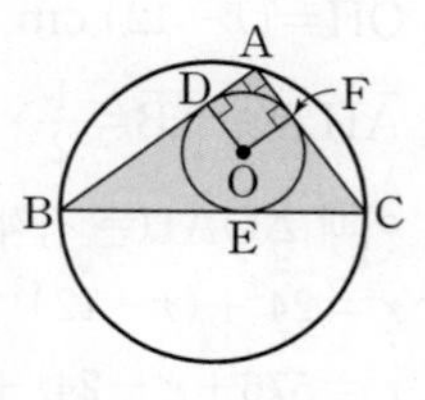

직각삼각형 ABC의 외심은 $\overline{BC}$의 중점이므로 $\overline{BC}$는 $\triangle$ABC의 외접원의 지름이다.

$\therefore \overline{BC}=10$ cm

$\overline{BD}=\overline{BE}=x$ cm라 하면

$\overline{CF}=\overline{CE}=(10-x)$ cm,

$\overline{AB}=(x+2)$ cm, $\overline{AC}=(12-x)$ cm

직각삼각형 ABC에서

$10^2=(x+2)^2+(12-x)^2$, $x^2-10x+24=0$

$(x-4)(x-6)=0$

$\therefore x=4$ 또는 $x=6$

이때 $\overline{AB}>\overline{AC}$에서 $\overline{AB}=8$ cm, $\overline{AC}=6$ cm이므로

$\triangle ABC=\frac{1}{2}\times 8\times 6=24(\text{cm}^2)$ 답 **24 cm²**

08 주어진 일차방정식의 그래프의 y절편은 12, x절편은 -5이므로 $\overline{OB}=12$, $\overline{AO}=5$

$\triangle$AOB에서 $\overline{AB}=\sqrt{12^2+5^2}=13$

원 I의 반지름의 길이를 r라 하면 $\overline{OE}=\overline{OF}=r$이므로

$\overline{AD}=\overline{AE}=5-r$, $\overline{BD}=\overline{BF}=12-r$

$\overline{AB}=\overline{AD}+\overline{BD}$에서 $13=(5-r)+(12-r)$

$2r=4$ $\therefore r=2$ 답 **2**

09 오른쪽 그림에서

$\overline{AB}=a+f=3$ cm ⋯⋯ ㉠

$\overline{CD}=e+d=4$ cm ⋯⋯ ㉡

$\overline{EF}=b+c=2$ cm ⋯⋯ ㉢

㉠+㉡+㉢을 하면

$a+b+c+d+e+f=9(\text{cm})$

$\therefore$ (육각형 ABCDEF의 둘레의 길이)

$=\overline{AB}+\overline{BC}+\overline{CD}+\overline{DE}+\overline{EF}+\overline{FA}$

$=2(a+b+c+d+e+f)$

$=2\times 9=18(\text{cm})$ 답 ③

10 $\overline{AP}=\overline{OQ}=6$ cm

$\overline{AB}=\overline{CD}=2\overline{OQ}=12(\text{cm})$

$\overline{PE}=\overline{AE}-\overline{AP}=9-6=3(\text{cm})$

$\overline{CR}=\overline{CS}=x$ cm라 하면

$\overline{CE}=(x+3)$ cm, $\overline{BC}=(x+6)$ cm, $\overline{DE}=(x-3)$ cm

$\triangle$CDE에서 $(x+3)^2=(x-3)^2+12^2$

$x^2+6x+9=x^2-6x+9+144$

$12x=144$ $\therefore x=12$

$\therefore \overline{BC}=12+6=18(\text{cm})$ 답 **18 cm**

11 $\overline{CQ}=x$ cm라 하면

$\overline{AD}=\overline{AF}=(6-x)$ cm, $\overline{BD}=\overline{BQ}=(7-x)$ cm

$\overline{AB}=\overline{AD}+\overline{BD}$에서

$9=(6-x)+(7-x)$

$2x=4$ $\therefore x=2$

$\overline{BP}=\overline{BE}=\frac{1}{2}\times$(△ABC의 둘레의 길이)$-\overline{AB}$

$=\frac{1}{2}\times(9+7+6)-9=2(\text{cm})$

$\therefore \overline{PQ}=\overline{BC}-\overline{BP}-\overline{CQ}=7-2-2=3(\text{cm})$ 답 ⑤

12 □ABCD와 □DCEF가 두 원에 각각 외접하므로

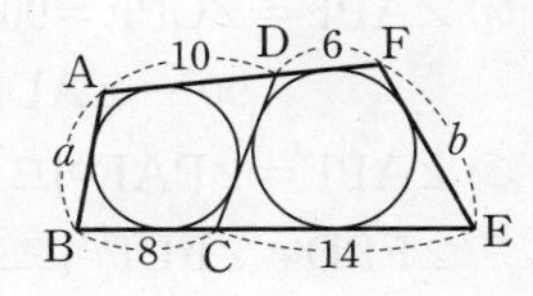

$a+\overline{CD}=10+8=18$ …… ㉠

$b+\overline{CD}=6+14=20$ …… ㉡

㉠−㉡을 하면

$a-b=18-20=-2$ 답 ②

13 오른쪽 그림과 같이 원의 중심 O에서 $\overline{AB}$, $\overline{CD}$에 내린 수선의 발을 각각 M, N이라 하면

$\overline{MB}=\frac{1}{2}\overline{AB}=\frac{1}{2}\times10=5$

$\overline{NC}=\frac{1}{2}\overline{CD}=\frac{1}{2}\times14=7$이므로

$\overline{PN}=\overline{NC}-\overline{CP}=7-2=5$

직각삼각형 OBM에서

$\overline{OB}=\sqrt{5^2+5^2}=\sqrt{50}=5\sqrt{2}$

따라서 원 O의 반지름의 길이는 $5\sqrt{2}$이다. 답 $5\sqrt{2}$

Ⅱ. 원의 성질

04 원주각

본문 112~113쪽

01 오른쪽 그림과 같이 $\overline{AD}$를 그으면

$\angle CAD=\frac{1}{2}\angle COD$

$=\frac{1}{2}\times100^\circ=50^\circ$

$\angle ADB=\frac{1}{2}\angle AOB$

$=\frac{1}{2}\times30^\circ=15^\circ$

△APD에서 ∠CAD=∠CPD+∠ADB

$\therefore \angle CPD=50^\circ-15^\circ=35^\circ$ 답 ④

02 직선 BP는 반원의 접선이므로

$\angle PBA=90^\circ$

$\overline{AB}$는 반원 O의 지름이므로 $\angle ACB=90^\circ$

△PCE에서 ∠CED=∠CPE+∠PCE이므로

$\angle CPE=115^\circ-90^\circ=25^\circ$

$\angle APB=2\angle CPE=2\times25^\circ=50^\circ$이므로

△PAB에서

$\angle CAB=180^\circ-(50^\circ+90^\circ)=40^\circ$ 답 ②

03 오른쪽 그림과 같이 점 P가 $\overline{BC}$를 지름으로 하는 반원 밖에 있을 때, ∠BPC는 예각이 된다.

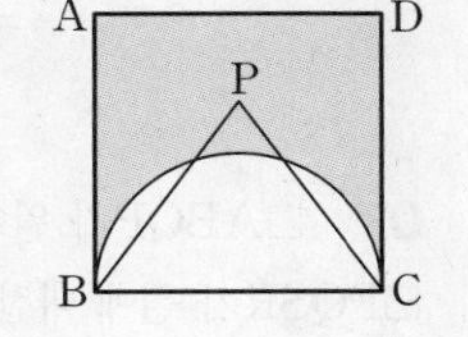

정사각형의 한 변의 길이를 a라 하면 어두운 부분의 넓이는

$a^2-\pi\times\left(\frac{a}{2}\right)^2\times\frac{1}{2}=a^2-\frac{\pi}{8}a^2$

$=a^2\left(1-\frac{\pi}{8}\right)$

따라서 구하는 확률은

$\frac{(\text{어두운 부분의 넓이})}{(\text{정사각형의 넓이})}=\frac{a^2\left(1-\frac{\pi}{8}\right)}{a^2}=1-\frac{\pi}{8}$ 답 $1-\frac{\pi}{8}$

04 오른쪽 그림과 같이 $\overline{DB}$를 긋고

$\angle PDB=\angle x$, $\angle PBD=\angle y$라 하면

△PDB에서

$\angle x+\angle y=\angle APD=60^\circ$

따라서 $\widehat{AD}$, $\widehat{BC}$에 대한 원주각의 크기의 합이 60°이므로 $\widehat{AD}+\widehat{BC}$의 길이는

원의 둘레의 길이의 $\frac{60}{180}=\frac{1}{3}$(배)이다.

따라서 원의 둘레의 길이는

$(\widehat{AD}+\widehat{BC})\times3=2\pi\times3=6\pi$ 답 ③

05 (원의 둘레의 길이)

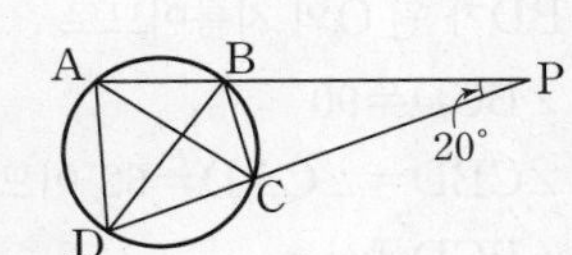

$=2\pi\times9=18\pi$

$\widehat{AB}=4\pi$이므로

$\angle ADB=\angle ACB=180^\circ\times\frac{4\pi}{18\pi}=40^\circ$

$\widehat{CD}=6\pi$이므로

$\angle DAC=\angle DBC=180^\circ\times\frac{6\pi}{18\pi}=60^\circ$

$\angle BAC=\angle BDC=\angle x$라 하면 △PBD에서

$\angle ABD=\angle x+20^\circ$

□ABCD는 원에 내접하므로

$\angle ADC+\angle ABC=180^\circ$

$(40^\circ+\angle x)+(\angle x+20^\circ+60^\circ)=180^\circ$

$2\angle x=60^\circ$ $\therefore \angle x=30^\circ$

따라서 $\angle ABD=\angle x+20^\circ=30^\circ+20^\circ=50^\circ$이므로

$\widehat{AD}=18\pi\times\frac{50}{180}=5\pi$ 답 5π

06 오른쪽 그림과 같이 $\overline{AD}$를 그으면

□ABCD가 원에 내접하므로

$\angle B+\angle CDA=180°$

또 □ADEF가 원에 내접하므로

$\angle F+\angle ADE=180°$

$\therefore \angle B+\angle D+\angle F=\angle B+(\angle CDA+\angle ADE)+\angle F$

$=180°+180°=360°$

답 **360°**

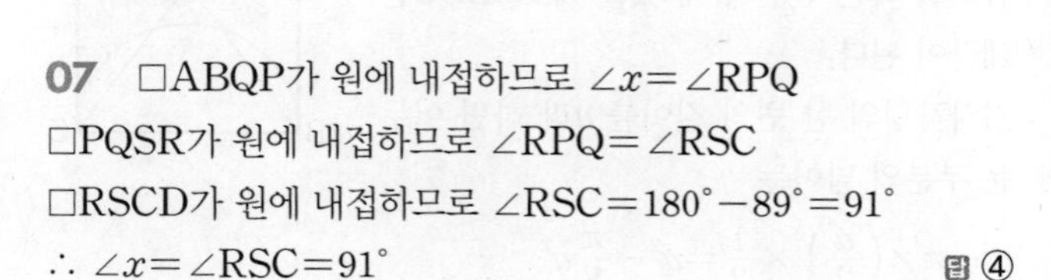

07 □ABQP가 원에 내접하므로 $\angle x=\angle RPQ$

□PQSR가 원에 내접하므로 $\angle RPQ=\angle RSC$

□RSCD가 원에 내접하므로 $\angle RSC=180°-89°=91°$

$\therefore \angle x=\angle RSC=91°$

답 ④

08 오른쪽 그림과 같이 $\overline{BC}$를 그으면

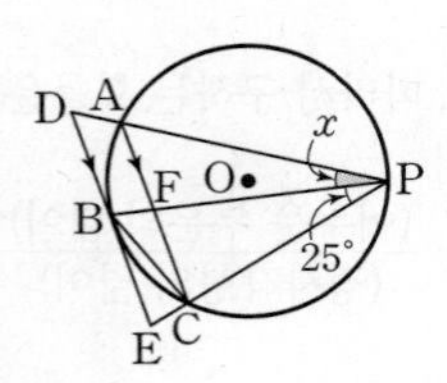

$\angle CBE=\angle CPB=25°$

$\overline{DE}/\!/\overline{AC}$이므로

$\angle BCA=\angle CBE=25°$ (엇각)

$\therefore \angle x=\angle BCA=25°$

답 ③

09 $\angle ABD=\angle DAT=75°$

△ABD에서

$\angle BAD=180°-(75°+60°)=45°$

□ABCD가 원 O에 내접하므로

$\angle BCD=180°-45°=135°$

답 **135°**

10 오른쪽 그림과 같이 $\overline{BC}$를 그으면

$\overline{BD}$가 원 O의 지름이므로

$\angle BCD=90°$

$\angle CBD=\angle CAD=62°$이므로

△BCD에서

$\angle CDB=180°-(90°+62°)=28°$

$\angle BCP=\angle CDB=28°$이므로 △BPC에서

$\angle x=\angle CBD-\angle BCP=62°-28°=34°$

답 ④

11 오른쪽 그림과 같이 $\overline{AB}$를 그으면

$\overline{AC}$가 원 O의 지름이므로 $\angle ABC=90°$

$\angle CAB=\angle CBT=32°$

△ABC에서

$\angle ACB=180°-(90°+32°)=58°$

$\angle ADB=\angle ACB=58°$

$\overline{AD}/\!/\overline{BT}$이므로 $\angle DBT=\angle ADB=58°$ (엇각)

$\angle PBC=\angle PBT-\angle CBT=58°-32°=26°$

△PBC에서 $\angle BPC=180°-(26°+58°)=96°$

$\therefore \angle x=\angle BPC=96°$ (맞꼭지각)

답 **96°**

12 ③ $\angle FPD=\angle BPE=90°-\angle EBP$

$=90°-\angle PAD=\angle FDP$

④ $\angle APF=\angle CPE=90°-\angle PCB$

$=90°-\angle ADB=\angle PAF$

② $\angle APF=\angle PAF$이므로 $\overline{AF}=\overline{FP}$

$\angle FPD=\angle FDP$이므로 $\overline{FP}=\overline{FD}$

$\therefore \overline{AF}=\overline{FD}$

답 ①

05 대푯값과 산포도

본문 114~115쪽

01 $\dfrac{(3a-1)+(3b-4)+(3c-4)+(3d-7)}{4}=11$

$3(a+b+c+d)-16=44,\ 3(a+b+c+d)=60$

$\therefore a+b+c+d=20$

따라서 a, b, c, d의 평균은

$\dfrac{a+b+c+d}{4}=\dfrac{20}{4}=5$

답 ②

02 4번째 학생의 키를 x cm라 하면 $\dfrac{165+x}{2}=170$

$165+x=340 \quad \therefore x=175$

키가 178 cm인 학생이 이 모둠에 들어왔을 때, 학생 7명의 키를 작은 값부터 크기순으로 나열하면 4번째 학생의 키가 175 cm이므로 중앙값은 175 cm이다.

답 **175 cm**

03 (가)에서 가장 작은 수는 8, 가장 큰 수는 15이므로 5개의 자연수를 차례로 8, a, b, c, 15라 하자.

(나)에서 최빈값이 9이므로 a, b, c 중 2개 이상은 9이어야 한다.

(i) $a=b=c=9$인 경우

5개의 자연수는 8, 9, 9, 9, 15이고

평균은 $\dfrac{8+9+9+9+15}{5}=\dfrac{50}{5}=10$이므로 조건을 만족시키지 않는다.

(ii) $a=b=9$, $c\neq 9$인 경우

5개의 자연수는 8, 9, 9, c, 15이고 평균은

$\dfrac{8+9+9+c+15}{5}=11,\ c+41=55$

$\therefore c=14$

따라서 5개의 자연수를 작은 값부터 크기순으로 나열하면 8, 9, 9, 14, 15이므로 중앙값은 9이다.

답 **9**

04 주어진 자료의 평균이 15이므로

$$\frac{15+16+12+13+a+17+b}{7}=15$$

$a+b+73=105$ $\quad\therefore a+b=32$

한편 최빈값이 13이므로 a, b의 값 중 하나는 13이다.

이때 $a<b$이므로 $a=13$, $b=19$

$\therefore b-a=19-13=6$

답 ⑤

05 중앙값이 92점이므로 작은 값부터 크기순으로 나열했을 때 두 번째, 세 번째인 점수가 91점, 93점이다.

$\therefore x\geq 93$ …… ㉠

또 평균이 90점 미만이므로

$\frac{80+91+93+x}{4}<90$, $x+264<360$

$\therefore x<96$ …… ㉡

㉠, ㉡에서 $93\leq x<96$

따라서 자연수 x의 값은 93, 94, 95이다.

답 **93, 94, 95**

06 (가)에서 a의 값은 25보다 크거나 같아야 하므로 $a\geq 25$

(나)에서 $\frac{30+40}{2}=35$이므로 a의 값은 30보다 작거나 같아야 한다. 즉, $a\leq 30$

따라서 구하는 a의 값의 범위는

$25\leq a\leq 30$

답 $\mathbf{25\leq a\leq 30}$

07 $a<b<c$이므로 중앙값은 b이다.

$\therefore b=11$

평균이 10이므로

$\frac{a+11+c}{3}=10$, $a+c=19$ $\quad\therefore c=19-a$

따라서 세 수는 a, 11, $19-a$이므로 편차는 각각

$a-10$, 1, $9-a$

이때 분산은 14이므로

$$\frac{(a-10)^2+1^2+(9-a)^2}{3}=14$$

$(a-10)^2+1+(9-a)^2=42$

$a^2-19a+70=0$, $(a-5)(a-14)=0$

$\therefore a=5$ 또는 $a=14$

이때 $a<b$이므로 $a=5$, $c=19-5=14$

답 $\mathbf{a=5,\ b=11,\ c=14}$

08 진희의 몸무게를 x kg이라 하면 학생 5명의 몸무게는 각각

$(x-8)$ kg, $(x-5)$ kg, x kg, $(x+1)$ kg, $(x+2)$ kg

이므로 몸무게의 평균은

$$\frac{(x-8)+(x-5)+x+(x+1)+(x+2)}{5}=\frac{5x-10}{5}$$
$$=x-2\,(\text{kg})$$

따라서 평균이 $(x-2)$ kg이므로 각각의 편차는

-6, -3, 2, 3, 4

$$(\text{분산})=\frac{(-6)^2+(-3)^2+2^2+3^2+4^2}{5}$$
$$=\frac{74}{5}=14.8$$

$\therefore$ (표준편차)$=\sqrt{14.8}$ (kg)

답 $\mathbf{\sqrt{14.8}}$ **kg**

09 직육면체의 가로의 길이, 세로의 길이를 각각 x, y라 하면

$\frac{4x+4y+4\times 3}{12}=5$에서

$4x+4y=48$ $\quad\therefore x+y=12$

$\frac{2xy+2\times 3y+2\times 3x}{6}=\frac{2xy+6(x+y)}{6}=22$에서

$2xy+6\times 12=132$ $\quad\therefore xy=30$

$x^2+y^2=(x+y)^2-2xy$

$=12^2-2\times 30=84$

$$(\text{분산})=\frac{4(x-5)^2+4(y-5)^2+4(3-5)^2}{12}$$
$$=\frac{(x-5)^2+(y-5)^2+4}{3}$$
$$=\frac{x^2+y^2-10(x+y)+54}{3}$$
$$=\frac{84-10\times 12+54}{3}$$
$$=\frac{18}{3}=6$$

$\therefore$ (표준편차)$=\sqrt{6}$

답 ③

10 $x_1+x_2+\cdots+x_{50}=200$, $x_1^2+x_2^2+\cdots+x_{50}^2=1600$ 이므로

$$(\text{평균})=\frac{x_1+x_2+\cdots+x_{50}}{50}=\frac{200}{50}=4$$

$$(\text{분산})=\frac{(x_1-4)^2+(x_2-4)^2+\cdots+(x_{50}-4)^2}{50}$$
$$=\frac{(x_1^2+x_2^2+\cdots+x_{50}^2)-8(x_1+x_2+\cdots+x_{50})+50\times 16}{50}$$
$$=\frac{1600-8\times 200+800}{50}=\frac{800}{50}=16$$

$\therefore$ (표준편차)$=\sqrt{16}=4$

답 **평균 : 4, 표준편차 : 4**

11 편차의 합은 항상 0이므로

$a+(-3)+b+1+(-2)=0$ $\quad\therefore a+b=4$

표준편차가 $2\sqrt{2}$골이면 분산은 $(2\sqrt{2})^2=8$이므로

$$(\text{분산})=\frac{a^2+(-3)^2+b^2+1^2+(-2)^2}{5}=8$$

$a^2+b^2+14=40$ $\quad\therefore a^2+b^2=26$

이때 $a^2+b^2=(a+b)^2-2ab$이므로

$26=4^2-2ab$ $\quad\therefore ab=-5$

답 **-5**

12 x_1, x_2, x_3의 평균이 6이므로

$\dfrac{x_1+x_2+x_3}{3}=6$에서 $x_1+x_2+x_3=18$

x_4, x_5, $\cdots$, x_{10}의 평균이 6이므로

$\dfrac{x_4+x_5+\cdots+x_{10}}{7}=6$에서 $x_4+x_5+\cdots+x_{10}=42$

따라서 전체 10개의 변량의 평균은

$$\frac{(x_1+x_2+x_3)+(x_4+x_5+\cdots+x_{10})}{10}=\frac{18+42}{10}=\frac{60}{10}=6$$

x_1, x_2, x_3의 분산이 4이므로

$$\frac{(x_1-6)^2+(x_2-6)^2+(x_3-6)^2}{3}=4$$

$\therefore (x_1-6)^2+(x_2-6)^2+(x_3-6)^2=12$

x_4, x_5, $\cdots$, x_{10}의 분산이 6이므로

$$\frac{(x_4-6)^2+(x_5-6)^2+\cdots+(x_{10}-6)^2}{7}=6$$

$\therefore (x_4-6)^2+(x_5-6)^2+\cdots+(x_{10}-6)^2=42$

따라서 전체 10개의 변량의 분산은

$$\frac{\{(x_1-6)^2+(x_2-6)^2+(x_3-6)^2\}+\{(x_4-6)^2+\cdots+(x_{10}-6)^2\}}{10}$$

$=\dfrac{12+42}{10}=\dfrac{54}{10}=5.4$ 답 ④

13 철호가 빌린 책의 권수를 a권, 5명이 빌린 책의 권수의 평균을 b권이라 하면

$b=\dfrac{2+8+13+9+a}{5}$ $\quad\therefore a=5b-32$ $\cdots\cdots$ ㉠

이때 분산이 16.4이므로

$(분산)=\dfrac{(2-b)^2+(8-b)^2+(13-b)^2+(9-b)^2+(a-b)^2}{5}$

$=16.4$ $\cdots\cdots$ ㉡

㉡에 ㉠을 대입하여 정리하면

$b^2-16b+63=0$, $(b-7)(b-9)=0$ $\quad\therefore b=7$ 또는 $b=9$

$b=7$일 때 $a=3$, $b=9$일 때 $a=13$

그런데 철호가 빌린 책의 권수는 평균보다 크므로 5명이 빌린 책의 권수의 평균은 9권이다. 답 **9권**

Ⅲ. 통계

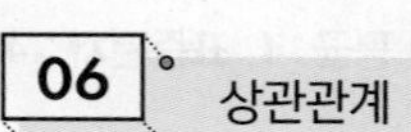

06 상관관계

본문 116~117쪽

01 키와 발 크기에 대한 산점도를 그리면 오른쪽 그림과 같다.

즉, 키와 발 크기 사이에는 양의 상관관계가 있다.

① 상관관계가 없다.

②, ④ 음의 상관관계

③, ⑤ 양의 상관관계

답 ③, ⑤

02 ①, ②, ④, ⑤ 양의 상관관계

③ 음의 상관관계 답 ③

03 스마트폰 사용 시간과 수학 점수 사이에는 음의 상관관계가 있다.

①, ②, ③ 양의 상관관계

④ 음의 상관관계

⑤ 상관관계가 없다. 답 ④

04 ⑤ D 선생님은 B 선생님보다 키가 작다. 답 ⑤

05 ⑤ B는 A보다 땅의 넓이에 대한 인구 밀도가 높은 편이다. 답 ⑤

06 상위 30 % 이내인 선수의 수는

$20\times\dfrac{30}{100}=6$(명)

오른쪽 그림에서 1차 시기의 점수가 상위 30 % 이내인 선수는 어두운 부분(경계선 포함)의 점이 나타내고 1, 2차 시기의 합산 점수가 상위 30 % 이내인 선수는 직선 위의 점이 나타낸다.

따라서 구하는 선수의 수는 1명이다. 답 **1명**

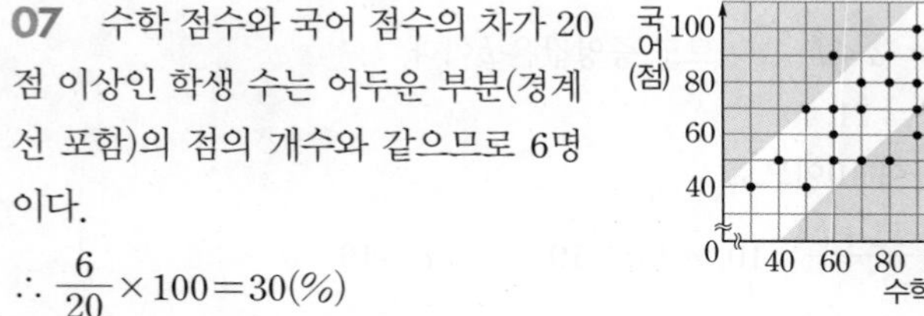

07 수학 점수와 국어 점수의 차가 20점 이상인 학생 수는 어두운 부분(경계선 포함)의 점의 개수와 같으므로 6명이다.

$\therefore \dfrac{6}{20}\times100=30(\%)$

답 ④

08 주어진 변량을 추가하여 산점도를 그리면 오른쪽 그림과 같다.

따라서 두 변량 x와 y 사이에는 음의 상관관계가 있다.

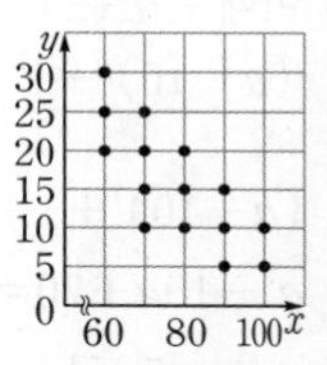

답 음의 상관관계

09 오래 매달리기 기록이 상위 40 % 이내인 학생 수는

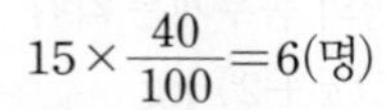

$15\times\dfrac{40}{100}=6$(명)

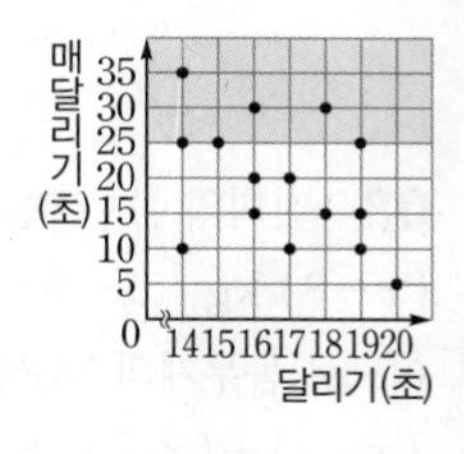

이 6명의 학생을 나타내는 점은 어두운 부분(경계선 포함)의 점이므로

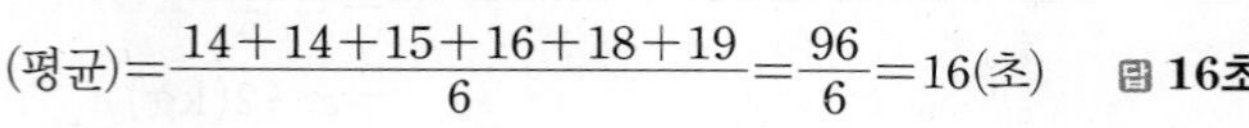

$(평균)=\dfrac{14+14+15+16+18+19}{6}=\dfrac{96}{6}=16(초)$ 답 **16초**

10 두 과목의 총점이 상위 20 % 이내인 학생 수는

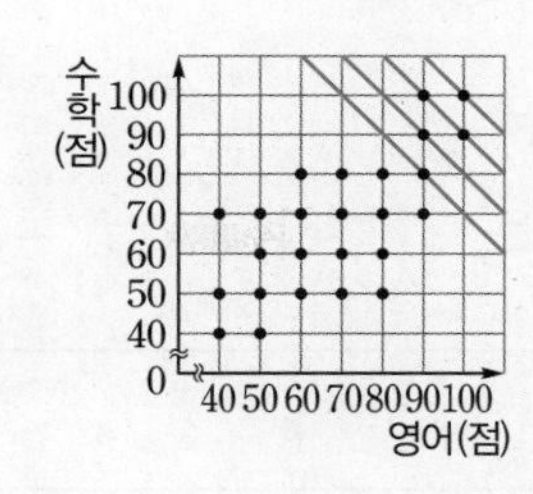

$25\times\frac{20}{100}=5$(명)

이 5명의 학생을 나타내는 점은 직선 위에 있는 점이므로

(평균)$=\frac{200+190\times2+180+170}{5}$

$=\frac{930}{5}=186$(점)

답 **186점**

11 순위가 2위인 선수의 1차 점수는 9점, 2차 점수는 10점이므로

$a=\frac{9+10}{2}=9.5$

순위가 11위인 선수의 1차 점수는 6점, 2차 점수는 7점이므로

$b=\frac{6+7}{2}=6.5$

$\therefore a-b=9.5-6.5=3$

답 **3**

12 ② 두 대회에서 점수가 모두 7점 이하인 학생 수는 7명이다.

③ 과학 상상화 그리기 점수가 글짓기 점수보다 높은 학생은 대각선 아래쪽에 있는 점의 개수와 같으므로 5명이다.

④ 두 대회에서 점수가 모두 8점 이상인 학생들의 과학 상상화 그리기 점수의 평균은

$\frac{8+8+9+9+10}{5}=\frac{44}{5}=8.8$(점)

따라서 옳지 않은 것은 ②이다.

답 ②

MEMO

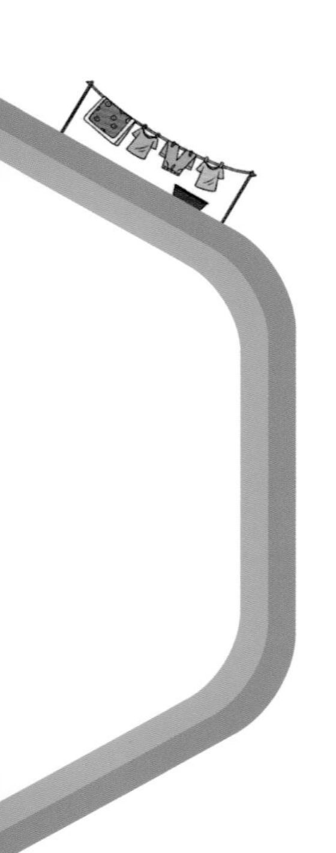

개념원리

RPM

중학 수학 3-2

개념원리 교재 소개

문제 난이도

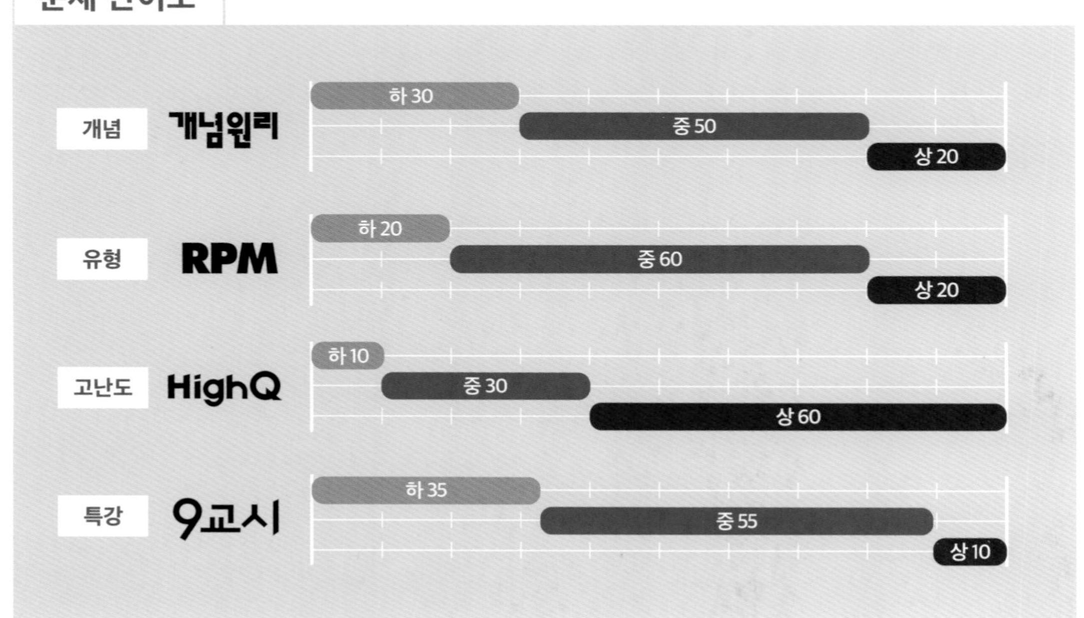

고등

개념원리 | 수학의 시작 — 개념

하나를 알면 10개, 20개를 풀 수 있는 개념원리 수학
수학(상), 수학(하), 수학 Ⅰ, 수학 Ⅱ, 확률과 통계, 미적분, 기하

RPM | 유형의 완성 — 유형

다양한 유형의 문제를 통해 수학의 문제 해결력을 높일 수 있는 RPM
수학(상), 수학(하), 수학 Ⅰ, 수학 Ⅱ, 확률과 통계, 미적분, 기하

High Q | 고난도 정복 (고1 내신 대비) — 고난도

최고를 향한 핵심 고난도 문제서 High Q
수학(상), 수학(하)

9교시 | 학교 안 개념원리 — 특강

쉽고 빠르게 정리하는 9종 교과서 시크릿
수학(상), 수학(하), 수학 Ⅰ

중등

개념원리 | 수학의 시작 — 개념

하나를 알면 10개, 20개를 풀 수 있는 개념원리 수학
중학수학 1-1, 1-2, 2-1, 2-2, 3-1, 3-2

RPM | 유형의 완성 — 유형

다양한 유형의 문제를 통해 수학의 문제 해결력을 높일 수 있는 RPM
중학수학 1-1, 1-2, 2-1, 2-2, 3-1, 3-2